Innovation und Technologietransfer

Innovation und Technologietransfer

Gesamtwirtschaftliche und einzelwirtschaftliche Probleme

Festschrift zum sechzigsten Geburtstag
von Herbert Wilhelm

herausgegeben von

Hans-Joachim Engeleiter und Hans Corsten

DUNCKER & HUMBLOT / BERLIN

Alle Rechte, auch die des auszugsweisen Nachdrucks, der photomechanischen
Wiedergabe und der Übersetzung, für sämtliche Beiträge vorbehalten
© 1982 Duncker & Humblot, Berlin 41
Gedruckt 1982 bei Berliner Buchdruckerei Union GmbH., Berlin 61
Printed in Germany
ISBN 3 428 05132 7

Inhaltsverzeichnis

Hans-Joachim Engeleiter:

Herbert Wilhelm zum 60. Geburtstag 9

Gesamtwirtschaftliche Probleme der Innovation

Herbert Giersch:

Wachstum durch dynamischen Wettbewerb 15

Heinz Haferkamp:

Forschung und Entwicklung als Voraussetzung der Wettbewerbsfähigkeit 25

Karsten Kirsch:

Regionale Wirkungen staatlicher Innovationsförderung 43

Fritz Voigt, Walter Dick:

Innovationen im Verkehrssektor
Charakteristika — Effekte — Perspektiven 61

Lothar Hübl, Wolfgang Oest:

Volkswirtschaftliche Aspekte einer verstärkten Fernwärmenutzung mit Blick auf die zukünftige Energieversorgung der Bundesrepublik Deutschland 79

Einzelwirtschaftliche Probleme der Innovation

Hans-Joachim Engeleiter:

Bedeutung und Beurteilung von Innovationen im Rahmen der strategischen Unternehmensplanung 97

Werner Kern:

Umweltschutz als Herausforderung an die Innovationskraft industrieller Unternehmungen 121

Ernst Gerth:

Innovationen der Marketing-Wissenschaft im Lichte der Anforderungen der Wirtschaftspraxis in den 80er Jahren 139

Jochen Schwarze:

Die Planung von Forschungs- und Entwicklungsprojekten mit Hilfe der Netzplantechnik 153

Bernd Meier:

Die Bedeutung der Organisationsstruktur für Innovationsprozesse 173

Ulrich Berr:

Probleme bei der Implementierung technischer Neuerungen — gezeigt am Beispiel der Einführung von NC-Maschinen 201

Horst Matthies:

Innovationen im Angebot an Verkehrsleistungen. Dargestellt an Beispielen aus Spezialtransporten im Land- und Seeverkehr 223

Probleme des Technologietransfers

Howard W. Barnes:

Technology Transfer Through International Licensing, Franchising, and Know-How Agreements 237

Karl-Heinz Strothmann:

Die Bedeutung des Technologietransfers für mittelständische Unternehmen 259

Eckart Koch:

Patentrecht und Freier Warenverkehr in der Europäischen Wirtschaftsgemeinschaft 275

Hans Corsten, Klaus-Otto Junginger-Dittel:

Die Einstellung von Diplom-Wirtschaftsingenieuren und Diplom-Ingenieuren zur Selbständigkeit und die Gründung technologiebasierter Unternehmungen 293

Anhang

Verzeichnis der Veröffentlichungen von Herbert Wilhelm. Zusammengestellt von Bernd Meier 315

Biographische Daten 321

Mitarbeiterverzeichnis 323

Abkürzungsverzeichnis

BFuP:	Betriebswirtschaftliche Forschung und Praxis
DBW:	Die Betriebswirtschaft
HWA:	Handwörterbuch der Absatzwirtschaft
HWB:	Handwörterbuch der Betriebswirtschaft
HWO:	Handwörterbuch der Organisation
HWProd:	Handwörterbuch der Produktionswirtschaft
VDI-Z:	Zeitschrift des Vereins Deutscher Ingenieure für Maschinenbau und Metallbearbeitung
WISU:	Das Wirtschaftsstudium
ZfB:	Zeitschrift für Betriebswirtschaft
ZfbF:	Zeitschrift für betriebswirtschaftliche Forschung
ZO:	Zeitschrift für Organisation
ZwF:	Zeitschrift für wirtschaftliche Fertigung

Herbert Wilhelm zum 60. Geburtstag

Herbert Wilhelm wurde am 8. Juni 1922 in Berka/Werra, Kreis Eisenach, geboren. Er absolvierte von 1939 bis 1941 eine kaufmännische Ausbildung und wurde 1941 zum Wehrdienst eingezogen. Wegen einer schweren Kriegsverletzung aus der Wehrmacht entlassen, begann er im Sommersemester 1944 an der Hochschule für Wirtschafts- und Sozialwissenschaften Nürnberg das Studium der Wirtschaftswissenschaften. Nach einem einjährigen, durch die Schließung der Nürnberger Hochschule bedingten Wechsel an die Universität Göttingen (1945 - 1946) legte er 1947 in Nürnberg das Examen als Diplom-Kaufmann ab. Von seinen akademischen Lehrern (in Nürnberg Bergler, Lehmann, Rieger, Schäfer, Vershofen und Weddigen, in Göttingen Egner und Weippert) hat ihn Wilhelm Vershofen, der zu den Begründern der Verbrauchs- und Marktforschung gehört und als ein Vorläufer der verhaltenswissenschaftlichen Forschung angesehen werden kann, mit seiner philosophisch-soziologischen Ausrichtung der Nationalökonomie am meisten beeinflußt. Auf den Einfluß Vershofens, bei dem er zunächst als wissenschaftliche Hilfskraft und nach der Promotion als wissenschaftlicher Assistent tätig war, und wohl auch des Philosophen Nikolai Hartmann, dessen Vorlesungen er in Göttingen besucht hatte, dürfte es zurückzuführen sein, daß sich das wissenschaftliche Interesse Wilhelms in starkem Maße der Philosophie und Soziologie zuwendete. So erfolgte 1948 die Promotion zum Dr. oec. mit einer Dissertation über das Thema „Kaspar Hauser, ein Beitrag zur Gesellungslehre". Auch bei der Habilitation, zu der er von Vershofen veranlaßt wurde, wollte Wilhelm zunächst ein Thema über die Beziehungen zwischen Philosophie und Soziologie (Einfluß der Existenzphilosophie auf die damalige Soziologie) bearbeiten. Die wirtschaftlichen Veränderungen, die durch die Währungsreform von 1948 ausgelöst wurden, und die Grundsatzdiskussion über die künftige Gestaltung der deutschen Wirtschaftsordnung veranlaßten ihn jedoch, sich wieder stärker der Nationalökonomie zuzuwenden. 1952 erfolgten die Habilitation für Volkswirtschaftslehre und die Ernennung zum Privatdozenten an der Nürnberger Hochschule. Die Habilitationsschrift wurde 1954 unter dem Titel „Der Marktautomatismus als Modell und praktisches Ziel" veröffentlicht. Zusätzlich zu seiner Tätigkeit in Nürnberg war Wilhelm in der Folgezeit auch als Lehrbeauftragter an der Philosophisch-Theologischen Hochschule in Regensburg tätig.

Die enge Beziehung zu Vershofen brachte es mit sich, daß die von der Wilhelm Vershofen-Gesellschaft gegründete Zeitschrift „Gesellung" einige Jahre von Wilhelm herausgegeben wurde. Dieses Organ der Nürnberger Schule um Vershofen behandelte wirtschaftstheoretische und -politische Themen vorwiegend unter verhaltenswissenschaftlichen (z. B. Verbraucherverhalten) und philosophischen Gesichtspunkten.

Nachdem er von 1955 bis 1957 zunächst mit der Vertretung des Lehrstuhls für Volkswirtschaftslehre an der Technischen Hochschule Braunschweig betraut worden war, wurde Wilhelm 1958 zum ordentlichen Professor und Direktor des Instituts für Wirtschaftswissenschaften an dieser Hochschule ernannt. 1967 wurde er vom Konzil für die Zeit von 1968 bis 1970 zum Rektor der Hochschule gewählt, das Amt des Prorektors übte er von 1967 bis 1968 und von 1970 bis 1971 aus. Von 1978 bis 1980 war er Präsident der Braunschweigischen Wissenschaftlichen Gesellschaft.

Bereits während des Studiums hatten sich für Wilhelm über Vershofen und Bergler enge Beziehungen zur Markt- und Verbrauchsforschung ergeben, die neben der Wirtschaftspolitik, insbesondere der Wettbewerbs- und Strukturpolitik zu einem Schwerpunkt seiner wissenschaftlichen Arbeit werden sollte. In Braunschweig gilt sein Interesse, entsprechend dem Charakter einer technischen Hochschule (Verbindung von Wirtschaft und Technik), insbesondere der Marktforschung für Investitionsgüter. So wurden von seinem Institut im Auftrage deutscher und ausländischer Unternehmen zahlreiche Marktstudien durchgeführt. Auf absatzwirtschaftlichem Gebiet befaßte sich Wilhelm außerdem auch mit Problemen der Werbung und des Markenartikels.

Ein neues Aufgabengebiet ergab sich für Wilhelm und seine Mitarbeiter seit Anfang der 60er Jahre aus den durch die Teilung Deutschlands verursachten strukturellen Problemen des Braunschweiger Wirtschaftsraums. Regionalpolitische Fragen, insbesondere Entwicklungsprobleme des niedersächsischen Fremdenverkehrs, führten zu einer intensiven Forschungstätigkeit, mit dem Ziel, Planungsunterlagen für die kommunale und regionale Strukturpolitik zu gewinnen.

Seine Auffassung, daß die Wissenschaften Erkenntnisse nicht um ihrer selbst willen zu erarbeiten, sondern bei der Lösung von Aufgaben mitzuhelfen haben, die aus der Praxis entstehen, veranlaßte Wilhelm, sich verstärkt mit den organisatorischen Problemen des Technologietransfers von der Wissenschaft zur Wirtschaftspraxis zu befassen. Er gehört daher zu den Initiatoren einer engen Zusammenarbeit von örtlichen Wissenschaftsinstitutionen und örtlicher Wirtschaft, um so das Innovationspotential der zahlreichen Braunschweiger Forschungsstätten insbesondere auch den mittleren und kleinen Unternehmen des strukturschwachen Braunschweiger Wirtschaftsraums zugänglich zu machen. Aus diesen Bemühungen entstanden die „Braunschweiger Unternehmergespräche", die von der Stadt Braunschweig organisiert werden, und der sog. Braunschweiger Forschungskatalog, der von der IHK Braunschweig herausgegeben wird.

Wilhelm hat immer großen Wert auf enge Kontakte zur Berufspraxis gelegt. So war er gleich nach der Promotion sieben Jahre lang nebenberuflich im kaufmännischen Ausbildungsdienst von Siemens tätig. Er war mehrere Jahre wissenschaftlicher Berater des Deutschen Industrieinstituts (heute: Institut der Deutschen Wirtschaft) und hat von 1963 bis 1966 die von ihm begründeten „Beiträge des Deutschen Industrieinstituts" herausgegeben; 1962 war ihm die Leitung der wissenschaftlichen Abteilung des Instituts angetragen worden. Er war Mitglied des Landesplanungsbeirats beim Präsidenten des Niedersächsischen Verwaltungsbezirks Braunschweig. Er ist Studienleiter der Verwaltungs- und Wirtschafts-Akademie Braunschweig, Vorsitzender des technischen Beirats der Gemeinschaft für energiesparende Technologien (GETEV) in Hannover, Gründungs- und Vorstandsmitglied des Norddeutschen Instituts für Fremdenverkehrs- und Heilbäderforschung, Mitglied des Beirates und Marketingausschusses des Harzer Verkehrsverbandes, beratendes Mitglied des Aufsichtsrats der Kur- und Fremdenverkehrsgesellschaft Goslar-Hahnenklee, Mitglied des Aufsichtsrates der Porzellanmanufaktur Fürstenberg und Treuhänder der Braunschweigischen Lebensversicherungs AG. Außerdem gehört er zu den Gründungsmitgliedern der Absatzwirtschaftlichen Gesellschaft.

Für die Unterstützung bei der Herausgabe der Festschrift gilt Herrn Senator E. h. Professor Dr. Johannes Broermann, Ministerialrat a. D. und Inhaber des Verlages Duncker & Humblot, unser besonderer Dank.

Die Kollegen und Schüler von Herbert Wilhelm, die diese Festschrift gestaltet haben, wünschen dem Jubilar noch viele Jahre produktiven Schaffens im Interesse von Wirtschaftswissenschaft und Wirtschaftspraxis.

Hans-Joachim Engeleiter

Gesamtwirtschaftliche
Probleme der Innovation

Wachstum durch dynamischen Wettbewerb

Von *Herbert Giersch*, Kiel

1. Pessimismus breitet sich aus in Europa. Zur Talfahrt der Konjunktur kommt die japanische Herausforderung; zur Konkurrenz der Schwellenländer (newly industrialized countries) und der Gefahr, die sie für traditionelle Arbeitsplätze bringt, tritt die Furcht vor technologischer Arbeitslosigkeit durch Mikroprozessor und Industrieroboter. Es gibt mehr Arbeitslose als vor 10 Jahren und außerdem mehr Inflation. Industrieländer, die früher auf ihre Exporterfolge stolz waren, leiden unter einem Defizit in ihrer Leistungsbilanz. In den USA sinken die Reallöhne schon seit geraumer Zeit, und in weiten Teilen Europas erscheint es unvermeidlich, daß Einbußen beim Reallohn in diesem Jahre hingenommen werden müssen. Die Stimmung ist depressiv. Oft ist man ratlos, weil es so schwierig erscheint, die Verhältnisse von heute zu deuten und Leitlinien für die Zukunft zu erkennen. Damit ist klar, was hier und jetzt am meisten gefragt ist.

2. Um einen freien Blick für die langfristige Perspektive zu gewinnen, sei vorweg etwas über die kurzfristige Konjunktur gesagt. Im Gegensatz zum Wachstum, das im Thema steht, hat Konjunktur nur wenig zu tun mit der langfristigen Expansion des Angebots: Konjunktur sind Schwankungen der Nachfrage auf kürzere Sicht. Wenn nicht alles täuscht, sind sie eng verknüpft mit der Geldpolitik. Denn Nachfrage läßt sich schaffen und steigern, indem man das Geldangebot akzeleriert. Der Effekt tritt nicht sogleich ein, aber nach sechs bis neun Monaten kommt die Wirtschaft in Schwung. Hat man sich international aufeinander abgestimmt, zum Beispiel auf einem Wirtschafts-Gipfel, so verstärkt sich die Wirkung zu einer weltweiten Hochkonjunktur. Früher oder später folgt freilich auf den Mengeneffekt ein zusätzlicher Inflationsschub. Er mindert den Realwert der vorhandenen Geldmenge. Zugleich wird es Zeit für die Zentralbanken, sich dem Inflationsschub entgegenzustemmen. Sie drücken auf die Geldbremse. Zusammen mit dem Kaufkraftentzug durch Inflation bewirkt dies das Umkippen der Konjunktur, genauer: den Rückgang im Auslastungsgrad des Produktionspotentials, wie wir ihn 1980 erlebt haben. So folgt auf das Doping die Euphorie, und nach dem Entzugseffekt und der Ernüchterung kommt ein Tief in der Stimmung. Dann ist es gut zu wissen, daß — seit

der Weltwirtschaftskrise — die Konjunktur auch jedesmal wieder den Weg nach oben gefunden hat, nachdem die restriktive Geldpolitik gelockert wurde. Deshalb war es immer richtig, die Flaute zu nutzen, um sich für den neuen Aufschwung zu rüsten. Dazu reizen etwa handfeste Aufgaben im Energiebereich, nachdem sich herumgesprochen hat, daß der Ölpreis im Trend eher steigen als sinken wird. Nach den Erfahrungen von 1979 muß man wohl sogar damit rechnen, daß es erneut einen kräftigen Schub bei den Ölpreisen geben wird, sobald sich ein neues Hoch in der Weltkonjunktur abzeichnet und hohe Inflationserwartungen das Öl im Boden ähnlich im Werte steigen lassen, wie die Preise für Boden und Grundstücke in guten Lagen nach oben schnellen.

3. Damit der Start in den neuen Aufschwung gelingt, dürfen freilich die Kräfte des Wachstums auf der Angebotsseite nicht erlahmen. Dies ist die Frage, auf die unser Thema zielt.

Damit es keine Mißverständnisse gibt, möchte ich folgendes vorausschicken:

Wachstum ist — an sich — kein gesellschaftspolitisches Ziel; denn man kann es getrost den Bürgern selbst überlassen, was sie aus sich machen und wieviel sie für sich und ihre Kinder erreichen wollen. Der Staat kommt nur ins Spiel, soweit er selber das Angebot monopolisiert und beschränkt und private Aktivitäten fördert oder behindert. Im übrigen ergibt sich das Wachstum des Angebots grundsätzlich nicht aus der Verschwendung, sondern aus dem sparsamen Einsatz der Ressourcen, nicht aus Ansprüchen an den Staat, sondern aus Leistungen für andere, und schon lange nicht mehr aus den Vorteilen der Massenproduktion in der Schwerindustrie, sondern aus dem Wettbewerb um die bessere Qualität, auch in der Serienfertigung. Das Gerede von der Verschwendungsgesellschaft, die im Überfluß lebt, trifft nicht die Arbeiter, Ingenieure und Unternehmer, die das Angebot bereitstellen; denn sie verdienen sich, was sie verbrauchen. Verschwendet wird dagegen, was Staat und Gesellschaft zum Nulltarif anbieten oder was Europa einlagern und denaturieren läßt, um überhöhte Preise zu garantieren.

4. Grenzen des Wachstums hat es schon immer gegeben. Aber was besonders knapp wird, steigt auch im Preis, und hohe Engpaß-Preise machen es lohnend, nach anderen Wegen zu suchen oder nach neuem Angebot, auch durch verstärkte Exploration. Die Ökologen, die das Wachstum denunzieren, sollten sich sagen lassen, daß es nicht die fortgeschrittenen Länder sind, die ihre Wälder abholzen oder die Erde auspowern, sondern die armen, und daß man im hochentwickelten Europa getrost das Leitungswasser trinken kann, kaum aber dort, wo

es zwar nicht an Menschen, wohl aber an Wirtschaftskraft fehlt. Ökologie und Ökonomie ließen sich durchaus in Einklang bringen, hörte man nur auf jene Ökonomen, die schon lange fordern, daß eine Umwelt, die knapp ist, auch ihren Preis haben muß für diejenigen, die sie in Anspruch nehmen oder verbrauchen, damit sie eingespart wird, wo es sich lohnt, und restauriert werden kann, wo dies die sparsamste Lösung ist.

5. Es hat nach dem zweiten Weltkrieg in vielen Ländern eine Welle des Wachstums gegeben, so stark, wie nie oder wie lange nicht zuvor; hier in Europa wie in Japan war es ein ungeahnter Aufholprozeß gegenüber den USA. Jetzt sind es die Schwellenländer, die die Chancen des Aufholens wahrnehmen. Dafür scheinen die reifen Industrieregionen hier und drüben in Amerika an Vitalität zu verlieren. Viele Unternehmen in Europa, denen es an Kraft zur Regeneration fehlt, bitten um Hilfe vom Staat: Importschutz und Erhaltungssubventionen gegen den Preiswettbewerb aus den Aufholländern, Forschungssubventionen für den dynamischen Innovationswettbewerb und politischen Beistand gegen den Druck der japanischen Konkurrenz.

6. Der Befund, den eine etwas genauere Diagnose zunächst ergibt, heißt: Produktivitätsmalaise; es sinkt die Zuwachsrate der Arbeitsproduktivität. Dies ist das Mehr an Wertschöpfung je Stunde, mit dem man einen Anstieg der Löhne je Stunde kostenmäßig auffangen kann.

Mit der Produktivitätsmalaise verstärkt sich — bei anhaltendem Lohnanstieg — der Druck der Kosten, und je nachdem, wieviel davon überwälzt werden kann, gibt es mehr Inflation oder mehr Arbeitslosigkeit, im Zweifel mehr von beidem. Unzufrieden macht dies alle: die Politiker, die sich ratlos sehen, weil sie die Vollbeschäftigung garantieren möchten und die Inflation zu verantworten haben; die Gewerkschaftsführer, die den Druck der Basis verspüren und oft doch wohl auch an das Ganze denken; die Jugend, die eine Zukunft sucht, aber in der Gegenwart nicht einmal Arbeit findet; die Frauen, die ins Berufsleben drängen, aber sich diskriminiert fühlen; und die Älteren, die sich der Sozialversicherung anvertraut haben, aber um ihre Rentenansprüche bangen. Da fehlt es an Steuereinnahmen, während sich viele neue Staatsausgaben auftürmen. Und die außenwirtschaftliche Leistungsbilanz gerät ins Defizit. Was bei hohem Produktivitätsfortschritt wie geölt lief, verklemmt sich an allen Ecken und Kanten. Da interveniert der Staat, um zu helfen; aber auch dadurch wird es nur schlimmer. So wächst das soziale Konfliktpotential in dem Maße, in dem das Potential für den Produktivitätsfortschritt abnimmt.

7. Angefangen hat die Produktivitätsmalaise zuerst in den Vereinigten Staaten, und zwar in der zweiten Hälfte der sechziger Jahre, zu-

nächst noch verdeckt durch die Vietnam-Konjunktur. Wo liegen die Gründe, soweit sie auch für Europa bedeutsam sind? Es sind einmal die Auflagen für die Sicherheit am Arbeitsplatz und die Kosten für den Schutz der Umwelt, die am Zuwachs der Arbeitsproduktivität zehren; zum anderen gibt es Anhaltspunkte dafür, daß die Produktivität der Forschung nachläßt und daß es bei der Anwendung neuen technisch-organisatorischen Wissens hapert.

8. Zurückgegangen ist der Anteil der Ausgaben für Forschung und Entwicklung am Sozialprodukt in den USA seit 1964 und in Großbritannien seit 1967. In der Bundesrepublik steigt dieser Anteil seit 1971 nicht mehr. In den USA gehen die Patentanmeldungen der Inländer seit 1970 zurück; in der Bundesrepublik lagen sie 1980 (insgesamt) zahlenmäßig um über 25 % unter dem Stand von 1960.

9. Ausklingen werden in absehbarer Zeit einige Impulse, die den technischen Fortschritt der goldenen Vergangenheit bestimmt haben.

Man denke an:

— das Telefon,
— die Xerokopie und den Photosatz,
— die Kunststoffe,
— die Chemiefaser,
— den Kunstdünger,
— das Oxygenstahlverfahren und
— den Düsenantrieb im Luftverkehr.

Hier ist das Innovationspotential weitgehend ausgeschöpft.

10. Zu Ende geht es auch mit dem Vordringen von Öl und Erdgas auf Kosten der Kohle und mit dem Vormarsch des Kraftwagens auf Kosten der Eisenbahn. Möglicherweise erzwingt der Ölpreis hier sogar eine Umkehr mit einer Abnahme der Arbeitsproduktivität. Überhaupt liegt in der Verknappung von Energie ein wichtiger spezifischer Grund für die Produktivitätsmalaise der Zukunft. Statt der Wertschöpfung je Arbeitsstunde interessiert jetzt die Wertschöpfung je Energieeinheit, statt der Arbeitsproduktivität die Energieproduktivität der Volkswirtschaft. Das kann, wenn die Kernenergie so umstritten bleibt, das Umrüsten unseres ganzen Sachkapitalbestandes erfordern, also hohe Investitionen ohne viel Hoffnung auf mehr Spielraum für höhere Reallöhne und mehr rentable Arbeitsplätze.

11. Was die Zukunft an neuen technologischen Möglichkeiten bietet, läßt sich in wenigen Stichworten zusammenfassen:

— Der Mikroprozessor eröffnet den Weg zu neuen Produkten und zu neuen Herstellungsverfahren mit numerisch gesteuerten Werkzeugen und Maschinen, den sogenannten Industrierobotern.

— Die Glasfaser- und die Laser-Technologie werden Fortschritte im Kommunikationswesen, in der Präzisionsfertigung und in der Medizin bringen; und

— früher oder später wird wohl die Biotechnologie in der Medizin und der Pharmazie Früchte tragen und einen neuen Produktivitätsschub in der Landwirtschaft und in der Rohstoffgewinnung ermöglichen.

Mit Ausnahme von Frankreich, wo Kernenergie bislang kein Problem zu sein scheint, wird es auch in diesen neuen Bereichen wohl langsamer vorangehen, als es der Fall sein könnte, wenn das Energiesparen nicht im Vordergrund stünde und soviel Innovationskraft binden würde. Denn nach allem was wir wissen, läßt sich das Angebot an Erfindern und Innovatoren nicht so schnell so stark ausdehnen, wie es die zusätzliche Aufgabe des Energiesparens erfordert.

12. Da sich tüchtige Forscher und Innovatoren nicht so schnell vermehren lassen, ist die Produktivitätsmalaise von heute vielleicht auch die späte Quittung dafür, daß die USA nach dem sowjetischen Sputnick-Schock um ihr Prestige gebangt haben. Ein Mann auf dem Mond war ihnen wichtiger als der technische Fortschritt auf breiter Front für den Mann auf der Straße. Schon immer war der Nachruhm der Wenigen eine Last für den Lebensstandard der Vielen. Das gilt auch für technische Großprojekte im Namen Europas. Die Concorde fliegt zwar, aber auf Kosten des Steuerzahlers; und in der europäischen Raumfahrt funktioniert selbst die technische Kooperation offenbar erst nach vielen vergeblichen Anläufen.

13. Überhaupt leidet wohl die Produktivität der Forschung daran, daß man dem organisierten Großprojekt zuviel und dem Genius des Einzelnen zuwenig zutraut.

Als Leiter eines Forschungsinstituts weiß ich,

— was hochqualifizierte Einzelforscher leisten können, wenn man ihnen nur den nötigen Freiraum läßt;

— wie produktiv Forscherteams sein können, sofern sie gut geführt werden und so klein bleiben, daß jeder sich noch mit den Erfolgen und Fehlschlägen identifiziert;

— wie knapp sie sind, diese Team-Leiter und Einzelforscher; und

— wie stark die Produktivität absinkt, wenn bestimmte Forschungseinrichtungen zu schnell ausgedehnt werden.

14. Nur selten kann man das Ergebnis von Forschung messen; und es läßt sich auch nicht schnell genug bewerten, es sei denn durch Vergleiche im direkten Wettbewerb. Deshalb gerät Forschung ohne Wettbewerb leicht unter die Herrschaft von Parkinsons Gesetz: statt den output pro Einheit des input maximiert man den input; und kamera-

listisches Denken führt dazu, daß mehr Mittel am ehesten zu bekommen sind, wenn die alten fristgemäß ausgegeben wurden — nicht notwendig ökonomisch, bloß sachlich und rechnerisch richtig. Hier liegt die Crux aller Forschung, die der Staat betreibt oder hoch subventioniert. Gewiß ist Forschung riskant wie eine langfristige Investition, aber der Einzelforscher weiß wie ein Unternehmer, daß Ergebnisse nicht nur von Aufwand, Zufall und Eingebung abhängen, sondern ganz wesentlich auch von dem, was hier Ehrgeiz oder Engagement und dort Gewinnstreben heißt. Motivierend wirkt hier wie dort der Ansporn des dynamischen Wettbewerbs.

Das ist nicht jene Schlafmützenkonkurrenz, die im anonymen Polypol des Lehrbuchs beschrieben wird. Dynamisch erst wird der Wettbewerb im Oligopol zwischen Anbietern, die sich kennen, ohne sich zu verbrüdern, die sich streiten, ohne zerstritten zu sein, und die nicht werben, ohne auch hoch zu wetten, also etwas zu riskieren.

Wenn eine Antwort möglich ist auf die allgemeine Frage, wo der Fortschritt des Wissens und das Wachstum eine gemeinsame Wurzel haben, so lautet sie nach meiner persönlichen Überzeugung:

Es ist das Streben nach dem Neuen in einem Wettbewerb, der kein Gleichgewicht kennt, nur ein ständiges Vergleichen, und der nicht zur Ruhe kommt, sondern wie die Unruhe einer Uhr immer neu als Triebkraft wirkt.

15. Wenn dies im Prinzip richtig ist — für die Wirtschaft wie für die Wissenschaft — so hat Europa im weltweiten dynamischen Wettbewerb verminderte Chancen vor allem aus zwei Gründen:

(1) Anders als in den USA neigt man hier auf dem Kontinent dazu, die Forschung und Lehre auf den Universitäten von oben zu normieren und zu regulieren, zu kontingentieren und zu zementieren. Es mag das staatliche Erziehungswesen Preußens die Grundlage gelegt haben für Disziplin — in der Truppe und am Arbeitsplatz in der Industrie; und es mag so auch zum Aufstieg der Industrie auf dem Kontinent beigetragen haben. Aber gut für die Forschung blieb es höchstens solange, wie es Inseln unbeschränkter akademischer Freiheit gab, die so klein waren, daß sie kaum Kontrolle von oben provozierten und sich auch nicht in akademischer Selbstverwaltung erschöpften. Aber so, wie die Universitäten auf dem Kontinent heute strukturiert und bürokratisiert sind, taugen sie zwar für den Wissensimport, nicht aber für Vorstöße nach vorn — vorbei an den USA.

Wenn der Kontinent so wenig Nobelpreisträger hervorbringt, so liegt es nicht an der materiellen Ausstattung und an den Mitteln, sondern an einem System, das zuviel auf Mittelmaß zugeschnitten ist, statt auf einen schöpferischen Wettbewerb der Besten.

(2) Während sich drüben die Besten schon früh auf dem College finden und die Besten unter den Colleges in deutlicher Rangordnung um die Besten unter dem Nachwuchs konkurrieren, bleiben die Nachwuchs-Hoffnungen hier auf ihren heimatlichen Schulen, wo es purer Zufall ist, ob sich Lehrer-

und Schüler-Begabungen finden. Warum spielt der Kontinent Europas in der Welt der Musik so eine hervorragende Rolle? Warum stammen soviele weltberühmte Dirigenten aus Ungarn? Warum sind die Ungarn unter den Wirtschaftswissenschaftlern der Spitzenklasse so überrepräsentiert? Und was lehrt uns die Tatsache, daß nicht wenige von ihnen dasselbe Gymnasium besuchten? Offenbar, so ist meine Vermutung, wollen Begabungen viel früher geweckt und gepflegt werden, als die Schulweisheit glaubt und die begrenzte Weisheit unseres Schulsystems es erlaubt. Und überhaupt: sind Begriffe wie Begabung und Eliteschulen nicht obszön für einen Zeitgeist, dem es hier ausnahmsweise nicht auf die Qualität ankommt, sondern auf Quantität, sozusagen nicht auf den Spitzensport, sondern auf die Breitenarbeit? Man mag die Gleichheit für das höchste aller Ziele halten, aber nur der blinde Ideologe verfolgt ein Ziel, ohne zu fragen, was man dafür an anderen Werten aufgeben muß.

16. Eine richtige Diagnose ist oft schon die halbe Therapie; doch man kann auch direkt nach der Therapie fragen, zumal sich im Prozeß der wirtschaftlichen Entwicklung der frühere Zustand nicht notwendig als die beste Lösung für die Zukunft anbietet. Meine Hauptthese ist, daß wir der Produktivitätsmalaise kaum beikommen werden, ohne das Angebot an Unternehmern zu vermehren, und zwar in allen Bereichen, mit Ausnahme eines Teils der Politik, und auf allen Etagen hierarchisch aufgebauter Unternehmenssysteme. Was bedeutet dies in Form konkreter Anregungen?

17. In der Demokratie geht nichts ohne Aufklärung, weil auch die politischen Parteien und ihre Flügel sich nach den Vorurteilen ihrer Wählerkundschaft richten müssen. Aufklärung ist nötig über folgende Punkte:

— Unternehmer ist man nicht als Angehöriger einer Klasse, sondern nur als Inhaber einer Rolle.

— Diese Rolle besteht darin, daß man etwas zu entscheiden hat, was riskant ist, und für die Folgen geradestehen muß.

— Gremien bieten keine Garantie für bessere Entscheidungen, es sei denn, sie entscheiden offen und sind so klein, daß sich Erfolg und Mißerfolg noch persönlich zurechnen lassen.

— Ohne Erfolgsprämien oder Aussicht auf Gewinn in irgendeiner Form ist grundsätzlich niemand bereit, jene Risiken zu übernehmen, auf die es ankommt — Risiken, die nicht oder nur zu vergleichsweise hohen Prämien versicherbar sind.

— Die Sozialisierung von Risiken erhöht das Gesamtrisiko, und Versuche, diesem Manko mit administrativen Kontrollen entgegenzuwirken, mindern die Risikobereitschaft bis hin zur absoluten Risikoverweigerung im Falle jener Beamten, die kein Interesse mehr haben, sich irgendwelchen Ärger einzuhandeln.

— Eine Gesellschaft, die bei fast allem technisch Neuen im vorhinein maximale Sicherheit will, statt auf Haftung bei eventuellen Schäden für Dritte zu vertrauen, und die deshalb immer mehr administrative Hürden errichtet, macht auf diese Weise ein gesellschaftspolitisches Experiment nach dem anderen; aber sie macht diese Experimente, die gewiß nicht ohne Risiken sind, bedenkenlos, ohne zu ahnen, wieviel sie dadurch an Produktivitätsdynamik verliert. Die Urangst, die durch die maximalen Risiken der Kernenergie geweckt und die dann noch bewußt geschürt wird, hat insoweit selbst ihre sozialen Strahlenschäden; denn das Ergebnis ist ein Weniger an Spielraum für höhere Reallöhne oder ein Mehr an Arbeitslosigkeit.

— Teuer ist für die Arbeitnehmer auch der spontane oder der organisierte Sozialneid. Er stellt den erfolgreichen Unternehmer an den Pranger, weil er Gewinn macht, so als wäre es anständiger, die Chance des Neuen nicht zu nutzen oder durch höhere Kosten den Staat um seinen steuerlichen Gewinnanteil zu bringen.

All dies ließe sich auch einer Jugend erklären, die ethisch rigoros denkt und mit ihren Emotionen lebt. Doch dies näher darzulegen, erfordert viel mehr Zeit. Viel geholfen wäre schon, wenn Politiker darauf verzichteten, im Wettbewerb um die Stimmen der Jungwähler Ansprüche zu wecken, die man in der freien Gesellschaft besser nicht an den Staat stellt, sondern an sich selber. Sozialpolitische Innovationen sind manchmal auch kontraproduktiv. Das bezieht sich auch auf jene Politik-Unternehmer, die eine neue soziale Frage nach der anderen entdecken, ohne zu fragen, wieviel sie damit an Anspruchsdenken erzeugen und an Eigenverantwortlichkeit zerstören.

18. Gebraucht wird als Therapie für die Produktivitätsmalaise ein Programm der volkswirtschaftlichen Revitalisierung. Monetarismus ist nicht genug.

— Fragen wir, wie das System der sozialen Sicherheit entlastet werden kann, ohne daß es an Funktionsfähigkeit einbüßt. Die Antwort, so meine ich, liegt in Richtung auf mehr Selbstvorsorge und Selbstbeteiligung und auch in einer Wahlmöglichkeit zwischen verschiedenen Tarifen, wie sie bei der Privatversicherung möglich ist. Und warum nicht bei der gesetzlichen Arbeitslosenversicherung ebenso wie bei der Renten- und Krankenversicherung?

— Reif zur Demontage ist das Schutz- und Sicherheitssystem, das der Staat für die Unternehmen errichtet hat: die effektive Protektion durch Einfuhrschutz und Subventionen. Hier geht es wohl nur mit revolutionärem Mut — und mit einem pauschalen Programm der globalen Kürzungen innerhalb einer Periode von — sagen wir — zehn Jahren. Was so eingespart wird, kann Zug um Zug weitergegeben werden: in einem Abbau der staatlichen Defizite, in Steuergutschriften für produktive Investitionen und in einer Reduktion der Steuern dort, wo sie den Leistungswillen am meisten beeinträchtigen. Da wird sich im Einzelfall vieles gegeneinander aufheben; und wo es nicht der Fall ist, ergibt sich im Zweifel ein produktiver Strukturwandel. Im übrigen gilt der Satz: wo Privatinitiative mehr Spielraum erhält, dürfen Unternehmen ruhig auch mehr auf sich selbst vertrauen.

— Zur Revitalisierung gehört weiterhin der Rückzug des Staates und der Gemeinden aus allen wirtschaftlichen Aktivitäten, die besser dem privaten

Wettbewerb überlassen werden können. Was der Staat nicht verkaufen will, das möge er verpachten, und wenn öffentliche Leistungen zum Nulltarif angeboten werden müssen, so möge sich dies in einem negativen Pachtzins niederschlagen. Ich würde dies mit weniger Überzeugung sagen, wenn ich nicht als Leiter einer Behörde wüßte, wieviel sich einsparen oder zusätzlich herausholen ließe, wenn man so schalten und walten dürfte, wie es sich für ein Unternehmen gehört.

— Behördliche Restriktionen, die die Privatinitiative beeinträchtigen, sollten aufgehoben werden, wo sie mehr schaden als nutzen. Soweit man den Netto-Effekt nicht kennt, ist probieren besser als studieren. Was erforderlich ist, sind Umkehr-Experimente. Für sie eignen sich begrenzte Gebiete, vor allem Regionen, die ohne eine Revitalisierung dem Verfall entgegengehen würden. Ein Beispiel mag dies verdeutlichen: ob eine gesetzliche Regelung der Ladenschlußzeiten gut oder schlecht ist, mag umstritten sein, aber wenn es nach mir ginge, wäre längst ein Umkehr-Experiment gemacht worden.

19. Ein heilsamer Schock für die Unternehmen ist die japanische Herausforderung. Größere Schäden kann sie nicht anrichten. Denn jeder spektakuläre Exporterfolg wird zum Aufwertungsbonus für den Yen, bis der Weltmarkt die japanische Arbeit so hoch bewertet, wie sie tatsächlich produktiv ist. Etwas Ähnliches hat uns der Devisenmarkt schon mit der Neubewertung europäischer Arbeit — einschließlich schweizerischer Solidität — nach dem Zusammenbruch des Paritätensystems von Bretton Woods vorexerziert. Gleichwohl bleibt die Herausforderung. Es gibt Gegenden in Europa — zum Beispiel in Württemberg — wo Klein- und Mittelbetriebe, auch neue, mit Schwung und Optimismus auf technisches Neuland vordringen und emsig dabei sind, ihre Marktnischen zu finden und auszuweiten. Auf der anderen Seite bedrückt die Schwerfälligkeit mancher Großunternehmen, die offenbar eher ihre besten Erfinder, Ingenieure und Unternehmerpersönlichkeiten davonziehen lassen, als ihnen soviel Freiraum und Wirkungsmöglichkeiten zu geben, daß sie sich entfalten und dabei noch andere anspornen können. Was zum Verhältnis von Staat und Unternehmen gesagt wurde, gilt deshalb wohl auch für die Großunternehmen selbst, genauer:

— Es geht um Entreglementierung und mehr Freiraum für unternehmerisches Verhalten auf allen Stufen der Organisation.

— Die Fortschritte in der Kommunikationstechnik erlauben eine Dezentralisierung der Entscheidungen. Das motiviert; und es mobilisiert das Wissen, das an Ort und Stelle vorhanden ist, das sich schnell erlernen läßt oder das durch Experimentieren neu gewonnen werden kann. Kein zentrales Gremium, und sei es noch so harmonisch zusammengesetzt, kann ohne Verluste zusammentragen, was in den Köpfen der einzelnen Mitglieder und ihrer Mitarbeiter an Wissen, Können und Urteilskraft gespeichert und abrufbar ist.

— Für die Koordination dezentraler Entscheidungen sorgen Preise wie im marktwirtschaftlichen System, auch wenn es hier unternehmensinterne

Verrechnungspreise sind; und damit die Informationen, die in den Preisen enthalten sind, optimal genutzt werden, müssen die Entscheidungszentren Profit-Centers sein und die Träger der Entscheidungen am Erfolg beteiligt werden.

— Die Zentrale hat dann ähnliche Funktionen wie der Zentralstaat im föderalistischen System: sie regelt die Beziehungen zu den auswärtigen Großmächten, hier vor allem zu den Banken, den Finanzmärkten und zur Politik im weitesten Sinne, aber im Innern interveniert die Zentrale allenfalls mit leichter Hand, damit es vor Ort möglichst wenig Verlust an Motivation und Risikobereitschaft gibt.

20. Daß man wegen der japanischen Herausforderung zum Konfuzianismus übertreten müsse, ein wirtschaftspolitisches Superministerium wie das Miti brauche oder sich an einer Neuauflage der Planification Française versuchen müsse, erscheint mir abwegig. Harmonie ist gut, wo sie verlustreiche Konflikte vermeidet — wie den Kampf zwischen Kapital und Arbeit an der Lohnfront oder den Konflikt zwischen Lohnpolitik und Geldpolitik, der die gegenwärtige Rezession verschärft. Aber abgestimmte Verhaltensweisen zwischen Konkurrenten nennt man bei uns Kartelle, und diese taugen, wenn überhaupt, höchstens für ein gemeinsames Vordringen im Export, wenn sonst die Schwellenkosten zu hoch wären.

21. Lernen sollten wir, wie die Japaner gelernt haben und lernen, und nachforschen sollten wir, wie es ihnen gelungen ist, den Übergang von der Imitation zur Innovation so nahtlos zu vollziehen. Aber es lernen, wie ich zu wissen glaube, weder Behörden noch irgendwelche Kommissionen, nicht Parlamente und noch nicht einmal Regierungen, sondern allein die selbständig denkenden Menschen. Deshalb halte ich es, wie weise auch immer Konfuzius war, mit Johann Wolfgang von Goethe und seinem Wort: Höchstes Glück der Erdenkinder sei nur die Persönlichkeit.

Forschung und Entwicklung
als Voraussetzung der Wettbewerbsfähigkeit

Von *Heinz Haferkamp*, Hannover

A. Einleitung

In einer dynamischen Wirtschaft ändert sich ständig die Struktur der Nachfrage nach Gütern. Dadurch unterliegen auch Produktion, Beschäftigung und Kapitalbildung einem ständigen Wechsel. Bei expandierender Wirtschaft verläuft dieser Strukturwandel relativ reibungslos. Treten jedoch rückläufige Tendenzen auf — wie diese für die Zukunft vorausgesagt werden —, sind Vollbeschäftigung, Wachstum und Wettbewerbsfähigkeit gefährdet.

Seit Beginn der 70er Jahre haben sich die Absatzbedingungen für zahlreiche Branchen in der Bundesrepublik Deutschland verändert. Das reale Wachstum hat bisher notwendige Strukturveränderungen ohne große Friktionen ermöglicht.

Zu Beginn der 80er Jahre wird in der Bundesrepublik Deutschland erstmalig bestenfalls mit einem Nullwachstum gerechnet, das in seinem Verlauf weitere Veränderungen der Strukturen in Wirtschaft und Technik mit sich bringen wird.

Dieser Wandel ist geprägt

— durch drastische Erhöhungen der Rohstoff- und Energiepreise, die einen großen Teil der Nachfrage in der Weltwirtschaft kompensieren. So mußte die Bundesrepublik Deutschland in den letzten Jahren mehr Geld für weniger Öl aufbringen, wie folgende Zahlen belegen[1]:

   1978 : 94,4 Mio. t Rohöl ~ 20 Mrd. DM
   1979 : 107,4 Mio. t Rohöl ~ 29,9 Mrd. DM
   1980 : 97 Mio. t Rohöl ~ 44,2 Mrd. DM
   1981[2]: 93 Mio. t Rohöl ~ 54 Mrd. DM

— durch ständige Vergrößerung der Energieimportabhängigkeit,
— durch eine wachsende ausländische Konkurrenz, bei der auch Drittländer im Zuge ihrer Weiterentwicklung zu fortschrittlichen Produktionstech-

---

[1] Vgl. Statistisches Jahrbuch 1981 für die Bundesrepublik Deutschland, hrsg. v. Statistischen Bundesamt/Wiesbaden, Stuttgart, Mainz 1981, S. 249.

niken und höherwertigen Produkten gelangt sind, was die Importe der Bunderepublik Deutschland für das Jahr 1980 belegen:

Bergbau:	64,5 %
Büromaschinen:	60,2 %
Chemie:	24,7 %
Verarbeitendes Gewerbe insgesamt:	23,9 %
Elektrotechnik:	20,7 %
Maschinenbau:	20,5 %
Automobilbau:	17,1 %

Es wurden nicht genügend Arbeitsplätze geschaffen, die die inländischen Arbeitskräfte, zu denen seit der Mitte der 70er Jahre die geburtenstarken Jahrgänge hinzukommen, aufnehmen können.

Sichtbar wird dieser Trend auch an der Erhöhung der Fertigwareneinfuhr. Wurden 1956 nur 19 % der Importe als Fertigwaren eingeführt, waren es 1981 über 51 %. Daraus ergibt sich u. a. ein Handelsdefizit gegenüber den USA und Japan. Die Lieferungen Japans in die Bundesrepublik weisen z. Z. zweistellige Zuwachsraten auf.

B. Begriffsbestimmungen

Die Industriegesellschaft des 20. Jahrhunderts unterscheidet sich von allen früheren Gesellschaftsformen dadurch, daß sie die erste ist, die durch und durch von Wissenschaft und Technik geprägt ist. Wissenschaft und Technik spielen in der modernen Welt eine immer bedeutendere Rolle, sie werden zur Existenzvoraussetzung schlechthin. Es kann als sicher gelten, daß die Probleme der Zukunft ohne Hilfe der Technik nicht zu bewältigen sein werden. Die Bundesrepublik Deutschland befindet sich heute in einer Innovationskonkurrenz, bei der den Investitionen für „Forschung und Entwicklung" eine entscheidende Rolle zufällt, weil sie letztendlich zukunftsgestaltend werden.

Zunächst ist grundsätzlich zu definieren, was unter dem Begriff „Forschung und Entwicklung" zu verstehen ist.

Verstanden werden darunter alle diejenigen Aktivitäten, die darauf gerichtet sind, für neue und alte Probleme systematisch nach technisch verbesserten Lösungen zu suchen und — auf dieses „und" kommt es besonders an — diese Lösungen in die wirtschaftliche und industrielle Praxis umzusetzen. Das heißt, über die Grundlagenforschung hinaus kommen für die industrielle Praxis entscheidende Aktivitäten hinzu, nämlich die Umsetzung neuer Basiserkenntnisse in wirtschaftlich verwertbare Anwendungsmöglichkeiten. Die Weiterentwicklung dieser Möglichkeiten hat auf der einen Seite neue, kostengünstigere Produktionsverfahren, auf der anderen Seite neue, marktfähige Güter zum Ziel. In der wirtschaftswissenschaftlichen Diskussion hat sich hierfür der Begriff „Technischer Fortschritt" durchgesetzt. Es gilt, daß Forschungs- und Entwicklungsanstrengungen die Einsatzfaktoren sind, mit denen technischer Fortschritt erzielt werden soll. Der technische Fortschritt kann definiert werden als eine „Steigerung des Produktionsvolumens je Rohstoff- oder Arbeitszeiteinheit".

Nun, das Bemühen von Naturwissenschaft und Technik war seit jeher nicht auf die Steigerung der Produktivität bekannter Verfahren beschränkt. Es hatte auch stets die Nutzung neuer, bis dahin nicht bekannter Möglichkeiten zum Ziel, mit denen bislang nicht oder unzureichend befriedigte Bedürfnisse besser gedeckt werden konnten. Nicht selten wurden zunächst nicht die weitreichenden technischen Möglichkeiten und der Nutzen von neuen wissenschaftlichen Erkenntnissen gesehen.

Daraus folgt, Wissenschaft darf nicht nur nach ihrer wirtschaftlichen Verwertbarkeit beurteilt werden!

Eine freie und nicht schon von Anfang an zweckorientierte Wissenschaft wird letztlich erfolgreicher sein als eine solche, die schon zu früh auf ihre eventuelle wirtschaftliche Nützlichkeit eingeengt ist.

Hier liegt einer der wesentlichen Unterschiede hinsichtlich der Forschungseffizienz in Ost und West!

Die zweckfreie Forschung führte vielfach zu sogenannten Basisinnovationen. Die Dampfmaschine, die Dynamomaschine, das Telefon und die Elektronenröhre sind solche. Für die heutige Zeit bestimmend sind beispielhaft zwei Basisinnovationen zu nennen:

(1) der Transistor, dessen modernstes Kind der Mikroprozessor ist;
(2) die Spaltung des Atomkerns und die daraus abgeleitete Nutzung der Kernenergie.

C. Notwendigkeit der Wettbewerbsfähigkeit

In einer marktwirtschaftlich organisierten Wirtschaft ist Wirtschaftswachstum kein automatischer, ohne intensive Anstrengungen sich vollziehender Prozeß. Es kommt entscheidend auf die Wettbewerbsfähigkeit der Beteiligten an. Das gilt im kleinen, also für den einzelnen Arbeiter und Angestellten im Unternehmen, oder für das einzelne Unternehmen im Wettbewerb mit anderen. Das gilt aber auch im großen, also für die gesamte Wirtschaft eines Landes.

Wir leben in einer Welt mit internationaler Arbeitsteilung. Und das bedeutet zugleich internationale Konkurrenz. Wollen wir also unsere

Fähigkeit zu Wirtschaftswachstum bewahren — und ich meine, trotz mancher ernsthaft bedenkenswerter Gegenströmungen des Zeitgeistes herrscht überwiegend Konsens über die Notwendigkeit weiteren Wirtschaftswachstums — müssen wir unsere Fähigkeit stärken und untermauern, um uns im internationalen Wettbewerb behaupten zu können. Im Grunde sind es nur wenige Faktoren, die das Ausmaß der Wettbewerbsfähigkeit eines Industrielandes bestimmen.

Es sind dies

(1) der Reichtum an Arbeitskräften in seinem Lande, das quantitative und qualitative Humankapital,

(2) sein natürlicher Rohstoffreichtum und dessen wirtschaftliche Ausbeutbarkeit sowie vorhandene Energiepotentiale und

(3) sein Reichtum an Sachkapital.

Wie ist es in der Bundesrepublik Deutschland mit diesen drei Faktoren und demzufolge mit der Wettbewerbsfähigkeit bestellt?

Beginnend mit dem zuletzt erwähnten Punkt wird festgestellt: Als ausgeprägtes Industrieland gilt die Bundesrepublik Deutschland als ein mit viel Sachkapital ausgestattetes Land. Das aber bedeutet nicht viel für die Sicherung der zukünftigen Wettbewerbsfähigkeit. Schon die Aufrechterhaltung des vorhandenen Sachkapitals setzt erhebliche Investitionen zum Ersatz von Verschleiß und Veralterung voraus. Diese Investitionen werden aber kaum in einer stagnierenden Wirtschaft getätigt, wie die Erfahrungen der Jahre 1973 - 1977 gelehrt haben, in denen der gesamtwirtschaftliche Kapitalstock wegen zu geringer Neuinvestitionen veraltete.

Der vorhandene Bestand an Maschinen und Anlagen sichert also noch nicht die zukünftige Wettbewerbsfähigkeit. Er muß vielmehr in der heutigen technisch schnellebigen Zeit ständig modernisiert und spezialisiert werden, um auch nur den gegenwärtigen Wettbewerbserfordernissen gerecht werden zu können. Das heißt, darüber hinaus ist für die Erhöhung des Wachstumspotentials der Teil der Bruttoinvestition entscheidend, der über die Abschreibungen hinausgeht. In diesem Teil sind nämlich das *Mehr* an Innovationen, an technischem Fortschritt und neuem Angebot enthalten.

Betrachten wir die zweite bedeutende Größe in der Struktur unseres Industrielandes:

Deutschland war von Anfang an nicht besonders mit Rohstoffen gesegnet, und die vorhandenen Lagerstätten sind z. T. seit Jahrhunderten ausgebeutet worden. Daher müssen heute fast alle wichtigen Industrierohstoffe eingeführt werden.

Import-Abhängigkeit der Bundesrepublik Deutschland 1981

Baumwolle:	100 %	Kupfer:	99 %
Aluminium:	100 %	Eisenerz:	98 %
Wolfram:	100 %	Erdöl:	96 %
Nickel:	100 %	Blei:	92 %
Phosphat:	100 %	Flußspat:	75 %
Titan:	100 %	Zink:	72 %
Quecksilber:	100 %	Erdgas:	63 %
Mangan:	100 %	Nahrungsmittel:	28 %
Asbest:	100 %	Holz:	10 %
Kobalt:	100 %		

Der Mineralölverbrauch beruht zu 96 % auf Einfuhren; Eisenerz muß zu 98 % importiert werden, Kupferoxid und viele stahlveredelnde Metalle müssen zu 100 % aus dem Ausland eingeführt werden. Selbst die Steinkohle, über die die Bundesrepublik zwar reichlich verfügt, kann nur mit hohen Kosten abgebaut werden. Sie fördert gegenwärtig jedenfalls nicht die Wettbewerbsfähigkeit unserer Unternehmen.

Für 1981 gibt es Schätzungen, daß die Mehrleistung der deutschen Wirtschaft nahezu der Ölrechnung für das gleiche Jahr entsprechen wird, Preissteigerungen inbegriffen[2]. Acht Jahre nach der Ölkrise betrug der Importanteil am Primärenergieverbrauch der Bundesrepublik Deutschland 1981: 65 % gegenüber 62 % im Jahr 1973.

Beim Mineralöl wurde zwar beträchtlich gespart, so daß sein Anteil an der Primärenergie erstmals seit 12 Jahren unter 50 % sank. Vergleichsweise geht es der Bundesrepublik Deutschland dabei besser als vielen anderen westlichen Industrienationen. So mußte z. B. Japan im ersten Vierteljahr 1981 über die Hälfte seiner Exporterlöse für Öleinfuhren ausgeben. Ähnlich ging es Spanien mit 48 % und den USA mit 40 %, die einerseits die größten Exporteure der Welt sind, andererseits aber auch einen ausgesprochen hohen Energieverbrauch haben. Die Belastung der deutschen Exporterlöse von 18 % hat die Zahlungsbilanz dennoch tief in die roten Zahlen gebracht.

Es bleibt schließlich die Frage nach den Arbeitskräften und ihrem Einfluß auf die Wettbewerbsfähigkeit.

Vordergründig betrachtet signalisieren hohe Lohnkosten, die hierzulande gezahlt werden, daß der Faktor Arbeit knapp geworden ist. Von einer reichen Ausstattung mit diesem Faktor, die die Wettbewerbs-

---

[2] Hierbei handelt es sich um Schätzungen. Vgl. Informationsdienst des Instituts der deutschen Wirtschaft (iwd), 7. Jg. (1981), Nr. 10, S. 3.

fähigkeit günstig beeinflussen würde, kann nicht mehr die Rede sein. Einige Zahlen aus dem Jahr 1980 belegen, daß die Bundesrepublik im internationalen Vergleich ein Hochlohnland ist[3].

Arbeitskosten in der Industrie je Stunde in DM (Durchschnitt)

Land	Stundenlohn	Arbeitskosten einschl. Nebenkosten
Belgien	13,99	24,41
Schweden	14,40	23,96
Bundesrepublik	13,36	23,40
Niederlande	13,05	23,16
Schweiz	14,80	21,76
USA	13,16	18,23
Italien	8,42	17,51
Frankreich	9,56	17,35
Österreich	8,03	15,10
England	10,19	13,30
Japan	9,82	12,35
Spanien	7,30	11,64

In der verarbeitenden Industrie in der Bundesrepublik Deutschland betrugen im Frühjahr 1981 die Arbeitskosten je Stunde 25,20 DM. In dieser Ziffer sind der eigentliche Stundenlohn und die anteilsmäßig immer bedeutender gewordenen Personalzusatzkosten je Stunde zusammengefaßt. Gleich hohe oder nur geringfügig darüber liegende Arbeitskosten weisen nur noch die Niederlande, Schweden und Belgien auf. Schon beträchtlich unter diesem Lohnniveau liegen die Arbeitskosten in so wichtigen Konkurrenzländern wie den USA und Italien. Ungefähr nur die Hälfte der deutschen Lohnkosten müssen dagegen in Japan und in Spanien gezahlt werden.

Diese Zahlen belegen klar, daß unter reinen Kostengesichtspunkten der Faktor Arbeit nicht unsere internationale Wettbewerbsfähigkeit begründet. Aber die Lohnkosten — so wichtig sie auch für das einzelne Unternehmen sind, das im internationalen Wettbewerb steht und scharf kalkulieren muß — die Lohnkosten allein sind noch nicht die ganze Wahrheit über die Rolle der menschlichen Arbeit bei der Bewahrung unserer Wettbewerbsfähigkeit. Genauso wichtig wie die Frage, was menschliche Arbeit kostet, ist die Frage, was menschliche Arbeit leistet, die Frage nach der Arbeitsproduktivität, die sich von 1951 bis 1981 — jeweils in Dekaden — wie folgt entwickelte[4]:

---

[3] Vgl. Informationsdienst des Instituts der deutschen Wirtschaft (iwd), 7. Jg (1981), Nr. 17, S. 5.

[4] Vgl. *Hof*, B.: Analyse, in: iw-trends — Indikatoren, Prognosen, Analysen, H. 1, 1981, S. 39 ff.

Durchschnittlicher Anstieg der Arbeitsproduktivität 1951 bis 1980 (Anstieg des realen Bruttoinlandsproduktes je Erwerbstätigenstunde in %)

1951 bis 1960 + 6,2 %
1961 bis 1970 + 5,3 %
1971 bis 1980 + 3,9 %

Hier hat sich in den letzten Jahren das Tempo des Produktivitätsanstieges verlangsamt, und aufgrund andauernder Investitionsschwächen sind heute immer mehr Produktionskapazitäten wettbewerbsunfähig! Dennoch befindet sich die Bundesrepublik in einer vergleichsweise günstigen Lage. Nur in den Niederlanden ist der Produktionswert je Arbeitsstunde etwas höher. Setzte man 1980 diesen Wert für die Bundesrepublik gleich 100, so lautete die entsprechende Ziffer für Holland 103. Dagegen errechneten sie sich für die USA auf nur 95, Frankreich 80 und auch für Japan nur auf 74. Diese Zahlen drücken aus, daß es den Hochlohnländern Holland und Deutschland bisher gelungen ist, ihre Arbeitskräfte effizient zu beschäftigen.

Dabei ist zu berücksichtigen, daß das deutsche Lohnniveau mittlerweile zu hoch ist, um noch technisch einfache Produkte oder Verfahren — z. B. auf Drittmärkten — verkaufen zu können. Daraus folgt logisch kausal, daß

(1) die Wirtschaft der Bundesrepublik ihre unternehmerischen Zielsetzungen nicht ausschließlich darin sehen kann und darf, Zeichnungen, Konstruktionsunterlagen oder Lizenzen zu exportieren. Blaupausenexport würde dann Arbeitsplätze gefährden!

(2) die Industrie inzwischen das Arbeitsgebiet „Forschung und Entwicklung" als Instrument der Unternehmenspolitik als Notwendigkeit anerkennt;

(3) die Industrie durch Forschung und Entwicklung so viel Know how erwerben muß, um im Verbund mit höherwertigen Produkten auch noch eine gewisse mittlere Technik vermarkten zu können. Nur so kann die Industrie zukünftig ihre Arbeitskräfte beschäftigen und evtl. neue Arbeitsplätze schaffen;

(4) eine geringere Nachfrage nach Produkten oder Verfahren der Industrie zwangsläufig zum Abbau von Arbeitsplätzen führt. Deshalb müssen die Anstrengungen der „Forschung und Entwicklung" um den technischen Fortschritt neue Produkte und neue Verfahren schaffen. Nur dann besteht die Chance eines Wachstums verbunden mit Neuinvestitionen sowie neuen Arbeitsplätzen. Nur durch Einrichtung neuer Arbeitsplätze kann der Fortfall alter Arbeitsplätze infolge technischen Fortschritts kompensiert werden, wobei festzuhalten ist, daß über die letzten 10 Jahre im Mittel der technische Fortschritt die Produktivität unserer Technologien um jährlich ca. 4 % steigerte.

Das heißt konkret, daß alle Unternehmen zum technischen Fortschritt gezwungen werden, oder sie stellen über kurz oder lang ihre unternehmerische Tätigkeit ein.

Es genügt nicht, nur nachträglich auf von außen kommende neue Technologien zu reagieren und sich anzupassen. Vielmehr kommt es bei der Schnelligkeit, mit der heute neue Technologien in marktfähige Produkte weiterentwickelt werden, darauf an, ständig vorne mit dabei zu sein. Andernfalls besteht die Gefahr, von den Entwicklungen überrollt zu werden und eine neue Technologie erst zu dem Zeitpunkt in marktfähige Produkte „innoviert" zu haben, wenn anderswo bereits eine andere, noch leistungsfähigere Technologie besteht, die die gerade errungene Wettbewerbsfähigkeit wieder zunichte macht.

Dies heißt zusammengefaßt, daß

(1) die menschliche Arbeit in unserem Land hochwertige Produkte erzeugen muß, die im internationalen Wettbewerb bestehen können und gute Preise erzielen, und

(2) bei starker Mechanisierung und fortgeschrittener Automatisierung nur relativ wenig teure, menschliche Arbeit im Fertigungsprozeß einfacher Massenindustrieerzeugnisse eingesetzt werden darf.

D. Aspekte von Forschung und Entwicklung im Rahmen der Wettbewerbsfähigkeit

I. Zielrichtung von Forschung und Entwicklung

Genau auf diese beiden Erscheinungsformen eines hohen Produktionswertes je Arbeitsstunde müssen die Forschungs- und Entwicklungsanstrengungen ansetzen. Es muß einerseits ständig versucht werden, durch innovatorische Anstrengungen technologisch anspruchsvolle Industriegüter zu entwickeln und marktfähig zu gestalten. Erst die Hochwertigkeit solcher neuer Produkte, für die sich das Schlagwort „intelligente Produkte" anbietet, ermöglicht es, daß der im allgemeinen kostenungünstige Produktionsstandort Bundesrepublik auch zukünftig attraktiv bleibt. Forschung und Entwicklung ist hier der Schlüssel zu qualitativem Wachstum im Sinne hochwertiger Erzeugnisse.

Zum anderen muß aber auch ständig dafür Sorge getragen werden, daß das innovatorische Potential eingesetzt wird, um die Fertigungskosten in der Industrie zu senken bzw. deren Anstieg unter Kontrolle zu halten. Das heißt, auch quantitatives Wachstum braucht Forschung und Entwicklung. Daraus leitet sich der Zwang zur Rationalisierung ab.

Es ist davon auszugehen, daß in der Bundesrepublik im Jahr 2000 nur noch ca. 30 % der Erwerbstätigen in der Industrie arbeiten werden.

Sind aber — wie in der Vergangenheit — Produktivitätssteigerungen und Anspruchsniveau an den Lebensstandard auszupendeln?

Bei Beantwortung dieser Frage unter Berücksichtigung der entsprechenden Zahlen ergibt sich, daß in den nächsten Jahren in der Bundesrepublik immer weniger Erwerbstätige für immer mehr Mitbürger den Lebensstandard erarbeiten müssen, der auch heute noch trotz des Schlagwortes von der Dienstleistungsgesellschaft weitgehend von der Versorgung mit industriell erzeugten Gütern abhängt.

Das hat verschiedene Gründe[5]:

(1) Die Bevölkerung in der Bundesrepublik Deutschland stieg von 1965 bis 1981 um 5 %.

(2) Im gleichen Zeitraum sank aber die Zahl der Erwerbstätigen um 5,6 %.

(3) Der Anteil der über 65jährigen an der Bevölkerung nimmt laufend zu: 1950 waren es 9,3 % — 1981 16,5 %.

(4) Durch die Verkürzung der Arbeitszeit bei vollem Lohnausgleich und durch mehr Urlaub ist zusätzlich die Zahl der Arbeitsstunden je Erwerbstätigen gefallen. In Salzgitter arbeitete ein Mitarbeiter im Hüttenwerk unter Berücksichtigung von Arbeitszeit, Urlaub und Krankheit 200 Tage/Jahr, der gleiche Mann in einem Hüttenwerk in Japan 240 Tage/Jahr.

(5) Immer mehr Erwerbstätige arbeiten im öffentlichen Dienst und in Dienstleistungsbetrieben und immer weniger in den Produktionsbetrieben.

So geht aus dem Strukturbericht des Rheinisch-Westfälischen Instituts für Wirtschaftsforschung hervor, daß (bei insgesamt konstant gebliebener Beschäftigtenzahl) der staatliche Sektor seit 1960 rd. 2 Mio Arbeitsplätze geschaffen hat, deren Bezahlung frei vom Wettbewerbsdenken und unabhängig vom Produktivitätsfortschritt ist. Damit ist dieser Anteil auf 26,6 % der Gesamtbeschäftigten gestiegen. Andererseits sind seit 1973 1,4 Mio Arbeitsplätze im warenproduzierenden Gewerbe weggefallen.

An diesem Prozeß der Entindustrialisierung und der Bewegung zur Dienstleistungsgesellschaft wird sehr deutlich, daß unser Lebensstandard letztlich nur durch Produktivitätsfortschritte zu halten sein wird. Traditioneller Ansatzpunkt für Produktivitätssteigerungen sind Rationalisierungsinvestitionen, mit denen ein möglichst effizienter Arbeitskräfteeinsatz und ein sparsamer Umgang mit Rohstoffen erreicht werden sollen. Sofern solche Rationalisierung nur darin besteht, mehr Sachkapital, also mehr Maschinen und bauliche Anlagen einzusetzen, die sich technologisch kaum von ihren Vorgängern unterscheiden, reicht eine solche Maßnahme heute nicht mehr aus. Sie muß von einem ganzen Bündel innovatorischer Maßnahmen begleitet sein, die in hohem Maße Forschungs- und Entwicklungsaktivitäten enthalten.

---

[5] Vgl. Statistisches Jahrbuch 1981 für die Bundesrepublik Deutschland, S. 50, S. 59 ff., S. 97 f., S. 99.

Seit langem geht die manuelle Tätigkeit in den Fertigungsbetrieben zurück. Es ist schon vielfach Wirklichkeit, daß eine Hierarchie von Rechnern die Produktion überwacht.

Zu erwähnen ist auch der Vormarsch der Industrieroboter, der nicht zu bremsen sein wird. Insgesamt hat sich die Arbeit vom Produktionsprozeß mehr zu den Ingenieurabteilungen Arbeitsvorbereitung, Prüfung, Qualitätskontrolle und Fabrikationssteuerung hin verlagert.

Am besten kennzeichnet diesen Sachverhalt vielleicht auch folgende Erscheinungsform:

Es genügt heutzutage nicht mehr, dem Investor nur eine einzelne Maschine oder Komponente für einen bestimmten Fertigungsprozeß anzubieten. Der Anbieter muß komplexe Systeme von der kundenorientierten Akquisition über die Planung und Erstellung bis hin zur Inbetriebnahme und Wartung managen. Heute wird also von ihm erwartet, daß er über die reine Hardware hinaus auch die Software, also das Know how, und somit ein ganzes Produktionssystem liefert, das in allen seinen Teilen den modernsten technologischenStand repräsentiert.

Diese Entwicklung deutet auf den höheren Stellenwert hin, der seit einer Reihe von Jahren Forschungs- und Entwicklungsaktivitäten in unseren Unternehmen zugeordnet wird und der sich schon positiv ausgewirkt hat. Denn auch in den 70er Jahren konnte ein kräftiger Produktivitätsanstieg erreicht werden, obwohl diese Jahre überwiegend investitionsschwach waren. Der Anstieg ist daher eher auf stärker wirksam gewordenen technischen Fortschritt in der Folge von mehr Forschung und Entwicklung als auf den reinen Mehreinsatz von Sachkapital zurückzuführen. Dies läßt sich aus folgender Entwicklung ableiten:

Mehr als in der gesamten Wirtschaft wuchs die Arbeitsproduktivität in der verarbeitenden Industrie in den 60er und 70er Jahren etwa gleich schnell, nämlich um 5,5 % jahresdurchschnittlich in den 60ern und 5,2 % in den 70ern. Stark unterschiedlich war jedoch die Investitionsquote — gemessen als Brutto-Anlageninvestitionen in v. H. des Brutto-Anlagevermögens. In den 60ern betrug sie noch 8,6 %; in den 70ern sank sie auf 5,9 %. Das bedeutet, daß die Erhöhung des produktiven Kapitalstocks um 1 % in den 60er Jahren einen Anstieg der Arbeitsproduktivität von nur 0,64 % bewirkte, in den 70er Jahren hingegen die Arbeitsproduktivität um knapp 1 % steigerte. Mit weiteren Zahlen kann unterstrichen werden, daß die steigenden Lohneinkommen ohne Gefährdung der Wettbewerbsfähigkeit nur durch einen Produktivitätsfortschritt ermöglicht werden. Der genannte Anstieg der Arbeitsproduktivität in den Jahren 1970 - 1979 von 5,2 % war gekennzeichnet durch eine jährliche Zunahme des Outputs von ca. 2,3 % bei einer gleichzeitigen Abnahme des Arbeitseinsatzes von 2,8 %.

In dieser größeren Effizienz der Sachinvestitionen manifestierte sich der stärker wirksam gewordene technische Fortschritt. Der Preis, den die Unternehmen dafür bezahlen mußten, war die Erhöhung ihres Forschungs- und Entwicklungsaufwandes!

Pro Kopf der Bevölkerung werden dafür heute knapp 400 DM aufgewendet. Im internationalen Vergleich nimmt die deutsche Wirtschaft damit einen Spitzenplatz ein. Nur die USA und Japan weisen heute eine absolut größere Forschungsintensität[6] aus, wie folgende Zahlen belegen:

Forschungsausgaben in Mrd. Dollar

USA:	45 ≙	2,4 % der Bruttoinlandsproduktion
Japan:	13 ≙	1,7 % der Bruttoinlandsproduktion
Bundesrepublik Deutschland:	11 ≙	2,0 % der Bruttoinlandsproduktion

Ein erfreuliches Resultat der Erhebung des Stifterverbandes ist in den überdurchschnittlichen Zuwachsraten der F-+E-Aufwendungen der mittleren und kleinen Unternehmen zu sehen. Während alle Unternehmen ihre Forschung und Entwicklung in den Jahren 1971-1977 finanziell um 10,7 % jährlich steigerten, gaben Unternehmen mit 1 000-4 999 Mitarbeitern 16,3 % und Unternehmen mit weniger als 1 000 Beschäftigten sogar 21,9 % mehr pro Jahr für Forschung und Entwicklung aus.

Auch die Bilanz der Lizenzen hat eine positive Entwicklung erfahren. Das Defizit betrug zwar 1980 noch ca. 1 Mrd. DM, doch stiegen die Einnahmen aus Lizenzen seit 1975 um ca. 20 %, während die Ausgaben im gleichen Zeitraum um nur 8 % zunahmen. Die Unternehmen ohne ausländische Beteiligungen haben insgesamt sogar eine positive Bilanz des Lizenzgeschäftes.

---

[6] Vgl. BMFT (Hrsg.): Bundesbericht Forschung VI, Reihe: Berichte und Dokumentationen, Bd. 4, Bonn 1979, S. 74 ff.; *Keller*, H.: Technologietransfer — Aufgabe von Staat und Wirtschaft, in: Rationalisierung, 28. Jg. (1977), S. 8 ff.; *Stifterverband für die Deutsche Wirtschaft:* Forschung und Entwicklung in der Wirtschaft 1975, Arbeitsschrift A, Essen 1978; Informationsdienst des Instituts der deutschen Wirtschaft (iwd), 7. Jg. (1981), Nr. 22, S. 5; *Thomas*, U.: Perspektiven und Erfahrungen der Technologieförderung des Bundesministeriums für Forschung und Technologie, in: Angewandte Innovationsforschung 1, hrsg. v. E. Staudt, Berlin 1980, S. 36 ff.

Auch in anderer Weise läßt sich zeigen, daß die stärkere Hinwendung zu Forschungs- und Entwicklungsaufgaben die richtige Antwort auf die Herausforderungen ist, denen ein hochentwickeltes Industrieland wie die Bundesrepublik heute begegnen muß. Diese sind die überdurchschnittliche Verteuerung von Rohstoffen, Energie und menschlicher Arbeit. Dem hat die Bundesrepublik im wesentlichen nur eines entgegenzusetzen, nämlich die relativ gute Ausstattung mit Humankapital, also gut ausgebildeten und leistungsbereiten Menschen, die zu innovatorischen Anstrengungen motiviert und fähig sind. Aufgrund dieser Sachlage hatten in den 60er und 70er Jahren solche Bereiche die besten Entwicklungsmöglichkeiten, die humankapitalintensiv produzierten, die also überdurchschnittlich viel qualifizierte Arbeitskräfte beschäftigen.

Hierzu einige Bemerkungen aus dem Kurzbericht des Weltwirtschaftsinstituts Kiel zum Strukturwandel der deutschen Wirtschaft vom März 1981:

(1) Unter Importdruck geraten sind vor allem die Anbieter arbeitsintensiv hergestellter Konsumgüter, aber auch standardisierter Produktions- und Investitionsgüter.

(2) In den 70er Jahren haben diejenigen Produktionsbereiche, die überdurchschnittlich viel Humankapital in Form qualifizierter Arbeitskräfte einsetzten, weiter deutlich an Boden gewonnen, und zwar vornehmlich zu Lasten energie- und rohstoffintensiver sowie arbeitsintensiver Produktionen.

(3) Parallel hierzu hat sich der Strukturwandel zugunsten forschungsintensiver Bereiche noch verstärkt.

(4) Möglichkeiten zur Produktivitätssteigerung werden vor allem vom technologischen Potential bestimmt. Ins Hintertreffen geraten sind bei der Produktivitätsentwicklung vornehmlich solche Branchen, die nicht in der Lage gewesen sind, ihr technologisches Potential durch forschungs- und entwicklungsintensive Investitionen sowie durch den Einsatz von Humankapital zu erweitern.

Dieser Strukturwandel ist volkswirtschaftlich vernünftig, ja sogar notwendig. Er ist von einer zunehmenden Bedeutung von Forschung und Entwicklung begleitet, wodurch das vorhandene Humankapital mehr und besser ausgenutzt wird. Allerdings setzt dieser Strukturwandel auch voraus, daß Wirtschaft und Staat in der beruflichen und allgemeinen Ausbildung der Menschen nicht nachlassen, so daß auch zukünftig ein ausreichender Vorrat an Humankapital zur Verfügung steht. Denn ein Wachstum der Qualität von Technik und Technologien geht einher mit einer höheren Qualifikation und Verantwortung am einzelnen Arbeitsplatz.

Auch in der beruflichen Bildung sind also entsprechende Investitionen notwendig. Dazu gehört die Information durch Staat und Sozial-

Forschung und Entwicklung 37

partner über neue Technologien, um dieses Element der Zukunftsgestaltung in das Bewußtsein aller zu rücken. Dazu gehört das Vermitteln von Grundkenntnissen über wirtschaftliche und technische Zusammenhänge unserer gesellschaftlichen Entwicklung in den Schulen. Dazu gehört weiter eine betriebliche Berufsausbildung, die die Fähigkeit zu Kreativität, Kommunikation, Teamarbeit und Verantwortung fördert. Die ständige Anpassung des Wissens und Könnens im Zeichen des technischen Fortschritts ist ein entscheidender Faktor der Wettbewerbsfähigkeit der Wirtschaft. Aus einer Untersuchung des Stifterverbandes für die Deutsche Wissenschaft 1981 geht hervor, daß im verarbeitenden Gewerbe ca. 45% des Umsatzes mit Produkten erzielt wird, die nicht älter als 9 Jahre sind. Ein Drittel des Umsatzes basiert auf Produkten, die maximal 5 Jahre alt sind.

Deshalb ist eine ständige Weiterbildung in den Unternehmen zwingend notwendig.

Eine für die Bundesrepublik sehr schmerzhaft fühlbare Herausforderung ist die Passivierung unserer Leistungsbilanz. Natürlich ist hierfür hauptsächlich die Ölimportverteuerung verantwortlich. Die allgemeine hohe Kostenbelastung macht es der deutschen Wirtschaft zunehmend schwerer, preislich im internationalen Wettbewerb gegenüber anderen Industrieländern oder den aufstrebenden Entwicklungsnationen zu bestehen. Sie ist daher mehr als früher darauf angewiesen, technologisch anspruchsvolle Industriegüter zu exportieren, bei denen der Preis nicht die allein entscheidende Rolle im Wettbewerb spielt.

Produktqualität, technologischer Standard, Lieferfristen, Serviceleistungen sind wichtige Faktoren, um langfristige Erfolge im Außenhandel zu erzielen. Noch wichtiger ist aber die Fähigkeit eines Landes, sich flexibel den Änderungen der Weltimportnachfrage regionaler oder warenmäßiger Art anzupassen. Hierbei kann sich die gute Ausstattung der Bundesrepublik mit Humankapital und mit Forschungs- und Entwicklungseinrichtungen innerhalb und außerhalb der Wirtschaft positiv auswirken. Eine Analyse, aus welchen Produktgruppen sich unsere industriellen Exporte zusammensetzen, ergibt folgendes:

Es lassen sich etwa 35 Produktgruppen bilden, die einen relativ hohen Anteil an qualifizierter Arbeit bei ihrer Herstellung benötigen. Dabei handelt es sich beispielsweise um Industrieanlagen, Motoren, Turbinen, Schwerfahrzeuge, feinmechanische und chemische Produkte, also hochwertige Erzeugnisse, zu deren Herstellung fortschrittliche Technologien nötig sind. Im Export dieser Produkte ist die Bundesrepublik führend. Am Gesamtvolumen, das alle OECD-Länder bei diesen Produktgruppen erreichten, hielt sie 1980 einen Anteil von 21,3%. Dagegen verzeichneten die schärfsten Weltmarktkonkurrenten Japan und die USA nur Anteile von 15,9 bzw. 15,3 %. Die Bundesrepublik, immerhin zweitgrößter Exporteur der Welt, verfügt zwar nicht, wie z. B. die USA im Computer- und Büromaschinenbereich oder Japan in der Fernseh- und Phonoindustrie, über ausgesprochene Spitzenstellungen, kann jedoch dafür mit einer insgesamt breiten Palette hohe Exportquoten erzielen.

Insgesamt belegen die Exporterfolge der vergangenen Jahre, daß die Hinwendung zur sogenannten „high sophisticated technology" richtig war. Deshalb sollte sich die Bundesrepublik auch in Zukunft auf bestimmte Spezialbereiche, in denen besondere Stärken vorliegen, konzentrieren. Hierzu zählt der Großanlagenbau, der Reaktorbau, bestimmte Bereiche der Luft- und Raumfahrttechnik, der Elektronik, des Maschinen- und Fahrzeugbaus und der Chemie. Es sind dies Bereiche, die auch in der Vergangenheit besonders hohe Forschungs- und Entwicklungsintensitäten aufwiesen. So hat der Stifterverband für die Deutsche Wissenschaft ermittelt, daß 1977 noch 81,4 % der Aufwendungen für Forschung und Entwicklung in den fünf Wirtschaftszweigen Chemie, Elektrotechnik, Fahrzeug- und Maschinenbau sowie Luft- und Raumfahrzeugbau entfielen. Damit hat die Konzentration gegenüber 1971, als noch 85,7 % in diesen Bereichen angesiedelt waren, leicht nachgelassen. Forschung und Entwicklung haben sich also insgesamt verbreitert. Die chemische Industrie und die Elektrotechnik tätigen dabei mit je 25,9 % der Forschungs- und Entwicklungsausgaben immerhin noch mehr als die Hälfte aller finanziellen Forschungs- und Entwicklungsanstrengungen der deutschen Wirtschaft. Lag der gesamte Industriedurchschnitt bei nur 3,1 % Anteil der Forschungs- und Entwicklungsausgaben, bezogen auf den Umsatz, verzeichneten beispielsweise die Elektrotechnik 6,4, der Fahrzeugbau 5,7 und die Chemie 4,7 Prozentanteile.

Der wirtschaftliche Erfolg solcher Anstrengungen ist nicht ausgeblieben. Die überdurchschnittlich forschungsintensiven Branchen verbuchten überdurchschnittliche Umsatzsteigerungen. Die Beschäftigung entwickelte sich günstiger als im Industriedurchschnitt. Während die Zahl der Beschäftigten im gesamten verarbeitenden Gewerbe von 1970 bis 1977 um rd. 14 % zurückging, betrug der Rückgang in den obengenannten forschungsintensiven Industriezweigen lediglich 8 %. Da diese Zweige mit ihren 3,3 Mio Beschäftigten knapp die Hälfte der in der verarbeitenden Industrie zur Verfügung stehenden Arbeitsplätze stellen, ist der die Beschäftigung stabilisierende Einfluß der besonders forschungs- und entwicklungsintensiven Industriezweige von großem arbeitsmarktpolitischem Gewicht.

II. Technischer Fortschritt und Rationalisierung

Dieser eben angesprochene Zusammenhang zwischen technischen Neuerungen als Folge von Forschung und Entwicklung und der Sicherung von Arbeitsplätzen wird heute wieder viel diskutiert — aber mit einem anderen Akzent. Alte Ängste vor umfassenden technischen Neuerungen leben wieder auf; sie werden als Bedrohung der Arbeitsplätze empfunden. 1844 lösten solche Ängste vor neuen Webstühlen den Aufstand der schlesischen Leinweber aus, der durch Gerhart Hauptmanns Drama „Die Weber" in die Literatur eingegangen ist.

Heute wird mit den aus unserer modernen Industriewelt nicht mehr wegzudenkenden Mikroprozessoren ein neuer „Job-Killer" beschworen. Gewiß, Freisetzungseffekte als Folge neuer Techniken und Technologien können nicht geleugnet werden; sie sind in der Regel auch beabsichtigt.

Dagegenzuhalten sind aber die positiven Beschäftigungswirkungen von technischen Neuerungen. Es sind zwar nach einer Berechnung des Ifo-Instituts zwischen 1950 und 1960 rd. 2 Mio Arbeitnehmer durch die Einführung neuer Techniken freigesetzt worden. Diese Ziffer macht nicht weniger als 42 % aller im Jahre 1950 in der Industrie Beschäftigten aus. Für die Periode von 1960 bis 1968 beträgt der Freisetzungseffekt gar knapp 3 Mio oder 37 % aller im Jahre 1960 in der Industrie Beschäftigten. Trotzdem war diese Zeit eher von Überbeschäftigung als von Arbeitslosigkeit gekennzeichnet. Nicht zuletzt kompensatorische Wirkungen auf die Beschäftigung in der Folge des technischen Fortschritts waren für diese günstige Entwicklung mitverantwortlich. Sie entstanden einmal aus der Produktion neuer Gebrauchs- und Investitionsgüter, in denen sich die neue Technologie verkörpert. Zum anderen wurden Kostensenkungen erzielt, so daß durch Preissenkungen Absatz und Produktion ausgedehnt werden konnten.

Das Bundesministerium für Forschung und Technologie hat die beschäftigungspolitischen Wirkungen der öffentlichen Förderung von Forschung und Entwicklung untersuchen lassen. Dabei wurde herausgefunden, daß 1979 durch die Förderung des Forschungsministeriums 400 Tsd. Arbeitsplätze gesichert werden konnten. Davon über die Hälfte durch Innovationen, also durch neue Produkte, die durch die Förderung der technischen Entwicklung erst entstanden sind.

Dem Mikroprozessor wird nachgesagt, daß er mehr Arbeitsplätze „vernichte" als neue schaffe. Diese Aussage ist falsch, denn — weltweit betrachtet — verbessert er die Chancen im Anlagengeschäft und wird — dergestalt richtig genutzt — der Industrie insgesamt mehr Aufträge und damit Beschäftigung bringen. Seine optimale Programmierung für den jeweiligen Anwendungsfall wird bald zu den wichtigsten Akquisitionsargumenten gehören. Damit aber wird er das gleiche wie alle anderen Basisinnovationen verursachen: mehr Umsatz, mehr Beschäftigung und überdies für Benutzer und den Bediener: leichteres Leben.

E. Schlußbemerkungen

1. Es muß offensiver als bisher der zunehmenden Skepsis und Ablehnung neuer Technologien begegnet werden. Diese Akzeptanzkrise ist keineswegs auf die Kernenergie beschränkt; hier manifestiert sie sich nur besonders deutlich. Auch neue Kohletechnologien und Kommunikationstechniken, um nur wenige Beispiele anzuführen, sind manchmal in ihrer Verwirklichung bedroht, weil die allenthalben zu beobachtende Technikfeindlichkeit die notwendigen politischen Entscheidungen verzögert oder gar verhindert. Mit rationalen Gründen allein, insbesondere mit technologischen Überlegungen, ist der Widerstand nicht zu erklären. Der Fortschrittsglaube selbst ist in eine Krise geraten. Dies sollte weder verniedlicht noch unterschätzt werden. Es muß wieder mehr Überzeugungsarbeit geleistet werden. Es muß das Bewußtsein geschärft werden, daß die weitere Anhebung und auch nur die Bewahrung des Lebensstandards untrennbar mit technologischen Neuerungen verbunden sind. Technisch-wissenschaftlicher Fortschritt ist seiner Natur nach weder gut noch böse — er läßt sich zu beidem gebrauchen. Der Zweifel im Fortschritt ist deshalb nichts anderes als der Zweifel an den Menschen, die ihn hervorbringen und wirtschaftlich einsetzen.

Diese weit verbreitete unterschwellige Verdächtigung eines ganzen Berufsstandes, nämlich der Ingenieure und Techniker, ist wesentlich dafür verantwortlich, daß das Interesse der jungen Menschen an einer natur- oder ingenieurwissenschaftlichen Ausbildung nachgelassen hat. Wenn es gelingt, hierfür wieder mehr Interesse zu erwecken, würde der Technikfeindlichkeit ein Großteil ihrer Basis entzogen sein.

2. Sind Wirtschaft und Wissenschaft der Bundesrepublik in der Lage, die Wettbewerbsfähigkeit zu erhalten, um in der Technologie mit an der Spitze zu bleiben?

Positiv ist zu bewerten — relativ zum internationalen Maßstab betrachtet —, daß eine niedrige Inflationsrate und geringe Streikverluste eine Stabilität bieten, die eine gute Ausgangsbasis für die Wettbewerbsfähigkeit darstellt. Negativ wirken das Alter der Anlagen, die mangelnde Investitionsbereitschaft, ständig steigende Arbeitskosten und schließlich eine nachlassende Bereitschaft, den technologischen Fortschritt zu nutzen und neue Techniken zu entwickeln. Nicht etwa, weil die Qualität des deutschen Geistes nachgelassen hat, neue Technologien zu entwickeln, sondern weil bei erhöhtem Anspruchsniveau die Realisierung von Produktionsverbesserungen schwieriger geworden ist. Die Wertschätzung der Männer, die neue Technologien entwickeln, ist geringer geworden. Sie müssen sich sogar verteidigen, wenn sie durch neue Technologien rationalisieren und Arbeitsplätze in Gefahr bringen.

3. Innovation ist von Haus aus schwer; wenn man aber bereits vor dem Nachdenken auf alle gesetzlichen und sozialen Implikationen achten muß, besteht die Gefahr, daß das Nachdenken unterbleibt. Erschwerend kommt hinzu, daß sich die Ausbildungsschwerpunkte von der Technologie weg verschoben haben und noch weiter verschieben. Die Struktur der erwerbstätigen Hochschulabsolventen hat sich in den letzten 15 Jahren wie folgt verändert:

Ingenieure — 7 %
Volkswirte und Betriebswirte + 76 %
Soziologen und Politologen + 183 %.

Damit wird die Schere zwischen Anspruch und Realisierungsmöglichkeit des technischen Fortschritts immer größer.

Zusammenfassend ist festzustellen:

Das Territorium der Bundesrepublik Deutschland ist relativ klein ihre Bevölkerungsdichte groß und ihre Rohstoffquellen sind im internationalen Vergleich minimal. Wenn sie heute dennoch zu den potentesten Wirtschaftsmächten gehört, so nahezu ausschließlich aufgrund ihres Know how's, zu dem in diesem Zusammenhang nicht bloß Technik im engeren Sinne des Wortes, sondern auch unternehmerisches Können, wirtschaftliche Stabilität, geordnete politische Verhältnisse und funktionierende Universitäten gehören.

Regionale Wirkungen staatlicher Innovationsförderung

Von *Karsten Kirsch*, Wendeburg

A. Zielsetzung und begriffliche Abgrenzung

Die Bemühungen, dem sich seit Beginn der siebziger Jahre in immer stärkerer Intensität vollziehenden Strukturwandel wirksam zu begegnen, haben in den letzten Jahren zu erheblichen wirtschaftspolitischen Aktivitäten geführt, insbesondere auf dem Gebiet der staatlichen Innovationsförderung. Dabei wurde nicht so sehr das Finanzbudget für das Maßnahmenprogramm erhöht, sondern es wurde versucht, bei annähernd gleichem Finanzvolumen eine Umschichtung mit dem Ziel vorzunehmen, über eine Vielzahl von neuen Programmen ein breiteres Empfängerfeld zu erreichen. Ziel einer solchen Politik kann es nicht nur sein, Anreize zur Erweiterung des Wissens- und Erkenntnisstandes zu schaffen, sondern vor allem unter weitestgehender Schonung der volkswirtschaftlichen Ressourcen die Leistungs- und Wettbewerbsfähigkeit der Wirtschaft mindestens zu erhalten und dabei die Arbeits- und Lebensbedingungen der Menschen zu verbessern. Unter Berücksichtigung der Gegebenheiten, daß in der Bundesrepublik Deutschland ca. 1,9 Mio. Betriebe (d.h. 99 %) und ca. 12,4 Mio. Arbeitsplätze (d.h. 59 %) den mittleren und kleineren Unternehmen zuzurechnen sind[1], hat sich die Bundesregierung zum Ziel gesetzt, diesen Unternehmensbereich zu unterstützen, weil sie davon ausgeht, daß dort Hilfe benötigt würde im Personalsektor bezüglich der qualitativen Anforderungen, auf finanzieller Ebene, aber auch was den Umgang mit staatlichen Institutionen und Informations- bzw. Forschungseinrichtungen anbelangt.

Ein Teil der staatlichen Strategie der Innovationsförderung ist nun darauf angelegt, eben dieser Unternehmenskategorie bei der „bedarfsgerechten Erschließung" von Forschungs- und Entwicklungsergebnissen zu helfen, um „neue oder verbesserte Produkte oder Verfahren" zu schaffen[2].

---

[1] Vgl. Der Bundesminister für Forschung und Technologie: Innovationsberatung, Bonn 1979, S. 2.

[2] Vgl. Der Bundesminister für Forschung und Technologie: Innovationsberatung, S. 3.

I. Innovation und Invention

Bevor wir uns aber intensiver mit dieser Förderung auseinandersetzen, müssen wir klären, was unter Innovation eigentlich zu verstehen ist, und welche Erfordernisse sich „für die Durchsetzung von Innovationsprozessen stellen"[3]. Der Begriff Innovation hat in der wissenschaftlichen Literatur eine Vielfalt inhaltlicher Abgrenzungen erfahren[4]. Umschreiben wir Innovation als das Hervorbringen, das Durchsetzen, die Übernahme neuer Techniken, so wird damit deutlich, daß es sich dabei um eine Neuheit im Sinne von „noch nicht dagewesen" handeln kann oder um eine Neuheit, die nur in ihrer Erscheinungsform als neu empfunden wird. Der erstere Fall wird als objektive[5] Neuheit bezeichnet, der zweite als subjektive[6]. Die Innovation kann jedoch nicht ausschließlich unter ergebnisorientiertem Aspekt betrachtet werden. Wichtig ist, den prozessualen Vorgang einzubeziehen, der dabei abläuft[7]. Die Innovation läßt sich nämlich in eine Inventions-, Innovations- und Diffusionsphase untergliedern[8]. Die Inventionsphase beinhaltet dabei den Zeitraum, der für die Ideengewinnung und -formulierung benötigt wird; die Innovationsphase, die sich daran anschließt, dient der praktischen Umsetzung der neuen Erkenntnisse in konkrete ökonomische Aktivitäten. Somit wird die Invention durch Markteinführung zu einer Innovation. Soweit aber die Produzenten der Forschungs- und Entwicklungsaktivitäten (Inventionen) nicht identisch sind mit dem Kreis der Innovatoren, findet zwischen beiden ein Prozeß der Diffusion statt, d. h. daß ein Informationstransfer notwendigerweise dazwischengeschal-

---

[3] *Lauschmann*, E.: Grundlagen einer Theorie der Regionalpolitik, Veröffentlichungen der Akademie für Raumforschung und Landesplanung, Taschenbücher zur Raumplanung, Bd. 2, 3. völlig neu bearb. Aufl., Hannover 1976, S. 96.

[4] Vgl. *Schumpeter*, J.: Theorie der wirtschaftlichen Entwicklung, 6. Aufl., Berlin 1964, S. 100 f.; *Coenen*, R., *Wingert*, B.: Konzepte und Ziele der Innovationsforschung, in: Studiengruppe für Systemforschung Heidelberg, Mitteilungen, November 1973, S. 8; *Hinterhuber*, H. H.: Innovationsdynamik und Unternehmensführung, Wien/New York 1975, S. 27 f.; *Wilhelm*, H.: Volkswirtschaftslehre für Ingenieure, Essen 1980, S. 77; vgl. zur weiterführenden Auseinandersetzung mit dem Innovationsbegriff *Corsten*, H.: Der nationale Technologietransfer — Formen — Elemente — Gestaltungsmöglichkeiten — Probleme, Berlin 1982, S. 111 f.

[5] Vgl. *Witte, E.*: Organisation für Innovationsentscheidungen. Das Promotoren-Modell. Kommission für wirtschaftlichen und sozialen Wandel, Bd. 2, Göttingen 1973, S. 2.

[6] Vgl. *Wilhelm*, H.: Fortschritt und Rationalisierung in der Wirtschaft. Vortrag auf der 15. öffentlichen Jahrestagung der Arbeitsgemeinschaft Verstärkte Kunststoffe e. V. — Internationale Tagung über verstärkte Kunststoffe — Freudenstadt 3. - 5. Okt. 1978, Vorabdruck, S. 1 - 2; derselbe: Produktdifferenzierung, in: Handwörterbuch der Absatzwirtschaft, hrsg. v. B. Tietz, Stuttgart 1974, Sp. 1713.

[7] Vgl. *Corsten*, H., S. 116.

[8] Vgl. *Corsten*, H., S. 116.

tet werden muß, der unternehmensextern, aber auch unternehmensintern verlaufen kann.

Verläuft der Diffusionsprozeß unternehmensextern, so erfolgt er in einer zeitlich versetzten Abfolge und erfaßt „über das Vehikel der gütermäßigen, personellen und informationsmäßigen Verflechtung der einzelnen Wirtschaftseinheiten"[9] den Gesamtraum. Es muß jedoch davon ausgegangen werden, daß — entsprechend der unterschiedlichen Wirtschaftsstrukturen im Raum — die Diffusionsprozesse nicht den Gesamtraum treffen, sondern geballt in bestimmten Teilräumen zusammenfließen. Das bedeutet, daß es für den Unternehmer und die Entwicklung seines Unternehmens von vorrangiger Bedeutung ist, einen Standort zu wählen, an dem ihm hochwertiges Innovationspotential zur Verfügung steht.

II. Technologie und Technologietransfer

An dieser Stelle muß notwendigerweise darauf hingewiesen werden, daß bloße Inventionen allein nicht ausreichen, um als wesentliche Komponente wirtschaftlichen Wachstums zu gelten. Ihre ökonomische Bedeutung erlangen sie erst mittels des Technologietransfers. Bezüglich des Begriffs Technologie wird zwischen einer sog. ‚engen Auffassung' und einer sog. ‚weiten' unterschieden[10]. In der ‚engen Auffassung' wird Technologie als eine wissenschaftliche Disziplin verstanden, während die ‚weite' auch organisatorische Verfahren, Planungsmethoden, Verfahren der Datenaufbereitung einbezieht. Es wird schon daran deutlich, daß „unter dem Terminus Technologie keine Zusammenfassung homogener Objekte zu verstehen ist, sondern es sich hierbei um ein äußerst heterogenes Gebilde handelt"[11]. Bindeglied zwischen Innovation und Technologie ist die technologische Innovation, d. h. die „subjektiv oder objektiv neue Technologie", die eine wirtschaftliche Anwendung erfährt[12]. Ein innovativer Technologietransfer verhilft dem Technologienehmer zu einer neuen Technologie; wobei wir an dieser Stelle nicht auf die fließenden Grenzen zwischen innovativem und adaptivem Technologietransfer eingehen, sondern uns vielmehr im folgenden mit den Fragen beschäftigen wollen, was denn als Innovationspotential gilt und welche Indikatoren auf das Vorhandensein eines solchen Potentials in einer Region schließen lassen und sodann, ob eine staatliche Förderung

---

[9] *Ewers*, H.-J., *Wettmann*, R.: Innovationsorientierte Regionalpolitik, Schriftenreihe „Raumordnung" des Bundesministers für Raumordnung, Bauwesen und Städtebau, H. 06.042, 1980, S. 26.
[10] Vgl. dazu die umfassende Darstellung von *Corsten*, H., S. 5 ff.
[11] *Corsten*, H., S. 7.
[12] *Corsten*, H., S. 114.

der Innovationen in der Lage ist, deglomerierend zu wirken im Sinne einer gleichmäßigen Entwicklung des Gesamtwirtschaftsraumes.

B. Indikatoren und Maßnahmen staatlicher Innovationsförderung

I. Auswahl und Praktikabilität der Indikatoren

Wenn wir von den Indikatoren auf das Potential schließen, so lassen sich in Anlehnung an Ewers/Wettmann folgende Größen nennen:[13]

— Forschungs- und Entwicklungs-Gesamtaufwand, darin eingeschlossen der Personalaufwand
— Produktion mit einem neuen Verfahren im Verhältnis zur Gesamtproduktion und entsprechende Maschinenkapazitäten, die nach neuen Verfahren arbeiten im Verhältnis zur Gesamtkapazität
— Umsatz an neuen Produkten im Verhältnis zum Gesamtumsatz
— Patente
— staatliche Förderung von Innovationsprojekten

Es zeigt sich jedoch — und die Untersuchung von Ewers/Wettmann bestätigt diese Vermutung —, daß eine regionale Erfassung der ersten drei Indikatoren mit einem außerordentlich hohen Schwierigkeitsgrad behaftet ist und in der Regel einen kaum zu rechtfertigenden finanziellen Aufwand erfordert[14]. Die Hauptproblematik liegt jedoch vor allem darin begründet, daß von der Unternehmensseite „interne und externe Kriterien" zur Bewertung neuer Produktideen entwickelt und umgesetzt werden müssen[15], und daß sich gerade dabei eine Vielzahl von Verfahren anbietet, die letztendlich die strukturellen Zusammenhänge von Produktentwicklung und Marktveränderung des jeweiligen Unternehmens zu berücksichtigen haben. In ähnlicher Weise unbeantwortet muß auch die Aussage über die Indikatoren „Patente" und „staatliche Förderung von Innovationsprojekten" bleiben; zwar läßt sich ein regionales Gefälle bezüglich der erteilten Patente zwischen staatlichen Fördergebieten und Nicht-Fördergebieten feststellen, es läßt sich aber nicht schlüssig nachweisen, ob noch andere Gründe ursächlich damit zusammenhängen, z. B. unternehmensgrößenspezifische[16].

---

[13] Vgl. *Ewers*, H.-J., *Wettmann*, R., S. 18 ff.
[14] Vgl. dazu auch *Staudt*, E., *Schmeisser*, W., *Schwarz*, B.: Der Betrieb als Objekt der Technologiepolitik, in: Innovationsförderung und Technologietransfer, Einsatz und Bewältigung technologiepolitischer Instrumente in der betrieblichen Praxis, hrsg. v. Staudt, E., Berlin 1980, S. 14 f.
[15] Vgl. *Brankamp*, K.: Innovationspraxis: Neue Aufgaben für die Unternehmensberatung, in: Innovationsförderung und Technologietransfer, Einsatz und Bewältigung technologiepolitischer Instrumente in betrieblicher Praxis, hrsg. v. Staudt, E., Berlin 1980, S. 127.
[16] Vgl. *Ewers*, H.-J., *Wettmann*, R., S. 19 ff.

Insofern scheint auch ein Zusammenhang zwischen Innovationsförderung und regionaler Entwicklung zu bestehen: Während Großunternehmen bezüglich des Innovationseinsatzes und -erfolges im wesentlichen von ihrer Standortumgebung unabhängig sind, ergibt sich für kleinere und mittlere Unternehmen eine doch erhebliche Abhängigkeit von ihrer regionalen Umwelt[17], was bedeutet, daß Regionen im Rahmen ihrer innovativen Bemühungen weitestgehend auf ihre endogenen Aktivitäten — geprägt durch ihre jeweilige Industriestruktur — angewiesen sind.

II. Verteilungsmodus und regionale Wirkungen

Die Förderungsmaßnahmen der Bundesregierung umfassen die projektunabhängige, aufwandsorientierte Förderung. Es handelt sich dabei um Zuschüsse zu Aufwendungen für das im Forschungs- und Entwicklungsbereich tätige Personal und die Investitionszulage für Forschungs- und Entwicklungs(FuE)-Anlagegüter, die über die anfallenden Steuerausfälle gemeinsam von Bund und Ländern finanziert werden und die Programme zur Förderung der Vertragsforschung. Daneben gibt es eine Vielzahl von steuerlichen und quasisteuerlichen Maßnahmen, wie z. B. Einkommensteuerermäßigung für Erfindervergütungen, Sonderabschreibungen zur Förderung umweltfreundlicher Technologien u. ä. Folgende Darstellung soll einen Gesamtüberblick vermitteln.
Förderungsinstrumente der Bundesregierung im Rahmen des FuE-Konzeptes[18]:

Projektförderung	— Direkte Förderung von FuE-Vorhaben — Erstinnovationen — Technische Entwicklung in Berlin
Mittelbare Förderung von Forschung und Entwicklung	— Prozentualer Zuschuß zu den Aufwendungen für FuE-Personal über die Arbeitsgemeinschaft industrieller Forschungsvereinigungen (AiF) — Steuerliche Förderung von FuE-Investitionen — Deutsche Wagnisfinanzierungs-Gesellschaft
Investitions- und Innovationshilfen bei Gründung und Erweiterung von Unternehmen	— Eigenkapitalhilfe-Programm für Existenzgründungen — Zinsverbilligte Darlehen (ERP) — Förderung der Markteinführung energiesparender Technologien und Produkte

---

[17] Vgl. *Ewers*, H.-J., *Wettmann*, R., S. 22.
[18] Vgl. Der Bundesminister für Forschung und Technologie: Forschungs- und technologiepolitisches Gesamtkonzept der Bundesregierung für kleinere und mittlere Unternehmen — Fortschreibung 1979, 2. aktualisierte Aufl., Bonn 1979.

Vertragsforschung	— Prozentualer Zuschuß zu den Kosten externer Vertragsforschung über die AiF
	— Fraunhofer-Gesellschaft
Industrielle Gemeinschaftsforschung	— AiF
	— Patentwesen
	— Informationstransfer aus Großforschungseinrichtungen
Technologie-Transfer	— Technologie- und Innovationsberatung
	— Markt-Strukturstudien
	— Normung

Mit Hilfe des finanziellen Einsatzes versucht die Bundesregierung von vornherein den wohl wesentlichen Engpaßfaktor des Innovationsprozesses zu treffen, den Mangel an Risikokapital. Dieser Engpaß betrifft insbesondere die Phasen, in denen es gilt, die Produktion vorzubereiten, indem personelle und maschinelle Kapazitäten auf- und ausgebaut werden. Während die Investitionszulagen eine einmalige Leistung darstellen, verkürzen die Sonderabschreibungen die Kapitalrückgewinnungszeit; die Europäischen Wiederaufbauprogramm-Mittel (ERP) sind zinsgünstiges Kapital, die für alle Investitionsarten außer Ersatzinvestitionen zur Verfügung stehen. Ganz generell kann gesagt werden, daß die Gesamtheit der Instrumente im wesentlichen auf eine — allerdings undifferenzierte — Ausweitung des regionalen Arbeitsplatzangebotes gerichtet sind. Die explizite Formulierung „eines auf die Förderung von Innovationen gerichteten Ziels existiert nur insoweit, als die Förderung der Umstellung von Betrieben auch zum Zielkatalog der verschiedenen Maßnahmen gehört"[19].

Im Forschungsbericht VI der Bundesregierung ist ein Systematisierungsversuch der oben aufgeführten Maßnahmen dahingehend vorgenommen worden, daß zwischen direkten und indirekten Instrumenten unterschieden werden kann, wobei den direkten die institutionelle Förderung und die Projektförderung — unterteilt in nicht programmgebunden und programmgebunden — zugeordnet sind, die indirekten in Globalförderung — steuerliche Maßnahmen — und indirekt spezifische Förderung getrennt werden. Seit Jahren gibt es die Diskussion über Zweckmäßigkeit und Marktverträglichkeit der Förderwege, die für die Forschung und Entwicklung in Betracht kommen. Im Mittelpunkt steht dabei stets das Begriffspaar direkte und indirekte Förderung. So kontrovers die Diskussionen über die Wirkungen der direkten und indirekten Förderung verlaufen[20], besteht doch weitgehend Über-

---

[19] *Ewers*, H.-J., *Wettmann*, R., S. 63.
[20] Vgl. dazu insbesondere: *Littmann*, K.: Die Chancen staatlicher Innovationslenkung, Kommission für wirtschaftlichen und sozialen Wandel 66, Göttingen 1975, S. 172 ff. und 188 ff.; vgl. *Bruder*, W.: Innovationsorientierte Regionalpolitik und räumliche Entwicklungspotentiale — zur Raumbedeut-

einstimmung darin, daß die direkte Förderung in praxi zu einer Bevorzugung sowieso schon leistungsfähiger Großunternehmen führt, kleine und mittlere Unternehmen dagegen eher vernachlässigt. Den indirekten Fördermitteln fehlt „die allgemeine Gültigkeit im Gesamtwirtschaftsraum"[21]; sie benachteiligen diejenigen Wirtschaftssubjekte, die nicht im entsprechenden Geltungsbereich der jeweiligen Verordnung ihren Wohn- oder Unternehmungssitz haben. Darüber hinaus beinhaltet die indirekte Förderung keine exakte staatliche Zielvorgabe[22], und weil z. B. generell wirkende Zulagen wie Investitionszulagen einen nur geringen Anreiz ausüben und zudem nach dem „Gießkannenprinzip" erfolgen, hat der Staat kaum Steuerungsmöglichkeiten.

Die Bundesregierung ist bei der Verteilung ihrer Mittel wie folgt verfahren[23] (vgl. Tab. 1):

Tabelle 1:

Verteilung der Fördermittel

Förderschwerpunkte	1978 Mio. DM	%	1979 Mio. DM	%
I Allgemeine Forschungsförderung	1 497,7	17,8	1 497,7	17,8
Information und Dokumentation	70,0	0,9	78,0	1,0
II Sicherung der Energie- und Rohstoffversorgung	1 721,5	20,5	2 128,5	23,3
Informationstechnologien und technische Kommunikation	447,1	5,3	459,0	5,0
Elektronik und andere Schlüsseltechnologien	490,5	5,9	550,4	6,0
Weltraumforschung und -technologie	593,0	7,1	644,0	7,1
III Forschung und Entwicklung für Gesundheit und Ernährung	504,1	6,0	517,2	5,7
Humanisierung des Arbeitslebens	100,8	1,2	103,4	1,1
Gestaltung der Umwelt	468,5	5,6	483,4	5,3
Transport und Verkehr	561,4	6,7	682,1	7,5
IV Erhaltung der äußeren Sicherheit	1 707,0	20,3	1 728,0	18,9

---

samkeit der Forschungs- und Technologiepolitik des Bundes, in: Raumordnung und staatliche Steuerungsfähigkeit, Deutsche Vereinigung für Politische Wissenschaft, hrsg. v. Bruder, W. und Ellwein, Th., Opladen 1980, S. 240 f.; Der Bundesminister für Forschung und Technologie: Forschungsbericht VI, Bonn 1979, S. 44 ff.

[21] *Wilhelm*, H.: Regionalpolitik als Kompensation der Globalsteuerung, in: Strukturwandel und makroökonomische Steuerung, Festschrift für Fritz Voigt, hrsg. v. Klatt, S. und Wilms, M., Berlin 1975, S. 530.

[22] Vgl. *Bruder*, W., S. 242.

[23] Vgl. Forschungsbericht VI, S. 40 und S. 107.

Die Auflistung verdeutlicht, daß der ‚Sicherung der Energie- und Rohstoffversorgung' im Rahmen der Förderungsschwerpunkte fast ein Viertel der Gesamtausgaben zufällt, der Gesamtumfang des Schwerpunktbereiches II ‚Steigerung der wirtschaftlichen Leistungs- und Wettbewerbsfähigkeit' knapp mehr als 40 % der gesamten Forschungs- und Entwicklungsausgaben beträgt.

Bruder hat nun anhand eigener Berechnungen nachgewiesen, daß „bei eindeutiger Konzentration" der FuE-Förderung „auf Verdichtungsgebiete die strukturschwächeren Gebiete insgesamt, aber in unterschiedlicher Weise benachteiligt werden"[24]; in Zahlen ausgedrückt, ergibt sich danach folgendes Bild (vgl. Tab. 2):

Tabelle 2:

Schwerpunktbildung der Förderausgaben

Land	Kreise insgesamt	Kreise mit Förderungs- empfängern absolut	Kreise mit Förderungs- empfängern in % an der Gesamtzahl der Kreise
Schleswig-Holstein	15	7	47
Niedersachsen	46	19	41
Nordrhein-Westfalen	55	43	78
Hessen	26	20	77
Rheinland-Pfalz	36	10	48
Saarland	6	2	33
Baden-Württemberg	44	35	80
Bayern	96	30	31

Die Bandbreite der Förderung beträgt zwischen 28 % (Rheinland-Pfalz) und 80 % (Baden-Württemberg). Auffallend ist, daß die Länder mit einem geringen Anteil an der Förderung (Rheinland-Pfalz, Saarland, Bayern) sich in ihrer räumlichen Zuordnung durch ein hohes Maß an ‚peripheren oder Randgebieten' auszeichnen. Anders ausgedrückt, bedeutet das, daß demnach Länder mit hoher räumlicher Verdichtung auch einen hohen Anteil am Fördervolumen haben. Verstärkt wird diese Aussage durch folgende Übersicht (vgl. Tab. 3):

---

[24] *Bruder*, W., S. 249; zu den Berechnungen vgl. S. 245, 248.

Tabelle 3:

Vergleich der Verteilung von Fördermitteln nach unterschiedlichen Regionen

1. Land/Kategorie	2. Kreise		3. Forschungsförderung erhalten		4. hohe Forschungsförderung erhalten	
	abs.	%	abs.	% von 2	abs.	% von 2
Baden-Württemberg						
A_1*	10	23	8	80	5	50
A_2	4	9	3	75	1	25
B_1	23	52	18	78	3	13
B_2	7	16	6	86	3	43
Nordrhein-Westfalen						
A_1	40	73	34	85	13	33
A_2	10	18	4	40	0	0
B_1	5	9	3	60	0	0
B_2	0	0	0	0	0	0
Rheinland-Pfalz						
A_1	8	22	5	63	0	0
A_2	8	22	3	38	1	13
B_1	20	56	5	25	0	0
B_2	0	0	0	0	0	0
Bayern						
A_1	22	23	8	36	4	18
A_2	5	5	3	60	0	0
B_1	16	17	3	19	0	0
B_2	53	55	16	30	0	0

* A_1 — stark verdichtete Regionen; A_2 — Regionen mit Verdichtungsansätzen; B_1 — Regionen mit Großstadtzentren; B_2 — ländliche Regionen.

Die Zahlen verdeutlichen, daß ein Großteil der Fördermittel in Verdichtungsgebiete fließt, wobei teilweise evidente Unterschiede zwischen den Kategorien A und B festzustellen sind, wie in Baden-Württemberg und in Bayern. In Rheinland-Pfalz und Nordrhein-Westfalen sind beispielsweise überhaupt keine Mittel in B_2-Regionen geflossen. In einer Gesamtübersicht stellt sich demnach die regionalisierte Verteilung der Forschungs- und Technologieförderungsmittel für das Jahr 1976 wie folgt dar:

A_1: 2 158,9 Mio. DM = 75,4 %

A_2: 491,6 Mio. DM = 17,2 %

B_1: 115,4 Mio. DM = 4,0 %

B_2:   97,9 Mio. DM = 3,4 %

Damit wird eine Konzentration in den stark verdichteten Regionen deutlich, die absolut überproportional gefördert werden[25]. Es werden auf diese Weise ohnehin vorhandene Tendenzen verstärkt, insbesondere hinsichtlich der räumlichen Konzentration, die aufgrund des selektiven Vorgehens zu Verstärkungs- bzw. Schwächungseffekten führen; diese stehen zwar im Widerspruch zu den Zielsetzungen des Bundesraumordnungsgesetzes, sind aber praktische Auswirkungen der traditionellen Bundesraumordnungspolitik, die auch in den Gemeinschaftsaufgaben umgesetzt worden ist.

C. Raumordnerische Aufgabenstellung und regionale Wirkungen

I. Gesetzliches Zuordnungsverhältnis von Raumordnungspolitik und regionaler Wirtschaftspolitik

Das Raumordnungsgesetz vom 8. April 1965 legt in § 2 fest, daß in der Bundesrepublik Deutschland eine Verdichtung von Wohn- und Arbeitsstätten angestrebt werden soll, die dazu beiträgt, „räumliche Strukturen mit gesunden Lebens- und Arbeitsbedingungen sowie ausgewogenen wirtschaftlichen, sozialen und kulturellen Verhältnissen zu erhalten, zu verbessern oder zu schaffen"[26]. Diese Forderung unterstreicht, daß das Gebiet der Bundesrepublik Deutschland insbesondere bezüglich der Verteilung der Lebens- und Arbeitsbedingungen heterogen beschaffen ist. Legen wir die Gebietseinheiten zugrunde, auf denen das Bundesraumordnungsprogramm basiert[27], so zeigen sich die Diskrepanzen zwischen den einzelnen Teilräumen deutlich. Auch der Raumordnungsbericht 1978 registriert diese unterschiedlichen Tendenzen, die in ihrer zusammenfassenden Darstellung die regionalen Ungleichgewichte noch unterstreichen[28]. Gleichzeitig verdeutlicht er, daß die

---

[25] Vgl. dazu auch *Wettmann*, R. W., *Ewers*, H.-J.: Funktionale Disparitäten der regionalen Wirtschaftsstruktur als regionalpolitisches Problem, in: Raumordnung und staatliche Steuerungsfähigkeit, Deutsche Vereinigung für Politische Wissenschaft, hrsg. v. Bruder, W. und Ellwein, Th., Opladen 1980, S. 261 ff.

[26] Raumordnungsgesetz (ROG) vom 8. April 1965, BGBl. I, S. 306, § 2 Abs. 1,2.

[27] Vgl. Raumordnungsprogramm für die großräumige Entwicklung des Bundesgebietes (Bundesraumordnungsprogramm) 1975, in: Schriftenreihe „Raumordnung" des Bundesministers für Raumordnung, Bauwesen und Städtebau, H. 06.002, Bonn 1975, S. 7 f.

Existenz unterschiedlich entwickelter Regionen keine zeitlich eingeschränkte Erscheinung ist und daß darüber hinaus unter den gegebenen marktwirtschaftlichen Bedingungen Entwicklungen deutlich werden, die zu einer weiteren Begünstigung oder Benachteiligung einzelner Regionen als bisher führen und damit auch eine Vergrößerung vorhandener räumlicher Ungleichgewichte bewirken.

Raumeinheiten, die zum einen hochverdichtet und wachstumsintensiv, zum anderen dünn besiedelt und strukturschwach sind, schaffen wirtschaftliche und zivilisatorische Ungleichgewichte, die zur Forderung gegenüber dem Staat führen, einen Ausgleich bzw. Angleichung zu schaffen. Eine Verpflichtung dazu entsteht ihm durch Art. 72 Abs. 2 Nr. 3 Grundgesetz, der feststellt, daß der Bund die „Einheitlichkeit der Lebensverhältnisse über das Gebiet eines Landes hinaus"[29] herzustellen hat. Auch das Raumordnungsgesetz legt in den Grundsätzen der Raumordnung[30] u. a. fest, daß in Räumen mit „gesunden räumlichen Lebens- und Arbeitsbedingungen sowie ausgewogener Wirtschafts- und Sozialstruktur" diese Bedingungen mindestens erhalten, wenn nicht verbessert werden sollen, hingegen ist dort, wo „ungesunde Bedingungen und unausgewogene Strukturen" bestehen, deren „Gesundung" zu fördern[31]. Zwar obliegt dem Bund nach Art. 75 Nr. 4 Grundgesetz die Zuständigkeit zur Regelung der Raumordnung beim Bund, jedoch kann er keine abschließenden Regelungen treffen, sondern muß die „Ausfüllung" der rahmengesetzlichen Vorschriften den Ländern überlassen[32]. Somit sind Bund und Länder gemeinsam[33] dem Ziel verpflichtet, zur Behebung der ökonomischen Soll-Ist-Divergenzen und auch der Funktionsmängel des marktwirtschaftlichen Lenkungsmechanismus[34] beizu-

---

[28] Vgl. Raumordnungsbericht 1978 und Materialien, Schriftenreihe „Raumordnung" des Bundesministers für Raumordnung, Bauwesen und Städtebau, H. 06.040, Bonn 1979, S. 7 ff. und S. 77.

[29] Grundgesetz für die Bundesrepublik Deutschland vom 23. Mai 1949, BGBl., S. 1.

[30] Vgl. Raumordnungsgesetz § 2 Abs. 1,6.

[31] Zu den Begriffsinhalten „Gesunde Lebens- und Arbeitsbedingungen" und „ausgewogene Wirtschafts- und Sozialstruktur" vgl. *Cholewa*, E. W., *Heide*, H. J. v. d.: Kommentar zum Raumordnungsgesetz vom 8. April 1965, BGBl. I, S. 306, Stuttgart, Berlin, Köln, Mainz 1965, 3. Lfg., Juni 68, § 2, Bem. 3 abb, Bem. 3 cdd.

[32] Zur Frage der rahmengesetzlichen Regelung vgl. Entscheidungen des Bundesverfassungsgerichts, hrsg. v. den Mitgliedern des Bundesverfassungsgerichts, Bd. 4, Tübingen 1956, S. 127 ff.

[33] Zur Aufteilung der staatlichen Machtbefugnisse in diesem Zusammenhang vgl. *Wilhelm*, H.: Regionalpolitik als Kompensation der Globalsteuerung, S. 509 ff.

[34] Vgl. *Wilhelm*, H.: Globalsteuerung und regionale Wirtschaftspolitik, Veröffentlichungen, H. 2, hrsg. v. Hochschularbeitsgemeinschaft an der Technischen Universität Braunschweig, Braunschweig 1976, S. 9.

tragen. Die Politik, die einer solchen Strategie zugrundeliegt, muß im wesentlichen darum bemüht sein, bestehende Einkommensdisparitäten abzubauen, regionales Wachstum zu induzieren, Infrastruktureinrichtungen auszubauen, Arbeitsplätze zu schaffen und zu sichern. Vor diesem Zielhintergrund sind auch die Gemeinschaftsaufgabe „Verbesserung der regionalen Wirtschaftstruktur"[35] sowie die ergänzenden Maßnahmen und Instrumente der regionalen Wirtschaftsförderung zu beurteilen. Die Gemeinschaftsaufgabe „Verbesserung der regionalen Wirtschaftsstruktur" bedient sich der direkten Investitionsanreize über Investitionszulagen und -zuschüsse, zum anderen der indirekten Investitionsanreize in Form des gezielten Ausbaus wirtschaftlicher Infrastruktur. Die Ursachen für die zunehmende Kritik an ihrer Wirksamkeit[36] sind zum einen dem Bund selbst zuzuschreiben, der in wachsendem Umfang mit Sonderprogrammen die Bedeutung der Gemeinschaftsaufgabe schwächt, außerdem trägt diese traditionelle Form der Wirtschaftsförderung nicht den erheblichen Strukturveränderungen Rechnung, vor die sich Unternehmen im Bereich der Produktions- und Fertigungstechnik und daraus resultierend Bundesregierung und Landesregierungen im Bereich der Raumentwicklung gestellt sehen.

Im wesentlichen können drei Ursachenkomplexe für die sektoralen Strukturveränderungen der Angebotsseite herangezogen werden:

— die Verteuerungstendenzen im Rohstoff- und Energiebereich
— Industrialisierungsbemühungen der wenig industrialisierten Bundesländer
— Wettbewerbsintensivierung innerhalb der Industrienationen

In einer derartigen Situation werden die Unternehmen bemüht sein, steigende Lohnkosten, die sie bei stagnierendem Absatz nur schwer auf die Nachfrage überwälzen können, durch eine höhere Produktivität auszugleichen. Einer solchen Strategie werden jedoch insofern Grenzen gesetzt, als die dafür erforderlichen Investitionen zu einer Verschlechterung des Kapitalinput-Produktionsoutput-Verhältnisses führen[37], mithin zu einer Verschlechterung der Kapitalrentabilität. Vor allem kleinere und mittlere Unternehmen in der Bundesrepublik müssen sich überfordert fühlen, wenn sie sich vor die Aufgabe gestellt sehen, notwendig werdende Strukturanpassungen von sich aus zu bewältigen, so

---

[35] Vgl. Gesetz über die Gemeinschaftsaufgabe „Verbesserung der regionalen Wirtschaftsstruktur" vom 6. Oktober 1969, BGBl. I, S. 1861.

[36] Vgl. z. B. *Schäfer*, H.-J.: „Subventionsbericht Kommunen 1981" in Nordrhein-Westfalen, in: Die Öffentliche Verwaltung, 34. Jg. (1981), S. 753; eine erste zusammenfassende Kritik dazu ist bereits 1976 in Form eines Themenheftes erschienen in: Informationen zur Raumentwicklung, H. 12, 1976.

[37] Vgl. *Wilhelm*, H.: Neue Technologien sichern Wettbewerbsvorteile — aus der Sicht der Wissenschaft —, in: Neue Technologien sichern Wettbewerbsvorteile, RKW-Niedersachsen, Jahrestagung 78, S. 17 f.

daß als Folge davon u. a. die Erhaltung der Wettbewerbsfähigkeit der Wirtschaft und damit z. B. die Sicherung der Arbeitsplätze nicht mehr gewährleistet sind. In Verbindung mit der bereits erwähnten staatlichen Steuerungsschwäche räumlicher Entwicklungen stellt sich damit generell die Frage nach neuen Ansatzpunkten in der Förderung, und zwar bezüglich der Schwerpunktsetzung wie auch der Durchführung.

II. Innovationsförderung als Mittel zur Polbildung

Nicht von ungefähr ist die Innovationsförderung dabei in den Blickpunkt raumordnerischer Überlegungen geraten. Die Regionalpolitik basiert auf dem, was an Unternehmen und Betrieben vorhanden ist und muß insbesondere jene Faktoren beeinflussen, die über die „Fähigkeit einer Region zur Hervorbringung bzw. zur schnellen Adoption von Innovationen entscheiden"[38]. Denn es ist zu erwarten, daß nur diejenigen Regionen unbeschadet die Folgen des Strukturwandels überstehen, die in der Lage sind, über neue Produkte, neue Produktionsverfahren neue Marktpotentiale aufzubauen und damit den Verlust alter Märkte zu kompensieren. Als Grundlage für die Auseinandersetzung zur Problematik interregionaler Unterschiede in der Innovationsleistung von Unternehmen und damit auch als Ansatzpunkt zur Beantwortung nach den regionalen Wirkungen staatlicher Maßnahmen kann die Diskussion um die Theorie der Entwicklungspole[39] gesehen werden, die sich mit den Bedingungen regionalen Wirtschaftswachstums- bzw. der Entwicklungsprozesse beschäftigt[40]. Dabei werden regionale Zentren mit Entwicklungspolen gleichgesetzt, wenn sie in ihrer Produktionsstruktur nicht nur differenziert, sondern auch flexibel sind, wobei „motorische" Industriekomplexe eingeschlossen werden[41]. Als „motorisch" können diejenigen bezeichnet werden, die zumindest wachstumsinduzierend wirken, wobei auch sie auf die Nutzung von Agglomerations- und Fühlungsvorteilen nicht verzichten und ebenfalls die interindustriellen Verflechtungen intensivieren, die in den Input-Output-Beziehungen zwischen den Großunternehmen schnell wachsender Sektoren bestehen[42].

---

[38] *Ewers*, H.-J. und *Wettmann*, R., S. 9.

[39] Zur Verwendung des Begriffs „Entwicklungspol" vgl. *Lauschmann*, E., S. 95.

[40] Vgl. dazu: *Klemmer*, P., *Eckey*, H.-F. unter Mitarbeit von *Schwarz*, N.: Wachstumspole in Niedersachsen, Schriften der Landesplanung in Niedersachsen, hrsg. v. Der Niedersächsische Minister des Innern, Hannover Dezember 1976, S. 13 f.; *Lauschmann*, E., S. 94 ff.

[41] *Perroux*, der den Begriff „Wachstumsmonopol" geprägt hat, nennt diese Industriekomplexe „industrie motrice"; vgl. *Perroux*, F.: L'économie du XXe siècle, Paris 1961, S. 142.

[42] Vgl. *Kirsch*, K.: Schwerpunktförderung als Instrument regionaler Wirtschaftspolitik unter besonderer Berücksichtigung des Fremdenverkehrs, Diss. Braunschweig 1980, S. 49.

Je bedeutender der Sektor oder die Region und je intensiver die intersektoralen bzw. interregionalen Austauschbeziehungen sind, desto größere Wirkung werden die wachstumsinduzierenden Impulse haben. Solche ‚Entwicklungspole' zeichnen sich einmal durch eigenes Wachstum aus, zum anderen durch wachstumsinduzierenden Einfluß.

Entwicklungspole können sich nicht überall im Raum bilden bzw. können nicht überall gebildet werden[43]; es bedarf dazu der „Erfüllung von Katalysatorfunktionen" für die Entstehung und auch Durchsetzung von Innovationsprozessen, weiterhin einer intensiven regionalen Verflechtung des dominierenden Einflusses auf die Entwicklung des Ausstrahlungsgebietes, so daß sich zusammenfassend sagen läßt: Entwicklungspole sind Schwerpunkträume industrieller Standortsysteme. Die Begründung der Akzeptanz der Schwerpunktkonzeption beruht im wesentlichen auf folgenden Argumenten[44]:

— die finanziellen Mittel für die Wirtschaftsförderung sind begrenzt; mithin steigt die verfügbare Einzelsumme mit sinkender Zahl der Förderobjekte;
— das industrielle Ansiedlungspotential ist tendenziell rückläufig; zur Auslastung der vorhandenen Infrastruktur ist eine Mittelkonzentration auf Schwerpunkte anzustreben;
— die konzentrierte Ansiedlung von Betrieben führt zu einer sektoralen Differenzierung und damit zu einer Stabilisierung der regionalen Arbeitsmärkte.

Eine solche Strategie ändert jedoch nichts daran, daß Regionen mit einem bereits hohen wirtschaftlichen Entwicklungsniveau, mit einer dynamischen Produktionsstruktur und einigen Großunternehmen absolut im Vorteil sind. Zum einen fließen die Mittel, wie wir gesehen haben, überwiegend in regionale Schwerpunkträume, zum anderen erfassen die wenigen großen Programmbereiche der Förderungsmaßnahmen in der Regel nur wenige Großunternehmen, weil nur sie in der Lage sind, langfristige Forschungs- und Entwicklungsprojekte zu tragen und die erforderlichen Eigenleistungen zu erbringen. Großunternehmen können aufgrund der mit ihrer wirtschaftlichen Macht verbundenen Marktsituation höhere Gewinne realisieren und sich damit in stärkerem Maße selbst finanzieren; sie sind dadurch in der Lage, für Innovationen die notwendigen Kapitalmittel aufzubringen und können das Risiko einer Innovation auf ihre bereits eingeführten Produkte streuen[45]. Dar-

---

[43] Vgl. dazu *Buttler*, F.: Entwicklungspole und räumliches Wirtschaftswachstum, Untersuchungen zur Identifikation und Inzidenz von Entwicklungspolen — Das spanische Beispiel 1964 - 1971, Tübingen 1973, S. 69.
[44] Vgl. *Wolf*, F.: Wie effizient ist die regionale Wirtschaftsförderung?, in: Informationen zur Raumentwicklung, hrsg. v. Bundesforschungsanstalt für Landeskunde und Raumordnung, H. 9, 1975, S. 434 f.
[45] Vgl. *Siebert*, H.: Regionales Wirtschaftswachstum und interregionale Mobilität, Tübingen 1970, S. 96 ff.

über hinaus spielt in einer solchen Region die Wettbewerbsintensität eine bedeutende Rolle, die auf die Unternehmen Druck ausüben kann, Innovationen einzuführen. Bei eingeschränkter Konkurrenz verschiedener Anbieter vergleichbarer Güter kann es zur Abgrenzung von Marktgebieten, zur Bildung von Preiszonen kommen[46], womit der Anreiz zur Innovation geringer wird. In diesem Zusammenhang können auch die Diversifizierung der regionalen Produktionsstrukturen und die Produktdifferenzierungen innerhalb der Branchen eine Rolle spielen.

III. Regionale Polarisierungseffekte

Folgen wir der Ansicht, daß eine Regionalpolitik so konzipiert sein muß, daß sie zu einer „ökonomisch optimalen Allokation der Produktivkräfte im Raum" führt[47], so stehen im wesentlichen zwei wachstumspolitische Strategien zur Diskussion — die des „ausgewogenen Wachstums"[48] und des „unausgewogenen Wachstums"[49]. Während Nurkse davon ausgeht, daß ein ausgewogenes Wachstum die einzige Möglichkeit ist, Investitionsanreize zu schaffen, sieht Hirschman den Wachstumsprozeß eben gerade durch Ungleichgewichte gefördert und befürwortet daher die gezielte Schaffung und Unterstützung von regionalen und sektoralen Ungleichgewichten durch einen konzentrierten Mitteleinsatz. Mit Hilfe eines solchen „push" wird ein sich selbst verstärkender Prozeß in Gang gesetzt, der verhindert, daß die Region hinter der allgemeinen Entwicklung zurückbleibt. Auf der Grundlage dieses Sachverhaltes wird für die wachstumsorientierte regionale Wirtschaftspolitik die Förderung des räumlich konzentrierten Einsatzes staatlicher Mittel gefordert. Das Konzentrationsprinzip kann demnach als Grundvoraussetzung für eine aktive Beeinflussung von Wirtschaftsräumen bezeichnet werden, denn „nur bestimmte Arten der Massierung öffentlicher Investitionen haben — zusammen mit anderen Maßnahmen staatlicher Instanzen — überhaupt räumliche Wirkungen im Sinne der angestrebten Raumordnungsziele derart, daß den öffentlichen Investitionen die privaten Investitionen und damit die Schaffung neuer Arbeitsplätze nachfolgen"[50]. Bei einer ausgeglichenen Verteilung der öffentlichen

---

[46] Vgl. *Lauschmann*, E., S. 84.

[47] *Giersch*, H.: Das ökonomische Grundproblem der Regionalpolitik, in: Gestaltungsprobleme der Weltwirtschaft, Festschrift für Andreas Predöhl, hrsg. v. Jürgensen, H., Göttingen 1964, S. 387.

[48] Vgl. *Nurkse*, R.: Balanced and unbalanced Growth, in: Equilibrium and Growth in the World Economy, hrsg. v. Haberler, G. und Stern, R. M., Cambridge/Mass., 1961, S. 241 ff.

[49] Vgl. *Hirschman*, A. O.: Die Strategie der wirtschaftlichen Entwicklung, Übersetzung v. Körner, H. und Uhlig, Ch., Ökonomische Studien, Bd. 13, hrsg. v. Schiller, K., Stuttgart 1967, S. 78 ff.

[50] *Böventer*, E.v.: Die räumlichen Wirkungen von öffentlichen und privaten Investitionen, in: Grundfragen der Infrastrukturplanung für wachsende

Investitionen oder aber einer hauptsächlich auf den Bedarf beruhenden Verteilung können wir davon ausgehen, daß die öffentlichen Investitionen den privaten folgen[51]. Damit würde de facto auf eine bewußte Raumstrukturpolitik verzichtet. Diese ist jedoch schon deshalb notwendig, weil eben die Teilräume des Gesamtwirtschaftsraumes Bundesrepublik unterschiedliche strukturelle Entwicklungen durchmachen, und weil die an den Durchschnittswerten der Teilräume orientierte Wirtschaftspolitik der Globalsteuerung zu keiner „Gleichmäßigkeit der Betroffenheit" führt, da die Teilwirtschaftsräume unterschiedlich auf die „hemmenden und fördernden Maßnahmen" der Bundesebene reagieren[52]. Um es zu verdeutlichen, sei darauf hingewiesen, daß regionale Gleichmäßigkeit nicht eine z. B. gleiche Verteilung der Lebensbedingungen im Gesamtraum zwingend nach sich zieht, sondern eine den räumlichen Verhältnissen angemessene Gleichwertigkeit[53], die allerdings nicht als Vorwand dienen darf, mögliche Verbesserungen der Lebensbedingungen zu unterlassen. In den Kommentaren zum § 2 des Raumordnungsgesetzes heißt es denn auch übereinstimmend, daß „Förderungsmaßnahmen in den strukturell gesunden Gebieten ... nicht dazu führen (dürfen), daß die in den strukturschwachen oder gefährdeten Gebieten ... erforderlichen Maßnahmen entweder nicht durchgeführt werden können oder ihrer Wirkung beraubt werden"[54]. Diese Konzeption geht also davon aus, daß ausgeglichene Funktionsräume angestrebt werden, was konkret bedeutet, daß z. B. künftig nicht mehr die Absicht besteht, ländliche Gebiete um jeden Preis zu industrialisieren, um dadurch Abwanderungen zu verhindern.

Das Hauptproblem der raumordnungspolitischen und damit auch der regionalen Konzeption liegt wohl darin, daß sie in der Realität keinen mittleren Weg zwischen den möglichen Wachstums-, Versorgungs- und Stabilitätsaspekten darstellt. Zwar erfordert die Bedingung der Rationalität, daß wirtschaftspolitische Ziele miteinander vereinbar sind, jedoch stehen eben in der praktizierten Politik mehrere Ziele in wechselseitigem Wirkungszusammenhang und können nicht unabhängig voneinander realisiert werden. Bezugnehmend auf die staatliche Innovationsförderung können wir feststellen, daß auch mit ihr eine grund-

---

Wirtschaften, Schriften des Vereins für Socialpolitik, N. F., Bd. 58, hrsg. v. Arndt, H. und Swatek, D., Berlin 1971, S. 187.

[51] Vgl. *Böventer*, E. v., S. 187.

[52] Vgl. *Wilhelm*, H.: Globalsteuerung und regionale Wirtschaftspolitik, S. 8 f.

[53] Zur Auseinandersetzung mit den Begriffsinhalten „Gleichmäßigkeit", „Angemessenheit", „Gleichwertigkeit" vgl. *Wilhelm*, H.: Globalsteuerung und regionale Wirtschaftspolitik, S. 7 ff.

[54] *Cholewa*, E. W., *Heide*, H. J. v. d.: Kommentar zum Raumordnungsgesetz vom 8. April 1965, 3. Lfg., Juni 68, Bem. II 3 bb.

sätzlich wachstumsorientierte Ausrichtung verfolgt wird, daß also „allenfalls wachstumsfördernde Instrumente diskutierbar"[55] sind, die den marktwirtschaftlichen Entwicklungsprozeß fördern können, aber nicht behindern dürfen. Solange jedoch die räumliche und betriebsgrößenspezifische Aufteilung der öffentlichen Fördermittel im Forschungs- und Technologiebereich raumordnungspolitische Konzentrationstendenzen fördern und damit unterstellt werden kann, daß auch mit dieser neuen Politik die wirtschaftsrelevanten Faktoren im Raum bewußt ungleichmäßig verteilt werden, muß nicht nur von einem instrumentellen Defizit, sondern auch einem Willensdefizit der politischen Instanz gesprochen werden.

---

[55] *Bullinger*, D.: Die Raumordnungs- und Regionalpolitik der Zukunft, in: Raumordnung und staatliche Steuerungsfähigkeit, Deutsche Vereinigung für Politische Wissenschaft, hrsg. v. Bruder, W. und Ellwein, Th., Opladen 1980, S. 226.

Innovationen im Verkehrssektor
Charakteristika — Effekte — Perspektiven

Von *Fritz Voigt*, Königswinter, und *Walter Dick*, Bonn

A. Charakteristika

Verkehrsstauungen in den Ballungsräumen, ein unzureichendes öffentliches Verkehrsangebot im ländlichen Raum, durch den Individualverkehr verursachte hohe Unfallziffern, Lärm- und Abgasbelästigungen, erheblich gestiegene Treibstoffkosten und vor allem das jährlich wachsende Defizit in den Bilanzen der öffentlichen Verkehrsunternehmen (sowohl der kommunalen als auch der Deutschen Bundesbahn) sind nur einige der zahlreichen Probleme, die sich derzeit — für jedermann offenkundig — im Verkehrssektor der Bundesrepublik Deutschland stellen. Dabei sind durchaus zahlreiche neue Verkehrstechnologien erkennbar, die in der Lage wären, das überkommene Verkehrssystem weitgehend umzugestalten und wenigstens einige der hier nur beispielhaft aufgeführten Probleme zu lösen.

Überall dort, wo sich Chancen der Entwicklung neuer Technologien sichtbar ergeben, entfacht sich eine rege Diskussion, aus der nicht nur positive Beiträge hervorgehen. Häufig lähmen unsachgemäße und langwierige Diskussionen die zielbewußte weitere Forschung und erfordern zudem einen erheblichen Aufwand finanzieller Mittel. Sie hemmen die Handlungsfähigkeit der Forschungseinrichtungen und bedeuten ein time-lag für die etwaige Verwertung bei den Anwendern, so daß keine problemorientierte Technologiepolitik betrieben werden kann und negative Effekte hinsichtlich der angestrebten wirtschaftlichen und technischen Entwicklung zu befürchten sind[1].

Die Diskussion um die Realisierung neuer Technologien — nicht nur im Verkehrssektor — ist kein Novum. Es gibt von jeher zwei unterschiedliche Typen von Wirtschaftssubjekten: Den konservativen Typus, der konstant an dem Althergebrachten festhält und Neuerungen nur im Lichte der Nachteile sieht und den dynamischen Typus, der bestrebt ist,

---

[1] *Laschet*, W.: Neuartige Verkehrssysteme — Eine Untersuchung ihrer technischen und ökonomischen Bedingungen und Effekte, in: Ökonomische Bewertung neuer Verkehrstechnologien, hrsg. v. H. Witte und W. Laschet, Bonn, 1980, S. 8 ff.

Innovationen durchzusetzen. Nach Schumpeter ist dieser dynamische Typus der Motor der wirtschaftlichen Entwicklung; auf seine Durchsetzungskraft und Kombinationsfähigkeit ist die Fortentwicklung von Wirtschaft und Gesellschaft angewiesen[2].

Die Einführung neuer Verkehrstechnologien ist insofern von zentraler Relevanz für die Entwicklung, als dem Verkehrswesen sowohl für den konsumtiven und produktiven Bereich der Wirtschaft als auch für die Integration von Staat und Gesellschaft eine nicht zu unterschätzende Bedeutung zukommt[3]. Eine Wirtschaft ohne entsprechende Verkehrsmittel wird in ihrer Entwicklung gehemmt. Gesellschaftliche und wirtschaftliche Wandlungen erfordern eine immer neue Anpassung des Verkehrssystems, damit die optimale Entwicklung gewährleistet ist. Die frühzeitige Erkenntnis der Chancen, Vor- und Nachteile neuer Verkehrstechnologien ist folglich außerordentlich wichtig. Von den zu diskutierenden Wirkungskomponenten neuer Verkehrstechnologien sollen hier im wesentlichen die ökonomischen behandelt werden.

Es geht dabei darum, die Bedingungen aufzuzeigen, unter denen die Realisierung neuer Verkehrstechnologien möglich ist. Ferner sollen die zu erwartenden Auswirkungen quantitativ und qualitativ abgegrenzt werden. Es läßt sich feststellen, daß in der Vergangenheit die Realisierung neuer Verkehrstechnologien weniger durch die technischen Möglichkeiten und die zu erwartenden negativen Umweltbeeinflussungen gehemmt wurde, als vielmehr durch die mangelnde Innovations- und Investitionsbereitschaft und -fähigkeit sowie die Verzerrung der Wettbewerbsbedingungen zwischen den verschiedenen Verkehrsmitteln. So bestand z. B. für die Eisenbahn vor dem Aufkommen des Kraftwagens nicht die Notwendigkeit für Innovationen zur Steigerung ihrer Geschwindigkeit. Aufgrund gesetzlicher Regelungen war sie vielmehr daran interessiert, ihre Unfallziffern zu reduzieren und traf deshalb umfangreiche Sicherheitsvorkehrungen. Erst sehr spät nahm die Eisenbahn mit Hilfe von Innovationen den Geschwindigkeitswettbewerb mit dem Kraftwagen auf.

Auch angesichts der defizitären Situation der öffentlichen Verkehrsunternehmen ist die Durchsetzung des technischen Fortschritts im Verkehrssektor — soweit sie sich nicht in erkennbaren Kostenwirkungen niederschlägt — mehr denn in anderen Wirtschaftsbereichen auf die staatliche Förderung angewiesen. Aufgrund der für das Verkehrssystem charakteristischen volkswirtschaftlichen Gestaltungskraft kommt auch

---

[2] *Schaeder*, R.: Art. „Schumpeter", Handwörterbuch der Sozialwissenschaften, Bd. 9, Stuttgart, Tübingen, Göttingen 1956, S. 151 - 158; *Schumpeter*, J. A.: Theorie der wirtschaftlichen Entwicklung, Berlin 1911 (6. Aufl., Berlin 1964).

[3] *Voigt*, F.: Verkehr, Bd. 1, Berlin 1973, Bd. 2, Berlin 1965.

dem Staat die Aufgabe zu, durch ständige Veränderungen und Verbesserungen des Verkehrssystems gegenwärtig und künftig ein Verkehrsangebot bereitzustellen, das in Quantität und Qualität den sich — bedingt durch wirtschaftliche und gesellschaftliche Veränderungen — wandelnden Anforderungen der Verkehrsnachfrage gerecht zu werden.

Zu oft sind sich allerdings weder der öffentliche noch der private Anbieter von Verkehrsleistungen der Bedeutung neuer Verkehrstechnologien für die Entwicklungsfähigkeit der Wirtschaft und der sozialen Struktur bewußt. Anhand historischer Beispiele wie der Einführung der Dampfmaschine, der Eisenbahn, des Kraftwagens oder des Flugzeugs lassen sich die Auswirkungen von Innovationen im Verkehrssektor nachvollziehen und — wenn auch nicht vollständig — auf die heutige Situation übertragen. Die Identifizierung und Erfassung dieser Effekte ist zum einen Grundlage für die Frage, ob es sich überhaupt um eine Innovation handelt und zum anderen die Voraussetzung für die gesamtwirtschaftliche Bewertung der neuen Verkehrstechnologie.

In der neueren wissenschaftlichen Literatur wird das Innovationsphänomen unter verschiedenen Gesichtspunkten diskutiert, vor allem allerdings aus der betriebswirtschaftlichen Perspektive und weniger unter gesamtwirtschaftlichen Aspekten[4]. Fast einheitlich wird jedoch der Innovationsbegriff an vier Merkmale geknüpft: Neuigkeitsgrad, Unsicherheit/Risiko, Komplexität und Konfliktgehalt sind die dominanten Merkmale einer Innovation. Auf eine eingehende Diskussion dieser Charakteristika, von denen der Neuigkeitsgrad sicherlich besonders hervorzuheben ist, kann an dieser Stelle verzichtet werden. Betrachtet man die Innovation als erstmalige praktische Anwendung einer Invention, wobei die Invention zwar als Voraussetzung einer Innovation angesehen werden muß, aber nicht vom innovierenden Betrieb selbst erbracht worden sein muß, so kann festgehalten werden, daß Innovationen das Ergebnis eines schöpferischen Aktes sind, der in einem soziotechnischen System die Durchführung eines Entwicklungsprozesses ausgelöst hat[5]. Da sich der Neuigkeitsgrad sowohl auf den Handlungs- bzw. Produktionsprozeß als auch auf das Handlungs- bzw. Produktionsergebnis beziehen kann, wird in der Literatur häufig zwischen Verfahrens- und Produktinnovationen unterschieden.

---

[4] *Mensch*, G.: Gemischtwirtschaftliche Innovationspraxis, Schriften der Kommission für wirtschaftlichen und sozialen Wandel, Bd. 132, Göttingen 1976; *Scholz*, L.: Technologie und Innovation in der industriellen Produktion, Schriften der Kommission für wirtschaftlichen und sozialen Wandel, Bd. 21, Göttingen 1974; *Thom*, N.: Grundlagen des betrieblichen Innovationsmanagements, 2., völlig neubearbeitete Aufl., Köln 1980.

[5] *Thom*, N.: Zur Effizienz betrieblicher Innovationsprozesse, in: Kölner Wirtschafts- und Sozialwissenschaftliche Abhandlungen, Bd. 20, Köln 1976, S. 34.

Gerade hinsichtlich der Innovationen im Verkehrssektor ist diese Unterscheidung nicht immer eindeutig durchzuführen[6]. Das Hauptproblem liegt darin, daß die Betriebswirtschaftslehre den Produktbegriff sehr differenziert verwendet. Entscheidend ist hier, daß nicht nur physische Güter sondern auch reine Dienstleistungen — wie die von einem Verkehrsunternehmen erbrachte Verkehrsleistung — als Produkte angesehen werden können. Auch wenn es sich bei der Verkehrsleistung häufig um eine abgeleitete Nachfrage handelt, d. h. daß diese Dienstleistungen nur in Verbindung mit der Produktion physischer Güter oder der Befriedigung anderer Bedürfnisse (z. B. Urlaubsreise) erbracht wird, handelt es sich um ein wirkliches Produkt, das zwar eine Vielzahl von Besonderheiten aufweist[7], das aber hinsichtlich der Leistungserstellung und hier vor allem der erstmaligen Realisierung einer neuartigen Leistung durchaus mit dem überkommenen Produktbegriff erfaßt werden kann. Im Hinblick auf den Absatz eines Produktes wird im folgenden dann von einer Produktinnovation gesprochen, wenn ein Unternehmen ein Produkt — also auch eine Verkehrsleistung — auf den Markt bringt, das bisher nicht im Produktionsprogramm dieses Unternehmens enthalten war[8].

Im Gegensatz zur Produktinnovation kann von einer Verfahrensinnovation dann gesprochen werden, wenn innerhalb des Leistungserstellungsprozesses eine Änderung der Faktorkombination vorgenommen wird. Es kann zwar angenommen werden, daß im Regelfall Produktinnovationen nur durch eine Veränderung der Verfahrenstechnik möglich sind; Verfahrensinnovationen müssen allerdings nicht zwangsläufig zu Produktinnovationen führen. Von einer Verfahrensinnovation kann beispielsweise auch dann gesprochen werden, wenn bei einer veränderten Faktorkombination das gleiche Produkt zu geringeren Kosten hergestellt wird. Das teilweise Umstellen der Deutschen Bundesbahn auf den „Ein-Mann-Betrieb" für Triebwagen auf wenig frequentierten Strecken kann angesichts der Kosteneinsparungen als Verfahrensinnovation, da das Produkt — die Verkehrsleistung — unverändert bleibt, aber nicht als Produktinnovation angesehen wird.

---
[6] *Eberlein*, D.: Die Einführung neuer Verkehrssysteme — Bisherige Erfahrungen und ihre Aussagefähigkeit, in: Ökonomische Bewertung neuer Verkehrstechnologien, hrsg. v. H. Witte und W. Laschet, Bonn 1980, S. 34 - 63; *Ewers*, H.-J.: Probleme der Innovation im Verkehrsbereich, in: Innovation, hrsg. v. Deutsche Gesellschaft für Betriebswirtschaft (DGfB), Berlin 1973, S. 162 - 181; *Klatt*, S.: Produktionsmängel, Rationalisierung und technische Fortschritte im Verkehr, in: Rationalisierung, 19. Jg. (1968), Heft 11, S. 264 - 266.

[7] *Voigt*, F.: Verkehr, Bd. I/1, Berlin 1973, S. 20, 22 ff., und *Walcher*, F.: Das Planungs- und Steuerungssystem der staatlichen Verkehrspolitik zur Regulierung der Verkehrsmärkte, in: Verkehrswissenschaftliche Forschungen, Bd. 34, Berlin 1978.

[8] *Kieser*, A.: Produktinnovationen, in: HWA, hrsg. v. B. Tietz, Stuttgart 1974, Sp. 1733.

Aufgrund der Besonderheiten des Produkts „Verkehrsleistung" ist es offensichtlich sinnvoll, den Innovationsbegriff für den Verkehrssektor konkreter zu umschreiben. Im folgenden wird immer dann von einer Innovation (Produktinnovation) gesprochen, wenn sich zumindest ein Qualitätsmerkmal der Verkehrsleistung erstmalig nach der Invention erheblich verändert und dadurch Differenzierungseffekte ausgelöst werden. Dabei wird unterstellt, daß eine Verkehrsleistung jeweils durch zahlreiche Qualitätsmerkmale, die eine Differenzierung zwischen den von verschiedenen Verkehrsträgern angebotenen Verkehrsleistungen zulassen, charakterisiert ist. Auch hierbei erscheint es zweckmäßig, als Bezugspunkt für die Feststellung des Neuigkeitsgrades das die neue Verkehrsleistung anbietende Unternehmen zu wählen. Als Beispiel für eine Produktinnovation sei der 1979 eingeführte IC-Verkehr der Deutschen Bundesbahn genannt. Als Innovation kann diese Verkehrsleistung angesehen werden, weil das Produkt „Verkehrsleistung" gegenüber dem herkömmlichen Angebot zumindest hinsichtlich der Qualitätsmerkmale Schnelligkeit (bis 200 km/h) und Berechenbarkeit (jede Stunde in jede Richtung) wesentlich verändert und auch strukturelle Verschiebungen in der Nachfrage nach Personenfernverkehrsleistungen ausgelöst wurden.

Hier wird deutlich, daß es zur Beantwortung der Frage, wann es sich um eine Innovation im Verkehrssektor handelt, aber auch zur späteren Beurteilung der Bedeutung der Innovation selbst, erforderlich ist, die Qualitätsmerkmale der Verkehrsleistung — quasi als Meßinstrumente — näher zu bestimmen.

B. Effekte

Zur Erfassung und Beurteilung der Qualität einer einzelnen Verkehrsleistung oder eines gesamten Verkehrssystems sind von der Verkehrswissenschaft zahlreiche Methoden entwickelt worden[9]. Zu den weniger umfangreichen Indikatorenbündeln zur Beurteilung der Qualität der Verkehrsleistung gehört das Konzept der Verkehrswertigkeit, das sieben Bewertungsdimensionen umfaßt. Da die Überlegenheit eines Indikatorenbündels bisher nicht festgestellt werden konnte, soll nicht behauptet werden, dieses Indikatorenkonzept sei besser als andere. Jedoch gerade bei der Bewertung neuer Verkehrstechnologien und -systeme scheint es sinnvoll, sich auf die Erfassung der originären Eigenschaften einer Verkehrsleistung zu beschränken. Diese originären Eigenschaften werden durch das Konzept der Verkehrswertigkeit er-

---

[9] *Witte*, H.: Die Verkehrswertigkeit. Ein verkehrspolitisches Instrument zur Bestimmung der Leistungsfähigkeit alternativer Verkehrsmittel, in: Verkehrswissenschaftliche Forschungen, Bd. 31, Berlin 1977, S. 2.

faßt. Die sieben Teilwertigkeiten der Verkehrswertigkeit, die stets als Funktion der Kosten betrachtet werden müssen, sind als Oberbegriffe zu verstehen, die gegebenenfalls in Subindikatoren differenziert werden können, wie sich durch den Vergleich mit einigen umfangreichen Indikatorbündeln leicht nachweisen läßt. Die sieben Teilwertigkeiten lauten[10]:

(1) Schnelligkeit
(2) Massenleistungsfähigkeit
(3) Netzbildungsfähigkeit
(4) Berechenbarkeit
(5) Sicherheit
(6) Bequemlichkeit
(7) Häufigkeit der Verkehrsleistung.

Das Qualitätsmerkmal „Schnelligkeit" charakterisiert den Grad der Fähigkeit, eine Verkehrsleistung bei unterschiedlichen Kosten verschieden schnell auszuführen. Sie wird bestimmt durch die durchschnittliche Fahr- oder Fluggeschwindigkeit beim Bewegungsvorgang und die erforderlichen Wartezeiten.

Die „Massenleistungsfähigkeit" beschreibt den Grad der Fähigkeit eines Verkehrsmittels, innerhalb eines bestimmten Zeitraumes, Transporte unterschiedlich großer Massen von Gütern, Nachrichten oder Personen unter möglichst niedrigen Kosten durchzuführen.

Unter dem Begriff „Netzbildungsfähigkeit" wird der Grad der Fähigkeit eines Verkehrsmittels verstanden, unter möglichst geringen Kosten Transporte von einem Ort eines Raumes zu allen anderen Orten direkt ohne Umladung zu ermöglichen. Dabei ist die Tatsache zu berücksichtigen, daß durch jedes notwendig werdende Umladen oder Umsteigen Kosten und Zeitverluste entstehen.

Die „Berechenbarkeit" kennzeichnet den Grad der Fähigkeit eines Verkehrsmittels, die zuvor festgelegten Abfahrts- und Ankunftszeiten bei Transporten von Gütern, Nachrichten und Personen einzuhalten.

Unter „Sicherheit" verstehen wir die Fähigkeit eines Verkehrsmittels, Beförderungsvorgänge ohne Beeinträchtigung der Qualität bzw. des Wertes des zu befördernden Gutes oder des Wohlbefindens des Reisenden zu möglichst niedrigen Kosten durchzuführen. Hierbei ist herauszustellen, daß die absoluten Unfallziffern einzelner Verkehrs-

---

[10] *Voigt*, F.: Verkehr, Bd. I/1, Berlin 1973, S. 69 ff. Zu einem Ansatz zur Bestimmung der Verkehrswertigkeit vgl. *Witte*, H.: Die Verkehrswertigkeit. Ein verkehrspolitisches Instrument zur Bestimmung der Leistungsfähigkeit alternativer Verkehrsmittel, in: Verkehrswissenschaftliche Forschungen, Bd. 31, Berlin 1977.

mittel keine Aussagefähigkeit besitzen, solange sie nicht zu den erbrachten Verkehrsleistungen in Beziehung gesetzt und somit relativiert werden.

Unter dem Begriff „Bequemlichkeit" wird der Grad der Fähigkeit eines Verkehrsmittels verstanden, Verkehrsleistungen so anzubieten, daß sie dem Benutzer möglichst wenig Arbeit verursachen und sein Wohlbefinden maximieren. Eine Quantifizierung und objektive Beurteilung dieser Teilwertigkeit ist aufgrund der in Betracht zu ziehenden subjektiven und psychologischen und physiologischen Faktoren äußerst problematisch.

Das Qualitätsmerkmal „Häufigkeit" beschreibt die innerhalb eines bestimmten Zeitabschnitts zur Verfügung stehenden Verkehrsmöglichkeiten auf bestimmten Relationen.

Zusammenfassend kann festgestellt werden, daß ein Eigenschaften-Katalog, der die Qualität der Verkehrsleistung beschreiben soll, alle diejenigen Charakteristika umfassen muß, die entsprechend der Zielvorstellung der Analyse Ursache-Wirkungs-Beziehungen herstellen lassen. Die Anzahl der berücksichtigten Qualitätsmerkmale muß dabei zum einen so groß sein, daß sie eine umfassende Beantwortung der Fragestellung erlaubt, zum anderen ist die Anzahl der Kriterien in diesem Eigenschaften-Katalog im Hinblick auf die genügend scharfe Abgrenzung zwischen den einzelnen Eigenschaften relativ klein zu halten.

Allein aufgrund einer innovatorischen Veränderung einer oder mehrerer Qualitätsmerkmale einer angebotenen Verkehrsleistung kann die Innovation zwar als solche identifiziert, jedoch in ihren Auswirkungen noch nicht bewertet werden. Erst unter Einbeziehung der qualitativen und quantitativen Anforderungen der Verkehrsleistungsnachfrage ist eine sinnvolle Beurteilung der Innovation möglich, da nur bei einer Übereinstimmung der Qualitätsmerkmale von angebotener und nachgefragter Verkehrsleistung ein Transportvorgang zustande kommt. Zur Ermittlung dieser Übereinstimmung ist es zweckmäßig, die Qualität von angebotener und nachgefragter Verkehrsleistung nach den gleichen Kriterien zu beurteilen. Folglich stehen den sieben Wertigkeitsebenen des Verkehrsangebots die gleichen sieben Dimensionen von Anspruchsebenen der Verkehrsnachfrage gegenüber. Diese Anforderungen an die verschiedenen Dimensionen der Qualität von Verkehrsleistungen werden als „Verkehrsaffinität" bezeichnet. Auch die Verkehrsaffinität ist in bezug auf die Bereitwilligkeit des Verkehrsnachfragers, unterschiedliche Höhen der Kosten zu tragen, definiert[11].

---

[11] *Voigt*, F.: Verkehr, Bd. I/1, Berlin 1973, S. 108.

Der Nachfrager von Verkehrsleistungen wird bei rationaler Entscheidung dasjenige Verkehrsmittel wählen, dessen Wertigkeitsprofil — bei gegebenen Kosten — am ehesten mit dem Affinitätsprofil des zu transportierenden Gutes bzw. der zu transportierenden Personen übereinstimmt. Es liegt der Schluß auf der Hand, daß bei wesentlicher Veränderung eines oder mehrerer Qualitätsmerkmale der angebotenen Verkehrsleistung sich auch die Transportmittelwahl ändern kann. Damit greift die Innovation aber nicht nur in den Wettbewerb zwischen den Verkehrsträgern ein; da die verschiedenen Verkehrsträger bzw. -mittel auch unterschiedliche gesamtwirtschaftliche Entwicklungsprozesse zu initiieren vermögen, wirkt die Innovation zugleich über das Verkehrsmittel als gesamtwirtschaftliche Gestaltungskraft. Raumstrukturelle, wirtschaftliche und soziale Entwicklungsprozesse werden durch die innovationsbedingte Veränderung der Verkehrsleistung entscheidend beeinflußt. In den letzten Jahren standen als weitere Wirkungsebenen vor allem die Effekte im Umwelt- und Energiebereich im Mittelpunkt des öffentlichen Interesses.

Zur Verdeutlichung der gesamtwirtschaftlichen Auswirkungen von Innovationen im Verkehrssektor sei auf die vielleicht bedeutendste technische Neuerung in den letzten beiden Jahrhunderten verwiesen: auf die Einführung des Verkehrsmittels Eisenbahn im Jahre 1835 in Deutschland. Als Innovation konnte dieses erheblich verbesserte Qualitätsleistungsangebot bezeichnet werden, weil es auf fast allen Qualitätsebenen den von herkömmlichen Verkehrsmitteln angebotenen Leistungen deutlich überlegen war. Die Eisenbahn traf in Deutschland auf ein Verkehrssystem, das vom Fuhrwerk und der Postkutsche, sowie in manchen Regionen von den Flußdampfern geprägt wurde.

Aufgrund der von ihr neu angebotenen überlegenen Verkehrsleistungsqualität entwickelte sich die Eisenbahn nicht nur zum bedeutendsten Verkehrsträger des 19. Jahrhunderts sondern in dieser Funktion auch zu dem für die weitere räumliche, wirtschaftliche und soziale Entwicklung des von ihr erschlossenen Raumes entscheidenden Faktor. Sie trug nicht nur dazu bei, aus der Vielzahl ursprünglich selbständiger Klein- und Mittelstaaten des Deutschen Reiches eine Einheit zu bilden, sie bewirkte auch entscheidend die noch heute erkennbaren politischen, wirtschaftlichen und sozialen Strukturen der gesamten Welt.

Dabei hat die Eisenbahn jedoch im Laufe ihrer Innovationsphase nicht auf alle von ihr erschlossenen Räume gleichmäßig eingewirkt. Begünstigt wurden vor allem die Räume in der Nähe von Bahnhöfen und von Knotenpunkten mit anderen Verkehrsmitteln. Die wirtschaftliche Struktur dieser Räume änderte sich erheblich, und auch soziale Auswirkungen wurden sichtbar. Aufgrund der wesentlich verbesserten

Qualität der Verkehrsleistung wurden die in Bahnhofsnähe ansässigen Betriebe den weiter entfernt liegenden Betrieben überlegen, wodurch an den begünstigten Orten eine rege Investitionstätigkeit hervorgerufen wurde. Auch die Folgeeffekte dieser Investitionen, der Einkommens- und der Kapazitätseffekt, wurden in ihrer räumlichen Streuung entscheidend durch die Eisenbahn gesteuert. Die Überlegenheit der Eisenbahn führte daneben auch zu einer völligen Veränderung der Struktur der Binnenschiffahrt und zu einer Verödung des Straßenverkehrs.

In ihren Auswirkungen unterschied sich die zweite Phase wesentlich von der ersten. Vielfach wurden keine Industrialisierungsprozesse entlang den neu errichteten Strecken induziert; es entwickelten sich vielmehr wirtschaftliche und soziale Entleerungsgebiete. Lediglich die in der Innovationsphase begünstigten Räume konnten ihre Attraktivität steigern und ihren vor den anderen Räumen durch das verbesserte Verkehrssystem gewonnenen Standortvorteile weiter ausnutzen. Die als erste begünstigten Räume konnten ihre Wirtschaftskraft aufgrund des erheblich verbesserten Zustroms an Rohstoffen, Vorprodukten und Arbeitskräften sowie ihrer verbesserten Absatzmöglichkeiten ständig erhöhen. Diejenigen Räume, die erst in dieser Entwicklungsphase an das Eisenbahnnetz angeschlossen wurden, konnten in der Regel keinen Industrialisierungsprozeß in Gang setzen, sondern entwickelten sich zu Entleerungsräumen oder wurden von den durch die Eisenbahn eingeleiteten räumlichen, wirtschaftlichen und sozialen Differenzierungsprozessen nicht berührt (= Indifferenzräume). Im allgemeinen stärkte der Ausbau des Eisenbahnnetzes in dieser Phase aber die Konzentration der Bevölkerung und der Wirtschaftskraft, was u. a. darin zum Ausdruck kam, daß der Anteil der Bevölkerung, der in unmittelbarer Nähe eines Bahnhofes wohnte, in dieser Entwicklungsphase erheblich zunahm.

Die Entwicklung der Eisenbahn und die von ihr ausgelösten räumlichen, wirtschaftlichen und sozialen Differenzierungseffekte begünstigten sich also gegenseitig. Mit zunehmendem Konzentrationsgrad von Bevölkerung und produzierenden Unternehmen wuchs die Nachfrage nach Personen- und Güterverkehrsleistungen, die ihrerseits den Anreiz zum weiteren Ausbau des Eisenbahnnetzes gab, worauf sich der Konzentrationsgrad wiederum erhöhte. Die Einführung der Eisenbahnen hatte damit einen sich selbst nährenden Entwicklungsprozeß geschaffen.

Die Eisenbahn war somit aufgrund ihrer volkswirtschaftlichen Gestaltungskraft für die wirtschaftliche Entwicklung einzelner Regionen, Städte und Gemeinden weit wichtiger geworden als alle anderen Werkzeuge, die der Staat zur Erreichung seiner wirtschaftspolitischen Zielvorstellungen zur Verfügung hatte. In dieser Phase war in Deutschland, aber auch in einigen anderen Ländern, die Forderung nach Gemeinwirtschaftlichkeit durchgesetzt worden, ein Prozeß, der die späteren Innovationen der Eisenbahn erheblich hemmte, aber auch positiv zu bewertende Ergebnisse mit sich brachte.

Eine Innovation im Verkehrssektor wirkt also zunächst raumdifferenzierend, da die Erreichbarkeitsverhältnisse in den von der verbesserten Qualität der Verkehrsleistung begünstigten Räumen positiv beeinflußt werden[12]. Mit der Verbesserung einer oder mehrerer Teilwertigkeiten der Verkehrsleistung erhalten die im begünstigten Raum ansässigen Unternehmen die Chance, günstigere Beschaffungsquellen zu nutzen und ihren Absatzbereich zu erweitern und damit zusätzliche kaufkräftige Nachfrage an sich zu ziehen. Die begünstigten Unternehmen erhalten damit die Möglichkeit, dort, wo sinkende Stückkostenverläufe bei Vergrößerung der Produktionsanlagen vorliegen und absetzbare größere Serienfertigung möglich ist, durch Ausnutzung ihrer Chancen ihre Marktstellung erheblich auszuweiten. Die innovationsbedingte Verbesserung der Verkehrsleistung führt also zu einer Steigerung der Gewinnchancen und übt damit einen positiven Impuls auf die Investitionstätigkeit der Unternehmen im begünstigten Raum aus. Während in benachteiligten Räumen, die nicht mehr wettbewerbsfähigen Unternehmen aus dem Markt ausscheiden, konzentriert sich in den begünstigten Standorten sowohl das produzierende Gewerbe als auch die Bevölkerung, die von den gestiegenen Löhnen und den relativ sicheren Arbeitsplätzen angezogen werden.

Mit der Einwirkung der verbesserten Verkehrsleistung auf die räumliche Streuung der unternehmerischen Investitionstätigkeit ist der Differenzierungsprozeß jedoch noch nicht abgeschlossen. Die Verkehrsleistung fördert als externe Ersparnis der im begünstigten Raum ansässigen Unternehmen die räumliche Konzentration. Die induzierten Nettoinvestitionen vergrößern, wenn sie durch zusätzliche Kredite finanziert werden, die kaufkräftige Nachfrage. An den neu geschaffenen Arbeitsplätzen sowie bei den Lieferanten von Vor- und Zwischenprodukten erhöhen sich die Einkommen. Diese Einkommenssteigerung wirkt sich jedoch nicht gleichmäßig über den gesamten Raum aus. Die räumliche Differenzierung dieses Einkommenseffektes der Investition hängt wiederum entscheidend von der Qualität der Verkehrsleistung ab. Charakteristischerweise werden die zusätzlichen Löhne vornehmlich am Orte der Beschäftigung oder am Wohnort ausgegeben. Die Qualität des

---

[12] *Heinze*, W.: Disparitätenabbau und Verkehrspolitik, Gesellschaft für wirtschafts- und verkehrswissenschaftliche Forschung e. V., Heft 36, Königswinter 1977; *Voigt*, F.: Die volkswirtschaftliche Bedeutung des Verkehrssystems, Verkehrswissenschaftliche Forschungen, Bd. 1, Berlin 1960.

Nahverkehrssystems, mit dem die Beschäftigten ihren Wohn- bzw. Arbeitsplatz erreichen, entscheidet damit über die räumliche Streuung der an den begünstigten Standorten zusätzlich geschaffenen Einkommen. Eine Verbesserung der Verkehrsleistungsqualität ermöglicht also eine größere Streuung des Einkommenseffektes.

Der neben dem Einkommenseffekt von den induzierten Nettoinvestitionen ausgelöste Kapazitätseffekt wird in seiner räumlichen Streuung ebenfalls von der verbesserten Verkehrsleistungsqualität geprägt. Die durch den Kapazitätseffekt der Investition erzeugten zusätzlichen Produkte werden in der Realität nicht am Ort der Investitionstätigkeit und auch nicht am Ort der durch den Einkommenseffekt zusätzlich erzeugten Nachfrage abgesetzt. Der durch die Vergrößerung der Produktionsmöglichkeiten entstehende Kapazitätseffekt bewirkt durch den Mehrabsatz sowohl zusätzliche monetäre Ströme vom Absatzort zum Investitionsort, als auch die Möglichkeit, verstärkt sinkende Stückkostenverläufe in den Betrieben auszunutzen, d. h. einen Wettbewerbsvorteil zu erzielen bzw. auszudehnen. Je niedriger die Transportkosten liegen und je vollkommener die Verkehrsleistung angeboten wird, desto eher ist ein überlegener Betrieb in der Lage, über den Produktionsort hinaus seine Wettbewerbsvorteile zur Geltung zu bringen. Diese Ausdehnung endet dort, wo die zusätzlich entstehenden Transportkosten einschließlich der anfallenden qualitativen Transportnachteile dieselbe Höhe erreichen wie die durch die Innovation bedingten externen Produktionskostenvorteile.

Die Innovation bietet den im begünstigten Raum gelegenen Unternehmen zugleich eine verbesserte Möglichkeit des Einsatzes ihrer marktstrategischen Variablen, d. h. sie schafft Freiräume für differenzierte Wettbewerbsstrategien. Die durch die Transportvorteile entstandenen externen Ersparnisse des Produktionsprozesses führen bei konstanten Preisen zu höheren Gewinnen, die eine Erhöhung des Eigenkapitalanteils oder der Investitionstätigkeit ermöglichen. Somit wird die Selbstfinanzierungskraft der Unternehmen u. a. durch die Qualität der Verkehrsleistung bestimmt.

Da aufgrund der Unvollkommenheit des Verkehrssystems isolierbare Märkte vorausgesetzt werden können, werden zudem Preisdifferenzierungsstrategien ermöglicht, die das Ziel verfolgen, Konkurrenten aus den noch gemeinsamen Märkten zu verdrängen. Aus diesen unterschiedlichen Möglichkeiten zur Selbstfinanzierung und Preisdifferenzierung resultiert auch ein Einfluß auf die Produktpolitik der Unternehmen, da eine Produktdifferenzierung um so leichter durchzuführen ist, je stärker das Marktrisiko gestreut werden kann. Die eventuell entstehenden Verluste auf den neuen Märkten können durch die Gewinne auf den alten, durch die Unzulänglichkeiten des Verkehrssystems gesicherten Märkten ausgeglichen werden.

Während sich bisher die Primärimpulse der durch die Innovation ausgelösten Differenzierungseffekte lediglich auf die unmittelbar begünstigten Räume bzw. auf die Unternehmen auswirken, werden in der nächsten Phase durch die Sekundärimpulse entsprechend der Einkommenselastizität auch diejenigen Wirtschaftszweige begünstigt, die von der innovatorischen Veränderung der Verkehrsleistung bisher nicht betroffen waren. Dadurch werden weitere Investitionen induziert und es setzt sich — unter bestimmten Voraussetzungen — ein selbst nährender Entwicklungsprozeß in Gang. Dieser führt zu einer Erhöhung des Volkseinkommens in den vom Verkehrssystem begünstigten Räumen und zu einer Stagnation oder zu einem Rückgang in den benachteiligten Räumen und somit unter Umständen zu gesamtwirtschaftlichen Wohlfahrtsverlusten.

Langfristig gesehen ergeben sich unter marktwirtschaftlichen Bedingungen Disparitäten, die sich selbst verstärken. Diese führen zu einer Aufteilung des Raumes bzw. zur Verstärkung der schon bestehenden unterschiedlichen Raumstrukturen. Es bilden sich

— Wachstumsgebiete an den vom Verkehrssystem begünstigten Stellen, mit ständigem Kaufkraftzufluß,
— Entleerungsgebiete, mit ständigem Kaufkraftabfluß, und
— Indifferenzgebiete, die von der Änderung des Verkehrssystems in keinerlei Hinsicht betroffen sind.

In den Wachstumsgebieten führt die steigende Nachfrage nach Arbeit und Boden zur Substitution dieser beiden Faktoren durch Kapital, und es ergibt sich langfristig ein Strukturwandel mit der Folge von einerseits hochindustrialisierten Räumen, den ehemaligen Wachstumsgebieten und andererseits den Indifferenz- und Entleerungsgebieten mit arbeitsintensiver Produktion.

Aufgrund von Raummangel und Kostensteigerungen werden in den hochindustrialisierten Räumen vor allem schnell wachsende Industriebetriebe aus den Kerngebieten an deren Ränder verdrängt, wobei sich diese Verlagerung der Betriebe aufgrund der Qualitäts- und Kostenvorteile jedoch eng am hochwertigsten Verkehrsmittel orientiert. Diese Ausdehnung einst voneinander entfernter Industriestandorte führt zu einem zusammenwachsenden Band mit hohem Sozialprodukt, hohen Sparleistungen, großem technischen Fortschritt und, aufgrund der Rückwirkungen des sich selbst nährenden Prozesses, zu zunehmenden Verkehrsleistungen.

Die Eigendynamik des Wachstums des Verkehrssystems führt zu laufenden Verbesserungen der Erreichbarkeitsverhältnisse und zur verkehrsmäßigen Integration immer größerer Wirtschaftsräume. Hieraus entstehen entsprechend großräumige Differenzierungseffekte, gemäß dem Verhältnis von Verkehrswertigkeit des Verkehrssystems und den Affinitäten der Verkehrsnachfrage.

Es stellt sich nun — angesichts des heutigen Entwicklungsstandes der Verkehrswirtschaft — die Frage, über welchen Zeitraum hinweg die Innovation bei einem Verkehrsmittel einen Differenzierungseffekt hervorrufen kann. Ceteris paribus bleibt die Gestaltungskraft über die Zeit hinweg unverändert[13]. Die Stärke der ausgehenden Impulse wird allerdings dadurch beeinflußt, daß auch bei anderen Verkehrsmitteln Innovationen auftreten und damit die Qualität der angebotenen Verkehrsleistung erhöhen. Die Gestaltungskraft der früheren Innovationen wird sich aufgrund der nachlassenden Verkehrsnachfrage vermindern. Da es jedoch kein Verkehrsmittel geben wird, das auf allen Wertigkeitsebenen den Wert „eins" annehmen wird, werden von Produktinnovationen im Verkehrssektor auch weiterhin räumliche, wirtschaftliche und soziale Differenzierungsprozesse ausgelöst.

C. Perspektiven

Trotz der Vielzahl der in den letzten Jahren im Verkehrssektor hervorgebrachten Verfahrens- und Produktinnovationen haben diese zur Lösung bzw. Verringerung der anfangs beispielhaft aufgezählten Probleme nur unwesentlich beigetragen. Natürlich haben Innovationen bei den Verkehrsmitteln zu einer Verringerung der Umweltbelastung durch Lärm und Abgase geführt, und auch im öffentlichen Personenverkehr — vor allem im Fernverkehr — haben Innovationen zu verbesserten Verkehrsleistungen beigetragen. Durchgreifende Innovationen, die als echte Problemlösungen anzusehen sind, sind jedoch kaum erkennbar. Die offensichtlich nur geringen Erfolge von Innovationen im Verkehrssektor legen die Frage nahe, welche Faktoren die Durchsetzung neuer Verfahren und Produkte im Bereich des Transports von Gütern und Personen behindern. Die Vielzahl der hier aufzählbaren Faktoren läßt sich unter drei Gesichtspunkten zusammenfassen: Es handelt sich im wesentlichen um technische, wirtschaftliche und institutionelle bzw. organisatorische Hemmnisse.

Vergleicht man das heutige Verkehrssystem in der Bundesrepublik Deutschland mit den von der Verkehrstechnik angebotenen Alternativen zur Lösung der aufgezeigten Probleme, so stellt sich eine deutliche Diskrepanz zwischen den neuartigen technischen Möglichkeiten und der

---
[13] *Voigt*, F.: Verkehr, Bd. I/1, Berlin 1973, S. 565 ff.

Realität heraus. Trotz der Vielzahl technischer Möglichkeiten, die von der Wissenschaft angeboten werden, haben sich die angewandten Techniken im Verkehrssektor gegenüber dem Beginn dieses Jahrhunderts nicht entscheidend geändert. Es muß allerdings anerkannt werden, daß vor allem in Teilbereichen des Verkehrssektors wie der Luftfahrt, der Raumfahrt und der Nachrichtenübermittlung in den letzten Jahren erhebliche technische Fortschritte erreicht wurden.

Im Personennahverkehr bieten wissenschaftliche und technische Forschungseinrichtungen bereits seit mehreren Jahren immer wieder neue Transporttechniken an, ohne daß sich jedoch eine neue Beförderungsart entscheidend hat durchsetzen können. Immer noch werden etwa 80 bis 90 Prozent aller Fahrten im Nahverkehr mit dem teuren individuellen PKW durchgeführt und die dabei entstehenden Mängel und Risiken (Umweltbelastung, Sicherheitsrisiko usw.) in Kauf genommen, und immer noch ist die Verkehrsbedienung durch billige öffentliche Verkehrsmittel — vor allem in der Fläche — unzureichend. Unter der Zielsetzung einer Anpassung des Verkehrsangebotes an die Nachfrage nach Personennahverkehrsleistungen ergibt sich die Forderung nach einem Verkehrsmittel, das die Vorteile des Individualverkehrs mit denen des öffentlichen Verkehrs verknüpft. Da die Wohnortpräferenzen der Bevölkerung und die Standortpräferenzen der Unternehmen in den letzten Jahren zu dispersen Siedlungsstrukturen geführt haben, wurde der PKW zum favorisierten Verkehrsmittel im Nahbereich. Vielfach konnte entweder der öffentliche Personennahverkehr diese Entwicklung der Siedlungsformen in seinem Angebot nicht nachvollziehen oder die Nachfrager waren angesichts des jederzeit und überall verfügbaren Kraftwagens nicht mehr bereit, die Unbequemlichkeiten bei der Benutzung eines öffentlichen Verkehrsmittels in Kauf zu nehmen. Der Rückgang der Benutzerzahlen im öffentlichen Personennahverkehr war die unvermeidliche Konsequenz dieser Diskrepanz zwischen den angebotenen und den nachgefragten Qualitätsmerkmalen der Verkehrsleistung.

Die konventionellen Nahverkehrsmittel wie Linienbusse, Straßenbahnen und U-Bahnen sind auf die Befriedigung der Nahverkehrsnachfrage in Städten mit hoher Bevölkerungsdichte in ihren Zentren ausgerichtet, wo sämtliche Aktivitäten wie Arbeitsplätze, Verwaltung, Ärzte, Einkaufsmöglichkeiten usw. konzentriert sind. Diese auf feste Routen fixierten Verkehrsmittel entsprechen heute immer weniger der räumlichen Verteilung der Bevölkerung. Den Anforderungen der Verkehrsnachfrage im Personennahverkehr wird heute der flächendeckende Einsatz der Verkehrsmittel auch in den Ballungsrandzonen weit eher gerecht. Nahverkehrstechnologien mit hoher Netzbildungsfähigkeit, individueller Bedienung (Bequemlichkeit) und nahezu permanenter

Verfügbarkeit des Leistungsangebotes (Häufigkeit) entsprechen den heutigen und auch zukünftigen Erwartungen der Verkehrsteilnehmer.

Die Diskrepanz zwischen technisch möglichem und tatsächlich realisiertem ist im öffentlichen Personenfernverkehr zumindest ähnlich groß wie im öffentlichen Personennahverkehr. Die Verkehrsleistung der Fernverkehrsmittel PKW, Bahn und Flugzeug differieren in ihren Qualitätsmerkmalen Schnelligkeit, Netzbildungsfähigkeit, Häufigkeit und Massenleistungsfähigkeit so erheblich, daß es verwundern muß, daß die Angebotslücke in der Verkehrsleistungsqualität zwischen diesen Transportmitteln nicht längst durch eine Innovation geschlossen wurde. Transportgeschwindigkeiten von 300 bis 700 km/h bei zugleich hoher Massenleistungsfähigkeit sind aus der Sicht der Verkehrsnachfrage diejenigen Kriterienkomplexe, die neuen Verkehrstechnologien im Fernverkehr die Einsatzfelder sichern[14].

Trotz der hier beispielhaft aufgeführten Innovationslücken können technische Hemmnisse — wie die Vielzahl der neuen Forschungsergebnisse und technischen Erfindungen zeigt — nicht als entscheidend für die mangelnde Durchsetzungsfähigkeit von Innovationen im Verkehrssektor angesehen werden. Kritisch muß allerdings angemerkt werden, daß Innovationen häufig eher zufällig als zielorientiert zustande kommen. Die Innovationen orientierten sich in der Vergangenheit selten an den Anforderungen der Stadt- und Regionalplaner, und sie waren auch nicht die Reaktion auf die Strukturveränderungen der Transportnachfrage.

Demgegenüber muß jedoch auch herausgestellt werden, daß sich in der Bundesrepublik Deutschland mehrere Forschungseinrichtungen des privaten und öffentlichen Bereichs mit den Möglichkeiten der zielorientierten Anwendung des technischen Fortschritts im Verkehrssektor beschäftigen. Zur Finanzierung dieser Forschungsarbeiten trägt vor allem der Bundesminister für Forschung und Technologie bei, der insbesondere in den Bereichen der Rad/Schiene-Technik und der Magnetschwebetechnik zahlreiche Projekte unterstützt.

Neben den technischen wurden auch wirtschaftliche Hemmnisse als Grund für mangelnde Innovationen im Verkehrsbereich genannt. Da es sich bei den Technologieproduzenten in der Regel um nach dem Wirtschaftlichkeitsprinzip arbeitende Privatunternehmen handelt, können fehlende Gewinnaussichten sicherlich die fehlende Innovationsbereitschaft begründen. Ewers führt die wirtschaftlichen Hemmnisse einer

---

[14] *Laschet*, W.: Neuartige Verkehrssysteme — Eine Untersuchung ihrer technischen und ökonomischen Bedingungen und Effekte, in: Ökonomische Bewertung neuer Verkehrstechnologien, hrsg. v. H. Witte und W. Laschet, Bonn 1980, S. 20.

Innovation im Verkehrsbereich auf zwei Tatbestände zurück. Zum einen kann die durch die Innovation geschaffene Kapazität eines Verkehrssystems im Vergleich zur langfristig überschaubaren Nachfrage so groß sein, daß ihre wirtschaftliche Anwendung ausgeschlossen erscheint. Gleichbedeutend damit ist der Fall, daß die angestrebten Qualitätsstandards billiger mit traditionellen Verfahren erreicht werden können. In beiden Fällen besteht keine Innovationsnotwendigkeit, es fehlt die „economic feasibility". Zum anderen kann der Fall eintreten, daß trotz gegebener technischer und ökonomischer Durchführbarkeit der Innovation die finanziellen Mittel des Entscheidungsträgers nicht ausreichen. In diesem Fall fehlt die „financial feasibility"[15].

Vor allem der zuletzt genannte Aspekt ist heute angesichts der defizitären Haushaltslage der öffentlichen Verkehrsunternehmen von entscheidender Bedeutung. Die Einführung neuer Verkehrstechnologien z. B. im schienengebundenen Verkehr erfordert Investitionskosten, die auf absehbare Zeit aus dem öffentlichen Haushalt allein kaum zur Verfügung gestellt werden können. So wurden z. B. für die Magnetschwebetechnik im Jahre 1980 Investitionen in Höhe von durchschnittlich etwa 16 Millionen DM pro km Trassenlänge berechnet[16] (allerdings unter den Annahmen eines Personen-Güter-Mischverkehrssystems, das heute von verschiedenen Wissenschaftlern abgelehnt wird). Zusätzlich wurden unter der gleichen Annahme etwa 10 % der Gesamtinvestitionen als jährliche Betriebskosten pro km Trassenlänge berechnet. Eine Reihe zusätzlich anfallender Kosten ist mit diesen Investitions- und Betriebskostenkalkulationen noch nicht berücksichtigt, da diese Kosten bei anderen Verkehrsträgern anfallen. So muß hier auf die Notwendigkeit des Ausbaus der städtischen Nahverkehrssysteme im Fall der Realisierung der Magnetschwebetechnik hingewiesen werden, wenn nicht die durch die neuen Verkehrsmittel gewonnenen Qualitätsvorteile durch minderwertige Nahverkehrssysteme wieder zunichte gemacht werden sollen. Eine beispielsweise auf 2 bis 3 Stunden verkürzte Fahrzeit von Hamburg bis München nützt dann nur wenig, wenn die Zu- und Abfahrt zu und von den Stationen der Magnetbahn durch innerstädtische Verkehrsstauungen fast einen gleich langen Zeitraum in Anspruch nehmen.

Neben den innerstädtischen Verkehrssystemen wird auch für die Verkehrsbedienung in der Fläche ein weiterer Ausbau erforderlich.

---

[15] *Ewers*, H.-J.: Probleme der Innovation im Verkehrsbereich, in: Innovation, hrsg. v. Deutsche Gesellschaft für Betriebswirtschaft (DGfB), Berlin 1973, S. 165 f.

[16] *Zurek*, R.: Neue Fernverkehrssysteme und -technologien — Darstellung ihrer Funktion und Kosten, in: Ökonomische Bewertung neuer Verkehrstechnologien, hrsg. v. H. Witte und W. Laschet, Bonn 1980, S. 154.

Gemäß der oben dargestellten Theorie der Differenzierungseffekte wird die Magnetbahn die Standortattraktivität der heutigen Ballungsräume weiter verstärken. Das gegenüber den herkömmlichen Verkehrsmitteln erheblich verbesserte Qualitätsprofil der Verkehrsleistung wird die Konzentration in den Ballungskernen erhöhen und in den Randgebieten wirtschaftliche und soziale Entleerungseffekte hervorrufen. Bisherige Indifferenzräume werden ebenfalls zu Entleerungsräumen. Um diesen unausweichlichen Folgen entgegenzuwirken, muß mit erheblichem Kosteneinsatz die Verkehrsbedienung in der Fläche verbessert werden. Hier muß insbesondere an eine Steigerung der Schnelligkeit und der Häufigkeit der Verkehrsbedienung gedacht werden, um auch den in der Fläche wohnenden Bevölkerungsteilen das Erreichen des großräumigen Schnellverkehrssystems innerhalb vertretbarer Zeiträume zu ermöglichen und damit die Abwanderung entgegen den raumordnerischen und landesplanerischen Zielsetzungen zu verhindern.

Ein weiterer Grund für die mangelhafte Durchsetzungsfähigkeit von Innovationen im Verkehrssektor ist im institutionellen (politischen) Bereich zu suchen. Sowohl die Betreiber der Verkehrstechnologie als auch die politischen Entscheidungsträger setzen lieber auf erprobte, konventionelle Systeme als auf neue, in ihren Erfolgsaussichten nur unzureichend zu beurteilende Verkehrstechnologien. Fehlende Risikobereitschaft bzw. mangelnde Innovationswilligkeit ist häufig die Ursache für das frühzeitige Ausscheiden einer Innovation aus dem Wettbewerb mit den überkommenen Verkehrstechniken.

Unterstellt man eine vorhandene Innovationsbereitschaft der Entscheidungsträger, so scheitert die Umsetzung des technischen Fortschritts in der Realität häufig an der Innovationsfähigkeit, also an organisatorischen und methodischen Gründen, die Innovation durchzusetzen. Der in der Bundesrepublik Deutschland insbesondere bei größeren Projekten übliche vielschichtige Entscheidungsprozeß, in den in den letzten Jahren immer mehr Personen und Personengruppen einbezogen werden, wirkt der schnellen Durchsetzung einer Innovation eher entgegen. Wenn dann die Innovation in eine langatmige Diskussionsphase eingebracht ist, sinken ihre Erfolgsaussichten aufgrund immer neuer Einsprüche gegen die praktische Anwendung.

Die Erfolgsaussichten von Innovationen werden heute eindeutig von der politischen Durchsetzbarkeit der notwendigen Maßnahmen bestimmt. In dieser Hinsicht sind — wie die Erfahrungen der vergangenen Jahre zeigen — die Perspektiven eher pessimistisch einzuschätzen. Die Deutsche Bundesbahn lieferte hierfür in der letzten Zeit mehrfach Beispiele: Gegen die mancherorts sicherlich sinnvolle Umstellung des Schienenpersonenverkehrs auf Busbetrieb wehren sich Kreise, Gemeinden und Bürgerinitiativen; anderenorts erfolgt von den gleichen Gruppierungen der Einspruch gegen Neubaustrecken; den Verfahrensinnovationen im Betriebsablauf, die häufig mit Personaleinsparungen verbunden sind, stehen die Gewerkschaften kritisch gegenüber; ordnungspolitische Begünstigungen des Schienenverkehrs zur Durchsetzung von Innovationen treten die Güterkraftverkehrsverbände entgegen, und schließlich weigert sich die Bundesbahn selbst, an betriebswirtschaftlich derzeit unrentablen Strecken Investitionen zur Erhöhung der Attraktivität des Schienenverkehrs durchzuführen[17].

Dem von Schumpeter herausgestellten dynamischen Unternehmer, der die Innovation unter Inkaufnahme des damit verbundenen Risikos im Verkehrsbereich durchsetzt, bleiben in der Bundesrepublik Deutschland nur stark begrenzte Freiräume, die nicht nur vom erforderlichen — in der Regel außerordentlich hohen — Kapitalaufwand, sondern vor allem von Gesetzen, Verordnungen und Richtlinien der vielfältigsten Art sowie den politisch aktiven Gruppen bestimmt werden. Sollen zumindest einige der anfangs aufgezählten Probleme einer Lösung nahegebracht werden, so müssen vor allem die wirtschaftlichen und institutionellen bzw. organisatorischen Widerstände gegen die Innovation im Verkehrssektor abgebaut werden.

---

[17] *Voigt*, F., *Dick*, W.: Ansatzpunkte einer Rentabilitätssteigerung im Schienenverkehr — dargestellt am Beispiel Nordrhein-Westfalens, Gesellschaft für wirtschafts- und verkehrswissenschaftliche Forschung e. V., Heft 44, Königswinter 1978, S. 45 f.

Volkswirtschaftliche Aspekte einer verstärkten Fernwärmenutzung mit Blick auf die zukünftige Energieversorgung der Bundesrepublik Deutschland

Von *Lothar Hübl* und *Wolfgang Oest*, Hannover

A. Probleme der zukünftigen Energieversorgung

In den 60er Jahren war die Energieversorgung vieler Länder durch nahezu in jeder Menge verfügbare und äußerst preisgünstige Öllieferungen gesichert. Die Energieversorgung spielte deshalb nur eine untergeordnete Rolle. Dieses Bild hat sich in den 70er Jahren radikal gewandelt. Durch den ersten Ölpreisschock 1973 und verstärkt durch die erneuten starken Preisanhebungen Ende 1979 wurden Abhängigkeiten deutlich. Die Länder mit geringen eigenen Energieressourcen gerieten in Zahlungsbilanzschwierigkeiten.

Die Energiewirtschaft erlangte durch diese Entwicklung ein besonderes volkswirtschaftliches und politisches Interesse. Einmal galt es, die Versorgung mit Energierohstoffen sicherzustellen, damit die Wirtschaft technisch funktionsfähig bleibt und zum anderen mußte versucht werden, die einseitige Verschiebung der Terms of Trade zugunsten der ölexportierenden Länder wegen ihrer Auswirkungen auf die Handelsbilanz zu kompensieren.

Die Reaktionen auf die veränderten Konditionen der Energiemärkte waren in den einzelnen Ländern durchaus unterschiedlich. So reagierte z. B. Japan durch Umstrukturierungen und verstärkte Exportbemühungen sehr schnell auf die neue Lage. Die japanische Wirtschaft konnte die nominell gestiegenen Energieimporte durch eine Exportoffensive weitgehend ausgleichen. In Westeuropa setzte man auf neue Energieträger, z. B. die Kernenergie, und begann ungünstig gelegene gas- und ölhöffige Gebiete, wie z. B. in der Nordsee, zu explorieren, deren Energiereserven durch die Preissteigerungen wirtschaftlich gewinnbar wurden, um so eine Entlastung zu erzielen.

Die klassische Verhaltensweise, auf Preiserhöhungen mit Minderverbrauch und Substitution der teureren durch die billigeren Energieträger zu reagieren, trat nach der ersten Ölpreiskrise nur bedingt auf, wird aber seit der zweiten Ölpreiskrise verstärkt beobachtet. Ein reiner

Tabelle 1: Prognosen und Szenarien des künftigen Energiebedarfs der Bundesrepublik Deutschland

Institut	Jahr der Veröffent- lichung	1985		2000	
		Primär- energie- bedarf Mio. t. SKE	Strombedarf in TWH	Primär- energie- bedarf Mio. t. SKE	Strombedarf in TWH
KfA Jülich[a]	1975	485	538	760	960
DIW, EWI, RWI[b]: Grundlinien u Eckwerte	1977	496	561	—	—
2. Fortschreibung Referenzfall		482,5	534	600	900
Alternative		482,5	534	560	800
Deutsche BP AG[c]	1977				
Variante 1		480	525	625	975
Variante 2		—	—	475	—
FEST[d], Szenario 1	1977	555	—	760	—
Szenario 2		445	—	530	—
ISP[e], Referenzszenario	1977	437	439	584	687
Einsparszenario		418	—	495	552
AUGE[f]	1978	440	485	604	690
Deutsche Shell AG[g]	1979				
Szenario Evolution		464	—	513	648[m]
Szenario Disharmonien		430	—	435	518[m]
Szenario Strukturwand.[h]	1980/81	385[h]	—	457	—
Szenorio Lethargie[i]	1980/81	385[h]	—	444	—

VEBA AG[j], obere Variante	1980	450	415[l]	550	653[l]
untere Variante		435	431[l]	500	578[l]
Öko-Studie[k]	1980				
Szenario Kohle und Gas		—	—	310	264
Szenario Fortschritt		—	—	293	264
Szenario Sonne und Kohle		—	—	298	264
Deutsche BP AG[n]	1981	—	—	510	—

a) Einsatzmöglichkeiten neuer Energiesysteme, Kernforschungsanlage Jülich, Programmgruppe STE, Jülich 1975, S. 37. — b) DIW, EWI, RWI: Die künftige Entwicklung der Energienachfrage in der Bundesrepublik Deutschland und deren Deckung — Perspektiven bis zum Jahre 2000, Essen 1978, S. 95, S. 149, S. 153, S. 157, S. 159. — c) Deutsche BP AG: Energie 2000 — Tendenzen und Perspektiven, Hamburg 1977, S. 21, S. 29 f. — d) FEST: Alternative Möglichkeiten für die Energiepolitik: Ein Gutachten, Texte und Materialien der Forschungsstätte der Evangelischen Studiengemeinschaft, Reihe A, Nr. 1, Heidelberg 1977, S. 49, S. 120. — e) Pestel, E. u. a.: Das Deutschland-Modell, Stuttgart 1978, S. 114 ff., die darin enthaltenen Ergebnisse wurden erstmals auf der Tagung „Ist Kernenergie unverzichtbar für die Entwicklung der deutschen Wirtschaft?" im Februar 1977 im Haus Rissen, Hamburg, der Öffentlichkeit vorgestellt. — f) AUGE: Wirtschaftspolitische Steuerungsmöglichkeiten zur Einsparung von Energie durch alternative Technologien, Essen 1978, Teil III, S. 104 ff. — g) Trendwende am Energiemarkt: Szenarien für die Bundesrepublik bis zum Jahre 2000, Deutsche Shell AG, Hamburg 1979, S. 19, S. 24. — h) Löw, A.: Mineralöl spürte die zweite Phase der Anpassung, in: Oel Heft 4 (1981), S. 89. — i) Ilsemann, W. von: Die geteilte Zukunft, in: Manager Magazin, Heft 5 (1980), S. 4. — j) VEBA AG: Energieprognose für die Bundesrepublik Deutschland 1980 - 2000, Düsseldorf 1980, S. 13, Tab. 8. — k) Krause, F., Bossel, H. Müller-Reißmann, K. F.: Energiewende — Wachstum und Wohlstand ohne Erdöl und Uran, Frankfurt 1980, S. 159, S. 166, S. 163. — l) Inlandsverbrauch, d. h. ohne Eigenverbrauch, Pumpstrom, Verluste und Ausfuhr! — m) Bruttostromerzeugung. — n) Deutsche BP AG: 1950 - 1980 - 2010, Energieperspektiven, Lengerich 1981, S. 33.

Minderverbrauch ist bei häufig limitationaler Produktion im Industriebereich kaum möglich, eher dagegen bei der Heizwärmeversorgung und im privaten Verkehr. Da ein Trend zu einer Angleichung der Wärmepreise der Energieträger unter Berücksichtigung von Handhabungsvor- und -nachteilen besteht und wirtschaftspolitisch unterstützt wird, ist eine Substitution in andere Energieträger nur beschränkt sinnvoll, so daß lediglich eine „Substitution" durch verstärkten Kapitalaufwand zur Energieeinsparung bleibt.

Auf dieser Basis sind in der letzten Zeit eine Fülle von Maßnahmen, Analysen und Potentialschätzungen zur Energiesubstitution durch Kapitaleinsatz gefördert bzw. durchgeführt worden. Betrachtet man die Anwendungspotentiale und die sich bietenden zukünftigen Chancen, so verdient die Fernwärme und Wärmepumpe besondere Bedeutung.

Bevor nun im folgenden die Betrachtung der Fernwärme aus volkswirtschaftlicher Sicht erfolgt, soll zunächst der energiewirtschaftliche Rahmen für diese Technologie abgesteckt werden. Hierzu werden Überlegungen zum langfristigen Energiebedarf angestellt und Konzepte einer langfristigen Energieversorgung, in die sich diese Technologie einordnen muß, skizziert.

B. Abschätzung und Deckung des langfristigen Energiebedarfs

Im Gefolge der ersten Ölpreiskrise sind eine große Anzahl von sog. Energiebedarfsprognosen für die Bundesrepublik erstellt worden. Die Tabelle 1 gibt einen Überblick über die bekannteren „Prognosen", geordnet nach dem Jahr der Veröffentlichung. Vergleicht man den für das Jahr 2000 prognostizierten Maximalwert des Primärenergiebedarfs (760 Mill. t SKE) mit dem Minimalwert (298 Mill. t SKE), so wird eine große Streubreite deutlich. Trotz der Diversität der Ergebnisse ist jedoch erkennbar, daß die Prognosen um so niedriger ausfallen, je jünger sie sind. Sieht man vor der sog. „Ökostudie" ab, so weisen auch noch die neuesten Prognosen einen leicht steigenden oder zeitweise stagnierenden (Shell) Energiebedarf bis zum Jahr 2000 aus.

Für die zukünftige Entwicklung kann auf der Basis dieser Ergebnisse tendenziell eher mit einem leicht steigenden als sinkenden Energiebedarf gerechnet werden. Die Wachstumsraten werden jedoch deutlich niedriger liegen als in der Vergangenheit und in konjunkturschwachen Zeiten ist auch ein Rückgang des Primärenergiebedarfs möglich. Das Jahr 1980 mit einem realen Wachstum der Wirtschaft von 1,8 v. H. und einem Rückgang des Primärenergieverbrauchs von 4,4 v. H. hat deutlich gezeigt, wie stark Wirtschaftswachstum und Steigerung des Energie-verbrauchs derzeitig „entkoppelt" sind. Diese Entwicklung kann jedoch nicht von langer Dauer sein. Nach Ausschöpfen von Energiespar- und Strukturwandlungspotentialen wird sich der Energieverbrauch auf einem anderen Niveau und mit anderen Kopplungskoeffizienten wieder an die Entwicklung des Wirtschaftswachstums anhängen.

Aus volkswirtschaftlicher Sicht stellt sich nun die Frage, ob, woher und zu welchen Preisen diese zukünftigen Bedarfsmengen beschafft werden können. Betrachtet man die inländische Energiegewinnung und die importierten Energieträger, wie in Tabelle 2 dargestellt, so zeigt sich, daß fast zwei Drittel der benötigten Primärenergie derzeitig importiert werden. Im Inland sind in größeren Mengen nur Stein- und Braunkohle sowie in begrenztem Umfang Erdgas vorhanden. Eine Erhöhung der Steinkohleförderung von 88 Mill. t SKE im Jahre 1980 auf gut 100 Mill. t SKE im Jahre 2000 wird als energiepolitisches Ziel anvisiert[1]. Eine wesentliche Erhöhung der Braunkohlegewinnung ist vorläufig nicht geplant und wegen der langwierigen Erschließung neuer Abbaustellen, die 10 - 20 Jahre dauern kann, auch kurzfristig nicht möglich. Beim Erdgas schließlich sind zwar in letzter Zeit beachtliche Neufunde in Niedersachsen erzielt worden, diese dürften aber kaum zur Erhöhung der inländischen Förderung beitragen, da andere Quellen in absehbarer Zeit versiegen werden. Sie sichern jedoch für einen weiteren Zeitraum rund ein Drittel des bundesdeutschen Gasbedarfs. Insgesamt zeigt sich also, daß der Bedarfszuwachs an Primärenergie in der Zukunft durch Importe gedeckt werden muß.

Die Risiken und Probleme, die aus hohen Mineralöl- und Erdgasimporten resultieren, sind landläufig bekannt. Ein Umschichten auf Steinkohleimporte erscheint auf mittlere Sicht problematisch. Das gesamte Welthandelsvolumen war im Jahre 1979 mit 263 Mill. t nur etwa dreimal so hoch wie die gesamte Förderung der Bundesrepublik. Der Binnenhandel der EG, des Comecon und in Nordamerika mit 87 Mill. t müßte hierbei sogar noch ausgeklammert werden, da dies meist nicht frei gehandelte Mengen sind. Da kaum damit zu rechnen ist, daß der Weltkohlehandel volumenmäßig dem Nachfragepotential entsprechend wachsen wird, sind Preissteigerungen mit Sicherheit zu erwarten. Bereits im Frühjahr 1981 wurden in der Spitze für Importkohle 200 DM/t gezahlt, während noch 1978 der Preis bei nur 80 DM/t lag. Auch hier zeigt sich deutlich das tendenzielle Angleichen der Energiepreise unter Berücksichtigung von Vor- bzw. Nachteilen im Handling.

---

[1] Steinkohle 1979/80, Gesamtverband des deutschen Steinkohlenbergbaus, Essen 1980, S. 28.

Tabelle 2: **Inländische Energiegewinnung und Primärenergieimporte in v. H. des gesamten Primärenergieverbrauchs im Jahre 1980**

	Inländische Gewinnung		Import		Export		Verbrauch im Inland[a]	
	Mio. t SKE	in v. H. des gesamten Primär-energie-verbrauchs	Mio. t SKE	in v. H. des gesamten Primär-energie-verbrauchs	Mio. t SKE	in v. H. des gesamten Primär-energie-verbrauchs	Mio. t SKE	in v. H. des gesamten Primär-energie-verbrauchs
Mineralöl	6,7	1,7	200,0	51,3	10,4	2,7	185,5	47,5
Steinkohle	88,2	22,6	10,7	2,7	20,7	5,3	77,2	19,8
Braunkohle	37,9	9,7	2,0	0,5	0,6	0,1	39,2	10,0
Erdgas etc.	20,9	5,36	46,6	11,9	2,8	0,7	64,3	16,5
Kernbrennstoff ..	—	—	14,4	3,7	—	—	14,4	3,7
Sonstige	7,7	2,0	6,3	1,6	4,4	1,1	9,6	2,5
Summe	161,4	41,4	280,0	71,7	38,9	9,9	390,2	100

a) Ohne Bestandsveränderungen und Hochseebunker.

Eine Ausnahme stellen in gewisser Hinsicht Kernbrennstoffe dar, welche zur Zeit relativ preiswert und in ausreichenden Mengen verfügbar sind. Bei einem verstärkten Ausbau der Kernenergie dürften die Preise jedoch ähnlich wie bei Öl und Kohle schnell ansteigen. Da es weltweit nur wenige Uranaufbereitungsanlagen gibt, besteht die Gefahr, daß es deswegen zu Engpässen mit Preissteigerungen kommt.

Aufgrund der Einschätzung des langfristigen Energiebedarfs und seiner Deckungsmöglichkeiten muß einer Energiepolitik, die Energieeinsparungen und eine möglichst effiziente Energienutzung unterstützt, neben anderen Maßnahmen hohe Priorität eingeräumt werden. Marktwirtschaftliche Anpassungsprozesse haben in dieser Richtung bereits beachtliche Erfolge gebracht. So sind im Automobilhandel Kenngrößen wie Hubraum, Leistung und Spitzengeschwindigkeit als Entscheidungsmerkmal für Käufer durch spezifischen Benzinverbrauch und Widerstandsbeiwert abgelöst worden.

Das größte Einsparpotential zeigt sich bei der für Raumwärme eingesetzten Energie, denn auf diese Nutzungsart entfällt mehr als die Hälfte des gesamten Endenergiebedarfs. Einsparmöglichkeiten ergeben sich hier insbesondere von zwei Seiten. Einerseits kann der Raumwärmebedarf durch bessere Isolierung, passive Nutzung der Solarenergie und Vermeidung zu großer Wohn- bzw. Nutzflächen je Person gesenkt werden. Andererseits bieten auf der Erzeugungsseite die Fernwärme, die Wärmepumpe und möglicherweise regenerative Energiequellen die größten Chancen zur Einsparung knapper Primärenergieträger. Auf die Fernwärme wird im folgenden weiter eingegangen.

C. Technik der Fernwärmeversorgung

Eine Fernwärmeversorgung setzt sich grundsätzlich aus den folgenden Komponenten zusammen:

— der Wärmeerzeugung in Heizkraftwerken oder Heizwerken. Energiequelle sind derzeit noch ausschließlich fossile Brennstoffe; in Zukunft können jedoch auch nukleare Quellen in Betracht kommen;
— dem Wärmetransport- und Verteilungssystem, bestehend aus Transportleitungen, Pumpstationen, Unterverteilungen und den Wärmeübergabestellen bei den Endverbrauchern.

Heizkraftwerke sind Kraftwerke, in denen sowohl Strom als auch Fernwärme erzeugt wird. Die Restwärme wird nicht wie in einem herkömmlichen Kondensationskraftwerk nach Durchlaufen der Turbinen nutzlos bei niedrigem Temperaturniveau an die Umgebung abgegeben, sondern bei einem geeigneten höheren Temperaturniveau aus dem

Dampfprozeß ausgekoppelt und durch Rohrleitungen für die Raumwärmeerzeugung und Brauchwassererwärmung bereitgestellt. Im industriellen Bereich wird darüber hinaus ggf. Prozeßwärme ausgekoppelt. Da die Produktion von Strom und Wärme miteinander verbunden sind, spricht man von der Kraft-Wärme-Kopplung. Im Gegensatz zu Heizkraftwerken wird in Heizwerken kein Strom, sondern nur Wärme erzeugt.

Der Aufbau einer Fernwärmeversorgung kann sich in den folgenden vier Schritten vollziehen:

— Aufbau von kleinen Netzen mit einer Leistung bis zu etwa 10 MW_{th} in Bedarfszentren, die mit Heizwerken oder Blockheizkraftwerken betrieben werden;

— Ausbau der Kleinnetze und Verbund der Einzelnetze mit einem Heizkraftwerk. Die Heizwerke und Blockheizkraftwerke des 1. Ausbauschrittes stehen dann für Spitzen- und Reserveleistung zur Verfügung;

— Verbindung des Fernwärmenetzes mit einem Großheizkraftwerk, welches über eine Entnahmekondensationsmaschine verfügt. Das Großheizkraftwerk sollte in der Regel 10 km — bei sehr großen Potentialen bis 30 km — vom Zentrum des Fernwärmenetzes aus dem 2. Ausbauschritt entfernt sein;

— Ankopplung an ein weiter entferntes Großkraftwerk. Hier kommen insbesondere Kernkraftwerke in Frage. Das Kraftwerk kann etwa 50 bis 80 km vom Zentrum der Fernwärmeversorgung entfernt liegen[2]. Für diese Entfernungen sind dann neue Übertragungstechnologien erforderlich[3].

D. Stand der Fernwärmeversorgung und möglicher zukünftiger Ausbau

Zur Zeit werden in der Bundesrepublik Deutschland nur etwa 7 v. H. der benötigten Raumwärme durch Fernwärme gedeckt. Nach der Statistik der Arbeitsgemeinschaft Fernwärme (AGFW) betreiben 112 Unternehmen 112 Heizkraftwerke, 392 Heizwerke und 476 Heiznetze mit einem Anschlußwert von 27 900 MW (vorläufiger Stand 31. 12. 1980). Die Gesamtwärmeeinspeisung von 184 000 TJ/a stammt dabei zu 79 v. H. aus Heizkraftwerken und Fremdbezug, während die restlichen 21 v. H. in Heizwerken erzeugt werden[4].

---

[2] Kraftwerk Union AG: Möglichkeiten und Grenzen der Ölsubstitution, Erlangen 1980, S. 29 ff.

[3] Es soll die sog. „Kalte Fernwärme" und der Einsatz von Großwärmepumpen erprobt werden. Bei der kalten Fernwärme wird vom Großkraftwerk Wasser in großen Mengen mit Temperaturen um etwa 50° C zu den Wärmeverbrauchszentren geschickt. Dort wird mit Großwärmepumpen die Restwärme entzogen und damit der Vorlauf eines herkömmlichen Fernwärmenetzes versorgt.

[4] Arbeitsgemeinschaft Fernwärme e. V.: Ziele, Aufgaben, Organisation, Mitgliederverzeichnis, Frankfurt 1979, S. 8 f.

Ein Vergleich des Fernwärmeeinsatzes europäischer Länder zeigt, daß die Bundesrepublik im Mittelfeld liegt. In der UdSSR und in den skandinavischen Ländern ist die Fernwärmeversorgung erheblich stärker ausgebaut. In der UdSSR werden beispielsweise $2/3$ aller Stadtwohnungen mit Fernwärme beheizt.

Die Entwicklungschancen der Fernwärmeversorgung in der Bundesrepublik Deutschland werden unterschiedlich beurteilt. In der sog. Gesamtstudie Fernwärme[5] sind die wirtschaftlich fernwärmewürdigen Gebiete (Stand 1975) analysiert worden, mit dem Ergebnis, daß 25 bis 33 % des Wärmebedarfs der Bundesrepublik im Niedertemperaturbereich (bis 200° C) durch Fernwärme aus Heizkraftwerken gedeckt werden kann. Inzwischen sind durch die veränderten Primärenergiepreise unter bestimmten Bedingungen 50 v. H. des Niedertemperaturbereichs wirtschaftlich mit Fernwärme versorgbar[6].

Das Beispiel der Fernwärmeversorgung der Stadt Flensburg zeigt deutlich, daß für eine höhere Fernwärmeversorgung als in der Fernwärmestudie angegeben viel Raum besteht. In der Fernwärmestudie wurde für Flensburg für das Jahr 1990 als Obergrenze des wirtschaftlich zu versorgenden Potentials 347,4 MJ/s Anschlußwert angegeben. Demgegenüber wurde bereits 1979 ein Anschlußwert von 490 MJ/s erreicht, und für 1985 wird eine fast vollständige Fernwärmeversorgung der Stadt angestrebt. Das Versorgungsgebiet der dortigen Fernwärmeversorgung umfaßt etwa 100 000 Einwohner. Die Anschlußdichte an den Leitungstrassen beträgt derzeit 85 %. Innerhalb eines Jahrzehnts konnten 70 % der städtischen Bebauung an die Fernwärmeversorgung angeschlossen werden. Es kann zu diesem Zeitpunkt eine gesamte Energieersparnis von rund 70 000 t SKE/a gegenüber Einzelfeuerung erwartet werden[7].

Trotz dieser beachtenswerten Potentiale wird auch in Zukunft nur ein langsamer Ausbau der Fernwärme erwartet. Man rechnet mit einem Anteil von 12 - 18 % am Niedertemperaturmarkt des Jahres 2000. Ursache dieser eher schleppenden Entwicklung sind die hohen Kapitalkosten der Fernwärmeversorgungssysteme und die Konkurrenz der Gasversorgung, die in vielen fernwärmewürdigen Gebieten schon vorhanden ist. Ein paralleler Betrieb beider Netze ist betriebswirtschaftlich nicht sinnvoll.

---

[5] Bundesministerium für Forschung und Technologie (Hrsg.): Gesamtstudie über die Möglichkeiten der Fernwärmeversorgung aus Heizkraftwerken in der Bundesrepublik Deutschland — Kurzfassung —, Bonn 1977, S. 337.

[6] *Winkens*, H. P.: Fernwärme, eine der aussichtsreichsten Alternativen, in: Bonner Energiereport, 3. Sondernummer, 2. Jahrgang, Bonn 1981, S. 30.

[7] *Prinz*, W.: Das Flensburger Energiekonzept, Flensburg, Sonderdruck 3117 aus Fernwärme International, o. O., o. J., S. 3 ff.

Abbildung 1: Spezifische Wärmeanschlußwerte für westeuropäische Länder (nur öffentliche Fernwärmeversorgung)[a]

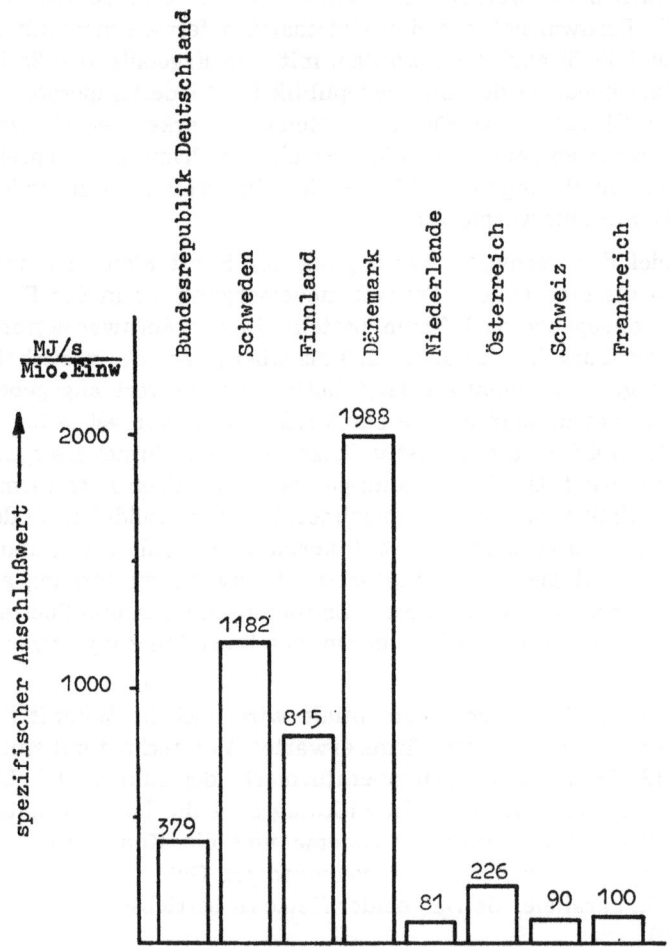

a) Quelle: Bundesministerium für Forschung und Technologie (Hrsg.): Gesamtstudie über die Möglichkeiten der Fernwärmeversorgung aus Heizkraftwerken in der Bundesrepublik Deutschland, Teil A 1, Bonn 1977, S.184.

E. Volkswirtschaftliche Aspekte der Fernwärmenutzung

Die Deckung des Raumwärme- und Niedertemperaturbedarfs durch Fernwärme weist aus volkswirtschaftlicher Sicht folgende Vorteile auf:

— Die nur begrenzt vorhandenen Primärenergieträger werden in Fernwärmesystemen erheblich besser genutzt als bei anderen Versorgungssystemen.

— Durch den rationelleren Einsatz müssen weniger Energieträger importiert werden; die Handelsbilanz wird entlastet.

— Für den Einsatz in Heizkraftwerken ist die Steinkohle prädestiniert; dadurch werden bei Verwendung heimischer Steinkohle Arbeitsplätze im Inland langfristig gesichert. Da die substituierten Einzelheizungen überwiegend mit Öl und Gas betrieben werden, können teure Importenergieträger durch inländische Energieträger ersetzt werden, so daß die Handelsbilanz durch die Art der verwendeten Primärenergieträger zusätzlich entlastet wird.

— Heizkraftwerke erhöhen die Versorgungssicherheit der Strom- und Wärmeerzeugung, da sie verschiedene Energieträger einsetzen können bzw. mit vergleichsweise kleinem Aufwand von z. B. Kohle auf Heizöl oder Erdgas umgerüstet werden können.

— Durch den rationellen Einsatz der Energieträger einerseits und die Möglichkeit, umfangreiche Rückhaltetechnologien einzusetzen andererseits, werden weniger Emissionen freigesetzt als bei alternativen Versorgungssystemen und die Immissionsbelastungen erheblich reduziert.

Als Nachteile der Fernwärme gelten:

— Das Fernwärmeverteilungsnetz ist sehr kapitalaufwendig. Dadurch bleibt die Fernwärmenutzung zunächst auf Ballungsgebiete beschränkt.

— Die Heizkraftwerke müssen wegen der beschränkten Abnahmepotentiale überwiegend in relativ kleinen Einheiten gebaut werden; meist sind es etwa 100 MW_{el} (das Großkraftwerk Mannheim mit 450 MW_{el} und Fernwärmeauskopplung ist z. Zt. noch eine Ausnahme). Dies bedingt einen höheren Primärenergieeinsatz und höhere Investitionskosten.

1. Primärenergieeinsparung

Die Primärenergieeinsparung durch Fernwärmenutzung soll zunächst anhand eines Beispiels verdeutlicht werden. Aus einem Heizkraftwerk mit einer elektrischen Leistung von 100 MW kann genügend Wärme ausgekoppelt werden, um ca. 25 000 Wohnungen zu beheizen. Gegenüber einem Kondensationskraftwerk gleicher elektrischer Leistung muß jedoch der Kessel- und der Turbinenhochdruckteil größer ausgelegt werden, und wegen der Fernwärmeauskopplung wird ein Brennstoffmehraufwand in Höhe von 20 % erforderlich. Dies entspricht etwa 16 500 t Steinkohle bei Kohlefeuerung (bzw. 12 000 t Heizöl S bei Ölfeuerung).

Dieser Mehraufwand reicht für die Heizung und Brauchwassererwärmung der 25 000 Wohnungen. Nimmt man — wegen des besseren Vergleichs — an, daß alle Wohnungen vorher mit Heizöl beheizt wurden, bei einem mittleren Wirkungsgrad für Heizung und Warmwasserversorgung von 60 %, so müßten 60 000 t Heizöl EL eingesetzt werden. Durch die Fernwärmeversorgung werden also knapp 50 000 t Heizöl bzw. etwa 71 000 t SKE eingespart[4]. Ursache für dieses günstige Abschneiden der Kraft-Wärme-Koppelung ist der hohe Wirkungsgrad der Heizkraftwerke, der in der Spitze bei 80 % liegt.

Dieses Beispiel zeigt deutlich die Vorteile der Fernwärmenutzung. Bei einer Verallgemeinerung müssen jedoch weitere Gesichtspunkte berücksichtigt werden. Betrachtet man den Primärenergieeinsatz in den Heizkraftwerken und Heizwerken (Tabelle 3), so erkennt man, daß Steinkohle und Koks im Jahre 1977 etwa 43 % der eingesetzten Primärenergie gestellt haben, während die restlichen 57 % auf Öl und Gas entfielen. Das bedeutet, daß ein beträchtlicher Teil des Stromes aus der Kraft-Wärme-Kopplung aus Öl und Gas erzeugt wird, was energiepolitisch unerwünscht ist. Weiterhin kann nicht unterstellt werden, daß die verdrängten Einzel- und Sammelheizungen sämtlich mit Heizöl betrieben werden. Dadurch wird einerseits die Heizöleinsparung geringer ausfallen, andererseits wird sich die Primärenergieeinsparung erhöhen, wenn für die Heizungen realistischerweise eine Mischung von Öl, Gas, Strom und Kohle und für die Warmwassererzeugung überwiegend Strom als Energiequelle unterstellt wird.

In der sog. „Fernwärmestudie" wurde für das Jahr 1990 der Brennstoffenergiebedarf ohne Fernwärmeausbau mit demjenigen mit Fernwärmeausbau verglichen. Die Ergebnisse sind für die Unter- und Obergrenze des wirtschaftlich fernwärmewürdigen Potentials in der Tabelle 4 wiedergegeben. Danach errechnet sich eine jährliche Verringerung des Primärenergiebedarfs um 9,4 (Untergrenze) bzw. 16,7 Mio. t SKE (Obergrenze). Das sind rund 2,5 v. H. bzw. 4 v. H. des Primärenergiebedarfs des Jahres 1980. Besonders positiv ist dabei zu werten, daß rund ¾ der Einsparung bei leichtem Heizöl auftritt. Bei diesen Zahlen wird unterstellt, daß der forcierte Ausbau der Fernwärmeversorgung in Kraft-Wärme-Kopplung und ausschließlich auf fossiler Brennstoffbasis erfolgt. Wird zusätzlich ein Übergang bestehender Heizwerksversorgungen aus Kraft-Wärme-Kopplung in Rechnung gestellt, so erhöhen sich die errechneten Einsparpotentiale auf 11 bzw. 19 Mio. t SKE/a.

Zu heutigen Preisen gerechnet ergäbe das eine Entlastung der Handelsbilanz im Jahre 1990 von rd. 4 bzw. 9 Mrd. DM. Schon bei einer jährlichen durchschnittlichen Preissteigerungsrate für Energieimporte von 7 v. H. würde sich dieser Betrag verdoppeln. Gemessen an den gesamten Ausgaben für Energie ist dies sicherlich kein überragendes Ergebnis. Wenn man es jedoch in Beziehung zum Leistungsbilanzdefizit (1980 = 28,1 Mrd. DM) setzt, so kann die Einsparung doch eine erhebliche Auswirkung haben.

Diese Schätzung ist insofern sehr konservativ, als die Berechnung der wirtschaftlich fernwärmewürdigen Potentiale auf Basis der Energiepreise von 1975 erfolgte. Neuere Schätzungen der Fernwärmewirtschaft gehen von Einspareffekten zwischen 20 und 40 Mio. t SKE aus. Bei gleicher Struktur der eingesparten Energieträger wie in der Fernwärmestudie würde sich die Entlastung der Handelsbilanz rd. verdoppeln.

Tabelle 3

Primärenergieeinatz in Heizkraftwerken und Heizwerken 1977

	Petajoule	v. H.
Steinkohle u. Koks	78	43
Heizöl	49	27
Gase (vorw. Erdgas)	55	30
Gesamt (5,3 Mio. t SKE)	182	100

Tabelle 4

Veränderungen des Brennstoffeinsatzes in Mio. t SKE/a bei 50 % Kohleeinsatz in der Kraft-Wärme-Kopplung

	Untergrenze	Obergrenze
Kohle	− 0,8	− 1,5
Heizöl S	+ 0,3	+ 1,3
Heizöl EL	− 6,7	− 12,8
Gas	− 2,2	− 3,7
Summe	− 9,4	− 16,7

2. Verminderung der Umweltbelastungen, Kapitalkosten und Auswirkungen auf den Arbeitsmarkt

Durch den Einsatz der Fernwärme entfällt eine Vielzahl von Einzelfeuerstätten, die ihre Abgase in niedriger Höhe in Ballungsgebieten, welche ohnehin durch andere Schadstoffquellen wie Verkehr und Industrie schon belastet sind, unkontrolliert abgeben. Statt dessen werden die Abgase bei der Fernwärmeerzeugung durch hohe Kamine nach Filterung und Rückhaltung vieler Schadstoffe abgeleitet. Bei Heizkraftwerken sieht diese Bilanz zwar nicht so günstig aus wie bei Heizwerken, da in ersteren der Brennstoffaufwand für die Stromerzeugung, die sonst möglicherweise anderenorts stattfinden würde, zusätzlich verbrannt wird; die Immissionsbelastung ist jedoch auch bei Heizkraftwerken niedriger als bei Einzelfeuerungen.

Ein Vergleich der Emissionen des nach der Fernwärmestudie in 1990 fernwärmewürdigen Potentials (Obergrenze) bei entsprechenden Fernwärmeausbau mit einer Versorgung durch Einzelfeuerstätten zeigt überzeugend die Emissionsvorteile der Fernwärmeoption. So geht die Emission von Kohlenmonoxid (CO) und von Kohlenwasserstoffen (C_mH_n) auf 1 % bzw. 4 % der ursprünglichen Werte zurück. Auch der Ausstoß von Schwefeldioxid sinkt. Der Ausstoß an Schwefeldioxid ließe sich auf 20 % reduzieren, wenn verstärkt Rauchgasentschwefelungsanlagen oder Wirbelschichtfeuerungen eingesetzt würden.

Neben den Schadstoffen ist noch zu beachten, daß aufgrund der effizienteren Energienutzung weniger Abwärme und Kohlendioxid (CO_2) freigesetzt wird. Der in der Kraft-Wärme-Kopplung gewonnene Strom wird nur mit etwa 20 % Abwärme produziert, im Vergleich zu über 60 % in Kondensationskraftwerken. Dadurch werden die Oberflächengewässer entlastet. Die Verringerung der Kohlendioxidproduktion ist allein auf die bessere Energienutzung zurückzuführen[8].

Um eine Fernwärmeversorgung im Rahmen der Potentialobergrenze der Fernwärmestudie durchzuführen, sind Investitionen in Höhe von 36 Mrd. (Preisstand 1975) geschätzt worden. Hiervon würden rund 6 Mrd. für die Umstellung vorhandener Zentralheizungen im Abnehmerbereich von den Wärmeabnehmern aufzubringen sein. Erneuerungsinvestitionen im Rahmen der z. Zt. vorhandenen Fernwärmeversorgung und der vorhandenen Einzel- und Sammelheizungen sind hierbei nicht einbezogen worden. Die genannten Investitionssummen können nur ein grober Näherungswert sein, weil die Aufwendungen für das Fern-

---

[8] Heute steht noch nicht mit Sicherheit fest, daß die weltweit gestiegene Kohlendioxidfreisetzung zu Klimaveränderungen führt. Dieser Vorteil ist daher relativ schwer zu bewerten.

Volkswirtschaftliche Aspekte einer verstärkten Fernwärmenutzung 93

wärmeleitungssystem, die rd. ²/₃ der gesamten Ausgaben für die Fernwärmeversorgung ausmachen, von Ort zu Ort sehr unterschiedlich sind. So liegen z. B. die spezifischen Verlegekosten in Flensburg auch heute noch, d. h. 6 Jahre nach Berechnung der o. g. Werte, unterhalb der in der Fernwärmestudie zugrunde gelegten Kosten.

Das Investitionsvolumen fließt einerseits den Produzenten für Heizkraftwerke und Heizwerke zu und andererseits einer Vielzahl von kleinen und mittelständischen Unternehmen, die regional ansässig das Fernwärmeleitungssystem errichten. Im letztgenannten Bereich ergäbe sich ein neues Betätigungsfeld für Tiefbauunternehmen, die angesichts des weitgehend ausgebauten Straßennetzes relativ schlechte Beschäftigungschancen in der Zukunft haben. Da auch die Erzeugungsanlagen im Inland gefertigt werden können, wird der gesamte Investitionsbetrag inländisch beschäftigungswirksam. In der Fernwärmestudie wurde geschätzt, daß durch den Ausbau der Fernwärme für einen Zeitraum von 15 Jahren bis zu 60 000 Arbeitsplätze geschaffen bzw. erhalten werden können. Der Beschäftigungseffekt des nachfolgenden laufenden Betriebes der neuen Fernwärmeversorgungsanlagen ist relativ schwer zu schätzen, da Personaleinsparungen bei Betrieben im Bereich der Verteilung fester und flüssiger Hausbrennstoffe gegenüberstehen.

Zu erheblich höheren Arbeitsmarkteffekten kommt der nordrheinwestfälische Minister D. Haak in seiner Studie[9]. Er geht von einem Investitionsvolumen von 50 Mrd. DM aus, mit dem ein größeres Potential abgedeckt werden soll, als der Potentialobergrenze der Fernwärmestudie (33 % des Niedertemperaturbereichs) zugrundeliegt. Das Gesamtvolumen soll sich zu

22 Mrd. DM auf den Bau von größeren Kohleheizkraftwerken,

25 Mrd. DM auf den Bau von Fernwärmeversorgungsleitungen und

3 Mrd. DM auf die Entwicklung kleiner Kohleheizkraftwerke

erstrecken.

Für den Bau der Kohleheizkraftwerke sollen 90 000 Arbeitsplätze direkt und indirekt für 5 Jahre gesichert werden. Der Beschäftigungseffekt beim Bau der Versorgungsleitungen wird auf weitere 125 000 Arbeitsplätze für ebenfalls 5 Jahre angegeben. Dieses Fernwärmeausbauprogramm würde demnach insgesamt 215 000 Arbeitsplätze für 5 Jahre schaffen.

---

[9] *Haak*, D.: Eine Inselstrategie mit kleinen, stadtnahen Kohleheizkraftwerken, Frankfurter Rundschau, Frankfurt 2. 6. 1981.

F. Résumé

Aus der Betrachtung der verschiedenen Aspekte der Fernwärmenutzung zeigt sich deutlich, daß der weitere Ausbau der Fernwärmeversorgung wünschenswert ist. Der zeitlich begrenzte Effekt eines Fernwärmeausbauprogramms ist insofern positiv zu bewerten, als er zu einer sinnvollen Nutzung des temporären Arbeitskräfteüberangebots führt. Dies muß vor dem Hintergrund gesehen werden, daß wegen der Altersstruktur unserer Bevölkerung die derzeitige Arbeitslosigkeit aus demographischen Gründen bis Ende der 80er Jahre abgebaut sein wird und in den 90er Jahren in einen Arbeitskräftemangel umschlagen kann. Eine Unterstützung des Fernwärmeausbaus seitens der Regierung ist mit Sicherheit sinnvoller, als der Ausgleich von Defiziten aus der Arbeitslosenversicherung.

Einzelwirtschaftliche Probleme der Innovation

Bedeutung und Beurteilung von Innovationen im Rahmen der strategischen Unternehmensplanung

Von *Hans-Joachim Engeleiter*, Braunschweig

A. Begriff und Arten der Innovation

I. Begriff der Innovation

Der Begriff der Innovation kann sowohl *prozeßorientiert* („prozessual") als auch *ergebnisorientiert* („objektbezogen") definiert werden[1].

Bei *ergebnisorientierter Betrachtung* werden als Innovation alle Neuerungen bezeichnet, die in den einzelnen Bereichen der Gesellschaft (Wirtschaft, öffentliche Verwaltung, usw.) eingeführt werden bzw. zur Anwendung gelangen. Während es gesamtgesellschaftlich gesehen durchaus von Bedeutung sein kann, ob es sich um die erstmalige Einführung bzw. Anwendung von etwas „Neuem", d. h. um etwas objektiv „Neues" handelt, kommt es aus der Sicht der einzelnen Person (z. B. Unternehmer) bzw. der einzelnen Institution (z. B. Unternehmen) allein darauf an, daß es sich um etwas für diese Person bzw. Institution „Neues" handelt (Unterscheidung von Makro- und Mikroebene). Das subjektiv „Neue" kann also auch in einer Imitation oder einer „originären Wiederentdeckung"[2] bestehen[3].

Nach dem *Grad der Neuartigkeit* unterscheidet *Mensch* zwischen *Basisinnovationen*, d. h. richtungsändernden Abweichungen von der

---

[1] Vgl. z. B. *Marr*, R.: Innovation, in: HWO, 2. Aufl., hrsg. v. E. Grochla, Stuttgart 1980, Sp. 948 f.; *Wilhelm*, H., *Corsten*, H.: Organisationsspezifische Faktoren als Hemmnisse im Innovationsprozeß, in: Das Jahrbuch für Führungskräfte 81, hrsg. v. H. Brecht u. E. Wippler, Grafenau-Zürich-Freiburg i. B. 1981, S. 399.

[2] Dieser Ausdruck stammt m. W. von Wilhelm *Hasenack*.

[3] Zum Begriff der Innovation vgl. *Bleicher*, K.: Innovationen im Produktionsbereich, in: HWProd, hrsg. v. W. Kern, Stuttgart 1979, Sp. 800 f.; *Kern*, W.: Innovation und Investition, in: Investitionstheorie und Investitionspolitik privater und öffentlicher Unternehmen, hrsg. v. H. Albach u. H. Simon, Wiesbaden 1976, S. 276 f.; *Marr*, R.: Sp. 947 ff.; *Pfeiffer*, W., *Staudt*, E.: Innovation, in: HWB, 4. Aufl., hrsg. v. E. Grochla u. W. Wittmann, Bd. 2, Stuttgart 1975, Sp. 1943 ff.; *Thom*, N.: Grundlagen des betrieblichen Innovationsmanagements, 2. Aufl., Königstein/Ts. 1980, S. 23; *Wilhelm*, H.: Produktdifferenzierung, in: HWA, hrsg. v. B. Tietz, Stuttgart 1974, Sp. 1712 f.; *Witte*, E.: Organisation für Innovationsentscheidungen, Göttingen 1973, S. 2.

bisherigen Praxis, und *Verbesserungsinnovationen,* d. h. Weiterentwicklungen auf bestehenden Aktivitätsgebieten, die durch Basisinnovationen etabliert worden sind[4]. Die ganze Spannweite der „Neuartigkeit" wird durch die Bildung von sechs Zwischentypen verdeutlicht: Basisinnovationen, radikale Neuerungen, sehr bedeutsame Verbesserungsinnovationen, bedeutsame Verbesserungsinnovationen, Verbesserungsinnovationen und einfache Verbesserungen[5].

Bei *prozeßorientierter Betrachtung* ist unter Innovation ein Änderungs- bzw. Erneuerungsprozeß zu verstehen[6], der mit der Ideengewinnung beginnt und mit der Einführung der Neuerung endet.

Von der Innovation zu unterscheiden ist die *Invention.* Die Invention beschränkt sich lediglich auf die Erfindung bzw. Entwicklung neuer Problemlösungspotentiale, bei der Innovation geht es dagegen darum, daß — zumindest subjektiv — neue Problemlösungspotentiale verwendet bzw. angewendet werden[7]. Durch neue Ideen, Erfindungen und Entdeckungen wird gewissermaßen das Angebot an Problemlösungen erhöht, mit der Innovation wird dann von diesem Angebot ein mehr oder weniger sinnvoller Gebrauch gemacht.

Unter dem *Aspekt des technischen Fortschritts* besteht folgender prozeßorientierter Zusammenhang[8]:

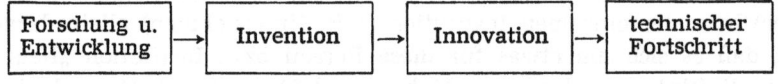

II. Arten von Innovationen

Unternehmensbezogen lassen sich Innovationen in unterschiedlicher Weise systematisieren. *Thom*[9] z. B. unterscheidet zwischen

(1) *Produktinnovationen,* d. h. Erneuerungen im Sachziel des Unternehmens,

---

[4] Vgl. *Mensch,* G.: Basisinnovationen und Verbesserungsinnovationen, in: ZfB, 42. Jg. (1972), S. 291 ff.; ders.: Das technologische Patt, Frankfurt a. M. 1975, S. 54 ff.

[5] Vgl. *Mensch,* G.: Das technologische Patt, S. 37.

[6] Vgl. z. B. *Kieser,* A.: Innovationen, in: HWO, 1. Aufl., hrsg. von E. Grochla, Stuttgart 1969, Sp. 743; *Marr,* R.: Sp. 748 f.

[7] Vgl. *Pfeiffer,* W., *Staudt,* E.: Sp. 1943; *Wilhelm,* H.: Strukturwandel und Beschäftigungsveränderungen als Folge technologischer Innovationen, in: Das Jahrbuch für Führungskräfte 80, hrsg. v. F. Grätz, Grafenau-Zürich-Freiburg i. B. 1980, S. 41.

[8] Vgl. *Wilhelm,* H.: Volkswirtschaftslehre für Ingenieure, Essen 1980, S. 221 f.

[9] Vgl. *Thom,* N.: S. 32 ff.

(2) *Verfahrensinnovationen*, d. h. Veränderungen im Prozeß der Faktorkombination zum Zwecke der Leistungs- und/oder Qualitätssteigerung, und

(3) *Sozialinnovationen*, d. h. Veränderungen im Humanbereich des Unternehmens mit dem Ziel der Änderung der Leistungsfähigkeit und Leistungsbereitschaft von Menschen; Bezugspunkt kann sowohl die Einzelperson wie das Beziehungsgefüge zwischen den Menschen sein.

In ähnlicher Weise unterscheidet *Marr*[10] zwischen technischen Innovationen (Produkt- und Prozeßinnovationen) und Sozialinnovationen (Kontrakt- und Strukturinnovationen).

Bei *Hinterhuber*[11] findet sich eine umfassendere Systematik. Innovationen können

(1) die Interaktionen oder Wechselwirkungen der Unternehmung mit der natürlichen und sozialen Umwelt (Einführung neuer oder verbesserter Produkte und Dienstleistungen auf dem Markt, Anwendung neuer oder verbesserter Produktionsverfahren, Beseitigung der schädlichen Auswirkungen der Verfahren, Produkte und Dienstleistungen auf die natürliche und soziale Umwelt),

(2) die innere Struktur der Unternehmung (Änderungen der Organisationsstruktur, Einführung eines elektronischen Informationssystems, Steigerung der Produktivität der Produktionsfaktoren, usw.), und

(3) die Subsysteme der Unternehmung (Realisation einer neuen Produkt/Markt-Kombination, Schaffung eines neuen Subsystems, usw.)

betreffen. Die *technischen Innovationen*, die in dieser Systematik expressis verbis nicht in Erscheinung treten, gliedert *Hinterhuber* in

(1) Produktinnovationen,
(2) Verfahrensinnovationen,
(3) Erschließung neuer Anwendungsgebiete für bereits vorhandene Produkte und Verfahren,
(4) Beseitigung der schädlichen Auswirkungen der bestehenden Produkte, Verfahren und Produktverwendungen.

Pfeiffer/Staudt[12] unterscheiden ganz allgemein

(1) Problemlösungsinnovationen, d. h. neue Problemlösungen für gegenwärtige An- bzw. Verwendungen,

---

[10] *Marr*, R.: Sp. 950 f.
[11] Vgl. *Hinterhuber*, H. H.: Innovationsdynamik und Unternehmungsführung, Wien-New York 1975, S. 26 ff.
[12] Vgl. *Pfeiffer*, W., *Staudt*, E.: Sp. 1948 ff. In einer späteren Veröffentlichung verwendet *Pfeiffer* die Begriffe „Potentialinnovation" statt „Problemlösungsinnovation", „Anwendungsinnovation" statt „An- bzw. Verwendungsinnovation" und „laterale Innovation" statt „bilaterale Innovation". Vgl. *Pfeiffer*, W.: Innovationsmanagement als Know-How-Management, in: Führungsprobleme industrieller Unternehmungen — Festschrift für Friedrich Thomée zum 60. Geburtstag, hrsg. v. D. Hahn, Berlin-New York 1980, S. 424.

(2) An- bzw. Verwendungsinnovationen, d. h. neue An- bzw. Verwendungen für gegenwärtige Problemlösungspotentiale, und
(3) bilaterale Innovationen, d. h. neue Problemlösungspotentiale für neue An- bzw. Verwendungen[13].

B. Die Bedeutung von Innovationen für die strategische Planung

I. Aufgaben der strategischen Planung

Die Forderung nach strategischer Unternehmensplanung wird vor allem damit begründet, daß die Umweltentwicklung in steigendem Maße durch Diskontinuitäten und Überraschungen gekennzeichnet sei[14]. Während das Gewicht der Umweltveränderungen zugenommen hat, hat die Vorhersehbarkeit der Umweltentwicklung abgenommen, während die zur Verfügung stehende Reaktionszeit sich verkürzt, wächst die Anpassungszeit für notwendige Reaktionsmaßnahmen[15].

Als *Aufgabe der strategischen Planung* kann ganz allgemein die Sicherung der Existenz bzw. des Überlebens des Unternehmens in einer sich ändernden Umwelt bezeichnet werden[16]. Es gilt, Änderungen in der Umweltentwicklung frühzeitig zu erkennen, um durch preaktive Maßnahmen Chancen nutzen und Gefahren vermeiden zu können, d. h. nicht passiv auf reaktive Maßnahmen angewiesen zu sein. Strategische Planung hat daher innovativen Charakter und setzt kreative Fähigkeiten voraus[17].

Das Aufgabengebiet der strategischen Planung wird in der Literatur unterschiedlich weit gefaßt. Der wesentliche Unterschied besteht darin, ob auch die Fixierung der Unternehmensziele und der Unternehmensphilosophie bzw. unternehmenspolitischen Verhaltensweisen gegenüber Organisationsmitgliedern, Interessenten und „Öffentlichkeiten" als Gegenstand der strategischen Planung angesehen wird oder nicht. Die

---

[13] Die von *Pfeiffer* und *Staudt* entwickelte Innovationsmatrix hat enge Berührungspunkte mit der von *Ansoff* entwickelten Produkt-Markt-Matrix. Vgl. *Ansoff*, H. I.: Management-Strategie, München 1966, S. 130 ff.

[14] Vgl. *Ansoff*, H. I.: Die Bewältigung von Überraschungen und Diskontinuitäten durch die Unternehmensführung — Strategische Reaktionen auf schwache Signale, in: Planung und Kontrolle, hrsg. v. H. Steinmann, München 1981, S. 234 (deutsche Fassung von: Managing Surprise and Discontinuity — Strategic Response to Weak Signals, in: ZfbF, 28. Jg. (1976), S. 129 - 152).

[15] Vgl. *Kreikebaum*, H.: Strategische Unternehmensplanung, Stuttgart-Berlin-Köln-Mainz 1981, S. 25.

[16] Vgl. *Ulrich*, H.: Unternehmungspolitik, Bern-Stuttgart 1978, S. 20 f.

[17] Vgl. z. B. *Zahn*, E.: Entwicklungstendenzen und Problemfelder der strategischen Planung, in: Planung und Rechnungswesen in der Betriebswirtschaftslehre — Festgabe für Gert v. Kortzfleisch zum 60. Geburtstag, hrsg. v. H. Bergner, Berlin 1981, S. 146 f.

weit gefaßte Auffassung wird z. B. von *Kreikebaum*[18] vertreten, während *Hahn* und der Arbeitskreis „Langfristige Unternehmensplanung" der Schmalenbach-Gesellschaft sowie *Koch* die strategische Planung als zweite Ebene des Planungssystems des Unternehmens der „Generellen Zielplanung" *(Hahn* und „Arbeitskreis") bzw. der „Planung der Unternehmenskonzeption (Grundsatzplanung)" *(Koch)* als oberster Ebene der Unternehmensplanung unterordnen[19]. *Kirsch, Esser* und *Gabele* setzen strategische Planung sogar mit der konzeptionellen Entwicklung der Unternehmenspolitik gleich[20].

Es erscheint zweckmäßig, zwischen der Planung der (allgemeinen) Unternehmensziele (einschl. Unternehmensphilosophie) einerseits und der strategischen Planung andererseits zu unterscheiden. Die (allgemeinen) Unternehmensziele (z. B. Gewinnziele, Leistungsziele, Marktziele sowie — auf die Mitarbeiter und die Gesellschaft bezogene — Sozialziele) sind so allgemein zu formulieren, daß sie den Charakter von Leitlinien (z. B. Erzielung von angemessenen Gewinnen, Herstellung qualitativ hochwertiger Produkte, Anstreben einer führenden Marktposition, Anstreben einer führenden Position auf dem Gebiet von Forschung und Entwicklung, Erhaltung der Unabhängigkeit) besitzen, an denen sich die im Rahmen der strategischen Planung zu treffenden Entscheidungen ausrichten.

Gegenstand der strategischen Planung ist dagegen die Festlegung der Entwicklung des Unternehmens nach Umfang und Struktur (z. B. Wachstum oder Schrumpfung, Errichtung neuer oder Aufgabe alter Geschäftsbereiche). Die (allgemeinen) Unternehmensziele müssen aufgrund der jeweiligen Gegebenheiten in konkrete Handlungsprogramme umgesetzt werden.

Die Unterscheidung von „Genereller Zielplanung" und „Strategischer Planung" wird deshalb für zweckmäßig gehalten, weil die (allgemeinen) Unternehmensziele im allgemeinen einem langsameren Wandel, z. B. aufgrund von Veränderungen im Wert- und Normensystem der Gesellschaft, unterliegen als die Inhalte von strategischen Plänen.

---

[18] Vgl. *Kreikebaum,* H.: S. 33 ff.
[19] Vgl. *Hahn,* D.: Planungs- und Kontrollrechnung — PuK, Wiesbaden 1974, S. 64 ff.; Arbeitskreis „Langfristige Unternehmensplanung" der Schmalenbach-Gesellschaft: Strategische Unternehmensplanung, in: ZfbF, 29. Jg. (1977), S. 2; *Koch,* H.: Aufbau der Unternehmensplanung, Wiesbaden 1977, S. 52.
Bei *Hahn* und dem „Arbeitskreis" wird die Unternehmensplanung durch die Operative Planung und die Gesamtunternehmensbezogene Ergebnis- und Finanzplanung vervollständigt, bei *Koch* durch die operative (bis 5 Jahre) und die taktische Planung bis (1 Jahr).
[20] Vgl. *Kirsch,* W., *Esser,* W.-M., *Gabele,* E.: Das Management des geplanten Wandels von Organisationen, Stuttgart 1979, S. 328 f.

Gegenstand der strategischen Planung sind im einzelnen

(1) die Geschäftsfeldplanung,
(2) die Planung des Produktionsprozesses, d. h. die Planung von Fertigungstechnologie und Fertigungsorganisation (Fertigungstyp),
(3) die Planung der Rechtsform und Rechtsstruktur, der Standortstruktur, der Organisationsstruktur und der Führungskonzeption.

In der *Geschäftsfeldplanung* erfolgt die Festlegung der Produkt-Markt-Beziehungen, d. h. des langfristigen Produktprogramms und der Absatzmärkte, sowie der in den einzelnen Märkten zu verfolgenden Strategien. Die Strategien müssen Angaben über die jeweils zu verfolgenden Ziele (z. B. Umsatzrendite, Umsatz, Marktanteil, Cash flow) und das angestrebte Zielausmaß sowie über die zur Zielerreichung erforderlichen Potentiale (Personal, Betriebsmittel, finanzielle Mittel) enthalten. Bei der Geschäftsfeldplanung geht es letztlich um die Schaffung und Erhaltung von Erfolgspotentialen[21].

Die *Planung von Fertigungstechnologie und Fertigungsorganisation* ist im Hinblick auf *gesellschaftspolitische Forderungen* in immer stärkerem Maße zu einem Problem der strategischen Planung geworden. Die Forderungen betreffen insbesondere

— die Verringerung der Umweltbelastung durch Produkte und Produktionsprozesse[22],
— den sparsamen Umgang mit knappen Ressourcen (Rohstoffe, Energie),
— die Anpassung der Arbeitsbedingungen an die Bedürfnisse des Menschen („Humanisierung der Arbeitswelt").

Es handelt sich um Entscheidungen, die wegen ihrer Bedeutung für Gewinn und Rentabilität sowie die internationale Wettbewerbsfähigkeit nicht auf der operativen oder administrativen Ebene des Unternehmens getroffen werden können.

Im Rahmen der strategischen Planung kommt der *Innovationsplanung* sowohl in bezug auf die Geschäftsfeldplanung als auch in bezug auf die Produktionsprozeßplanung ganz besondere Bedeutung zu. Der naturwissenschaftlich-technische Fortschritt, die zunehmende Verkürzung der Produktlebensdauer, der intensiver werdende Wettbewerb zwischen den Industrieländern einerseits und den Industrie- und Entwicklungslän-

---

[21] Vgl. *Gälweiler,* A.: Unternehmensplanung, Frankfurt-New York 1974, S. 135.

[22] Vgl. hierzu den Beitrag „Umweltschutz als Herausforderung an die Innovationskraft industrieller Unternehmungen" von *Kern* in dieser Festschrift, S. 121.

Vgl. in diesem Zusammenhang auch *Strebel,* H.: Umwelt und Betriebswirtschaft — Die natürliche Umwelt als Gegenstand der Unternehmenspolitik, Berlin 1980.

dern, insbes. den Schwellenländern, andererseits sowie die gesellschaftspolitischen Forderungen nach Berücksichtigung ökologischer Aspekte üben auf die Unternehmen einen zunehmenden Innovationsdruck aus.

In die strategische Planung sollten diejenigen Unternehmensmerkmale einbezogen werden, bei denen aufgrund der geplanten Entwicklung des Unternehmens Änderungen zweckmäßig erscheinen können (Rechtsform und Rechtsstruktur, Standortstruktur, Organisationsstruktur, Führungskonzeption)[23].

Die strategische Planung setzt, wenn sie realistisch sein soll, eine eingehende *Umwelt- und Unternehmensanalyse* voraus, um Chancen und Gefahren, Stärken und Schwächen sowie Interessen und Probleme richtig abschätzen zu können[24]. Um sich rechtzeitig auf Diskontinuitäten und Überraschungen in der Umweltentwicklung einstellen zu können, ist die Einrichtung eines *Frühwarnsystems* erforderlich, das entsprechende „schwache Signale" zu empfangen in der Lage ist[25].

Die strategische Planung hat zwar — der Absicht nach — langfristigen Charakter, ist jedoch im allg. kurzfristig im Rahmen der operativen und taktischen Unternehmensplanung in den einzelnen Geschäfts- und/oder Funktionsbereichen des Unternehmens zu realisieren.

II. Innovationsfelder der strategischen Planung

Als Innovationsfelder der strategischen Planung kommen in Betracht

— das Leistungsprogramm (Produkte, Produktlinien),
— die An- bzw. Verwendungszwecke der Produkte,
— die Absatzmärkte,
— der Leistungsprozeß,
— bestimmte Unternehmensmerkmale (z. B. Rechts-, Standort- und Organisationsstruktur).

Entscheidungen über das Leistungsprogramm, die An- und Verwendungszwecke der Produkte sowie die Absatzmärkte können nicht unabhängig voneinander getroffen werden, weil sie die *Produkt-Markt-Beziehungen* des Unternehmens betreffen. Die bestehenden Zusammenhänge werden beim Innovationsfeld „Leistungsprogramm" entsprechend berücksichtigt.

---

[23] Diese Merkmale gehören auch bei *Hahn* (PuK, S. 64 ff.) und beim Arbeitskreis „Langfristige Unternehmensplanung" der Schmalenbach-Gesellschaft (S. 4) zur Strategischen Planung.
[24] Zum Prozeß der strategischen Planung vgl. *Zahn,* E.: S. 180.
[25] Vgl. *Hahn,* D.: Frühwarnsysteme, Krisenmanagement und Unternehmensplanung, in: ZfB, Ergänzungsheft 2/79: Frühwarnsysteme, S. 25 ff.

Im folgenden werden nur die Innovationsfelder „Leistungsprogramm" und „Leistungsprozeß" behandelt.

1. Innovationsfeld „Leistungsprogramm"

Das Kernproblem der strategischen Planung ist die *Bestimmung der Produkt-Markt-Beziehungen* des Unternehmens, d. h. die Entscheidung über Ausbau oder Schrumpfung, Errichtung neuer oder Aufgabe alter Geschäftsbereiche. Ausgangspunkt der strategischen Überlegungen ist die Analyse der strategischen Position der einzelnen Geschäftsbereiche. Welche strategischen Entscheidungen zu treffen sind, hängt u. a. von der Beantwortung der folgenden Fragen ab:

(1) bezogen auf die bisherigen Produkte
 — wie groß ist der Marktanteil absolut und im Verhältnis zu den Unternehmen mit den größten Marktanteilen, d. h. zu den größten Konkurrenten?
 — in welchem Stadium ihres Lebenszyklus befinden sich die einzelnen Produkte?
 — entsprechen die Produkte dem Stand des naturwissenschaftlich-technischen Wissens?
 — wie sind die Produkte gegenüber denjenigen der Konkurrenz einzuschätzen?
 — wie groß ist der Anteil der einzelnen Produkte am Umsatz und am Gewinn des Unternehmens?

(2) bezogen auf die Märkte
 — wie ist die langfristige Entwicklung einzuschätzen (hohe, mittlere oder geringe Wachstumsraten, Stagnation oder Schrumpfung)?
 — wie ist die langfristige Gewinnsituation einzuschätzen (Umsatzrendite, Return on Investment)?
 — wie intensiv ist die Wettbewerbssituation?
 — sind die Marktbarrieren für „Newcomer" hoch oder niedrig?

(3) bezogen auf das naturwissenschaftlich-technische Wissen
 — wie groß ist die Veränderungs- bzw. Veralterungsrate des naturwissenschaftlich-technischen Wissens in den einzelnen Tätigkeitsgebieten, wird sie sich beschleunigen, verlangsamen oder gleich bleiben?
 — ist damit zu rechnen, daß von naturwissenschaftlich-technischen Gebieten, zu denen bisher keine Berührungspunkte bestanden haben, Anstöße zu völlig neuen Entwicklungen kommen werden?
 — ist in diesem Zusammenhang damit zu rechnen, daß Unternehmen, deren Tätigkeit in enger Beziehung zu diesen Gebieten steht, ihre Aktivitäten auf die eigenen Märkte ausdehnen werden?

Auf die produkt- und marktbezogenen Fragen lassen sich mit Hilfe der im Rahmen der strategischen Planung entwickelten Portfolio-Technik erste Antworten geben. Für die Beurteilung der bisherigen Geschäftsfelder kommen die folgenden drei absatzpolitischen Portfolios in Betracht[26]:

(1) Das *Marktwachstums-Marktanteils-Portfolio* soll zeigen, mit welchen Marktanteilen (groß oder niedrig) sich die einzelnen Produkte auf Märkte mit hohen oder niedrigen Wachstumsraten verteilen.

(2) Das *Branchenattraktivitäts-Wettbewerbsstärken-Portfolio* soll gegenüber dem recht groben Marktwachstums-Marktanteils-Portfolio durch Berücksichtigung einer größeren Zahl von Einzelkriterien[27] eine verfeinerte Aussage ermöglichen.

(3) Das *Marktattraktivitäts-Lebenszyklus-Portfolio* soll Aufschluß darüber geben, ob zwischen den Produkten, bezogen auf die jeweilige Phase im Produktlebenszyklus, ein ausgewogenes Verhältnis besteht, daß sich also immer genügend Produkte auf Märkten mit hoher, zumindest aber mittlerer Attraktivität in der Einführungs- oder Aufschwungphase befinden, die die Produkte ersetzen können, deren Lebenszyklus sich dem Ende nähert oder deren Märkte für das Unternehmen wegen geringen Marktwachstums oder zu geringen Marktanteils wenig attraktiv sind.

Zur rechtzeitigen Erkennung der von der Beschaffungsseite drohenden Risiken empfiehlt sich außerdem die Heranziehung des *Geschäftsfeld-Ressourcen-Portfolios* und des *Anfälligkeitsportfolios*[28].

Aus der Auswertung der Portfolios können sich z. B. folgende strategische Fragen ergeben:

— Sollen auf den bisherigen Märkten neue Aktivitäten durch Verbesserung bestehender oder Entwicklung neuer Produkte entfaltet oder sollen bisherige Märkte kurz- oder mittelfristig aufgegeben werden? Welche Marktanteile sollen angestrebt werden?

— Sollen für die bisherigen oder für verbesserte Produkte neue An- bzw. Verwendungsmöglichkeiten, d. h. neue Märkte gesucht werden?

— Soll das Leistungsprogramm unter Berücksichtigung des Kriteriums Fertigungsverwandtschaft erweitert werden (horizontale Diversifikation)?

— Sollen Aktivitäten des Unternehmens auf vor- bzw. nachgelagerte Wirtschaftsstufen ausgedehnt werden (vertikale Diversifikation)?

---

[26] Zur Portfolio-Technik und ihrer Bedeutung für die strategische Planung vgl. u. a. *Albach*, H.: Strategische Unternehmensplanung bei erhöhter Unsicherheit, in: ZfB, 48. Jg. (1978), S. 705 ff.; *Drexel*, G.: Strategische Unternehmensführung im Handel, Berlin-New York 1981; *Dunst*, K. H.: Portfolio-Management, Berlin-New York 1979; *Engeleiter*, H.-J.: Die Portfolio-Technik als Instrument der strategischen Planung, in: BFuP, 33. Jg. (1981), S. 407 ff.; *Gälweiler*, A.: Unternehmensplanung, Frankfurt-New York 1974; *Hinterhuber*, H. H.: Strategische Unternehmungsführung, 2. Aufl., Berlin-New York 1980; *Lohstöter*, H.: Planung des einzelwirtschaftlichen Wachstums unter Beachtung der Unternehmenssicherung, Zürich-Frankfurt/M.-Thun 1978; *Roventa*, P.: Portfolio-Analyse und strategisches Management, München 1979.
[27] Bei *Hinterhuber* sind es jeweils mehr als 20 Einzelkriterien. Vgl. *Hinterhuber*, H. H.: Strategische Unternehmungsführung, S. 76 ff.
[28] Vgl. *Albach*, H.: Strategische Unternehmensplanung bei erhöhter Unsicherheit, S. 709 ff.

— Soll das Unternehmen in Tätigkeitsgebiete eindringen, die keinerlei Beziehungen zu den bisherigen Geschäftsfeldern besitzen (laterale Diversifikation)?

Diese Fragestellungen zeigen die Beziehungen zu der von *Ansoff* entwickelten *Produkt-Markt-Matrix* und den sich aus dieser ergebenden *Wachstumsstrategien*[29]:

(1) *Marktdurchdringung bzw. -intensivierung:* Erhöhung des Marktanteils der alten Produkte auf alten Märkten durch erhöhten Einsatz der absatzpolitischen Instrumente;

(2) *Marktentwicklung:* Erschließung neuer Märkte für die bisherigen Produkte (neue An- bzw. Verwendungsmöglichkeiten, neue geographische Märkte, neue Kundengruppen);

(3) *Produktentwicklung:* Entwicklung neuer oder verbesserter Produkte für die bisherigen Märkte mit dem Ziel der Produktsubstitution oder Produktdifferenzierung;

(4) *Diversifikation:* Herstellung und Angebot von neuen Produkten auf neuen Märkten (Unterscheidung von horizontaler, vertikaler und lateraler Diversifikation).

Koch[30] differenziert bei „neuen Produkten" zwischen

— zusätzlichen Produkten im Rahmen des bisherigen Bedarfssortiments und
— zusätzlichen Produktlinien für andersartige Bedarfe.

Die Weiterführung bisheriger Geschäftsbereiche ist unproblematisch, wenn es sich um Märkte bzw. Branchen mit hohen Wachstumsraten bzw. großer Attraktivität handelt und das Unternehmen Marktanteile besitzt, die ihm — im Verhältnis zur Konkurrenz — ein genügend großes Kostensenkungspotential[31] garantieren, um wettbewerbsfähig bleiben zu können. Um den Marktanteil auf die Dauer zumindest halten, wenn nicht sogar verbessern zu können, muß das Unternehmen i. d. R. Produktinnovation in Form verbesserter oder neuer Produkte betreiben, mit dem Ziel, die alten Produkte zu ersetzen oder das Sortiment innerhalb der bisherigen Produktlinien bzw. der bisherigen Bedürfniskategorien auszuweiten.

Die Intensität der Aktivitäten im Bereich „Leistungs-Entwicklung" ist abhängig von der Geschwindigkeit, mit der das für die betreffende Branche relevante naturwissenschaftlich-technische Wissen wächst bzw.

---

[29] Vgl. *Ansoff*, H. I.: Management-Strategie, S. 130 ff.
[30] Vgl. *Koch*, H.: S. 69 f.
[31] Nach dem Erfahrungskurvenkonzept sinken die Stückkosten mit jeder Verdoppelung der kumulierten Produktionsmenge um etwa 20 bis 30 %. Die Gewinnspanne ist daher um so größer, je größer (1) der Marktanteil des Unternehmens und (2) die Wachstumsrate des Marktes sind. Vgl. *Henderson*, B. D.: Die Erfahrungskurve in der Unternehmensstrategie, Frankfurt-New York 1974.

veraltet[32], ein wichtiger Bestimmungsfaktor für die Lebensdauer eines Produktes, und von der verfolgten Innovationsstrategie. *Innovationsstrategien*[33] lassen sich z. B. danach unterscheiden,

— ob ein Unternehmen in bezug auf den naturwissenschaftlich-technischen Fortschritt auch zeitlich gesehen bei der Einführung von objektiv neuen oder in den physikalischen, chemischen und/oder biologischen Eigenschaften radikal verbesserten Produkten eine Spitzenstellung einnehmen will („first to market") (hohe F & E-Aufwendungen, großes Risiko bzw. große Gewinnchancen), oder

— ob es seine F & E-Aktivitäten nur darauf ausrichten will, nach erfolgreicher Markteinführung eines objektiv neuen oder radikal verbesserten Produktes ohne zu große zeitliche Verzögerungen eigene Produkte auf den Markt bringen zu können („follow the leader") (geringere F & E-Aufwendungen, geringeres Risiko, aber auch geringere Gewinnchancen), oder

— ob es sich auf Lizenznahme beschränken will, oder

— ob es sich damit begnügt, erfolgreiche Produkte der Konkurrenz zu kopieren und in mehr oder weniger abgewandelter Form anzubieten.

Unabhängig davon, ob das Unternehmen auf den alten Märkten seine Wachstums-(Umsatz-) und Gewinnziele erreicht, kann es zur langfristigen Sicherung und/oder Erhöhung des Erfolgspotentials zweckmäßig sein, für die vorhandenen Produkte und Produktlinien unter Einsatz der Absatzstrategie „Marktentwicklung" zusätzliche Absatzmöglichkeiten durch Erschließung neuer An- bzw. Verwendungsmöglichkeiten der Produkte oder neuer regionaler Märkte oder neuer Abnehmerkreise zu gewinnen. Die Chancen der An- bzw. Verwendungsinnovation sind besonders günstig bei Werkstoffen (z. B. Kunststoffe), Steuerungseinrichtungen (z. B. Mikroprozessoren) und „Techniken" (z. B. Laser- und Glasfasertechnik).

Sind die Absatzmärkte durch geringes Wachstum, Stagnation oder sogar Schrumpfung charakterisiert, dann ergibt sich für das Unternehmen die Notwendigkeit, laterale Diversifikation zu betreiben, um die Überlebensfähigkeit bzw. das Erfolgspotential langfristig zu sichern. Die *Strategie der lateralen Diversifikation* kann jedoch auch auf *Risikoüberlegungen* zurückzuführen sein: *Verringerung des allgemeinen Geschäftsrisikos* durch Verteilung der Aktivitäten auf Geschäftsfelder, die in keiner Beziehung zu den bisherigen Aktivitäten stehen.

---

[32] Als Kennziffer käme z. B. der prozentuale Anteil in Betracht, den Produkte, die erst in den letzten fünf Jahren in das Leistungsprogramm aufgenommen worden sind, am Gesamtumsatz eines Geschäftsbereichs haben.

[33] Vgl. die Marketing-Strategien, die *Ansoff* und *Stewart* für ein „technology-based business" entwickelt haben. *Ansoff*, H. I., *Stewart*, J. M.: Strategies for a technology-based business, in: Harvard Business Review, Vol. 45 (1967), No. 6, S. 81 ff.

Die *Strategie der lateralen Diversifikation* sollte auf Märkte mit hohen Wachstumsraten bzw. auf attraktive Branchen gerichtet werden.

Risikoüberlegungen können aber auch für die *Strategie der vertikalen Diversifikation* gelten: Sicherung der Rohstoffversorgung bzw. des Absatzes der eigenen Produkte durch Ausweitung der Aktivitäten auf vor- bzw. nachgelagerte Wirtschaftsstufen.

Bei *rückwärtsgerichteter vertikaler Diversifikation* erfährt die Flexibilität des Unternehmens keine Veränderung, bei *vorwärtsgerichteter vertikaler Diversifikation* wird das Unternehmen zum Konkurrenten von Unternehmen, die möglicherweise seine Kunden sind.

Vertikale und laterale Diversifikation beruhen i. d. R. nicht auf Eigenentwicklung der neuen Produkte. Es empfiehlt sich vielmehr schon aus Risikogründen — das Unternehmen verfügt über keinerlei Erfahrungen bei den neuen Produkt-Markt-Kombinationen —, den Einstieg in die neuen Geschäftsfelder über die Beteiligung an oder den Kauf von anderen Unternehmen oder Unternehmensteilen zu vollziehen. Der Innovationscharakter dieser Diversifikationsstrategien besteht in der Einrichtung einer für das Unternehmen neuen Produkt-Markt-Kombination. Wie die Erfahrungen zeigen, sind selbst Unternehmen, die auf ihren alten Geschäftsfeldern sehr erfolgreich waren, nicht gegen negative Überraschungen bei lateralen Diversifikationsprojekten gefeit[34].

Empirische Untersuchungen scheinen zu zeigen, daß Unternehmen, die Produktentwicklung und horizontale Diversifikation betreiben, größere Wachstumsraten aufweisen als andere Unternehmen[35].

Die Notwendigkeit zur Berücksichtigung *ökologischer Aspekte* bei Produktinnovationen zeigt sich besonders deutlich beim Kraftfahrzeug. Es geht im einzelnen um

— die Verminderung des Kraftstoffverbrauchs durch Verringerung des Luftwiderstandes (konstruktive Aufgabe), durch Herabsetzung des Fahrzeuggewichts durch Verwendung leichterer Werkstoffe (teilweiser Ersatz von Stahl durch Aluminium und Chemiewerkstoffe) und durch Konstruktion von benzinsparenden Motoren[36],
— die Substitution von Benzin durch andere Antriebsenergien und
— die Verringerung des Bleigehalts des Benzins.

---

[34] Ein Beispiel aus jüngerer Vergangenheit ist die Beteiligung der Volkswagenwerk AG an der Triumph-Adler AG.
[35] Vgl. *Albach*, H.: Zur Theorie des wachsenden Unternehmens, in: Theorien des einzelwirtschaftlichen und des gesamtwirtschaftlichen Wachstums, hrsg. v. W. Krelle, Berlin 1965, S. 19; *Brockhoff*, K.: Unternehmenswachstum und Sortimentsänderungen, Köln-Opladen 1966, S. 161.
[36] Vgl. *von Schöning*, K.-V.: Innovationspotentiale in der Fertigungstechnik, München-Wien 1980, S. 152 ff.

2. Innovationsfeld „Leistungsprozeß"

Verfahrensinnovationen betreffen Veränderungen der Zusammensetzung der Faktorkombination, d. h. der Produktionsfunktion. Produktinnovationen sind im allg. mit Verfahrensinnovationen verbunden.

Im Hinblick auf die strategische Planung sind insbesondere die Verfahrensinnovationen im Produktionsbereich von Bedeutung. Generelle Ziele sind die Senkung der Produktionskosten (Wirtschaftlichkeitsaspekt) und die Erhöhung der Fertigungsqualität. In den letzten Jahren haben folgende Ziele zusätzliche Bedeutung gewonnen:

(1) menschengerechte Gestaltung des Produktionsprozesses („Humanisierung der Arbeitswelt") (z. B. Verringerung der physischen und psychischen Belastung, Vergrößerung des Arbeitsinhalts),

(2) Verringerung der Umweltbelastungen[37],

(3) schonender Umgang mit knappen Ressourcen (Rohstoffe und Energie) (einschl. Recycling).

Eine Daueraufgabe im Bereich des Fertigungsprozesses besteht darin, die auf dem Erfahrungskurvenkonzept beruhenden Kostensenkungspotentiale zu realisieren[38]. Mit wachsender Betriebsgröße ergibt sich aber auch die Möglichkeit des Übergangs zu kostengünstigeren Produktionsverfahren.

Die langfristige Entwicklung der Fertigungstechnologie ist durch eine zunehmende Steuerung der Fertigungsprozesse durch Mikroprozessoren (automatische Transferstraßen, NCR-Maschinen)[39] gekennzeichnet. Die Einführung neuer Fertigungstechnologien wird aber auch durch steigende Rohstoff- und Energiepreise beeinflußt. Die Verteuerung der Energie wirkt sich sowohl auf die Wahl der Werkstoffe wie der Bearbeitungsverfahren aus. Zum einen sind die Werkstoffe nach ihrem eigenen Energiegehalt bzw. -verbrauch zu beurteilen, zum anderen spielt der Energieverbrauch, der mit der Anwendung unterschiedlicher Bearbeitungsverfahren verbunden ist, eine Rolle[40].

Die Forderung nach menschengerechter Gestaltung der Arbeit betrifft insbes. die Abschaffung der Fließfertigung mit ihren geringen Arbeitsinhalten und ihren Ersatz durch die Einrichtung autonomer bzw. teilautonomer Arbeitsgruppen[41]. Der Betriebsrat hat nach § 90 f. BetrVG

---

[37] Vgl. Fußnote 22.
[38] Vgl. Fußnote 31.
[39] Vgl. hierzu *Meier*, B.: Die Mikroelektronik — Anthropologische und sozio-ökonomische Aspekte der Anwendung einer neuen Technologie, Köln 1981.
[40] Vgl. *von Schöning*, K.-V.: S. 156 ff.
[41] Vgl. *Hasenack*, W.: Arbeitshumanisierung und Betriebswirtschaft — Fließband und Gruppenarbeit im Wettbewerb, München-Wien 1977.

Mitwirkungs- bzw. Mitbestimmungsrechte bei der Gestaltung von Arbeitsplatz, Arbeitsablauf und Arbeitsumgebung und kann daher auf eine den gesicherten arbeitswissenschaftlichen Erkenntnissen entsprechende Gestaltung der Arbeit hinwirken.

Der Gesetzgeber kann durch entsprechende gesetzliche Auflagen Umweltschutzinnovationen erzwingen. Er muß sich jedoch bewußt sein, daß durch die damit verbundenen zusätzlichen Kostenbelastungen die internationale Wettbewerbsfähigkeit beeinträchtigt werden kann, wenn andere Länder „großzügiger" verfahren.

C. Beurteilung von Innovationsprojekten

Für die Beurteilung von Innovationsprojekten lassen sich folgende allgemeine Feststellungen treffen:

(1) Bezugspunkt für die Beurteilung sind die Unternehmensziele.
(2) Das Ausmaß der mit der Beurteilung verbundenen „Unsicherheit" ist (a) vom Neuheitsgrad des Innovationsprojektes und (b) von der verfolgten Innovationsstrategie[42] abhängig.
(3) Da der Grad der „Unsicherheit" im Laufe des Innovationsprozesses i. d. R. abnimmt, während Quantität und Qualität der zur Verfügung stehenden Informationen zunehmen, kann von recht groben Beurteilungsmethoden am Beginn des Innovationsprozesses zu immer mehr verfeinerten Methoden übergegangen werden.

Der Innovationsprozeß umfaßt den Zeitraum von der Ideengewinnung bis zur Ideenverwirklichung, d. h. bis zur Realisierung des Innovationsprojektes, bei Produktinnovationen bis zur Markteinführung[43].

I. Die Beurteilung von Produktinnovationen

Der Darstellung liegt die Strategie der eigenen (internen) Leistungs-Entwicklung[44] zugrunde.

---

[42] Vgl. S. 107.

[43] *Schmitt-Grohé* unterscheidet bei Produktinnovationen beispielsweise folgende Phasen: (1) Ideengewinnung; (2) Ideenprüfung mit (a) Grobauswahl und (b) Wirtschaftlichkeitsanalyse; (3) Ideenverwirklichung mit (a) technischer Entwicklung, (b) Produkt- und Markttest sowie (c) Markteinführung. Vgl. *Schmitt-Grohé*, J.: Produktinnovation, Wiesbaden 1972, S. 52 ff.

[44] Weitere Strategien sind Gemeinschaftsforschung, Vergabe von Forschungsaufträgen an Forschungsinstitute, Lizenznahme, Erwerb neuer Produkte durch Beteiligung an oder Kauf von Unternehmen, Imitation der Produkte von Konkurrenzunternehmen sowie — meist zusätzlich — Industriespionage.

1. Probleme bei der Beurteilung von Produktinnovationen

Bei der Beurteilung von Produktinnovationen ergeben sich im einzelnen folgende Probleme:

(1) Zielbezogene Probleme (Beurteilungskriterien)
 (a) Verfolgung mehrerer Ziele: Festlegung der Zielordnung
 (b) Verfolgung auch nicht-quantifizierbarer Ziele: ggf. Festlegung von quantifizierbaren Ersatzkriterien („Proxy-Kriterien"[45])

(2) Prognoseprobleme (Unsicherheitsproblem)
 (a) Phase der Wissensgewinnung
 — Technische Erfolgswahrscheinlichkeit: Wie groß ist die Wahrscheinlichkeit, daß das angestrebte „Wissen" gewonnen wird?
 — Fallen neben dem angestrebten „Wissen" Kenntnisse an, die für andere Zwecke verwertet werden können, z. B. für andere Innovationsprojekte?
 — Welche einmaligen und laufenden Ausgaben sind mit der Gewinnung des angestrebten „Wissens" verbunden?
 — Mit welcher Zeitdauer muß bei der Gewinnung des angestrebten „Wissens" gerechnet werden?
 — Kann das angestrebte „Wissen" mit unterschiedlichen Ausgaben-Zeitdauer-Kombinationen gewonnen werden?
 (b) Phase der Wissensverwertung
 — Wirtschaftliche Erfolgswahrscheinlichkeit: Wie groß ist die Wahrscheinlichkeit, daß mit der Nutzung des gewonnenen „Wissens" ein ökonomischer Erfolg verbunden ist? — In diesem Zusammenhang ist abzuschätzen, wie das eigene Unternehmen unter Zeit-, Qualitäts- und Kostenaspekten im Verhältnis zur Konkurrenz liegen wird.
 — Wie groß sind die am Beginn der Nutzungsphase zu tätigenden Sekundärinvestitionen (Produktionsumstellungen, Errichtung neuer Kapazitäten, Einführungswerbung und -kosten, usw.)?
 — Wie groß sind die aus dem Absatz des neuen Produktes resultierenden Rückflüsse? — Die Prognose der Rückflüsse setzt die Schätzung der erwarteten Preis-Absatz-Funktion und der erwarteten Kostenfunktion voraus, aus deren Inbeziehungsetzung die erwarteten Absatzmengen und -preise sowie die Kosten ermittelt werden können. Die Höhe der Rückflüsse wird von der Einführungsstrategie (Abschöpfungs- oder Penetrationspreisstrategie) beeinflußt.
 Von den erwarteten Absatzmengen hängen die mit der Errichtung neuer Kapazitäten verbundenen Sekundärinvestitionen ab.
 — Mit welchen positiven oder negativen Auswirkungen auf das bisherige Leistungsprogramm ist durch die Einführung neuer Pro-

---

[45] Vgl. *Hanssmann*, F.: Proxy-Kriterien in der Langfristigen Unternehmensplanung, in: Planung und Kontrolle, S. 208 ff.

dukte zu rechnen? — Sowohl Einnahmensteigerungen wie auch Einnahmenrückgänge sind bei den „Rückflüssen" der neuen Produkte zu berücksichtigen.

(3) Zurechenbarkeitsprobleme bei Verfolgung mehrerer Innovationsprojekte

   (a) Ausgaben für die Gewinnung des angestrebten „Wissens" lassen sich nur mehreren Innovationsprojekten gemeinsam zurechnen.

   (b) Einnahmen aus der Verwertung des gewonnenen „Wissens" lassen sich aufgrund von Komplementaritäts- oder Substitutionsbeziehungen zwischen den hergestellten Produkten nur mehreren Innovationsprojekten gemeinsam zurechnen.

   (c) Bei einem Innovationsprojekt gewonnenes „Wissen" kann auf zeitlich-vorgelagerte oder zeitlich-gleichgelagerte oder zeitlich-nachgelagerte Innovationsprojekte übertragen werden (zeitlich-horizontale und zeitlich-vertikale Interdependenz); die „Vorteile" müßten durch Ansatz von Verrechnungspreisen abgegolten werden.

   In den Fällen (a) und (b) müßte für die betroffenen Innovationsprojekte eine forschungsbezogene Deckungsbeitragsrechnung aufgestellt werden.

(4) Risikoverbund der Innovationsprojekte

   Die für einen bestimmten Zeitraum erwartete allgemeine wirtschaftliche Entwicklung gilt für alle Innovationsprojekte, deren Nutzung in diesen Zeitraum fällt:

   — Soweit der Erfolg der Innovationsprojekte gleichartige Entwicklungen voraussetzt, potenzieren sich negative Erfolge, wenn die Entwicklung anders als erwartet verläuft.

   — Ein Risikoausgleich liegt dann vor, wenn sich in Abhängigkeit von der wirtschaftlichen Entwicklung in der Nutzungsphase der einzelnen Innovationsprojekte gegenläufige Erfolgsentwicklungen ergeben.

2. Beurteilungsmethoden für Produktinnovationen

Um eine rechtzeitige Aussonderung von offensichtlich unbrauchbaren Produktkonzepten zu ermöglichen, sollte so früh wie möglich eine Grobauswahl mit Hilfe von Checklisten oder einfach strukturierten Punktbewertungsverfahren vorgenommen werden[46]. Von den zahlreichen für eine Feinauswahl in Betracht kommenden Verfahren der Kosten-Nutzen-Analyse i. w. S.[47] soll nur auf Verfahren der dynamischen Investitionsrechnung und Scoring-Verfahren eingegangen werden.

a) Dynamische Methoden der Investitionsrechnung

Innovationsprojekte können als Investitionsprojekte angesehen werden, da für die Gewinnung des für Innovationen erforderlichen „Wissens" Ausgaben in der Erwartung getätigt werden, aus der Verwertung des angestreb-

---

[46] Vgl. z. B. *Schmitt-Grohé*, J.: S. 81 ff.

[47] Vgl. *Schulte*, D.: Die Bedeutung des F&E-Prozesses und dessen Beeinflußbarkeit hinsichtlich technologischer Innovationen, Bochum 1978, S. 16.

ten „Wissens" später Einnahmen (z. B. erwerbswirtschaftliche Unternehmen) oder aber einen sonstigen Nutzen (z. B. staatliche Projekte auf dem Gebiet der Raumfahrt oder auf militärischem Gebiet) zu erzielen[48].

Die Anwendung der dynamischen Methoden der Investitionsrechnung ist mit einigen Voraussetzungen verbunden:

(1) Es wird nur ein einziges monetäres Ziel, z. B. das Ziel der Gewinn- oder (Eigenkapital-)Rentabilitätsmaximierung verfolgt. Besteht das Zielsystem aus mehreren Zielen, dann muß das Gewinnziel entweder so dominierend sein, daß die übrigen Ziele vernachlässigt werden können, oder die übrigen Ziele müssen in Form von Nebenbedingungen (z. B. zu erfüllende Mindestansprüche) berücksichtigt oder in Erfolgsgrößen (Ausgaben und Einnahmen) umgewertet werden können.

(2) Der Informationsstand über die in die Rechnung eingehenden Input-Größen muß relativ hoch sein, da sonst das mit der Schätzung der Input-Größen verbundene Unsicherheitsproblem die gewonnenen Ergebnisse zweifelhaft machen würde.

Abkürzungen

F_t die mit der Gewinnung des benötigten Wissens verbundenen Auszahlungen in der Periode t

J_t die mit der Nutzung des gewonnenen Wissens verbundenen Investitionsausgaben in der Periode t (z. B. Ausgaben, die mit der Produktionsumstellung und Kapazitätserweiterungen verbunden sind)

M_t Markteinführungskosten in der Periode t (z. B. Werbungsausgaben)

R_t die aus der Nutzung des gewonnenen Wissens resultierenden Rückflüsse in der Periode t (lfd. Einzahlungen ./. lfd. Betriebsausgaben)

l Dauer der Wissens-Gewinnung

m Umstellungsdauer

n Dauer der Wissens-Verwertung

T Gesamtdauer
$T = l + m + n$

$C_{P,o}$ Kapitalwert des Innovationsprojektes

$C_{F,o}$ Kapitalwert der mit der Gewinnung des benötigten Wissens verbundenen Auszahlungen (Primärinvestition)

$C_{J,o}$ Kapitalwert der mit der Nutzung des gewonnenen Wissens verbundenen Investitionsausgaben (Sekundärinvestition)

$C_{M,o}$ Kapitalwert der mit der Markteinführung verbundenen Ausgaben

$C_{R,o}$ Kapitalwert der aus der Nutzung des gewonnenen Wissens resultierenden Rückflüsse

w_s technische Erfolgswahrscheinlichkeit

$w_ö$ ökonomische Erfolgswahrscheinlichkeit

---

[48] Zum Investitionscharakter von Innovationen vgl. *Kern*, W.: Innovation und Investition, S. 273 ff.

w Gesamterfolgswahrscheinlichkeit
$w = w_s \cdot w_\delta$

i Kalkulationszinssatz ($i = p/100;\ q = 1 + i$)

r interner Zinssatz ($r = p_r/100;\ q_r = 1 + r$)

Annahmen

(1) zwischen den einzelnen „Phasen" besteht keine „Überlappung",

(2) die mit der Wissensgewinnung und der Wissensverwertung verbundenen Zahlungen finden jeweils am Periodenende statt,

(3) die Investitionsausgaben finden jeweils am Periodenanfang statt,

(4) Ausgaben für die Markteinführung fallen einmalig am Ende der Umstellungsphase bzw. am Beginn der Phase der Wissenverwertung an.

Der Kapitalwert des Innovationsprojektes kann dann nach folgender Formel ermittelt werden[49]:

$$C_{P,o} = w \cdot C_{R,o} - [C_{F,o} + w \cdot C_{J,o} + w \cdot C_{M,o}]$$

mit

$$C_{F,o} = \sum_{t=1}^{l} F_t \cdot q^{-t}$$

$$C_{J,o} = \sum_{t=l}^{l+m} J_t \cdot q^{-t}$$

$$C_{M,o} = M_{l+m} \cdot q^{-(l+m)}$$

$$C_{R,o} = \sum_{t=l+m+1}^{T} R_t \cdot q^{-t}$$

Für die in die Investitionsrechnung eingehenden Zahlungen (Einzahlungen und Auszahlungen) können die wahrscheinlichsten Werte oder die Erwartungswerte angesetzt werden. Streuungsmaße, z. B. die Standardabweichung, können als Maß der Unsicherheit verwendet werden.

Zur *Abschätzung des Risikos* können zusätzlich folgende Größen ermittelt werden:

(1) die *ökonomische Mindesterfolgswahrscheinlichkeit*: Quotient aus dem Kapitalwert der mit der Nutzungsphase verbundenen Einnahmen und Ausgaben bei pessimistischer Einschätzung der Entwicklung und dem Erwartungswert

$$w_{\delta,\min} = \frac{C_{R,\text{pess}} - C_{J,\text{pess}} - C_{M,\text{pess}}}{C_R - C_J - C_M}$$

---

[49] Vgl. hierzu *Kern*, W., *Schröder*, H.-H.: Forschung und Entwicklung in der Unternehmung, Reinbek bei Hamburg 1977, S.173 ff.

(2) die kritischen Werte von w und w_δ ($C_{p,o} = 0$):

$$w^* = \frac{C_{F,o}}{C_{R,o} - C_{J,o} - C_{M,o}}$$

$$w_\delta^* = \frac{C_{F,o}}{w_s [C_{R,o} - C_{J,o} - C_{M,o}]}$$

Ein Vergleich des kritischen Wertes der ökonomischen Erfolgswahrscheinlichkeit mit deren Mindestwert liefert zusätzliche Informationen: liegt der kritische Wert über (unter) dem Mindestwert, dann ist der Kapitalwert bei Eintreffen der pessimistischen Erwartungen negativ (positiv).

Die *Berechnung des internen Zinssatzes* ist mit rechentechnischen Problemen verbunden, da es sich um ein Polynom T-ten Grades handelt. In einer vereinfachten Version läßt sich der interne Zinssatz wie folgt ermitteln[50]:

$$r = \frac{C_{P,o}}{T \cdot [C_{F,o} + w_s \cdot C_{J,o} + w_s \cdot C_{M,o}]} + i$$

Der Kapitalwert des Projektes im Zähler verkörpert, bezogen auf den Projektbeginn, den bei der Realisierung des Innovationsprojektes erwarteten Vermögenszuwachs. Wird der Kapitalwert des Innovationsprojektes durch den Barwert des Kapitaleinsatzes dividiert, dann ergibt sich die relative Zunahme des Vermögenswertes. Wird die Zuwachsrate durch den Zeitraum vom Projektbeginn bis zum Ende der Lebensdauer des neuen Projektes dividiert, dann entspricht der Quotient der jährlichen Verzinsung des Kapitaleinsatzes, die über die dem Kalkulationszinssatz entsprechende Verzinsung hinausgeht. Zu der „Überverzinsung" muß also der Kalkulationszinssatz hinzugerechnet werden.

Eine vereinfachte Berechnung des internen Zinssatzes kann auch mit Hilfe der *Baldwin*-Methode vorgenommen werden[51]:

— Ermittlung des Vermögensbarwertes der Investitionsausgaben i. w. S. (Ausgaben für Wissensgewinnung und Markteinführung, Investitionsausgaben),
— Ermittlung des Vermögensendwertes der Rückflüsse ($V_{R,t}$).

Der Zinssatz, mit dem der Vermögensbarwert der Investitionsausgaben i. w. S aufgezinst werden muß, damit er gleich dem Vermögensendwert der Rückflüsse ist, entspricht dem internen Zinssatz i. S. von *Baldwin*:

---

[50] Vgl. *Kern*, W., *Schröder*, H.-H.: S. 175 ff.
[51] Zur *Baldwin*-Methode vgl. *Blohm*, H., *Lüder*, K.: *Investition*, 4. Aufl., München 1978, S. 111 ff.

$$w \cdot V_{R,T} = [C_{F,o} + w \cdot C_{J,o} + w \cdot C_{M,o}] \cdot q_r^T$$

$$r = \sqrt[T]{\frac{w \cdot V_{R,T}}{C_{F,o} + w \cdot C_{J,o} + w \cdot C_{M,o}}} - 1$$

Werden mehrere Innovationsprojekte gleichzeitig, wenn auch mit unterschiedlichem Projektbeginn, unterschiedlichem Zeitpunkt der Markteinführung und unterschiedlicher Projektgesamtdauer durchgeführt, dann muß die *optimale Zusammensetzung des Innovationsprogramms* bestimmt werden. Als Nebenbedingungen sind ggf. zu berücksichtigen:

— der Maximalbetrag für die Ausgaben zur Wissensgewinnung in den einzelnen Perioden; dabei ist zu berücksichtigen, ob und inwieweit bei den einzelnen Projekten Ausgaben zeitlich verschoben werden können, ggf. mit Rückwirkungen auf die Länge der Phase der Wissensgewinnung;
— die quantitative und qualitative Personalkapazität, die für Innovationsprojekte zur Verfügung steht.

b) Scoring-Modelle

Scoring-Modelle haben gegenüber den Methoden der Investitionsrechnung folgende Vorteile:

(1) es können alle Unternehmensziele berücksichtigt werden;
(2) es besteht keine Notwendigkeit, die Erfolgswirksamkeit der Faktoren, die die Höhe des Gewinns bzw. der Rentabilität des Innovationsprojektes beeinflussen, in „Einnahmen" oder „Ausgaben" auszudrücken.

Bei der Anwendung von Scoring-Modellen sind mehrere Teilaufgaben zu lösen. *Kern/Schröder* unterscheiden z. B. folgende fünf Schritte[52]:

(1) Bestimmung der Innovationsziele und der ihnen zuzuordnenden Ziel-(Bewertungs-)Kriterien,
(2) Festlegung von Meßvorschriften für die Ziel-(Bewertungs-)Kriterien,
(3) Ermittlung von Nutzenfunktionen für die Ziel-(Bewertungs-)Kriterien,
(4) Gewichtung der Ziel-(Bewertungs-)Kriterien,
(5) Fixierung von (Amalgamations-)Regeln für die Verknüpfung der für die einzelnen Ziel-(Bewertungs-)Kriterien ermittelten Teilnutzwerte zum Gesamtwert des Projektes, unter Berücksichtigung der Kriteriengewichte.

Es erscheint zumindest zweifelhaft, ob die in der Literatur angeführten Kriterienkataloge[53] der unter (1) angeführten Forderung voll entsprechen.

---

[52] Vgl. *Kern*, W., *Schröder*, H.-H.: S. 200.
[53] Vgl. *Strebel*, H.: Forschungsplanung mit Scoring-Modellen, Baden-Baden 1975, S. 131 ff.; *Kern*, W., *Schröder*, H.-H.: S. 202 f.; vgl. auch die Auflistung von Kriterien bei *Schulte*, D.: S. 159 ff.

Ein Kriterienkatalog für die Beurteilung von Produktinnovationen könnte sich etwa wie folgt zusammensetzen[54]:

1. technologische Kriterien

    (1) bezogen auf die technische Erfolgswahrscheinlichkeit
    — Neuheitsgrad des Produkts
    — erforderliches Know how
    — Leistungsfähigkeit von Forschung und Entwicklung

    (2) bezogen auf den Fertigungsprozeß
    — Grad der Verwandtschaft mit der bisherigen Fertigungstechnologie

2. ökonomische Kriterien

    (1) Phase der Wissengewinnung
    — Ausgaben je Periode
    — Dauer

    (2) Investitionsausgaben

    (3) Ausgaben für Markteinführung

    (4) Absatzmärkte
    — Marktpotential
    — Marktwachstum
    — Konkurrenzverhältnisse
    — erreichbares Umsatzvolumen (Marktanteil)
    — erreichbare Umsatzgewinnrate

    (5) Beschaffungsmärkte

    (a) Einsatzstoffe
    — Sicherheit der Rohstoffbeschaffung
    — zu erwartende Preisentwicklung

    (b) Mitarbeiter

    (6) patentrechtliche Absicherung

3. gesellschaftsbezogene Ziele

    (1) umweltfreundliche Herstellung

    (2) umweltfreundliche Nutzung

    (3) Möglichkeit des Recycling

    (4) werkstoffsparende Technologie

    (5) energiesparende Technologie
    — bei der Herstellung
    — bei der Verwendung

---

[54] Vgl. auch den Kriterienkatalog bei *Brose, P., Corsten, H.*: Zur Eignung investitionstheoretischer Kalküle für die Wirtschaftlichkeitsanalyse technologischer Innovationen, in: Journal für Betriebswirtschaft, 30. Jg. (1980), S. 171.

4. mitarbeiterbezogene Ziele
   (1) Arbeitsinhalt
   (2) Arbeitsbelastung (Lärm, Hitze usw.)

Die *mitarbeiterbezogenen Ziele* betreffen den Produktionsprozeß. Die *Berücksichtigung gesellschafts- und mitarbeiterbezogener Ziele* führt i. allg. zu einer Erhöhung der Produktionskosten. Ob sie auch leistungs- oder nachfragesteigernd wirkt, ist eine schwer zu beantwortende Frage.

Die *technischen und ökonomischen Kriterien* sind Faktoren, von denen der Beitrag des Innovationsprojektes zum wirtschaftlichen Erfolg des Unternehmens (Gewinn, Rentabilität) abhängt. Sie verkörpern die Faktoren, die die Höhe der in Investitionsrechnungen eingehenden Einnahmen und Ausgaben bestimmen.

Der Vorteil, daß bei Scoring-Modellen Einnahmen und Ausgaben nicht bestimmt zu werden brauchen, wird erkauft durch die Schwierigkeiten, die die Aufstellung eines das Zielsystem vollständig abbildenden, überschneidungsfreien Kriterienkatalogs sowie die Gewichtung der Kriterien, die Entwicklung von Nutzenfunktionen und die Fixierung von Amalgamationsregeln mit sich bringen.

Je umfangreicher Kriterienkataloge sind, um so schwieriger werden die zu lösenden Probleme. Die Frage ist jedoch, ob Kriterienkataloge, wenn sie sich auf einige wenige Kriterien beschränken, der Komplexität der Aufgabenstellung gerecht werden können.

Bei *einstufigen Punktbewertungs-Verfahren* bleibt unberücksichtigt, daß im Unternehmen i. allg. hierarchisch aufgebaute Zielstrukturen („Mittel-Zweck-Ketten") bestehen. Für derartige Problemstellungen kommt das *Relevanzbaumverfahren*, z. B. des Modells „PATTERN", als *mehrstufiges Bewertungsverfahren* in Betracht[55].

II. Die Beurteilung von Prozeßinnovationen

Bei der Beurteilung von Prozeßinnovationen kommen — wie bei Produktinnovationen — sowohl die Methoden der Investitionsrechnung wie Scoring-Modelle in Betracht, mit den bereits genannten jeweiligen methodenspezifischen Problemen.

Die Anwendungsmöglichkeit der dynamischen Methoden der Investitionsrechnung erfährt jedoch dadurch eine Ausweitung, als in den Vergleich Produktionsverfahren einbezogen werden können, die in

---

[55] Vgl. *Strebel*, H.: Relevanzbaumanalyse als Planungsinstrument, in: BFuP, 26. Jg. (1974), S. 34 ff.

unterschiedlicher Weise qualitative Ziele, z. B. gesellschafts- und mitarbeiterbezogene Ziele, berücksichtigen. Die Unternehmensleitungen müssen dann darüber entscheiden, welchen Preis in Gestalt einer Verringerung des Kapitalwertes bzw. des internen Zinssatzes sie für die Berücksichtigung gesellschafts- und mitarbeiterbezogener Ziele zahlen wollen. Dieser Aussage liegt die Annahme zugrunde, daß die Berücksichtigung gesellschafts- und mitarbeiterbezogener Ziele i. d. R. zwar mit Ausgabensteigerungen, nicht dagegen auch mit Einnahmensteigerungen verbunden ist.

D. Schlußbetrachtung

Produkt- und Prozeßinnovationen stellen wichtige Entscheidungen der strategischen Planung dar, da in einer dynamischen Umwelt, wie die Erfahrungen zeigen, auf die Dauer nur innovative Unternehmen wettbewerbsfähig sind. Es ist Aufgabe der nationalen Wirtschaftspolitik, für entsprechende Rahmenbedingungen zu sorgen. Die Unternehmensleitungen dürfen allerdings nicht der Gefahr erliegen, auf vergangenen Lorbeeren auszuruhen. Sie müssen im Gegenteil trotz des hohen Risikos, das mit Innovationen verbunden ist[56], ihre Aktivitäten in Zukunft noch verstärken.

---

[56] Vgl. den Literaturüberblick bei *Kern*, W., *Schröder*, H.-H.: S. 17 ff.

Umweltschutz als Herausforderung an die Innovationskraft industrieller Unternehmungen

Von *Werner Kern*, Köln

A. Kennzeichnung der Situation

I. Dimensionen des Umweltschutzes

Die industriellen Unternehmungen, insbesondere diejenigen in hochindustrialisierten Ländern, sehen sich seit einigen Jahren direkt mit dem Faktum konfrontiert, daß sie aufgrund eines sensibilisierten Umweltbewußtseins in der Bevölkerung, in der Presse und bei den zuständigen staatlichen Organen ihre ökologische Umwelt nicht mehr als ein Medium betrachten können, das bei ihren Leistungsherstellungsprozessen einmal als ein *freies Gut* fungierte.

Für verschiedene Arten der Umweltnutzung haben industrielle Unternehmungen allerdings seit jeher schon Preise gezahlt, welche die Werte dieser *Gütereinsätze* aus der jeweils herrschenden Wirtschaftslage heraus mehr oder weniger zutreffend widerspiegelten und somit eine ökonomisch zweckmäßige Ressourcenallokation determinierten. Zu denken ist in diesem Zusammenhang an die Gewinnung und Verwendung natürlicher Rohstoffe und Primärenergien, d. h. an die Umwelt als Reservoir von *Ressourcen*[1]. Andere Arten ökologischer Umweltnutzung bedingten, wie z. B. beim Einsatz von Oberflächenwasser für Kühlzwecke oder zur Faserstoffaufschwemmung in Papierfabriken, weitgehend nur ein Anfallen von Kosten zur qualitativen Aufbereitung dieser Einsatzstoffe, jedoch keine oder höchstens geringe Entgelte für die Stoffe selbst. Eine dritte Kategorie ökologischer Umweltbeanspruchung war dagegen vor wenigen Jahrzehnten noch allgemein — und ist gegenwärtig auch noch in verschiedenen Gegenden der Erde — völlig ohne Einfluß auf die Aufwendungen und Kosten, und somit auch auf die Erfolgslage der angesprochenen Industriebetriebe.

Im Gegensatz zu den beiden erstgenannten Fällen, welche primär den Input industrieller Produktion betreffen und bei denen die Umwelt als Reservoir natürlicher — regenerierbarer und nicht regenerierbarer —

---
[1] Vgl. *Strebel*, H.: Produktgestaltung als umweltpolitisches Instrument der Unternehmung, in: DBW, 38. Jg. 1978, S. 73.

Ressourcen fungiert, ersteckt sich der letztgenannte Fall vor allem auf die Outputseite von Produktionen und somit auf die ökologische Umwelt in ihrer Eigenschaft als *Aufnahmemedium*[2] für — meist unerwünschte — Ergebnisse industrieller Leistungserstellungen. Dies können „Produkte" sein, die — nur — als belästigend angesehen werden wie z. B. ablagerungsfähige Kuppelprodukte (so taubes Gestein, Schlamm, Schlacken usw.), verrottende und verbrennungsfähige Abfälle (so biologische Stoffe, Holzreste u. ä.), aber auch produktionsbedingte Geräusche (Lärm, Schall), Erschütterungen und Gerüche sowie Lichtstrahlungen, unschädliche Auswürfe (Staub, Asche, Wasserdampf), unschädliche Verunreinigung der Gewässer und ggf. auch deren Wärmebelastung. Noch gravierender hinsichtlich ihrer Wirkungen sind Produktionsergebnisse, von denen schädliche Umweltbeeinträchtigungen ausgehen; beispielhaft sei nur auf die Vielzahl fester, flüssiger und gasförmiger Stoffe mit toxischen Eigenschaften (z. B. Blei, Quecksilber, Cadmium, Schwefel, Biozide, Pestizide, Stickoxide) verwiesen, aber auch auf Altöle und radioaktive Strahlungen. Spektakuläre Einzelfälle unsachgemäßen Umgangs mit solchen industriellen „Nebenprodukten" und erst recht Unglücksfälle — genannt seien nur Schwermetallanreicherungen in der Umgebung von Bleihütten, der TCDD-Störfall von Seveso, Quecksilbergehalte in japanischem Thunfisch sowie das Kernkraftwerksunglück von Harrisburgh/USA —, aber auch das Problem der Entsorgung von Kernkraftwerken manifestieren nicht nur diese dritte Kategorie industrieller Beanspruchung der ökologischen Umwelt als Aufnahmemedium, sondern trugen und tragen auch zur o. a. Sensibilisierung und teilweise sogar Emotionalisierung der tangierten und engagierten Bevölkerungskreise bei.

Schließlich darf eine vierte Kategorie von Umweltwirkungen industrieller Produktion nicht übersehen werden. Sie resultiert nicht aus den Produktionsprozessen, sondern aus dem *Gebrauch oder Verbrauch industrieller Produkte* sowie dem Erfordernis ihrer *Beseitigung* nach beendeter Nutzung. Die Rückführung der Verantwortlichkeiten für die Umweltbelastungen unter Anwendung des für den Umweltschutz bedeutsamen Verursacherprinzips[3] auf den Hersteller des umweltbeeinträchtigenden Produkts ist hier allerdings nur noch mittelbar gegeben und zu erfassen, und zwar unter Einbeziehung des Produktverwenders und seines ggf. unsachgemäßen Verhaltens. Umweltbewußtes Wirtschaften hat aber trotzdem auch diesen Aspekt zu beachten. Fälle wie

---

[2] Vgl. ebenda.
[3] Siehe hierzu u. a.: *Der Rat von Sachverständigen* für Umweltfragen, Umweltgutachten 1974, BT-Drucksache 7/2802 vom 14. 11. 1974, S. 6; *Hansmeyer*, K.-H.: Umweltschutz und Betrieb, in: *Grochla*, E. u. W. *Wittmann* (Hrsg.): Handwörterbuch der Betriebswirtschaft (HWB), 4. Aufl., Bd. I/3, Stuttgart 1976, Sp. 4031 f.

schäumende Waschmittelrückstände auf Flüssen, CO_2- und Bleibelastungen der Luft durch den Kraftfahrzeugverkehr, Nebenwirkungen von Pharmazeutika, Eutrophierung von Gewässern durch Düngemittel und Schrott-, Altglas-, Altpapier- und Kunststoffanfall in der öffentlichen Abfallwirtschaft belegen diese zusätzliche Sichtweise industrieller Umweltbeziehungen.

Das Erkennen dieser Relationen und der Bedeutung ihrer Konsequenzen für die nationalen Gemeinwesen, ja sogar die Welt in ihrer Gesamtheit hatte zur Folge, daß die ökologische Umwelt, und zwar in ihren beiden Funktionen, wirtschaftswissenschaftlich zunehmend nicht mehr als Lieferant freier Güter aufgefaßt wird und werden kann. Jede Art von Umweltbeanspruchung ist vielmehr beim Produzenten als ein *Produktionsfaktor* sui generis, und zwar betriebswirtschaftlich als ein (betriebsexterner) Zusatzfaktor[4], zu erkennen. Für die Betriebswirtschaftslehre und gleichsinnig für einen jeden Produzenten stellt sich allerdings das Problem, wie in einem einzelwirtschaftlichen Kalkül zur Entscheidung über die jeweils zu realisierenden Produktarten, Produktmengen und vor allem (kostenoptimalen) Faktorkombinationen diese besonderen Faktoreinsatzmengen aus gesamtwirtschaftlicher Sicht und Verantwortung heraus *bewertet* werden müßten und können. Obwohl Umweltgüter keine freien Güter (mehr) sind, gibt es, von Ersatzlösungen[5] abgesehen, für sie doch keinen Markt; industrielle Unternehmungen „erwerben" sie grundsätzlich unentgeltlich. Die Folge davon ist, daß bei Fehlen jeglicher regulierender Eingriffe seitens überbetrieblicher, z. B. staatlicher, Organe die volkswirtschaftlich günstigsten Faktorallokationen nicht nur nicht gewährleistet werden, sondern daß die ökologische Umwelt mit Sicherheit auch in einem Ausmaß beansprucht würde, welche von dem erwünschten Optimum ihrer Nutzung so weit entfernt wäre, daß dieser Zustand tatsächlich als Raubbau oder Plünderung des „Raumschiffs Erde" bezeichnet werden müßte[6].

---

[4] Vgl. *Kern*, W.: Industrielle Produktionswirtschaft, 3. Aufl. von Industriebetriebslehre, Stuttgart 1980, S. 16; s. a. *Strebel*, H.: Umwelt und Betriebswirtschaft — Die natürliche Umwelt als Gegenstand der Unternehmenspolitik, Berlin 1980, S. 38 ff.

[5] So z. B. Vermarktung von Verschmutzungsrechten (s. dazu *Lange*, Ch.: Umweltschutz und Unternehmensplanung — Die betriebliche Anpassung an den Einsatz umweltpolitischer Instrumente, Wiesbaden 1978, S. 35 f.).

[6] So dramatisiert in zahlreichen Artikeln zu den ökologischen Prognosen des Club of Rome. Deren Basis waren *Meadows*, D. u. D. *Meadows*, E. *Zahn*, P. *Milling:* Die Grenzen des Wachstums, Bericht des Club of Rome zur Lage der Menschheit (deutsche Übers.), Stuttgart 1972; *Mesarović*, M. u. E. *Pestel:* Menschheit am Wendepunkt, 2. Bericht an den Club of Rome zur Weltlage (deutsche Übers.), Stuttgart 1974; *Gabor*, D., U. *Colombo*, A. *King* u. R. *Galli*: Das Ende der Verschwendung — Zur materiellen Lage der Menschheit — Ein Tatsachenbericht an den Club of Rome (deutsche Übers.), Stuttgart 1976.

II. Begrenzungen unternehmerischer Handlungsmöglichkeiten

Unbeschadet des gemeinwirtschaftlichen Verantwortungsbewußtseins, das leitende Organe vieler Industriebetriebe schon seit längerem zu mehr oder weniger intensivem Bemühen um freiwillige, betriebsindividuelle Maßnahmen zur Reduktion der Umweltbelastungen durch ihre Unternehmungen veranlaßte[7], und des von verschiedenen Bevölkerungskreisen artikulierten Verlangens nach verbessertem Umweltschutz, sind verantwortliche Regierungen[8] — auf verschiedenen Wegen und mit unterschiedlichem Nachdruck — umweltschützend tätig geworden. Grundsätzlich handelt es sich hierbei um

(1) Maßnahmen zur Förderung des Umweltbewußtseins (Aufklärung)
  = allgemeine
    — Publikationen in Presse, Fachzeitschriften usw.
    — Veranstaltungen, Tagungen, Kongresse
    — Veröffentlichung aktueller Belastungsdaten (z. B. Emissions- und und Immissionskataster)
  = produzentenorientierte
    — Informationen über umweltfreundliche Techniken usw.
    — Umweltschutzberatungen, -börsen, -messen
  = käuferorientierte

(2) Maßnahmen zur direkten Verhaltenregulierung
  = Vorgabe von Umweltschutznormen
    — als allgemein verbindliche Vorschriften
      • Verfahrensnormen (z. B. zur Abfallbeförderung)
      • Produktnormen (z. B. zur Abgasreduktion)
    — als Einzelanordnungen
      • spezielle Auflagen (z. B. zur Rekultivierung)
      • generelle Betriebsgenehmigungen
  = öffentliche Umweltschutz-Investitionen (mit Benutzungszwang)

(3) Maßnahmen zur indirekten Verhaltensregulierung
  = umweltpolitische Abgaben
    — permissive (z. B. Verschmutzungslizenzen)
    — poenale (z. B. Emissionsabgaben, Schadstoffgebühren)

---

[7] Vgl. z. B. die Angaben in den in Fußnote 18 ausgewiesenen Publikationen und die Graphik in *Hansmeyer*, K.-H.: Umweltschutz, Produktion und, in: *Kern*, W. (Hrsg.): Handwörterbuch der Produktionswirtschaft (HWProd), Stuttgart 1979, Sp. 2039.

[8] Gemeint sind solche von Staaten und (Bundes-)Ländern, aber auch supranationale Institutionen.

= Umweltpolitische Unterstützungsleistungen (Anreize)
— Finanzierungshilfen
— Subventionen (Investitionszulagen)
— Steuervergünstigungen (z. B. durch Sonderabschreibungen)
= Umweltpolitische Rechenschaftslegungen[9].

Dieser Maßnahmenkatalog bildet, unterstützt durch ein breit verzweigtes Netz von Beobachtungsstationen und verfeinerte Meßtechniken, das *umweltpolitische Instrumentarium*[10] *eines Gemeinwesens (Staat)*. Mit ihm läßt sich unter Zugrundelegung der allgemeinen politischen Zielsetzungen, Erfordernisse und Durchsetzungsmöglichkeiten auch und insbesondere das ökologische Verhalten industrieller Unternehmungen nachhaltig beeinflussen. Es ersetzt das fehlende Regulativ marktgerechter Preise für die betriebliche Nutzung von Umweltgütern in einer je nach seiner Ausgestaltung und Handhabung mehr oder minder effizienten Weise.

Insbesondere der Erlaß allgemein gültiger *Vorschriften* (Gesetze und Verordnungen) begründet eine Vielzahl von Möglichkeiten zum direkten Eingriff in einzelbetriebliches Geschehen. So gelten in der Bundesrepublik Deutschland derzeit rund 60 Bundesgesetze und -verordnungen[11] zur Abfallwirtschaft, Lärmbekämpfung, Luftreinhaltung, Wasserwirtschaft, Lebensmittelüberwachung und zum Strahlenschutz sowie zum Umgang mit Umweltchemikalien. Hinzu treten zahlreiche Durchführungsverordnungen und diverse Gesetze und Verordnungen mit jeweils länderbezogener Geltung. Sie alle engen die unternehmerischen Entscheidungsfelder und Handlungsspielräume insofern ein, als bestimmte — umweltbelastende oder gar schädigende — Aktionen generell untersagt werden. Der Umweltschutzgedanke äußert sich somit in einer branchenindividuell unterschiedlich großen Menge von Einschränkungen[12], die als Zielbedingungen (Restriktionen) Bestandteile

---

[9] Vgl. *Picot*, A.: Betriebswirtschaftliche Umweltbeziehungen und Umweltinformationen, Berlin 1977; *Müller-Wenk*, R.: Die ökologische Buchhaltung. Frankfurt/M.—New York 1978 und — eingefügt in den umfassenderen Komplex der Sozialbilanzen — *Eichhorn*, P.: Gesellschaftsbezogene Rechnungslegung, Göttingen 1974; *Fischer-Winkelmann*, W. F.: Gesellschaftsorientierte Unternehmungsrechnung, München 1980; *Göllert*, K.: Sozialbilanzen, Wiesbaden 1979; *v. Wysocki*, K.: Sozialbilanzen — Inhalt und Formen gesellschaftsbezogener Berichterstattung, Stuttgart—New York 1981.

[10] So auch *Lange*, Ch.: Umweltschutz . . ., S. 21 ff.; vgl. auch *Strebel*, H.: Umwelt . . ., S. 60 ff.

[11] Vgl. die Angaben in *Landesregierung Nordrhein-Westfalen* (Hrsg.): Umweltschutz in Nordrhein-Westfalen, o. O., 1977, S. 105 ff. u. *Stüdemann*, K.: Rechtsvorschriften für die Produktion, in: *Kern*, W. (Hrsg.): HWProd, Sp. 1792 ff.

[12] Die gleiche Interpretation findet sich auch bei *Lange*, Ch.: Umweltschutz . . ., S. 55 ff. u. *Hillebrand*, R.: Umweltschutz als Restriktion der Unternehmenspolitik, in: Der Betrieb, 34. Jg. 1981, S. 1941 ff.

des Zielsystems einer Unternehmung werden und im Zuge der Fortentwicklung der Umweltschutzgesetzgebung ihrerseits Wandlungen im Zeitablauf unterliegen.

Im Unterschied zu der Vorgabe von Umweltschutznormen wirken umweltpolitische *Abgabenstrategien* und öffentliche *Finanzierungshilfen* nur indirekt und keineswegs so eindeutig auf das unternehmerische Umweltverhalten ein. Sie sind nur *Anreize* und belassen dem Unternehmer jeweils die Alternative, sich auch in Zukunft umweltbelastend zu betätigen, die umweltschutzbedingt angefallenen social cost dem Gemeinwesen anzulasten und durch Zahlung der entsprechenden Angaben voll oder nur teilweise abzugelten oder anderseits die (nach dem Gemeinlastprinzip aus dem allgemeinen Steueraufkommen finanzierten) Finanzierungshilfen nicht in Anspruch zu nehmen. Grundsätzlich prägen diese beiden Instrumentarten ebenfalls den Bedingungsrahmen — nur eben in abgeschwächter Form —, innerhalb dessen das unternehmerische Handeln festzulegen ist.

B. Konsequenzen ökologischer Zielsetzungen

I. Die ökologische Herausforderung

Schon aus dieser, wegen ihrer Vielfalt und Komplexität nur schlaglichtartig und beispielhaft skizzierten Problemlage läßt sich erkennen, daß die Antwort industrieller Unternehmungen auf staatlicherseits erlassene Vorschriften und gebotene Anreize in einer Suche nach Wegen bestehen muß, die Formalziele und ggf. auch Sachziele der Unternehmungen auch künftig — nur eben in anderer Weise — doch zu erreichen oder den ursprünglichen Zielvorstellungen wenigstens möglichst nahe zu kommen. Dies bedeutet aber, *neue Techniken,* und zwar als Kombinationen von Einsatzgütern als auch als Produktkonzeptionen, aufzuspüren, diese, sofern sie als zweckdienlich beurteilt werden, im Betrieb zu realisieren und dabei auftretende Widerstände zu überwinden. In diesem Zusammenhang ist es im Grundsatz — zunächst — belanglos, ob eine solche Ersatztechnologie weltweit, national oder nur für die betrachtete Unternehmung neu ist. In jedem Fall wird es sich bei ihrer Einführung aus der Sicht der Betroffenen um eine Neuerung handeln, welche von ihnen adaptiert werden muß.

Jede derartige Neuerung setzt in einer Betriebswirtschaft Leistungen voraus, die nach Schumpeter[13] die eigentlichen Unternehmeraufgaben sind und für die in den Wirtschaftswissenschaften der Begriff *Inno-*

---

[13] *Schumpeter,* J.: Theorie der wirtschaftlichen Entwicklung, 5. Aufl., Berlin 1952, S. 100 ff.; *ders.:* Konjunkturzyklen (deutsche Übers.), Bd. I, Göttingen 1961, S. 91.

vation gebraucht wird. Innovationen bedeuten die Durchsetzung neuer Kombinationen[14], wobei mit dem Grad an Novität im allgemeinen unterschiedlich hohe Aufwendungen hinsichtlich Vorbereitungsintensität, Kapitaleinsatz, Ideen, Kraft — zum Überwinden von Widerständen — und Implementationszeit erforderlich werden. Es kann deshalb hilfreich sein, von ihrer Tendenz her zwischen weniger aufwendigen Adaptivinnovationen und den (spektakulären) Radikalinnovationen zu differenzieren[15]. In jedem Fall handelt es sich bei ihnen um Aktivitäten, die zum einen singulären Charakters sind und zum anderen ein größeres Maß an Unsicherheit bezüglich des Erreichens der angestrebten Ziele aufweisen, als dies bei den Routinehandlungen in den normalen betrieblichen Leistungsprozessen der Fall ist.

Je nachdem wie stringent die Verbotswirkung einer Umweltschutzvorschrift ist oder die Grenzwerte für das Eintreten möglicher Sanktionen oder Gewähren von Bonifikationen sind, um so größer wird die innovatorische Leistung der Unternehmer sein müssen, diesen Vorschriften oder Grenzwerten durch Entwurf und Realisierung neuer technologischer Konzeptionen zu genügen. Erinnert sei beispielhaft nur an die Herabsetzung des Bleigehalts im Motorenbenzin aufgrund des Benzinbleigesetzes vom 5.8.1971 und die gegenwärtigen Intentionen des Bundesinnenministers, die Emissionsgrenzwerte von Kraftwagen weiter zu reduzieren und zugleich deren spezifischen Benzinverbrauch zu senken. In jedem Fall sind die intendierten Vorschriften, auch wenn hinsichtlich ihrer Einhaltung immer wieder Vollzugsdefizite sichtbar werden, als Impulse zu verstehen, mit denen politisch als nötig erachtete Standards für ökologische Wirkungen industrieller Produktionen und Produkte erreicht und eingehalten werden sollen. Und diese Standards sind keinesfalls als Dauervorgaben zu verstehen. Sie können vielmehr, sobald es technisch realisierbar erscheint, auch angehoben werden, wie es beispielsweise bei der TA Luft der Fall war[16]. Umweltschutz als Endziel sowie der Zwang, die zu seiner Verwirklichung erlassenen Vorschriften bei laufenden, erst recht aber bei beabsichtigten neuen Produktionen zu beachten, stellen somit eine *Herausforderung* an die

---

[14] Eine Übersichtsdarstellung hierzu enthält *Bleicher*, K.: Innovationen im Produktionsbereich, in: *Kern*, W. (Hrsg.): HWProd, Sp. 800 ff.

[15] Vgl. *Kern*, W.: Innovationen und Investition, in *Albach*, H. u. H. *Simon* (Hrsg.): Investitionstheorie und Investitionspolitik privater und öffentlicher Unternehmen, Wiesbaden 1976, S. 278.

[16] Verwiesen sei nur auf die Verschärfung der Vorschriften der TA Luft vom 28.8.1974 (gegenüber der TA Luft von 1964) und die weiteren Verschärfungen, die im Änderungsentwurf von 1978 vorgesehen waren, der durch eine Ländervereinbarung, seine Normen als Richtwerte allen Genehmigungsverfahren zugrundezulegen, faktische Wirkung erlangte. Eine — diesen Entwurf ersetzende und teilweise noch schärfere Vorschriften enthaltende — Neufassung der TA Luft (Stand 10.9.1981) liegt als Referentenentwurf vor.

industriellen Unternehmungen dar, ihre Innovationskraft nicht nur für die Konzeption neuer Absatzgüter oder deren Verbilligung über den Einsatz neuer Technologien zu nutzen, sondern auch dem Gemeinwohl mittels Verwendung möglichst umweltschonender Techniken und Produktangebote zu dienen[17]. Diese Herausforderung gilt in gleicher Weise und sogar noch verstärkt für alle diejenigen Fälle, in denen einzelne Unternehmungen aus ihrer Verpflichtung für das Gemeinwohl heraus versuchen, die geltenden Normen sogar zu unterschreiten und in normenfreien Bereichen selbstverantwortlich auf zulässige Belastungen der ökologischen Umwelt zu verzichten[18].

II. Die unternehmerischen Handlungsmöglichkeiten

1. Statische Betrachtung

Bei der Suche nach einer Antwort auf die Frage, welche Möglichkeiten sich für die Annahme der Herausforderung und die alsdann einzuschlagenden Wege grundsätzlich bieten, eröffnet sich ein derart vielseitiger Bereich von *Konzeptionen*[19], daß er kaum annähernd erschöpfend abgebildet werden kann, zumal sich mit jedem Bemühen um neue Problemlösungen meist auch neue Lösungen zeigen. Prinzipiell werden sie determiniert von der Branche, der ein Industriebetrieb angehört, von dem Stand technischer Erkenntnisse im Betrieb und allgemein, von dem vertretbaren Ausmaß an Änderungen der Produktqualitäten, von den Anlagen- und von den Auflagengrößen, von der Finanzkraft der Unternehmung, von den Kosten für die Anschaffung und Implementierung der in Frage kommenden alternativen Techniken, von den Störanfälligkeiten der substitutiv eingesetzten Betriebsmittel, von der Dringlichkeit einer Anpassungsmaßnahme und — die vorstehenden Aspekte teilweise mit erfassend — von den gegenwärtig sowie künftig erwarteten Betriebskosten, ggf. in Verbindung mit den erwarteten Erlösänderungen. Es braucht nur auf die Prüfkriterien ver-

---

[17] Vgl. dazu auch *Eichhorn*, P.: Umweltschutz aus der Sicht der Unternehmenspolitik, in: ZfbF, 24. Jg. 1972, S. 633 ff. Für den Innovationscharakter von Problemlösungen für den Umweltschutz findet sich ein Hinweis u. a. auch bei *Blohm*, H.: Innovation als betriebswirtschaftliche Aufgabe, in: Deutsche Gesellschaft für Betriebswirtschaft (Hrsg.): Innovation — Anwendungsgebiete, Perspektiven, Randgebiete, Berlin 1973, S. 19 f.

[18] Vgl. dazu beispielsweise *Bundesverband der Deutschen Industrie* (Hrsg.): Industrie forscht für den Umweltschutz, Köln 1980; ders. (Hrsg.): Antworten auf eine Herausforderung, Köln 1977. Detailliertere Hinweise zu derartigen Bemühungen enthalten diverse firmenspezifische Berichte wie z. B. von BASF-AG (Mensch—Werk—Umwelt), Bayer AG (Bayer in Wirtschaft und Gesellschaft), Hoechst AG (Produktion und Umweltschutz am Main).

[19] Eine ausführlichere Darstellung findet sich u. a. bei *Strebel*, H.: Umwelt . . ., S. 85 ff.

wiesen zu werden, die bei Investitionsbeurteilungen[20] üblicherweise Anwendung finden.

Ansatzpunkte für das Erkennen umweltfreundlicherer Techniken, die erfahrungsgemäß eher Adaptiv- denn Radikalinnovationen zur Folge haben, sind grundsätzlich alle Komponenten eines Produktionsprozesses. Sie erstrecken sich — zunächst unter Vernachlässigung jeglichen Zeitbedarfs für die gewünschten Maßnahmen zur Anpassung[21] einer Produktion an die zu realisierenden Normen — vor allem auf die sachlichen Einsatzgüter (Input), die Durchführung der Produktionsprozesse (Throughput) und die Art (ggf. auch Menge) der auszubringenden Produkte (Output). Sie bilden das *umweltpolitische Instrumentarium industrieller Betriebe*. Seine konkrete Ausgestaltung läßt sich jedoch nur mit einzelbetrieblichem Bezug explizieren; hier kann nur eine generelle Skizze folgen.

Als sachliche *Einsatzgüter* sind vor allem die Roh- und Betriebsstoffe (einschließlich der Energien) und die verfahrensbestimmenden Betriebsmittel (Maschinen und Anlagen) zu verstehen; menschliche Arbeitsleistungen sind für das Ziel der Ermittlung umweltschonender Alternativproduktionen nur insoweit von Bedeutung, als menschliches Versagen Ursache umweltschädigender Unglücksfälle sein kann und deshalb bei kritischen Produktionen unzuverlässiges Personal nicht eingesetzt werden darf. Im übrigen sind die Alternativlösungen in möglichen Material- und Energiesubstitutionen, in der Wiederverwendung von Abfällen und Kreislaufstoffen, in knapp bemessenen Materialzugaben bei Rohlingen, in der Verhinderung von Rohstoffverderb und überhaupt in Sparsamkeit des Materialeinsatzes zu suchen. Hinsichtlich der sachlichen Potentialfaktoren sei beispielhaft nur auf die Forderung verwiesen, jeweils die umweltschonendste Anlage (mit geringsten Emissionswerten, größtmöglichen Wirkungsgraden usw.) einzusetzen und deren ökologische Kenndaten durch regelmäßige Instandhaltung auch in Zukunft zu gewährleisten.

Noch schwerer zu charakterisieren sind die ökologiebedingten Einwirkungsmöglichkeiten auf die *Prozeßabläufe*. Bereits mit der soeben angesprochenen Bestimmung der Potentialfaktoren werden in der Regel die anzuwendenden Produktionsverfahren festgelegt. Throughputorientierte Maßnahmen werden sich in dem hier stellenden Zusammenhang deshalb in erster Linie auf die Notwendigkeit exakter Prozeß-

---

[20] Siehe hierzu u. a. *Kern*, W.: Investitionsrechnung, Stuttgart 1974, S. 123 ff. u. S. 169 ff.; s. a. *Kruschwitz*, L.: Investitionsrechnung, Berlin—New York 1978, S. 10; *Schneider*, D.: Investion und Finanzierung, 5. Aufl., Wiesbaden 1980, S. 158 ff.

[21] Eingehender werden sie vorgestellt von *Lange*, Ch.: Umweltschutz ..., S. 111 ff.

kontrollen und -regelungen — so zur Vermeidung unzulässiger Emissionen und Ausschußproduktionen — konzentrieren müssen. Der Einsatz elektronischer Prozeßsteuerungen ist gerade für diese Zwecke außerordentlich erfolgversprechend. Im übrigen lassen sich konkretere Angaben wiederum nur für spezielle Einzelfälle machen.

Hinsichtlich des *Produktionsausstoßes* ist schließlich zu unterscheiden zwischen den Maßnahmen, mit denen ökologische Ziele bei der Produktgestaltung verfolgt werden, und solchen, die sich auf eine möglichst weitgehende Vermeidung, Wieder- oder Weiterverwendung sowie gefahrlose Beseitigung (Entsorgung) an sich unerwünschter Kuppelprodukte erstrecken[22], zu denen die gesamte „Produktpalette" von Abwärme, Abgas, Abwasser, (festen) Abfällen bis hin zu toxischen Nebenprodukten (z. B. Härtesalze) zählt. Änderungen von Produktkonzeptionen bei (weitgehendem) Erhalt ihrer Verwendungsfunktionen, Verlängerungen der Produkthaltbarkeit, vorausschauende Technologiewirkungsanalysen, laufende Produktkontrollen, Produktbeobachtungen nach bereits erfolgtem Absatz u. a. m. sind neben der Möglichkeit einer Herausnahme umweltschädlicher Produkte aus dem Sortiment wiederum nur eine Auswahl aus der Menge denkbarer ökologisch erwünschter Änderungen in den Produkt- und Sortimentkonzeptionen. Das Entwickeln, Produzieren und Vermarkten umweltfreundlicher Produkte (z. B. Elektroauto) stellen ebenso wie das Konzipieren und der Bau von Anlagen zur umweltfreundlichen Produktion industrieller Erzeugnisse insbesondere dann echte Innovationen dar, wenn sie — als radikale Neuerungen — grundlegende Änderungen in den sie vollziehenden Unternehmungen bedingen und unter Umständen sogar Neuerungsgewinnne erzielen lassen.

Bei der Auswahl der im Einzelfall jeweils zweckmäßigsten Alternativenmenge zeigt sich das Problem, daß zwischen verschiedenen Einzelmaßnahmen oft Interdependenzen bestehen mit der Folge gegenseitigen Bedingens oder auch gegenseitiger Unverträglichkeiten, so daß unter Umständen nur *Kompromißlösungen* verwirklicht werden können. Ein Beispiel hierfür ist, daß Fahrgeräusche von PKWs durch Einbau einer Getriebeautomatik zwar reduziert werden können, doch bedingt diese einen höheren spezifischen Treibstoffverbrauch[23].

---

[22] Vgl. dazu beispielsweise *Bartels,* H. G.: Ausschuß und Abfall, in: *Kern,* W. (Hrsg.): HWProd, Sp. 244 ff. u. *Domschke,* W.: Entsorgung, in: *Kern,* W. (Hrsg.): HWProd, Sp. 514 ff.

[23] Dieser Zielkonflikt wurde im August 1981 mit Veröffentlichung der leisesten Autos durch den Bundesinnenminister deutlich (vgl. Frankfurter Allgemeine Zeitung vom 22. 8. 1981, S. 9).

2. Dynamische Betrachtung

Der vorstehende Abriß des Potentials an unternehmerischen Handlungsmöglichkeiten erfolgte ausschließlich aus statischer Sicht. Realiter ist jeder umweltpolitischen Aktionsart aber ein mehr oder minder langer *Zeitbedarf* für ihre Realisierung und ihr Wirksamwerden zuzuordnen. Am deutlichsten wird er in allen den Fällen, in denen eine in Frage kommende Konzeption technisch und/oder naturwissenschaftlich erst erarbeitet werden muß, d. h. Forschungs- und Entwicklungsprozesse einzuleiten und durchzuführen sind. Deren Zielerreichung ist im allgemeinen vor ihrer Einleitung ebenso unsicher, wie auch der mutmaßliche Zeitbedarf und das Volumen des Ressourceneinsatzes nicht exakt prognostiziert werden können.

Ein weiterer Zeitbedarf resultiert aus dem Faktum, daß jede Neuerung sowohl im Betrieb als auch am Markt vorbereitender und installierender Maßnahmen (Produktionsumstellungen, Anlauf- und Einarbeitungsphasen, Änderungen der absatzpolitischen Instrumente, Erschließen neuer Beschaffungspotentiale u. ä.) bedarf. Diese *Durchsetzungsprozesse* bedingen je nach dem Ausmaß der Novität der geplanten innovatorischen Maßnahmen und ihrer Komplexität mehr oder minder lange Umstellungszeiten.

Schließlich ist zu beachten, daß für jede durchgreifende Veränderung betrieblicher Sachzielvorgaben (Produktkonzeptionen) und der daraus resultierenden Umstrukturierung von Faktorpotentialen und Prozessen entsprechend qualifiziertes Personal und hinreichendes Kapital erforderlich sind. Da diese beiden Komponenten aber regelmäßig nur begrenzt verfügbar sind und die angestrebten Umstellungen zudem im Regelfall bei weiterlaufenden oder nur wenig reduzierten regulären Betriebsaktivitäten durchgeführt werden müssen, bedürfen die wünschenswerten ökologischen Anpassungsmaßnahmen im allgemeinen einer *zeitlichen Streckung*. In den 60er und 70er Jahren wurde dies beispielsweise beim Einbau von Staubfiltern in den Blasstrahlwerken des Ruhrgebiets aufgrund der Verordnung über genehmigungspflichtige Anlagen nach § 16 GewO vom 4. 8. 1960 augenscheinlich[24]. Die betrieblichen Umstellungs- und Umrüstungspotentiale sind innerhalb eines Zeitabschnitts aber nicht nur als begrenzt zu betrachten, sondern außerdem auch noch mit den übrigen betrieblichen Innovationsvorhaben zu koordinieren.

Bei allen Überlegungen zu den Möglichkeiten unternehmerischen Handelns in Richtung auf eine verstärkte Berücksichtigung ökologischer

---

[24] Diese Regelungen wurden durch die Vorschriften des Bundesimmissionsschutzgesetzes vom 15. 3. 1974 und die zu ihm erlassenen Durchführungsverordnungen ersetzt.

Erfordernisse bei industriellen Produktionen stand bisher ein *reaktives Verhalten* auf Anforderungen im Vordergrund, die von außen, insbesondere vom Gesetzgeber, an industrielle Unternehmungen herangetragen werden, aber auch an gewissen Erwartungshaltungen bei der Bevölkerung und/oder deren politischen Organen ihre Begründung finden. Umweltschutz ist aber ein Zielkomplex, der in demokratischen Staaten im Zusammenwirken der zuständigen politischen Organe mit den Betroffenen, und zwar sowohl den passiv als auch den aktiv Involvierten, konzipiert und geregelt werden soll.

Daraus folgt, daß Umweltschutzpolitik von (industriellen) Unternehmungen auch *aktives Verhalten* einschließt, und dies begründet den — moralischen — Imperativ, sich auch um Fortschritte in der Entwicklung von umweltfreundlichen Technologien und Entsorgungskonzeptionen zu bemühen, die über die zu einer Zeit noch allgemein verbindlichen Vorgaben hinausgehen. Selbstverständlich bedeutet aktives Verhalten in demokratisch-pluralistischen Gesellschaftsformen aber auch das Anerkenntnis, daß potentielle Umweltbelaster in Bargaining-Prozessen mit der Legislative über ihre Verbände oder andere Formen der Lobby versuchen dürfen, geplante Regelungen dann zu inhibieren oder zumindest zu entschärfen, wenn diese Regelungen von den betroffenen Industrieunternehmungen als zu hart oder gar als undurchführbar, d. h. als technisch (noch) unmöglich oder die ökonomische Innovationskraft übersteigend, eingeschätzt werden. Aktives Verhalten bedeutet ferner auch das Erkennen und Nutzen der Chancen, die neue Techniken für ihre Konzeptoren bieten, nämlich deren wirtschaftliche Verwertung durch Lizenzvergabe an andere Betriebe oder das Erschließen eines neuen Produktfeldes für die künftige Betätigung der Unternehmung, so eventuell in einer neuen Unternehmungssparte (z. B. Wärmepumpen). Die durch den Umweltschutz induzierten Produktfelderweiterungen haben nicht selten auch zu Neugründungen von Unternehmungen speziell zur Herstellung von Produkten für den Umweltschutz geführt.

III. Spezifika industriebetrieblicher Umweltschutzinnovationen

1. Die besonderen Eigenschaften

Anlässe zu *Innovationen im herkömmlichen Sinn*, d. h. Innovationen zur Wahrnehmung von Kostenvorteilen im Betrieb und/oder Leistungsvorteilen am Markt, sind regelmäßig latente Kräfte, die als Druck oder Sog (technological push bzw. market pull) auf den herrschenden Gleichgewichtszustand eines betrieblichen Systems einwirken[25] und bei ihrer

---

[25] Vgl. hierzu insbesondere *Geschka*, H.: Innovationsideen — Ihre Herkunft und die Techniken ihrer gezielten Hervorbringung, in: *Meissner*, H. G. u. H. A. *Kroll*: Management technologischer Innovationen, Pullach b. München

Freisetzung im Sinne eines Wahrnehmens der sich bietenden Chancen neue Erfolgspotentiale eröffnen. Selbstverständlich können solche Innovationsvorhaben auch zu Fehlschlägen führen. Die Unsicherheiten, die einer jeden Innovation ihrem Wesen nach zu eigen sind, implizieren eben auch die Möglichkeit, daß mit dem Vorhaben verbundene Zielvorstellungen nicht erreicht werden. Im Erfolgsfall führen Innovationen jedoch, und dies war schließlich das Stimulans ihrer Durchführung überhaupt, zu positiven Zielbeiträgen in der Unternehmung, und zwar regelmäßig an sich zu solchen, die sich in Gewinnsteigerungen niederschlagen.

Diese Wirkungen von Innovationen im klassischen — Schumpeterschen — Sinn können auch *ökologische Innovationsbestrebungen* industrieller Unternehmungen zur Folge haben. Für den Regelfall trifft dies allerdings nicht oder nur in einer außerordentlich lang zu fixierenden Betrachtungszeitspanne zu. Grundsätzlich handelt es sich ja bei ihnen um Maßnahmen, bei denen an die Stelle der bisher entgeltlosen Nutzung freier Umweltgüter — meist induziert durch einen Druck der Öffentlichkeit und höchst selten nur durch einen Sog sich bietender Chancen — nunmehr Lösungen treten sollen, mit denen die Umweltpotentiale weniger beansprucht werden. Dies sind im Regelfall aber Produktkonzeptionen und Verfahrenstechniken, die im Vergleich mit dem ursprünglichen — unbegrenzten — Lösungskonzept, welches wohl die seinerzeit günstigste Lösung gewesen sein dürfte, an sich als ungünstiger klassifiziert werden müssen. Sie konvenieren alsdann nicht mit dem generellen Ziel herkömmlicher Innovationsvorhaben; die neue Lösung bedeutet gewissermaßen eine Internalisierung bislang externer Kosten[26].

Diese theoretisch deduzierte Feststellung läßt sich durch Heranziehen zahlreicher ökologieorientierter Reaktionsmöglichkeiten belegen: Die Akzeptanz umweltpolitischer Abgaben führt zu *Aufwandsmehrungen* ebenso wie der Aufbau einer Luftüberwachungszentrale, der Einbau von Filteranlagen, das Installieren von Geräuschdämmungen und Wärme-/Kälteisolationen, wie der Betrieb einer Rückstandsverbrennungsanlage, die Errichtung und Nutzung einer werkseigenen Kläranlage und die Unterhaltung einer (geordneten) Deponie, das Einschalten unternehmungsfremder Entsorgungsbetriebe sowie — bezüglich des

---

1974, S. 69 sowie sinngemäß auch *Schmookler*, J.: Invention and Economic Growth, Cambridge/Mass. 1966, S. 165 ff. sowie mit abweichenden termini auch *Pfeiffer*, W. u. E. *Staudt*, Forschung und Entwicklung, betriebliche, in: *Grochla*, E. u. W. *Wittmann* (Hrsg.): HWB, 4. Aufl., Bd. I/1, Sp. 1525 f.; *dies.*: Innovation, in: ebenda, Bd. I/2, Sp. 1947 f.

[26] Vgl. beispielsweise *Heinen*, E. u. A. *Picot*: Können in betriebswirtschaftlichen Kostenauffassungen soziale Kosten berücksichtigt werden?, in: BFuP, 26. Jg. 1974, S. 345 ff.

Faktorinputs — eine Intensivierung der Materialausbeuten und das Ausweichen auf Ersatzstoffe mit der Konsequenz von Einstandspreisen und/oder Aufbereitungs- und Verarbeitungsprozessen, die teurer bzw. aufwendiger sind als diejenigen der substituierten Lösung. In gleicher Weise können ökologische Innovationen *Erlösminderungen* bewirken, wenn die neuen Produktkonzeptionen wegen verringerter Produktqualitäten zu Preisreduktionen führen müssen und/oder Absatzmengeneinbußen zur Folge haben. Aber auch vom Produktionsprozeß her lassen sich negative Erlöswirkungen feststellen, so z. B. bei Reduktionen technischer Wirkungsgrade von Prozessen, wenn zusätzliche oder stärkere Filtereinlagen eingebaut werden. Nicht selten stehen diese Wirkungen auch noch in einem gegenseitigen Bedingungsverhältnis, und dies sogar hinsichtlich ökologischer Zielsetzungen. Verwiesen sei nochmals auf die Filter, mit denen Abgase oder Abwässer vor ihrer Abgabe an die Umwelt gereinigt werden, die aber bei gleichbleibender Produktion einen vermehrten Energieeinsatz bedingen und so die Umwelt anderweitig, nämlich im Bereich der — ggf. erschöpfbaren — Ressourcen tangieren.

Die Konsequenzen von Umweltschutzinnovationen müssen sich allerdings nicht immer in einer Beeinträchtigung der Unternehmungserfolge niederschlagen. In Einzelfällen ist es durchaus möglich, daß der Anstoß zur Suche nach verbesserten Möglichkeiten des Umweltschutzes zu Problemlösungskonzepten führt, mit denen sich — bislang unerkannt gebliebene — *Erfolgsverbesserungen* realisieren lassen. Dies gilt — ex ante allerdings nur spekulativ — für den Fall von Änderungen in den Faktorpreisverhältnissen, wenn diese eine gewählte Lösung langfristig begünstigen. Es kann aber auch hinsichtlich konkreter technischer und organisatorischer Lösungen schon unmittelbar gelten.

So hat sich insbesondere recht häufig die Einrichtung von Materialkreisläufen, allgemein als *Recycling*[27] bezeichnet, als eine erfolgssteigernde Maßnahme erwiesen, weil durch sie die Abfallbelastung der Umwelt vermindert, das Ressourcenreservoir der Umwelt geschont und zugleich die Faktoreinsätze in der Unternehmung quantitativ reduziert oder — so z. B. beim überbetrieblichen Recycling (Altpapier, Altglas) — verbilligt werden können. Ansatzpunkte hierfür ergeben sich bei den verschiedenen Formen solcher Kreisläufe (werksinternes, unternehmungsinternes, interindustrielles und konsumentenerfassendes Recycling) jeweils in den Erfassungs-, Rückleitungs- und ggf. Wiederaufbereitungsphasen sowie der Überwindung psychologischer Widerstände gegen eine Nutzung von Abfallstoffen (z. B. Recyclingpapier).

---

[27] Vgl. dazu beispielsweise *Schultheiß*, B.: Recycling als Gegenstand der Unternehmensplanung, Diss. Nürnberg 1978; *Staudt*, E.: Recycling, betriebliches, in: *Kern*, W. (Hrsg.): HWProd, Sp. 1800 ff.

Nicht selten scheitern derartige Bestrebungen aber daran, daß der Anfall von Abfallstoffen zeitlich, örtlich, quantitativ und/oder qualitativ so stark divergiert oder ihre Werte so gering sind, daß sich ihre Rückführung in die Produktion als nicht wirtschaftlich erweist. Solche Fälle sind dann aber der zuerst behandelten Kategorie ökologischer Innovationen zuzuordnen. Besteht für deren Durchführung ein öffentliches Interesse, so könnten sie ebenso wie andere umweltpolitische Aktivitäten einer Unternehmung ggf. durch umweltpolitische Unterstützungsleistungen seitens des Staates gefördert werden und so doch Attraktivität erlangen.

2. Beeinträchtigungen des ökologischen Innovationsverhaltens

Entscheidungen über ökologische Innovationsvorhaben lassen sich im allgemeinen nicht unabhängig von weiterreichenden Überlegungen fällen. Diese zielen zum einen auf die Berücksichtigung der Begrenzungen hin, denen das Innovationspotential einer Unternehmung sowohl aus personeller als auch aus finanzieller Sicht unterliegt. Zum anderen hängen die umweltpolitischen Aktivitäten eines Produzenten von seiner individuellen Konkurrenzsituation und dem Ausmaß der ökologischen Bemühungen seiner nationalen und internationalen Konkurrenz — im Sinne möglichst gleicher Wettbewerbsbedingungen — ab.

Konkurrieren in einer Unternehmung Vorhaben für eine Verbesserung der umweltschutzorientierten Belange bei bereits laufenden Produktionen[28], so z. B. in Form von Nachrüstungen von Produktionsanlagen, mit erfolgsorientierten Innovationsprojekten herkömmlicher Art um die dafür nötigen knappen Ressourcen der Unternehmung, so laufen bei Anwendung der üblichen investitionstheoretischen *Beurteilungskriterien*[29] die erstgenannten Vorhaben — selbst bei Anerkenntnis ihrer Notwendigkeit — Gefahr, wegen ihrer mangelnden oder bestenfalls geringen (einzelwirtschaftlichen) Vorteilhaftigkeit stets hinter die zweitgenannten Vorhaben gestellt und sodann nicht ausgeführt zu werden (Dilemma der Umweltschutzrealisierung in der Unternehmung). Eine beide Arten erfassende Innovationspolitik einer Unternehmung bedarf deshalb mindestens eines weiteren Beurteilungsmaßstabs, und ein solcher könnte — allerdings nur theoretisch — der soziale (gesamtwirtschaftliche) Nutzen sein, der mit einem jedem Projekt verbunden wäre.

---

[28] Bei neu zu konzipierenden Produktionen, insbesondere mit neu zu investierenden speziellen Betriebsmitteln, werden heute bereits schon in der Konzeptionsphase technisch-integrierte Lösungen, bei denen sowohl die Produktionsergebnisse als auch die von deren Produktion verursachten Umweltbelastungen den Zielvorgaben weitgehend entsprechen.

[29] Z. B. Amortisationszeiten, Kapitalwerte, Endwerte, Annuitäten, interne Zinssätze.

Da sich aber dieser kaum hinreichend objektiv quantifizieren läßt, ein solches Internalisieren externer Wirkungen einzelwirtschaftlichen Kalkülen schon von ihrem Konzept her inkonsistent ist und unternehmerischem Denken oft fern steht, wird ein solcherart erweitertes Auswahlverfahren ebensowenig wie verbale Appelle an ein ethisch-moralisches Empfinden der Adressaten die wünschenswerte breite Akzeptanz in der Wirtschaft finden.

Es bleibt deshalb letztlich doch nur der von außen auf die Unternehmung in Form von direkten und indirekten Verhaltensregulierungen ausgeübte, mit Sanktionsmechanismen verbundene *Innovationsdruck* zur Einleitung nötiger Umweltschutzmaßnahmen als realistisches Stimulans übrig. Seine Stärke und die Dringlichkeit, mit der anstehende Maßnahmen realisiert werden müssen, spiegeln sich sodann nicht nur in den Normen, Terminen und Strafandrohungen des Gesetzgebers, sondern auch in der Eloquenz wider, mit denen die öffentlichen Vollzugsorgane die Durchführung der verlangten Maßnahmen erzwingen[30].

Ein weiteres, Umweltschutzinnovationen allzu leicht inhibierendes Handikap resultiert aus dem Erfordernis, daß in Marktwirtschaften jede Unternehmung ihre *Konkurrenzfähigkeit* stets im Auge behalten muß. Der umweltbewußte Innovator gewinnt aber aller Wahrscheinlichkeit nach — zunächst — keinen Wettbewerbsvorsprung, wie er ihn mit herkömmlichen Innovationsleistungen hätte ggf. erzielen können. Er erfährt, wie gezeigt wurde, über die im allgemeinen negativen Erfolgswirkungen ökologischer Innovationsprojekte vielmehr Wettbewerbsnachteile; diese können höchstens durch Unterstützungsleistungen der öffentlichen Hand gemildert, durch Anhalten der Konkurrenz zu einem möglichst zeitgleichen Erreichen der angestrebten Umweltstandards ausgeglichen und durch ein umweltbewußtes Käuferverhalten eventuell überkompensiert werden. Bei einer längerfristigen Betrachtungsweise ist es allerdings nicht auszuschließen, daß ein auf Umweltschutz bedachter Innovator in seinem technologischen Wissen einen Zeitvorsprung vor seinen Wettbewerbern erlangt, den er ggf. rechtzeitig noch in Kosten- oder Erlösvorteile umzusetzen und so in Neuerungsgewinne zu überführen vermag. Hiermit wird nochmals verdeutlicht, daß Umweltschutzinnovationen wie jede Innovation und Investition stets unter einer langfristigen Perspektive mit allen ihren Konsequenzen, wie insbesondere der Unsicherheit, erkannt und beurteilt werden müssen.

---

[30] Strafmaßnahmen reichen derzeit von der Auflage zur Zahlung von Bußgeldern bis hin zu behördlicherseits verfügten Absetzungen leitender Persönlichkeiten in privatwirtschaftlichen Unternehmungen, wie es im August 1981 bezüglich des Geschäftsführers einer Eisengießerei durch den Düsseldorfer Regierungspräsidenten geschah (vgl. Frankfurter Allgemeine Zeitung vom 27. 8. 1981, S. 11).

Ein Sonderproblem der Konkurrenzfähigkeit, und dieses darf nicht zu gering erachtet werden, zeigt sich bei *weltweiter Betrachtung* der gestellten Aufgabe. So ist der Druck auf die Einleitung ökologischer Innovationen in anderen Ländern im allgemeinen geringer als in der Bundesrepublik Deutschland. Nicht zuletzt resultiert dies aus geringeren Industrialisierungs- und Bevölkerungsdichten anderer Länder, aus dem Streben dieser Länder nach möglichst schneller Industrialisierung ohne Vorbehalte und aus einem dort meist noch nicht so ausgeprägten allgemeinen Umweltbewußtsein sowie demnach auch fehlenden oder schwächeren Instrumenten zur umweltpolitischen Verhaltensregulierung. Unzweifelhaft besitzen vergleichbare Unternehmungen in diesen Ländern einen Wettbewerbsvorsprung vor ihren deutschen Konkurrenten bezüglich eines Fehlens ökologiebedingter Belastungen. Dies sind aber nicht die einzigen Standortvorteile solcher Länder; zu ihnen zählen meist auch andere, insbesondere fast immer die spezifischen Personalkosten und die Rohstoffgewinnungskosten.

Diese erfolgsorientierten Konsequenzen solcher günstigeren *Standortbedingungen* müssen deshalb durch heimische Vorteile (Produktivität, Infrastruktur, Marktkontakte u. ä.) kompensiert werden. Hier weitet sich die Problemstellung hin zur Herausforderung allgemeiner internationaler Wettbewerbsfähigkeit der deutschen Industrie. Es erscheint alsdann aber nicht als angebracht, den geforderten Maßnahmen zum Umweltschutz innerhalb der Bundesrepublik Deutschland ausschließlich mit dem Hinweis auf diese spezielle Wettbewerbsbenachteiligung deutscher Unternehmungen zu begegnen. Die Umweltschutzgesetzgebung ist wie alle anderen umweltpolitischen Instrumente nur ein Standortfaktor; er ist deshalb immer im Gesamtzusammenhang mit allen anderen Standortfaktoren zu sehen.

C. Umweltschutz als Komponente der Zielsysteme

Der Schutz der ökologischen Umwelt, und nur diese war hier mit dem verkürzten Terminus Umwelt jeweils gemeint, ist, wie zu zeigen versucht wurde, eine zusätzliche Dimension für die *Zielsysteme* industrieller Unternehmungen, und zwar eher eine Zielbedingung denn ein variationales Ziel. Es handelt sich bei ihm um eine Zielvorgabe, die allerdings erst in jüngerer Zeit als beachtenswert erkannt und durch vielseitige Erörterungen sowie die restriktiven Verhaltensbeeinflussungen seitens der Umweltschutzgesetzgebung — insbesondere im letzten Jahrzehnt — aber auch durch die Umweltschutzaktivitäten zahlreicher industrieller Vereinigungen, inzwischen jeder Betriebs- und Geschäftsleitung bewußt geworden sein dürfte. Wird dieses Ziel *für* eine Unternehmung dann auch explizit zu einem Ziel *der* Unternehmung, so dürfte dies ein Ausdruck dafür sein, daß diese Unternehmung die Herausforderung angenommen hat und sich um die Lösung der ökologischen Aufgabe zumindest bemühen und dadurch die gewünschten Innovationen initiieren wird. Der Erfolg ihrer Realisierung hängt sodann aber nicht nur vom Wollen der betrieblichen Instanzen, sondern in gleicher Weise auch von ihrem Ideenreichtum, ihren personellen sowie finanziellen Möglichkeiten zur Ideenumsetzung und dem Durchsetzungsvermögen der innovierenden Promotoren[31] in der Unternehmung ab.

---

[31] Im Sinne von *Witte*, E.: Organisation für Innovationsentscheidungen, Göttingen 1973, S. 15 ff.

Innovationen der Marketing-Wissenschaft im Lichte der Anforderungen der Wirtschaftspraxis in den 80er Jahren

Von *Ernst Gerth*[*], Göttingen

A. Einführende Bemerkungen

Die Begriffe des wissenschaftlichen Fortschritts und der Innovation gehören beide nicht zu den exakten Begriffen. Sie bedürfen in den Zusammenhängen, in denen sie jeweils gebraucht werden, geeigneter Interpretation. Im Verhältnis zueinander stellt der Begriff des wissenschaftlichen Fortschritts höhere Anforderungen an die unter ihn zu subsumierenden Sachverhalte: Sie müssen den Stand der Wissenschaft anheben. Sie müssen etwas bringen, was man bisher nicht gewußt hat. Demgegenüber ist der Anspruch an innovative Sachverhalte bescheidener: Sie müssen nicht grundsätzlich neu sein. Es genügt die Übertragung auf einen anderen Gegenstand und/oder die Anwendung in einem neuen Zusamenhang.

In diesem Sinne ist die Marketing-Wissenschaft fortschrittsärmer und innovationsreicher: Sie entwickelt weniger grundsätzlich Neues aus sich selbst, aus ihrem eigenen Forschungsprozeß. Sie übernimmt mehr aus anderen Wissenschaften, insbesondere aus der Psychologie, Soziologie, Mathematik, und zwar teils direkt und teils indirekt auf mancherlei Wegen über Anwendungen in dritten Wissenschaften. Um diese für die Marketing-Wissenschaft wichtigen Adoptionen nicht auszuschließen, wird im Titel dieses Aufsatzes von Innovationen der Marketing-Wissenschaft gesprochen. In sie seien — wider den Sprachgebrauch — Ergebnisse des wissenschaftlichen Fortschritts der Marketing-Wissenschaft selbst eingeschlossen. Darauf soll es hier nicht ankommen. Wichtig im Zuammenhang des Themas ist vielmehr, daß sie sich in der Marketing-Wissenschaft durchgesetzt haben, daß sie deren Bestandteil geworden sind.

Für den Innovationserfolg in der Marketing-Wissenschaft können manche Gesichtspunkte und Merkmale herangezogen werden, die oft

---

[*] Die Ausführungen beziehen die Diplomarbeit von Reinhard Bubenzer ein, die nach Anregung und unter Anleitung des Verfassers im SS 1981 an der Universität Göttingen geschrieben wurde.

nicht unabhängig voneinander sind. Man kann z. B. die Häufigkeit der Nennung in der wissenschaftlichen Marketingliteratur nehmen. Man kann auch, und das soll hier geschehen, in besonders weit verbreiteten Marketing-Lehrbüchern nachsehen, was sie aus jüngerer Speziellliteratur in ihre Systematiken in größerer Breite und Tiefe integriert haben. Dem soll hier gefolgt werden, weil es eng mit der akademischen Ausbildung an den Universitäten verknüpft ist. Gerade diese muß aber den Anforderungen der Wirtschaftspraxis genügen; nicht allein ihnen, aber auch ihnen.

In den wissenschaftlichen Marketing-Lehrbüchern trifft man während der letzten 15 Jahre vor allem auf drei Innovationen:

— den entscheidungsorientierten Ansatz,

— den verhaltenswissenschaftlichen Ansatz,

— die gesellschaftspolitischen Ansätze.

Sie sollen im folgenden kurz charakterisiert werden. Abschließend soll auf die Frage eingegangen werden, ob und gegebenenfalls wie weit diese Innovationen der Marketing-Wissenschaft den heute erkennbaren Anforderungen der Wirtschaftspraxis in den 80er Jahren zu genügen versprechen.

B. Innovation der Marketing-Wissenschaft

I. Der entscheidungsorientierte Ansatz[1]

In der Geschichte der Betriebswirtschaftslehre hat der Bezug zur praktischen Anwendung immer eine große Rolle gespielt. Innovationen aus der mathematischen Verfahrensforschung und der Datenverarbeitung erlauben es nun, Zielkombinationen unter Nebenbedingungen exakter aufzustellen und zielerreichende Mittel exakter auszuwählen und einzusetzen. Damit wurde das wissenschaftlich greifbare Spektrum betriebswirtschaftlicher Entscheidungen wesentlich erweitert. Der Anwendungsbezug der Betriebswirtschaftslehre wurde auf ein neues Niveau angehoben. In diesen Innovationsprozeß war und ist auch die Marketinglehre eingeschaltet und profitiert von ihm.

---

[1] Vgl. hierzu: *Bidligmaier*, J.: Marketing, Bd. 1, Reinbek bei Hamburg 1973, S. 9 - 72, 131 - 174, 197 - 208; *Heinen*,E.: Grundfragen der entscheidungsorientierten Betriebswirtschaftslehre, München 1976, S. 109 - 141, 199 - 217; *Kotler*, P.: Marketing-Management. Analyse, Planung und Kontrolle, Stuttgart 1974, S. V.; *Krautter*, J.: Marketing-Entscheidungsmodelle, Wiesbaden 1973; *Lange*, M.: Absatztheorie, entscheidungsorientierte, in: Handwörterbuch der Absatzwirtschaft, hrsg. v. B. Tietz, Stuttgart 1974, Sp. 101 - 110; *Meffert*, H.: Marketing, Einführung in die Absatzpolitik, 4. Aufl., Wiesbaden 1979, S. 64 - 97; *Nieschlag*, R., *Dichtl*, E., *Hörschgen*, H.: Marketing, 11. Aufl., Berlin 1980.

1. Marketingmodelle

Typisch für den entscheidungsorientierten Ansatz ist die Anwendung von Marketingmodellen in den einzelnen Phasen des Entscheidungsprozesses. Je nach Verwendungszweck lassen sich taxonomische, Prognose- und normative Modelle unterscheiden:

- Taxonomische Modelle werden hauptsächlich bei der Marktsegmentierung angewendet. Mit ihrer Hilfe lassen sich in sich möglichst homogene und untereinander möglichst heterogene Konsumentengruppen bilden. Durch die Entwicklung multivarianter Verfahren können neben soziodemographischen auch psychologische Variablen zur Zielgruppenbestimmung herangezogen werden. Dies ermöglicht eine wesentlich differenziertere Planung und Durchführung von Marktbearbeitungsstrategien.

- Prognosemodelle dienen der Absatzplanung, da sowohl die kurzfristige als auch die langfristige Planung zukunftsbezogene Entscheidungen erfordern. Exakte Prognosen sind für eine Minderung des Entscheidungsrisikos unerläßlich.

- Marketing-Entscheidungsmodelle werden in der Literatur häufig als „Intelligenzverstärker" bezeichnet, da ein Modell dem Entscheidungsträger hilft, das Entscheidungsproblem klarer und strukturierter zu sehen, alle verfügbaren Informationen berücksichtigen und die Wirkungen beeinflussender Faktoren besser übersehen zu können. Die einzelnen Entscheidungsmodelle ermöglichen eine optimale Entscheidung; diese ist aber im Marketing in der Regel nur bei Teilproblemen möglich. Aufgrund der Komplexität von Marketingentscheidungen werden in zunehmendem Maße heuristische Entscheidungsmodelle benutzt, die das Gesamtproblem in einzelne, relativ gut überschaubare und befriedigend zu lösende Teilprobleme zerlegen. Weiter unterscheiden sich die Modelle danach, ob sie nur einige wenige oder alle Einflußfaktoren berücksichtigen, nach dem Aggregationsgrad, ob sie statisch oder dynamisch formuliert sind und danach, ob die zwischen den Eingangsgrößen und den Ergebnissen liegenden Ursache-Wirkungs-Zusammenhänge unberücksichtigt bleiben bzw. die Entscheidung mit beeinflussen.

Die meisten Entscheidungsmodelle sind recht kompliziert und damit für den Entscheidungsträger intuitiv wenig verständlich. Das kann zur Ablehnung des Modells führen. Die Anforderung an ein Entscheidungsmodell, die Gesamtheit der zur Verfügung stehenden Daten, Meinungen und Erwartungen so zu integrieren, daß das Modell eine Objektivierung und Erweiterung des unternehmerischen Denkprozesses darstellt, führte durch Little zur Entwicklung des „Decision Calculus Modells". Folgende Anforderungen werden an ein solches Modell gestellt:

- Das Modell muß leicht verständlich sein. Weniger wesentliche Aspekte können vernachlässigt werden.
- Das Modell darf keine schlechten oder falschen Ergebnisse liefern.
- Die Ergebnisse sollen einfach nachzuprüfen sein, um das Vertrauen des Entscheidungsträgers in die Lösung zu gewinnen.
- Das Modell soll adaptionsfähig sein, also neuen Informationen und Denkmustern angepaßt werden können.

— Das Problem muß alle problemrelevanten Faktoren, insbesondere die subjektiven Meinungen des Entscheidungsträgers erfassen können.
— Der Entscheidungsträger sollte unmittelbar mit dem Modell kommunizieren können.

Die zuletzt genannte Anforderung bedeutet im Hinblick auf eine Entscheidung, mit Hilfe einer „Mensch-Maschine-Kommunikation" die relativen Vorzüge des Menschen (z. B. Kreativität, Gefühl für Risiken, Hintergrundwissen) mit den relativen Vorteilen des Computers (Operationsgeschwindigkeit und -sicherheit, große Speicherkapazität) wirksam zu kombinieren.

2. Marketing-Informationssysteme

Mit der Benutzung von Marketingmodellen ergibt sich das Problem ihrer Integration in den unternehmerischen Entscheidungsprozeß. Es sind die organisatorischen Voraussetzungen für den Einsatz von Entscheidungsmodellen zu schaffen. Da für die meisten Marketingentscheidungen nicht so sehr das Fehlen relevanter, sondern ein Übermaß an irrelevanten Informationen ein nicht geringes Problem darstellt, besteht die Notwendigkeit der Entwicklung eines leistungsfähigen Marketing-Informationssystems (MAIS). Als MAIS werden von vielen Autoren nur solche Systeme bezeichnet, die sich der entscheidungsorientierten Datenverarbeitung bedienen. Träger eines MAIS ist in der Regel eine elektronische Datenverarbeitungsanlage. Ein MAIS besteht aus einer Datenbank, in der sämtliche entscheidungsrelevante Daten gespeichert werden, und einer Methodenbank, die die Programme zur mathematisch-statistischen Verarbeitung der Daten enthält. Mittels eines Datenbank-Managementsystems lassen sich Daten- und Methodenbank verknüpfen. Je nach Verwendungszweck eines MAIS lassen sich Dokumentations-, Planungs- und Kontrollsysteme unterscheiden. Dokumentationssysteme dienen der systematischen Speicherung relevanter Daten mit der Möglichkeit, diese bei Bedarf abrufen zu können. Planungssysteme dienen der Entscheidungsvorbereitung. Es muß hierbei gewährleistet sein, Daten kurzfristig abrufen, diese in gewünschter Weise aufgliedern und miteinander verknüpfen zu können. Um die Konsequenzen alternativer Handlungsmöglichkeiten abbilden zu können, muß zusätzlich eine Modellbank eingerichtet werden.

Die laufende Überwachung der Marketingaktivitäten erfolgt mit Hilfe der Kontrollsysteme. Anhand geeigneter Kriterien wie z. B. Umsätze, Deckungsbeiträge oder Kostenentwicklungen können Zielabweichungen rechtzeitig erkannt und korrigiert werden. In diesem Fall müssen wieder Entscheidungen getroffen werden, und es beginnt ein neuer Entscheidungsprozeß.

II. Der verhaltenswissenschaftliche Ansatz[2]

Die sozialwissenschaftliche Orientierung hat in der Lehre von der Absatzwirtschaft und vom Marketing eine alte Tradition. Hervorgehoben sei die Nürnberger Schule mit den Namen Wilhelm Vershofen, Erich Schäfer, Georg Bergler, Hans Proesler, Felix Scherke, Herbert Wilhelm und anderen Wirtschafts- und Sozialwissenschaftlern. Der wissenschaftliche Wiederanschluß an das Ausland, insbesondere die USA, in den 50er Jahren gab der sozialwissenschaftlichen Orientierung neue und entscheidende Impulse. Zu ihrer Aufnahme trugen die Entwicklung des marktwirtschaftlichen Systems und des Wohlstandes breiter Bevölkerungskreise in der Bundesrepublik Deutschland wesentlich bei. Aufnahme von Erkenntnissen der Sozialwissenschaften, insbesondere aus der Psychologie und Soziologie, deren Umformulierung und Weiterentwicklung für das Marketing der Unternehmungen kennzeichnen diese Denkrichtung der Marketing-Wissenschaft. Mit ihr waren schon immer zwei Gefahren verbunden. Die eine liegt in der Vernachlässigung der betriebswirtschaftlichen Ziele und Kriterien, auf die das Marketing als betriebswirtschaftliche Teildisziplin zu beziehen ist. Man verliert sich dann in den Sozialwissenschaften und verliert aus dem Auge, daß sie für das betriebswirtschaftliche Marketing Hilfswissenschaften sein müssen. Die andere Gefahr besteht umgekehrt darin, daß Erkenntnisse und Methoden der Sozialwissenschaften vergewaltigt werden, um sie möglichst exakt auf betriebswirtschaftliche Ziele und Kriterien beziehen zu können. Man bildet dann zu diesem Zweck „hausgemachte" psychologische oder soziologische Methoden und Theoreme. Dieser Skylla und Charybdis ist auch der verhaltenswissenschaftliche Ansatz der Marketing-Wissenschaft ausgesetzt.

Die verhaltenswissenschaftliche Marketingtheorie erklärt die Wirkungen absatzpolitischer Maßnahmen von Unternehmen, beschäftigt sich mit dem Problem der Messung dieser Wirkungen und gibt auf der Basis dieser Wirkungen Empfehlungen zur Beeinflussung des menschlichen Verhaltens. Dabei steht das Verhalten der Konsumenten im Mittelpunkt des Interesses. Die dazu nötigen Kenntnisse liefern vor allem Psychologie, Sozialpsychologie und Soziologie. Bei der Erklärung des Konsumentenverhaltens unterscheidet man psychologische und soziologische Ansätze.

---

[2] Vgl. hierzu: *Kroeber-Riel*, W.: Absatztheorie, verhaltensorientierte, in: HWA, hrsg. v. B. Tietz, Stuttgart 1974, Sp. 159 - 167; ders.: Konsumentenverhalten, 2. Aufl., München 1980.

1. Psychologische Erklärungsansätze des Konsumentenverhaltens

Die psychologischen Erklärungsansätze betrachten die psychischen Determinanten des Konsumentenverhaltens als intervenierende Variablen. Diese beeinflussen das in Abhängigkeit von gegebenen Reizen beobachtbare Verhalten der Konsumenten. Die zwischen Reiz und Reaktion stattfindenden psychischen Vorgänge lassen sich in aktivierende und kognitive Prozesse gliedern. Aktivierende Reize lösen bei Individuen Erregungs- oder Spannungszustände aus und rufen psychische Antriebskräfte hervor. Zu den aktivierenden Prozessen gehören Emotionen, Motive und Einstellungen. Die kognitiven Prozesse lassen sich als Bewußtseinsvorgänge definieren, die die willentliche Steuerung des Verhaltens beinhalten. Sie lassen sich einteilen in Wahrnehmung, Denken, Gedächtnis und Lernen.

Die Einstellung ist eine der am häufigsten zur Erklärung des Konsumentenverhaltens herangezogene intervenierende Variable. Als Einstellung bezeichnet man die psychische Vorentscheidung des Individuums, in bestimmter Weise auf Umweltreize zu reagieren. Einstellungen entstehen durch Lernprozesse, die auf Erfahrungen des Individuums mit seiner Umwelt zurückzuführen sind, und beinhalten somit sowohl eine motivationale als auch eine kognitive Komponente. Damit bieten sich dem Marketing zwei Ansatzpunkte zur Beeinflussung der Konsumenten. Man kann einmal die Motivation der Konsumenten erhöhen, zum anderen kann man bei gegebenen Motiven die wahrgenommene Eignung eines Produktes für die Motivbefriedigung positiv verändern. Die gemessenen Einstellungswerte dienen zur Feststellung der Marktverhältnisse, und es lassen sich im Hinblick auf die vorhandenen Einstellungen der Konsumenten Empfehlungen für Marketingmaßnahmen geben. So läßt sich das Konsumentenverhalten erklären und prognostizieren, des weiteren lassen sich mittels der Einstellungsmessung Erfolgskontrollen durchführen und schließlich können Marktsegmente nach dem Kriterium „gleiche Einstellungen" gebildet werden. Unter Berücksichtigung der Einstellung der Konsumenten lassen sich unterschiedliche Marketingstrategien entwickeln. Bei der ersten Strategie wird versucht, Produkte auf den Markt zu bringen, die den Einstellungen der Konsumenten entsprechen. Eine zweite Strategie besteht darin, Einstellungen der Konsumenten so zu verändern, daß ihnen das vorhandene Angebot zusagt.

Bei der Untersuchung von Einstellungsänderungen lassen sich zwei Forschungsschwerpunkte unterscheiden. Einmal wird untersucht, wie bei der Kommunikation aufgenommene Informationen verarbeitet werden und unter welchen Bedingungen diese Informationsverarbeitung zu einer Einstellungsänderung führt. Der zweite Forschungsschwerpunkt beschäftigt sich mit den Theorien des kognitiven Gleichgewichts. Hierbei wird speziell untersucht, wie sich aufgenommene Informationen auswirken, die in Widerspruch zu vorhandenen Informationen des Individuums stehen.

Von besonderer Bedeutung für die Erklärung des Konsumentenverhaltens sind auch die verschiedenen Lerntheorien. Lernen läßt sich als eine relativ dauerhafte Verhaltensänderung, die auf Erfahrungen beruht, verstehen. Dabei kann man beobachtbare Verhaltensänderungen als Lernen bezeichnen oder den nicht beobachtbaren Prozeß der Informationsverarbeitung. Im letzteren Fall ist die Verhaltensänderung eine Folge des Lernens. Die mathematischen Lerntheorien eignen sich besonders für die Abbildung und Prognose des Konsumentenverhaltens. Da mittels solcher Lernmodelle Wiederkauf und Wechsel einer Marke abgebildet werden können, bezeichnet man diese als Markentreue- oder Markenwechselmodelle. Solche Modelle lassen sich sowohl für individuelles als auch für aggregiertes Verhalten interpretieren. Ansatzpunkt für kommunikationspolitische Entscheidungen bietet die Interpretation von Werbewirkungsfunktionen als Lern- und Vergessenskurven. Lernkurven werden vor allem zur Erklärung des Werbeerfolgs herangezogen. Der Werbeerfolg resultiert dann aus dem Lernen von Werbebotschaften. Er läßt sich messen als wiederholbare oder wiedererkannte Werbebotschaft. Hieraus lassen sich Aufschlüsse gewinnen, wie oft ein Werbekontakt erfolgen muß, bis die Werbebotschaft vollständig gelernt worden ist.

2. Soziologische Erklärungsansätze des Konsumentenverhaltens

Bei den soziologischen Erklärungsansätzen wird der Einfluß der Umwelt auf das individuelle Verhalten der Konsumenten untersucht. Von allen sozialen Einflüssen wird dem Bezugsgruppeneinfluß die größte Bedeutung eingeräumt. Die Bezugsgruppe vermittelt dem einzelnen Individuum Normen und Werte, an denen es sein Verhalten orientiert. Es verhält sich konform, um Sanktionen von seiner Bezugsgruppe zu vermeiden. Für das Marketing ergibt sich die Möglichkeit, Konsumnormen zu ermitteln bzw. auf Konsumnormen hinzuweisen. Die Einflußnahme der Bezugsgruppe erfolgt durch persönliche Kommunikation. Die persönliche Kommunikation beeinflußt das Verhalten stärker als die Massenkommunikation. Das liegt daran, daß bei der persönlichen Kommunikation der Kommunikator glaubwürdiger ist und eine stärkere soziale Kontrolle ausübt. Die Informationsaufnahme wird verbessert, und es besteht die Möglichkeit einer laufenden Rückkopplung. Die Massenkommunikation ist dagegen in der Regel einseitig und wendet sich an ein breites Publikum. Unternehmen versuchen daher oft, die persönliche Kommunikation auf dem Markt zu fördern oder in ihrer über Massenmedien verbreiteten Werbung die persönliche Kommunikation zu simulieren. Die Werbung kann auch gezielt Meinungsführer auf dem Markt ansprechen. Diese zeichnen sich dadurch aus, daß sie innerhalb einer sozialen Gruppe einen stärkeren persönlichen Einfluß ausüben und dadurch auch das Kaufverhalten der Gruppenmitglieder beeinflussen. Relevante Aspekte der Meinungsführung für das Marketing sind sozio-demographische Merkmale von Meinungsführern auf einzelnen Produktmärkten, die Ausdehnung des Einflusses von Meinungsführern auf mehrere Produktmärkte und das Kommunikationsverhalten der Meinungsführer.

Untersucht man den Einfluß der weiteren Umwelt auf das Konsumentenverhalten, geht es hauptsächlich um das Kaufverhalten spezifischer sozialer Schichten. Die soziale Schichtung der Konsumenten ist Voraussetzung für eine Marktsegmentierung. Dazu müssen geeignete Indikatoren (z. B. Einkommen, Alter, Geschlecht) bestimmt werden. Eine weitergehende Marktsegmentierung ist zweckmäßig, wenn es darum geht, feinere Abstufungen des Konsumentenverhaltens innerhalb der sozialen Schichten zu erfassen. Dazu bedarf es einer zusätzlichen Berücksichtigung sozialer und psychischer Merkmale, wie z. B. Meinungsführung und Innovationsfreudigkeit. Eine solche direkte Marktsegmentierung ermöglicht stark differenzierte Marketingsstrategien. Da in der heutigen Gesellschaft ein Überangebot an Gütern auf dem Markt besteht, die Produktlebenszyklen immer kürzer werden, die meisten Produktinnovationen nicht erfolgreich sind, andererseits der meiste Gewinn mit neu eingeführten Produkten erzielt wird, kommt somit einer direkten Marktsegmentierung eine herausragende Bedeutung zu.

Ein wesentliches Merkmal der Massenkommunikation ist die Informationsübertragung mittels technischer Medien. Die verhaltenswissenschaftliche Marketingtheorie untersucht hauptsächlich die Wirkungen dieser Kommunikationsform auf die Empfänger. Die Wirkungen lassen sich aufgliedern nach den beim Empfänger ausgelösten psychischen Prozessen, dem Kommunikationsinhalt und den unterschiedlichen Massenmedien. Diese unterschiedlichen Wirkungen müssen bei jeder einzelnen Werbung bzw. Werbestrategie berücksichtigt werden. Die Kommunikationsziele der Werbung können als eine Operationalisierung ökonomischer Ziele aufgefaßt werden, da ohne ein konkretes Kommunikationsziel Werbung nicht geplant und durchgeführt werden kann und eine Werbeerfolgskontrolle meistens die Messung nicht-ökonomischer Wirkungen beinhaltet. Um die Werbewirkung kontrollieren zu können, mißt man Teilziele der Werbung. Die verschiedenen Werbewirkungsmodelle gliedern zu diesem Zweck die gesamte Werbewirkung in einzelne, leichter feststellbare Teilwirkungen auf.

Der Erfolg einer durch Massenmedien verbreiteten Werbung wird hauptsächlich durch die Auswahl des Werbeträgers und die Konzeption der Werbebotschaft bestimmt. Gegenstand der Mediaselektion ist die Auswahl der geeigneten Werbeträger und -mittel, wobei deren Reichweiten und Eignungen entscheidend sind. Vom konkreten Kommunikationsziel der Werbung ist die Konzeption der Werbebotschaft abhängig. Diese soll die Konsumenten entweder mehr emotional oder durch sachliche Argumentation beeinflussen.

3. Die Bedeutung verhaltenswissenschaftlicher Erkenntnisse für das Marketing

Wurden in den vorhergehenden Ausführungen die Anwendungsmöglichkeiten verhaltenswissenschaftlicher Erkenntnisse im Marketing nur schwerpunktmäßig behandelt, so soll in diesem Abschnitt mehr die grundlegende Bedeutung der verhaltenswissenschaftlichen Marketingtheorie dargestellt werden.

Marketing handelt von den Marktbeziehungen zwischen Anbietern und Nachfragern. Die Anbieter versuchen, um ihre Ziele zu erreichen, das Verhalten der Nachfrager zu beeinflussen. Marketingplanung und Marketingentscheidungen sind daher ohne Berücksichtigung verhaltenswissenschaftlicher Erkenntnisse nicht möglich. Planung und Entscheidung beruhen auf Erklärungen und Prognosen über Marktreaktionen. Die verhaltenswissenschaftliche Marketingtheorie beschäftigt sich vor allem mit der Frage, warum bestimmte Marktreaktionen aufgrund konkreter Marketingmaßnahmen erfolgen. Die Antwort hierauf liefern die psychologischen und soziologischen Erklärungen des Konsumentenverhaltens. Diese tragen zu genaueren und sichereren Absatzprognosen bei; aber die Bedeutung verhaltenswissenschaftlicher Erklärungen ist vor allem darin zu sehen, daß die Formulierung verhaltensbezogener Ziele eine Operationalisierung der ökonomischen Ziele der Unternehmung darstellt. Die Erreichung der ökonomischen Ziele ist hauptsächlich von dem Verhalten der Konsumenten abhängig. Um die Konsumenten so zu beeinflussen, daß diese in gewünschter Weise reagieren, müssen die ökonomischen Ziele in verhaltensbezogene Ziele übertragen werden. Damit wird eine bessere Auswahl alternativer Marketingstrategien ermöglicht. Auch sind bei Erfolgskontrollen die Ergebnisse der Marketingaktivitäten durch Messung verhaltenswissenschaftlicher Größen ursachengerechter festzustellen.

III. Gesellschaftspolitische Ansätze

Diesen Ansätzen liegt als gemeinsames Merkmal eine Ausweitung des Marketing zugrunde. Dabei betont das Human-Konzept mehr die gesellschaftliche Verantwortung des Marketing, während das gesellschaftsbezogene Marketingkonzept mehr die Anwendung des Marketing auch für nicht-kommerzielle Organisationen und Aufgaben fordert.

1. Das Human-Konzept[3]

Das von Dawson entwickelte „Human Concept of Marketing" beruht auf der Kritik an der gegenwärtigen Marketingtheorie und -praxis. Dieser wird vorgeworfen, unter Vernachlässigung gesellschaftlicher Interessen ausschließlich profitorientiert zu sein; technologischer Wandel, Produktverbesserungen sowie Erfüllung der Konsumentenwünsche und -bedürfnisse würden hervorgehoben, obwohl der Konsumerismus ein Indiz dafür sei, daß die Konsumenteninteressen in Wirklichkeit nicht berücksichtigt werden. Einzelne Kritikpunkte sind z. B. die geplante Veralterung von Produkten und die unterschwellige Werbung. In diesem Zusammenhang spricht man von einer Manipulation des Verbrauchers.

Das Human-Konzept fordert eine stärkere Verpflichtung der Unternehmensinteressen auf die Lösung sozialer Probleme. Nach Dawson sollen die Unternehmen ihre Interessen und Aktivitäten auf drei verschiedene Ebenen ausrichten.

Die erste Ebene betrifft die unternehmensinterne Organisation. Hierbei geht es um die Verantwortung für das Wohl der Beschäftigten. Es sollen Arbeitsmöglichkeiten geschaffen werden, die dem einzelnen Beschäftigten ermöglichen, seine Leistungsfähigkeit zu entfalten sowie dem Bedürfnis nach Selbstverwirklichung entgegenzukommen.

---

[3] Vgl. hierzu: *Dawson*, L. M.: Das Humankonzept: Eine neue Unternehmensphilosophie, in: Markt und Konsument, Zur Kritik der Markt- und Marketing-Theorie, Teilband II: Kritik der Marketing-Theorie, hrsg. v. W. F. Fischer-Winkelmann und R. Rock, Stuttgart, Berlin, Köln, Mainz 1976, S. 135 - 153; *Spratlen*, T. H.: Die Herausforderung durch eine humanitäre Wertorientierung, in: Markt und Konsument, Zur Kritik der Markt- und Marketing-Theorie, Teilband II: Kritik der Marketing-Theorie, hrsg. v. W. F. Fischer-Winkelmann und R. Rock, Stuttgart, Berlin, Köln, Mainz 1976, S. 155 - 169; *Kotler*, P.: Marketing für Nonprofit-Organisationen, Stuttgart 1978, S. 279 - 299; *Kotler*, P., *Levy*, S. J.: Die Ausweitung des Marketing-Konzepts, in: Markt und Konsument, Zur Kritik der Markt- und Marketing-Theorie, Teilband II: Kritik der Marketing-Theorie, hrsg. v. W. F. Fischer-Winkelmann und R. Rock, Stuttgart, Berlin, Köln, Mainz 1976, S. 173 - 189; *Kotler*, P., *Zaltmann*, G.: Gesellschaftsbezogenes Marketing: Ein Ansatz für geplanten sozialen Wandel, in: Markt und Konsument, Zur Kritik der Markt- und Marketing-Theorie, Teilband II: Kritik der Marketing-Theorie, hrsg. v. W. F. Fischer-Winkelmann und R. Rock, Stuttgart, Berlin, Köln, Mainz 1976, S. 191 - 216; *Poth*, L. G.: Social Marketing, in: Marketing Enzyklopädie, Bd. 3, München 1975, S. 197 - 216.

Auf der zweiten Ebene finden die Beziehungen der Unternehmen zu ihrer unmittelbaren Umwelt statt, d. h. zu den Konsumenten, Konkurrenten, Lieferanten und dem Handel. Von den Unternehmen wird gefordert, mit ihrer unmittelbaren Umwelt in einem dynamischen ökologischen Gleichgewicht zu bleiben. Die Bedürfnisbefriedigung der Konsumenten, somit eine bewußt marktorientierte Ausrichtung der Marketingaktivitäten ist auch für das Human-Konzept kennzeichnend.

Die dritte Ebene betrifft die Beziehungen der Unternehmen zur äußeren Umwelt, d. h. der Gesellschaft im allgemeinen. Die Unternehmen haben hierbei zur Realisierung externer sozialer Ziele beizutragen, indem sie grundlegende menschliche Bedürfnisse sowohl materieller als auch immaterieller Art erfüllen. Die gesellschaftliche Macht des Marketing ist mit den gesellschaftlichen Zielsetzungen auszubalancieren. Diese beinhalten die Förderung sozialer Belange zur Steigerung der allgemeinen Wohlfahrt, die Berücksichtigung von Marketingaktivitäten für die Umwelt, verantwortungsbewußte Entscheidungen bei der Ressourcen-Verwendung sowie eine Einbeziehung humanitärer Gesichtspunkte bei anderen Entscheidungen.

Bei Anwendung des Human-Konzepts ergibt sich für die Unternehmen als Kompromiß-Ziel eine „aufgeklärte Profitmaximierung". Dabei bestimmt die Gesellschaft, was das Maximum sein kann. Das Marketing behält eine ausreichende wirtschaftliche Macht, um seinen Verpflichtungen nach einem Beitrag zur Vermehrung der gesellschaftlichen Wohlfahrt nachkommen zu können.

2. Das gesellschaftsbezogene Marketing-Konzept[4]

Im Gegensatz zum herkömmlichen Begriff des Marketing als eine spezifisch-unternehmerische Funktion versteht der gesellschaftsbezogene Ansatz unter Marketing eine umfassende gesellschaftliche Aktivität. Dies erfordert die Anwendung von Marketingkonzeptionen auch für nichtkommerzielle Organisationen und Aufgaben. Nach Kotler besteht die Aufgabe des gesellschaftsbezogenen Marketing darin, Programme zu entwerfen, durchzuführen und zu überwachen, die darauf abzielen, die Akzeptanz gesellschaftlicher Ideen zu beeinflussen. Das Marketing hat dann eine höhere gesellschaftliche Verantwortung als bisher. Es ist kennzeichnend für das gesellschaftsbezogene Marketing, daß es sich mehr mit den Grundwerten und -einstellungen des Marktes beschäftigt als mit der individuellen Bedürfnisbefriedigung. So sollen z. B. Pro-

---

[4] Vgl. *Kotler*, P.: Eine allgemeine Marketing-Konzeption, in: Markt und Konsument, Zur Kritik der Markt- und Marketing-Theorie, Teilband II: Kritik der Marketing-Theorie, hrsg. v. W. F. Fischer-Winkelmann und R. Rock, Stuttgart, Berlin, Köln, Mainz 1976, S. 227 - 250.

bleme der Umweltverschmutzung, des Massenverkehrs, des Erziehungs- und Gesundheitswesens mit Hilfe geeigneter Marketingstrategien gelöst werden. Die Lösung derartiger Probleme verlangt ein hohes Maß an Kreativität, da in der Regel keine Erfahrungen über frühere Marketingaktivitäten vorliegen.

C. Der Bezug zu möglichen Anforderungen der Wirtschaftspraxis in den 80er Jahren

Das Verhältnis von marketingwissenschaftlicher Innovation und Wirtschaftspraxis läßt sich mit dem Bild der Spirale verdeutlichen: Rückgriff auf Empirie, wissenschaftliche Verarbeitung dieser Empirie und Vorgriff auf neue Empirie, Rückgriff der Marketingwissenschaft auf die inzwischen gewandelte Empirie, wissenschaftliche Verarbeitung dieser gewandelten Empirie und Vorgriff auf wiederum neue Empirie, usw. Auf diese Weise stieß die Marketing-Wissenschaft Schlacken ab, löste sich von Übertreibungen, verbreiterte und vertiefte nach und nach den Bestand gesicherten Wissens.

Dieses Bild spiralenförmiger Innovationsaufnahme und -verarbeitung darf nicht überinterpretiert werden. Mit ihm soll nur deutlich gemacht werden, wie eng die Marketingwissenschaft in den Gegenständen, auf die sie ihre Innovationen bezieht, mit dem Wandel der praktischen Marketingprobleme verbunden ist. Dies läßt sich insbesondere in den letzten Jahrzehnten nachweisen, in denen sie die mit dem wachsenden Wohlstand verhafteten Prozesse der Bedürfnisverfeinerung und Verbreiterung verfeinerter Bedürfnisse aufnahm und sich in deren wissenschaftlicher Verarbeitung der neuen Möglichkeiten ihrer Hilfswissenschaften bediente. Das schließt auch die Aufnahme gesellschaftlicher Kritik durch die gesellschaftspolitischen Marketingansätze ein.

Soweit dieses Bild der spiralenförmigen Innovationsaufnahme und -verarbeitung richtig ist, wird die Marketingwissenschaft den neuen Problemen, die möglicherweise in den 80er Jahren auf die Marketingpraxis zukommen werden, zunächst zu wenig gewachsen sein. Sie kann sich ihnen erst mit der Rückgriffsschleife ihrer Innovationsspirale nähern, wenn sie sich relativ prägnant gestellt haben.

Mit anderen Worten: Es scheint ein Defizit der Marketingwissenschaft darin zu bestehen, daß sie sich zu wenig spekulativ möglichen neuen Rahmenbedingungen der Marketingpraxis widmet. Wenn dann Trendbrüche eintreten sollten, kann der Zeitverzug allzu groß werden, mit dem sie sich auf eine grundlegend veränderte Bedingungslage der Marketingpraxis einzustellen vermag.

Manches deutet darauf hin, daß sich die deutsche Volkswirtschaft in einer solchen Trendwende ihrer Entwicklung befindet. Ohne dieses Thema hier vertiefen zu können, seien stichwortartig genannt:

— Der Wachstumstrend der deutschen Volkswirtschaft, um den sich die Konjunkturschwankungen bewegen, wird schon seit langem immer flacher. Er droht nun, in einen Schrumpfungstrend umzuschlagen.

— Das reale Einkommenswachstum der deutschen Bevölkerung war schon während der 70er Jahre durchschnittlich nur zu etwa zwei Dritteln vom volkswirtschaftlichen Produktivitätsfortschritt gedeckt.

— Die Kapitalien für die Umstellung der deutschen Volkswirtschaft auf neue Energien und auf eine wesentlich veränderte weltwirtschaftliche Arbeitsteilung fehlen weitgehend.

— Die weltwirtschaftlichen Ungleichgewichte haben eine solche Größenordnung erreicht, daß man sich ihre Beseitigung eigentlich nur durch eine Weltwirtschaftskrise vorstellen kann. Es gibt manche Symptome dafür, daß sich die Weltwirtschaft bereits am Anfang einer solchen Krise befindet.

Mit diesen Hinweisen in Verbindung mit den Innovationen der Marketing-Wissenschaft der jüngeren Vergangenheit soll die Meinung begründet werden, daß die Marketing-Wissenschaft nicht hinreichend auf mögliche Anforderungen der Wirtschaftspraxis in den 80er Jahren vorbereitet sein könnte. Vorbereitung aber müßte einen Bruch mit dem bisher gewohnten Verlauf der Tuchfühlung zur Praxis bedeuten. Die Rückgriffsschleife des Praxisbezugs marketingwissenschaftlicher Innovation müßte mehr wirtschaftshistorisches und internationales Ausmaß annehmen. Die aktuellen Entwicklungen der volks- und weltwirtschaftlichen Rahmenbedingungen müßten schon in den Innovationsprozeß der Marketing-Wissenschaft einbezogen werden, wenn die Marketingpraxis noch nicht oder erst wenig auf sie reagiert hat. Volkswirtschaft in Theorie und Realität — am besten in realitätsbezogener Theorie — müßte viel mehr und detaillierter als Rahmenbedingung in das Marketing aufgenommen werden. Dann wären die Rückgriffsschleifen auf die Marketingpraxis nicht mehr so eng und könnten helfen, künftige Probleme der Marketingpraxis zu antizipieren.

Das Denken in Szenarien künftiger Entwicklungsmöglichkeiten müßte zu den bisher dominierenden prognostischen Methoden und den ihnen zugrundeliegenden Denkschemata hinzutreten und diese dort verdrängen, wo sie Zukunftsmöglichkeiten nicht zu erfassen vermögen, statt solche Zukunftsmöglichkeiten aus dem innovativen Marketing zu verdrängen. Dazu müßte schließlich das Wissenschaftsverständnis der Marketingwissenschaftler innoviert werden. Vielleicht sollte es sich von einigen selbst auferlegten Banden der Wissenschaftstheorie lösen, um dem spekulativen Vorstellungsvermögen mehr wissenschaftlichen Raum zu geben.

Die Planung von Forschungs- und Entwicklungsprojekten mit Hilfe der Netzplantechnik

Von *Jochen Schwarze*, Braunschweig

A. Aufgaben und Bedeutung von Forschung und Entwicklung für die unternehmerische Tätigkeit

Obwohl der Begriff „Forschung und Entwicklung" (F+E) in der wirtschaftswissenschaftlichen Literatur nicht konträr diskutiert wird, gibt es dafür keine feststehende klar umrissene Definition. In Anlehnung an Brockhoff[1] wird hier unter F+E die systematische Gewinnung (subjektiv oder objektiv) neuen naturwissenschaftlich-technischen Wissens zum Zwecke einer optimalen Erreichung unternehmerischer Zielgrößen verstanden. Der Begriff F+E ist eng verbunden mit dem der Innovation und mit diesem sogar in weiten Bereichen häufig deckungsgleich[2].

F+E kommt in einer Zeit schnell wechselnder Umweltbedingungen eine große Bedeutung für die unternehmerische Tätigkeit und die Entwicklung eines Unternehmens zu. „Ursache und Motor der Beschleunigung der sich in unserer Zeit vollziehenden Veränderungen sind die wissenschaftliche Forschung und technische Entwicklung[3]." F+E-Ergebnisse spielen heute eine entscheidende Rolle als Wachstums- bzw. Wettbewerbsfaktoren. Die daraus resultierende Expansion von F+E-Aufwendungen lassen Planung, Organisation und Steuerung sowie Kontrolle der F+E zu einem zentralen Problem der Unternehmenführung werden[4]. Aus den in den folgenden Absätzen skizzierten grundsätzlichen und im Abschnitt B aufgezeigten besonderen charakteristischen

---

[1] Vgl. *Brockhoff*, K.: Forschung und Entwicklung, Planung und Organisation von, in: Handwörterbuch der Betriebswirtschaft, 4. Auflage, hrsg. v. E. Grochla und W. Wittmann, Stuttgart 1975, Sp. 1531.

[2] Vgl. z. B. *Hinterhuber*, H. H.: Innovationsdynamik und Unternehmungsführung, Wien, New York 1975. Generell ist aber der Innovationsbegriff weiter zu sehen, da er z. B. auch die schöpferische Neuformulierung von Strukturierungsvorschlägen für die Organisation soziotechnischer Systeme umfaßt (vgl. *Pfeiffer*, W., *Staudt*, E.: Innovation, in: Handwörterbuch der Betriebswirtschaft, Sp. 1944).

[3] *Hinterhuber*, H. H.: Innovationsdynamik und Unternehmungsführung, S. 192.

[4] Vgl. *Pfeiffer*, W., *Staudt*, E.: Betriebliche Forschung und Entwicklung, in: Handwörterbuch der Betriebswirtschaft, Sp. 1524.

Eigenschaften von F+E-Vorhaben ergeben sich für die betriebliche Planung in diesem Bereich spezielle Probleme, durch die die Adaption traditioneller Planungsverfahren nur begrenzt möglich ist.

Das sich in der F+E dokumentierende schöpferische Handeln in einer Unternehmung, welches, wenn sich eine Unternehmung nicht zurückentwickeln will, unverzichtbar ist, hat zwei wesentliche Komponenten:

— die kreative Fantasie, den spontanen Einfall, die „geniale" Schaffung von etwas Neuem und
— die analytisch-systematische Durchdringung und Bewertung der kreativ geschaffenen Möglichkeiten[5].

Im Hinblick auf die Bewältigung von Planungsproblemen erscheint es zweckmäßig, die folgenden Phasen einer Interpretation von F+E als mehrstufigen Prozeß zu unterscheiden[6]:

(1) Erforschung naturwissenschaftlich-technischer Grundlagenkenntnisse.

(2) Anwendung dieses Grundlagenwissens zur Bewältigung vorgegebener Problemstellungen. Die Ergebnisse dieser Phase sind die „Erfindungen".

(3) Vervollkommnung der Erfindungen oder anderer Ideen bis zur unternehmerischen Verwertbarkeit, wobei vor allem auf die Abstimmung mit produktions- und absatzwirtschaftlichen Erfordernissen hinzuweisen ist[7].

Von seinem Wesen her hat das schöpferische Handeln viel Spontaneität, da sich neue Ideen nicht vorprogrammieren lassen. Aus unternehmerischer Sicht ist es aber erforderlich, dem schöpferischen Handeln als Grundkomponente von F+E die Spontaneität, d. h. die Zufälligkeit und damit die Unvorhersehbarkeit und Unkontrollierbarkeit soweit wie möglich zu nehmen. Damit ergibt sich zwangsläufig die Notwendigkeit, die Vorbereitung und Durchführung von F+E sorgfältig zu planen und zu kontrollieren.

In dem oben erwähnten Dreiphasenschema nimmt die Unvorhersehbarkeit und Unkontrollierbarkeit von F+E-Tätigkeiten von Phase zu Phase deutlich ab, und die Zugänglichkeit für die betriebliche Planung und Kontrolle damit zu.

In den folgenden Ausführungen wird die Planung von F+E-*Projekten*, nicht jedoch die Planung von F+E schlechthin, näher betrachtet.

---

[5] Vgl. *Hinterhuber*, H. H.: Innovationsdynamik und Unternehmungsführung, S. 192.

[6] Vgl. *Schätzle*, G.: Forschung und Entwicklung als unternehmerische Aufgabe, Köln, Opladen 1965, S. 20.

[7] Dieses Schema, und zwar vor allem (1) und (2), umreißt die Problemlösungsinnovation (auch Produkt- oder Verfahrensinnovation genannt). Die Anwendungs- bzw. Verwendungsinnovation ist vor allem ein absatzwirtschaftliches Problem (siehe hierzu auch *Pfeiffer*, W., *Staudt*, E.: Innovation, Sp. 1949).

Es wird dabei in dem vorgebenen Rahmen nicht möglich sein, auf Detailfragen einzugehen, sondern es werden nur die grundsätzlichen Probleme und Verfahrensweisen skizziert werden können.

B. Charakteristische Merkmale von F+E-Projekten im Hinblick auf die betriebliche Planung

Unter Planung versteht man die Ordnung, Vorbereitung oder gedankliche Vorwegnahme betrieblicher Aktivitäten, um Aufgaben und Ziele sicher und ohne Umwege zu erreichen. An die Planung schließen sich Realisierung und Kontrolle des Plans an, so daß eine effiziente Planung so zu konzipieren ist, daß diese beiden Phasen mit vorbereitet und auf der Basis der vorhandenen Planungsunterlagen problemlos bewältigt werden können[8]. In der Projektplanung versteht man unter einem Projekt ein zeitlich, räumlich und sachlich begrenztes komplexes Arbeitsvorhaben, bei dem durch den Einsatz von Produktionsfaktoren eine bestimmte Zielsetzung (Aufgabe) zu erreichen ist[9]. Im Gegensatz zu den Projekten, die im Rahmen der Abwicklung wohldefinierter Aufträge der Produktion zu planen und zu steuern sind, weisen F+E-Projekte zahlreiche Besonderheiten auf, aus denen sich spezielle Anforderungen an die Planung ergeben.

Bei F+E-Projekten sind einige Projektinformationen, Voraussetzungen bzw. Bedingungen für die Projektplanung und -abwicklung nicht oder in vielen Fällen nicht wesentlich verschieden von denen übriger Projekte. Ohne an dieser Stelle den Anspruch auf vollständige Abdeckung des Problemkreises zu erheben, seien hier vor allem genannt:

— Die generelle unternehmerische Zielsetzung ist bekannt. Die Zielsetzung unternehmerischer Tätigkeit, deren optimale Erreichung durch F+E gewährleistet werden soll, ist unabhängig vom jeweiligen F+E-Projekt von außen vorgegeben und bei einem solchen Projekt ebenso bekannt wie bei anderen betrieblichen Projekten.

— Die (aus der generellen Zielsetzung unmittelbar oder indirekt abgeleitete) spezielle Zielsetzung eines F+E-Projektes wird im allgemeinen ebenfalls vorgegeben werden und damit bekannt sein. Im Zuge der Projektrealisierung kann es jedoch Abweichungen bzw. Modifikationen im Hinblick auf das ursprünglich gesetzte Ziel geben.

— Bestimmte Zustände, die bei der Durchführung eines F+E-Projektes erreicht werden („Meilensteine"), wie z. B. der Beginn oder die Beendigung einer Konzeptionsphase oder einer Erprobung können, teilweise sehr zahlreich, schon im Planungsstadium präzisiert werden.

---

[8] Auf die betriebswirtschaftliche Planung im einzelnen kann hier nicht eingegangen werden.

[9] Vgl. *Schwarze*, J.: Netzplantechnik, 4. überarbeitete Auflage, Herne, Berlin 1979, S. 22.

— Auf der Basis fixierbarer Meilensteine kann im allgemeinen die Grobstruktur eines Projektablaufs festgelegt werden. Der dabei realisierbare Detaillierungsgrad ist unterschiedlich, wird aber, und das ist charakteristisch für F+E-Projekte, im allgemeinen nicht sehr weit führen können.

— Die Vorgabe einer Grobstruktur für die Abwicklung eines F+E-Projektes ermöglicht grundsätzlich auch die Bestimmung eines Zeitrasters und die Ermittlung oder Vorgabe einzelner Termine für Meilensteine[10].

— Die materiellen Ressourcen, die im Unternehmen für die Durchführung eines F+E-Projektes zur Verfügung stehen, sind bekannt. Inwieweit diese Ressourcen bei der Projektabwicklung in Anspruch genommen werden, ist dagegen im Planungsstadium häufig nicht bekannt bzw. es lassen sich darüber nur Wahrscheinlichkeitsaussagen treffen.

Nicht bzw. überwiegend nicht bekannt sind bei F+E-Projekten die folgenden Informationen bzw. Voraussetzungen:

— Charakteristisch für F+E-Projekte ist, daß vielfach wohl ein Ziel und eine Grobstruktur für den Projektablauf vorgeben werden kann, daß aber im Planungsstadium noch nicht bekannt ist, welche einzelnen betrieblichen Aktivitäten bzw. Tätigkeiten notwendig sind[11]. Eine Planung wie bei Projekten der Auftragsabwicklung in der Fertigung wird damit unmöglich.

— Auch für bekannte Aktivitäten wird es bei F+E-Projekten noch schwieriger als bei anderen Projekten möglich sein, die Ablauflogik für eine effiziente Projektplanung zu fixieren.

— Selbst wenn im Planungsstadium Aktivitäten eines F+E-Projektes präzisierbar sind, ist es im allgemeinen nicht möglich, deren Ausführungsdauer zuverlässig anzugeben. In vielen Fällen wird es sogar unmöglich sein, hierfür Wahrscheinlichkeitsverteilungen festzulegen. Die Ausführungszeiten von Projektaktivitäten bzw. Projektteilen sind also mit außerordentlich großen Unsicherheiten behaftet.

— Die verfügbaren immateriellen Ressourcen sind im allgemeinen nur unzureichend bekannt. Unter immateriellen Ressourcen werden hier die Fähigkeit zu schöpferischem Handeln, die kreative Fantasie, d. h. das

---

[10] In diesem Zusammenhang sei darauf hingewiesen, daß in der einschlägigen Literatur zur Projektplanung, d. h. vor allem zur Netzplantechnik, ein Planungsablauf vorgeschrieben wird, der von den Dauern der einzelnen Aktivitäten eines Projektes ausgeht und auf dieser Basis die Projektdauer und die Anfangs- und Endtermine der einzelnen Aktivitäten ermittelt. In der betrieblichen Praxis werden dagegen häufig Projektdauer und Zwischentermine vorgegeben, und es ist dann ein Projektplan zu finden, der diesen Zeit- bzw. Terminbedingungen gerecht wird. Aufgrund der Tatsache, daß die meisten Dauern von Aktivitäten durch quantitative, qualitative, intensitätsmäßige und zeitliche Anpassung variierbar sind, bereitet die Einhaltung solcher Zeit- und Terminvorgaben häufig keine besonderen Schwierigkeiten. Diese Variabilität von Aktivitätendauern spielt auch für die F+E-Planung eine wichtige Rolle.

[11] Daraus ergibt sich dann zwangsläufig, daß im Planungsstadium ebenfalls nicht bekannt ist, in welchem Umfang (und zu welcher Zeit) die vorhandenen materiellen Ressourcen des Unternehmens beansprucht werden.

(geistige) F+E-Potential der betrieblichen Mitarbeiter verstanden. Deren Fähigkeiten für F + E-Aufgaben lassen sich zwar häufig annähernd abschätzen, aber sie sind im allgemeinen für eine detaillierte Planung zu wenig faßbar und konkretisierbar.

Aus diesen Überlegungen folgt, daß F+E-Projekte grundsätzlich dadurch charakterisiert sind, daß die für eine Projektplanung verfügbare Informationsbasis nicht nur wesentlich schmaler ist, sondern auch mit größeren Unsicherheiten behaftet ist, als dies bei anderen betrieblichen Projekten der Fall ist. Hinzu kommen einige besondere Merkmale von F+E-Vorhaben:

— Die Ablauflogik von Projekten der betrieblichen Auftragsabwicklung im Produktionsbereich läßt Zyklen und Schleifen in der Regel nicht zu, denn der Ablauf- und Zeitplan gibt unter anderem auch ein zeitliches Nacheinander einzelner Aktivitäten wieder. Eine Schleife würde hier ein ablauflogischer Widerspruch sein. Im Gegensatz dazu sind für F+E-Vorhaben Zyklen bzw. Schleifen charakteristisch, da es häufig Ablaufelemente gibt, die zyklisch so lange durchlaufen werden, bis ein befriedigendes Ergebnis vorliegt[12]. Die Wiederholungshäufigkeit der Zyklen bzw. Schleifen ist dabei im allgemeinen auch unbekannt.

— F+E-Projekte erfordern in der Regel spezielle ablauflogische Bedingungen, um Entscheidungen, Konsequenzen alternativer Versuchs- oder Erprobungsergebnisse und dgl. berücksichtigen zu können[13]. Auf die Einzelheiten dieser speziellen Ablaufbedingungen wird bei der Erörterung der stochastischen Netzwerke eingegangen (s. u.)[14].

---

[12] Eine derartige Schleife ergibt sich z. B. wenn bei der Entwicklung einer Maschine die Phasen „Konzeption", „Herstellung eines Prototyps", „Erprobung" so lange aufeinander folgen, bis die Maschine die gewünschten Eigenschaften besitzt.

[13] In diesem Zusammenhang sei auch auf die Anwendung von Parallelstrategien hingewiesen, die hier jedoch nicht weiter erörtert werden soll. Vgl. *Drygas*, H., *Paschen*, H.: Die Anwendung der Parallelstrategie bei der Durchführung von Entwicklungsprojekten, in: Methoden und Probleme der Forschungs- und Entwicklungsplanung, hrsg. v. Paschen, H. und Krauch, H., München, Wien 1972, S. 185 - 210.

[14] Erwähnenswert ist dazu der Strukturierungsversuch von Czayka für die für F+E-Problem-Lösungen typischen trial-and-error-Prozesse und Alternativlösungen (vgl. *Czayka*, L.: Die Netzplantechnik als Instrument der Planung und Kontrolle von FE-Projekten, in: Methoden und Probleme der Forschungs- und Entwicklungsplanung, hrsg. v. Paschen, H. und Krauch, H., S. 212). Hinsichtlich der Ergebnisse der Problembearbeitung unterscheidet er (1) mehrere Ergebnisse, die weder der Art noch der Anzahl nach bekannt sind, (2) ein Ergebnis, welches aus n a-priori bekannten Möglichkeiten stammt und (3) nur ein a-priori unbekanntes Ergebnis. Bezüglich der Lösungsmethoden trennt er in (1) die Verfügbarkeit über nur eine allgemeine wissenschaftliche Methodologie, (2) Kenntnis mindestens eines Lösungsansatzes, aber keiner bewährten Lösungsmethode (Falls mehr als ein Lösungsansatz vorliegt, sind diese getrennt weiterzuentwickeln.) und (3) die Möglichkeit zur sicheren Problemlösung durch Anwendung einer bewährten Lösungsmethode oder durch Entscheidung. Daraus entwickelt Czayka 9 unterschiedliche Problemtypen, die teilweise nur durch unterschiedliche ablauflogische Bedingungen in der Planung erfaßt werden können.

— Planungsparameter, wie Ausführungsdauer von Aktivitäten, Inanspruchnahme verfügbarer Ressourcen, Kosten usw. liegen nicht als deterministische Größen vor, sondern allenfalls in Form von Wahrscheinlichkeitsverteilungen.

Aus diesen charakteristischen Eigenschaften von F+E-Projekten ergibt sich zwangsläufig die Notwendigkeit zur Verwendung spezieller Planungsmethoden für derartige Projekte.

C. Verfahren zur Forschungs- und Entwicklungsplanung

I. Aufgaben und inhaltliches Konzept der Forschungs- und Entwicklungsplanung

Auch auf F+E-Projekte kann die oben angegebene Definition von Planung als Ordnung, Vorbereitung oder gedankliche Vorwegnahme betrieblicher Aktivitäten, um Aufgaben und Ziele sicher und ohne Umwege zu erreichen, angewendet werden. Im einzelnen soll die Planung für F+E-Projekte folgendes leisten[15]:

— Klare Abgrenzung des Projektablaufs in einzelne Phasen zur Erleichterung von Entscheidungen über die Projektfortführung. F+E-Projekte sind u. a. dadurch gekennzeichnet, daß die Projektergebnisse oder die anzuwendenden Problemlösungsstrategien a priori nicht bekannt sind. Die Verwendung bestimmter Lösungsstrategien oder Lösungswege und die zu erwartenden Ergebnisse werden vielfach erst nach und nach im Zuge der Projektrealisierung konkretisiert werden können und von den abgeschlossenen Teilphasen der F+E abhängen. Die Planung von F+E-Vorhaben muß dem Rechnung tragen und sollte die „Entscheidungsstellen" im Projektablauf explizit berücksichtigen.

— In der Planung sollte das Projekt soweit untergliedert werden, daß Fehlentwicklungen frühzeitig erkannt und ausgesteuert werden können.

Für beide Forderungen ist die Erarbeitung von Kontrollkriterien zur Überprüfung der für die Projektfortführung erforderlichen bisher ausgeführten Aktivitäten notwendig.

— Durch detaillierte Planungsvorhaben soll eine zeitliche Straffung der F+E-Abläufe erreicht werden.

— Durch systematische Planung kann die Berücksichtigung unnötiger technischer Änderungen und insbesondere „unnötiges Herumprobieren" weitgehend ausgeschaltet werden.

— Die Planung soll eine bestmögliche Koordination der eigentlichen F+E mit den übrigen mit einem F+E-Projekt zusammenhängenden betrieblichen Aktivitäten herbeiführen.

---

[15] Vgl. hierzu z. B. auch *Hinterhuber*, H. H.: Innovationsdynamik und Unternehmungsführung, S. 219.

Daß darüber hinaus auch für F+E-Vorhaben durch die Planung die Zeiten bzw. Termine, die Kosten[16], die Inanspruchnahme der betrieblichen Ressourcen[17] erfaßt werden sollen, sowie die Regelung der Verantwortlichkeiten zu erfolgen hat, ist selbstverständlich. Die Planung muß außerdem berücksichtigen, daß gerade F+E-Projekte nicht isoliert, sondern in einem ständigen Dialog zu anderen betrieblichen Bereichen (wie Marketing, Produktion, Finanzierung) abgewickelt werden[18].

Inhaltlich kann die Abwicklung eines F+E-Projektes im Planungsstadium in die folgenden Phasen eingeteilt werden:

— Vorlauf (Dabei geht es in erster Linie um die Anfertigung einer Studie, auf deren Basis darüber entschieden werden kann, ob das F+E-Projekt überhaupt angefangen werden soll.)
— Konzeption bzw. Planung
— Definition
— Entwicklung (im engeren Sinne)
— Fertigungsvorbereitung und Produktion
— Kommerzielle Verwertung.

Auf eine nähere Diskussion dieser einzelnen Phasen wird hier verzichtet[19].

---

[16] Vgl. hierzu z. B. *Erlen,* H.: Kostenprognose für F & E-Projekte, München, Wien 1972; *Lin,* W. T., *Vasarhelyi,* M. A.: Accounting and financial control for R & D expenditures, in: Management of Research and Innovation, hrsg. v. B. V. Dean, J. L. Goldhar, Amsterdam, New York, Oxford 1980, S. 199 - 214, sowie *Werner,* M.: Zweistufige stochastische Zeit-Kosten-Planung und Netzplantechnik, Frankfurt/M. 1974.

[17] Vgl. hierzu z. B. *Gewald,* K., *Kasper,* K., *Schelle,* H.: Netzplantechnik, Band 2: Kapazitätsoptimierung, München, Wien 1972, sowie die Arbeit von *Deshmukh,* S. D., *Chikte,* S. D.: A unified approach for modelling and analysing new product R & D decisions, in: Management of Research and Innovation, S. 163 - 182, und die dort angegebene Literatur.

[18] Vgl. hierzu auch *Hinterhuber,* H. H.: Innovationsdynamik und Unternehmungsführung, S. 219. Die an der gleichen Stelle zu findende Äußerung Hinterhuber's, daß der Prozeß, nach dem neue Produkte bzw. Verfahren geplant, entwickelt, abgesetzt und ausgesondert werden, als ein in sich geschlossener Vorgang abläuft, dessen innere Logik zwingend ist, kann nicht zugestimmt werden. Es ist gerade ein Charakteristikum von F+E-Vorhaben, daß keine zwingende innere Logik vorliegt, sondern in der Regel das angestrebte Ziel durch unterschiedliche Alternativen erreicht werden kann. Der Zwang ständiger Kommunikation mit anderen betrieblichen Bereichen zu arbeiten, sowie das ständige Wechselspiel aller betrieblichen Kräfte überhaupt, zeigt, daß es sich hier keineswegs um einen „in sich geschlossenen Vorgang" handeln kann.

[19] Vgl. hierzu vor allem die ausführliche Beschreibung und Erläuterung dieser Phasen bei *Hinterhuber,* H. H.: Innovationsdynamik und Unternehmungsführung, S. 220 - 228.

II. Grundsätzliche Bemerkungen zur Adaption einschlägiger Planungstechniken für Forschung und Entwicklung

Welche Planungstechniken für F+E-Projekte angewendet werden können bzw. sollen, wird in der Literatur unterschiedlich erörtert. Es wird sowohl die Ansicht vertreten, daß sich dazu vor allem die Verfahren anbieten, die bereits im Produktionsbereich bei der Auftragsabwicklung erfolgreich eingesetzt werden[20], als auch behauptet, daß zur kreativen Bewältigung des Innovationsprozesses neue Planungstechniken und Organisationsformen erforderlich sind[21]. Geht man von den traditionellen Verfahren[22], die bei der Planung der Auftragsabwicklung im Produktionsbereich eingesetzt werden, aus, dann können sämtliche Verfahren grundsätzlich auch für F+E-Projekte verwendet werden. Ihre Eignung ist dabei in jedem Einzelfall sorgfältig im Hinblick auf Projektziel und Planungsaufgabe zu prüfen und unter Wirtschaftlichkeitsaspekten abzuwägen.

Bei den traditionellen Planungstechniken wird man jedoch feststellen (s. u.), daß sie im allgemeinen für die Planung von F+E-Vorhaben nicht ausreichen, da sie den speziellen Anforderungen von F+E an die Planung[23] nicht hinreichend gerecht werden können. Insbesondere sind diese Ansätze nicht in der Lage, Unsicherheiten in den Projektparametern und in der Ablauflogik zu berücksichtigen. Es wird also für eine Detailplanung notwendig sein, die traditionellen Techniken mit speziellen Ansätzen zu koppeln.

Der folgende Abschnitt gibt einen kurzen Überblick über die einschlägigen traditionellen und neueren Planungstechniken, wie sie für F+E-Projekte verwendet werden können.

III. Die wichtigsten Planungstechniken der betrieblichen Praxis und ihre Eignung für die Planung von Forschung und Entwicklung

In der betrieblichen Praxis werden verschiedene Planungstechniken eingesetzt, die teilweise bereits an anderer Stelle auf ihre Verwendbarkeit für die Planung von F+E-Projekten untersucht worden sind[24]. Auf

---

[20] Vgl. dazu z. B. *Kern*, W., *Schröder*, H. H.: Forschung und Entwicklung in der Unternehmung, Reinbek bei Hamburg 1977, S. 276 f.

[21] So z. B. *Hinterhuber*, H. H.: Innovationsdynamik und Unternehmungsführung, S. 205.

[22] Zu den traditionellen Planungstechniken wird hier auch die Netzplantechnik gezählt.

[23] Siehe hierzu Abschnitt B.

[24] Vgl. dazu z. B. *Dean*, B. V., *Chaudhuri*, A. K.: Project scheduling: A critical review, in: Management of Research and Innovation, S. 215 - 233, die Balkendiagramme, CPM, PERT und GERT diskutieren, sowie *Kern*, W., *Schröder*, H.-H.: Forschung und Entwicklung in der Unternehmung, die auf

die wichtigsten Verfahren wird in den folgenden Abschnitten eingegangen, wobei auf eine gesonderte Darstellung der „Checkliste" als (ein in vielen Fällen sogar sehr nützliches) Planungshilfsmittel verzichtet wird.

1. Balkendiagramm

Balkendiagramme sind kein eigenständiges Planungsverfahren, sondern nur ein Hilfsmittel zur graphischen Veranschaulichung von Planungsergebnissen. Da sie in der betrieblichen Praxis eines der am häufigsten verwendeten Planungshilfsmittel darstellen, werden sie hier dennoch gesondert behandelt.

In einem Balkendiagramm für ein Projekt werden über einer Zeitachse für jede, für die Projektabwicklung durchzuführende Aktivität Linien oder Rechtecke (die Balken) so eingezeichnet, daß die Länge des Rechtecks bzw. der Linie der Dauer der entsprechenden Aktivität entspricht und daß die Lage des Rechtecks bzw. der Linie über der Zeitachse den Durchführungszeitraum angibt und damit auch Anfangs- und Endzeitpunkt der Aktivität aus dem Balkendiagramm abgelesen werden können. Der Entwurf eines Balkendiagramms setzt somit folgende Informationen voraus:

— Kenntnis *aller* (darzustellenden) Aktivitäten;
— Kenntnis der Dauer der Aktivitäten und des Durchführungszeitraums bzw. von Anfangs- und/oder Endtermin der Durchführung.

Letzteres bedeutet, daß ein vollständiger Zeitplan für die Projektabwicklung vorliegen muß.

Die Ablauflogik eines Projektes, d. h. Reihenfolgen usw., wird üblicherweise im Balkendiagramm nicht dargestellt. Schleifen und Zyklen lassen sich ebensowenig berücksichtigen, wie die Möglichkeit, von bestimmten Projektzuständen aus unterschiedliche Ablaufmöglichkeiten zuzulassen.

Für F+E-Projekte kann aus den erwähnten Schwächen heraus[25] das Balkendiagramm bei der Planung von F+E-Projekten nur als Anschauungsmittel zur Darstellung zeitlicher Abläufe verwendet werden, wobei für die eigentliche Planung andere Verfahren herangezogen werden müssen[26].

Balkendiagramme, deterministische Netzpläne, stochastische Netzpläne und Entscheidungsbäume eingehen.

[25] Vgl. hierzu auch die ausführliche Erörterung des Balkendiagramms bei *Kern*, W., *Schröder*, H.-H.: Forschung und Entwicklung in der Unternehmung, S. 277 f.

[26] Die heutige Bedeutung und weite Verbreitung des Balkendiagramms ist vor allem in seiner einfachen und schnellen Lesbarkeit, die so gut wie keine Vorkenntnisse verlangt, zu sehen. Es wird auch dort, wo die eigentliche

2. Entscheidungsbäume

Entscheidungsbäume bzw. Entscheidungsbaumverfahren sind entwickelt worden, um bei kombinatorischen Optimierungsproblemen die große Vielfalt der zulässigen Lösung übersichtlich darzustellen und systematische Optimierungsverfahren zu ermöglichen. Die Hierarchie der Handlungsalternativen wird dabei durch ein baumartiges Gebilde graphisch dargestellt.

Für F+E-Projekte erscheinen Entscheidungsbaumverfahren insofern geeignet, als im Entscheidungsbaum die Darstellung alternativer Projektabläufe, wie sie für die F+E typisch sind, möglich ist[27]. Praktisch ist die Verwendung von Entscheidungsbaumverfahren jedoch in der Regel nicht möglich, weil für die praktische Anwendung nur sehr stark begrenzte Vorhaben durch Entscheidungsbäume mit vertretbarem Aufwand behandelt werden können.

Besser erscheinen stochastische Entscheidungsbäume für die fortschrittsabhängige Planung von F+E-Vorhaben geeignet[28], da sie den charakteristischen Eigenschaften von F+E-Projekten eher gerecht werden. Zusammenfassend muß aber sowohl für Entscheidungsbaumverfahren, als auch für die Verwendung stochastischer Entscheidungsbäume, grundsätzlich festgehalten werden, daß sie den Eigenheiten von F+E-Projekten nicht voll gerecht werden und daß der mit ihnen verbundene Aufwand so groß ist, daß ihnen für die praktische Projektplanung im F+E-Bereich kaum eine Bedeutung beigemessen werden kann[29].

3. Netzplantechnik

Eines der wichtigsten Hilfsmittel bei der Planung, Steuerung und Überwachung, vor allem größerer Projekte, ist in der betrieblichen Praxis heute die Netzplantechnik, die in den Jahren 1956/57 in den USA und Frankreich an verschiedenen Stellen unabhängig voneinander entwickelt worden ist[30]. Charakteristisches Merkmal der Netzplantechnik

---

Projektplanung mit anderen Techniken und Hilfsmitteln vorgenommen wird, zur Veranschaulichung von zeitlichen Abläufen wieder verwendet.

[27] Vgl. hierzu auch *Gillespie*, J. S., *Gear*, A. E.: Decision networks in applied research and development; in: INTERNET 72, Stockholm 1972 sowie die kritische Diskussion von Entscheidungsbäumen bei *Kern*, W., *Schröder*, H.-H.: Forschung und Entwicklung in der Unternehmung.

[28] Vgl. zu stochastischen Entscheidungsbäumen beispielsweise *Klausmann*, H.-S.: Stochastische Entscheidungsbäume, Meisenheim am Glan 1976.

[29] Es sei in diesem Zusammenhang auch auf sogenannte Relevanzbäume hingewiesen, die optisch Entscheidungsbäumen ähneln, aber in erster Linie einer Projektbewertung dienen. (Vgl. *Czayka*, L.: Die Bedeutung der Graphentheorie für die Forschungsplanung, München-Pullach, Berlin 1970.)

[30] Zur Netzplantechnik vgl. z. B. *Küpper*, W., *Lüder*, K., *Streitferdt*, L.: Netzplantechnik, Würzburg, Wien 1975; *Schwarze*, J.: Netzplantechnik, Herne, Berlin, 4. Aufl. 1979.

ist die graphische Darstellung des vollständigen Projektablaufs mit allen Aktivitäten und allen (ablauflogischen) Abhängigkeiten und Reihenfolgebedingungen zwischen diesen Aktivitäten in einem netzartigen Gebilde aus Knoten (die den Aktivitäten oder Anfangs- oder Endereignissen dieser Aktivitäten entsprechen können) und Pfeilen, die die Knoten verbinden (und die Reihenfolgebedingungen wiedergeben oder den Aktivitäten entsprechen können). Darauf wird im Abschnitt D noch näher eingegangen.

4. Stochastische Netzwerke

Seit einigen Jahren werden in der Literatur zunehmend stochastische Netzwerkverfahren und ihre Eignung zur Planung von F+E-Projekten diskutiert. Anstöße zu dieser Entwicklung haben sich daraus ergeben, daß die klassische Netzplantechnik bei F+E-Projekten versagt hat, weil mit ihr die Ablauflogik von F+E-Projekten nicht darstellbar war. Dafür sind 3 Gründe maßgebend:

— Die klassischen Verfahren der Netzplantechnik lassen keine Zyklen bzw. Schleifen zu, die im Rahmen von F+E aber häufig auftreten.

— Bei F+E-Projekten treten häufig Ablaufalternativen auf, die mit einem „normalen" Netzplan nicht darstellbar sind.

— Die Berücksichtigung stochastischer Eigenschaften von Projektparametern ist mit den klassischen Verfahren der Netzplantechnik (wenn man einmal von PERT absieht) nicht möglich.

Auf die Einzelheiten stochastischer Netzwerkverfahren wird ebenfalls im Abschnitt D eingegangen.

5. Petri-Netze

Petri-Netze, die optisch normalen Netzplänen ähnlich sind[31], werden erst seit kurzem auf ihre Eignung zu Planungszwecken untersucht. Durch Petri-Netze werden die in einem System ablaufenden Funktionen dargestellt und die Zustände des Systems, die als Voraussetzungen für das Ablaufen einer Funktion eingetreten sein müssen bzw. sich als Resultat von vorher abgelaufenen Funktionen ergeben. Das eigentliche Netz gibt die kausalen Verknüpfungen zwischen den Systemfunktionen und den Systemzuständen wieder. Die Eigenschaften von Petri-Netzen und die bisherigen Erfahrungen lassen vermuten, daß sie auch für die Planung von F+E einsetzbar sind.

---

[31] Vgl. beispielsweise *Müller*, B.: Einsatz von Petri-Netzen in der Software-Entwicklung, in: Operations Research Proceedings 1980, Berlin, Heidelberg, New York 1981, S. 199 - 206 und *Zuse*, K.: Petri-Netze aus der Sicht des Ingenieurs, Braunschweig, Wiesbaden 1980.

D. Forschungs- und Entwicklungsplanung mit Netzplänen und stochastischen Netzwerken

I. Grundsätzliche Bemerkungen

Grundlage aller Netzplantechnik- und Netzwerk-Verfahren und ihrer Varianten ist die Graphentheorie[32]. Die Graphentheorie ist ein ausgezeichnetes Hilfsmittel, um Strukturen modellmäßig abzubilden, um dann auf der Basis dieses graphentheoretischen Modells die Eigenschaften der abgebildeten Struktur zu analysieren[33] und Optimierungsprobleme zu lösen. In der Projektplanung benutzt man Graphen, um die Ablauflogik des Projektes bzw. der Projektelemente in einem Erläuterungsmodell darzustellen. Unter Verwendung graphentheoretischer Algorithmen werden dann verschiedene Optimierungsprobleme, wie die Bestimmung von Zeitplänen, kostenoptimalen Projektbeschleunigungen, optimaler Ressourceneinsatz usw., behandelt. Auf die Untersuchung dieser Optimierungsprobleme muß in diesem Rahmen verzichtet werden[34]. Die nachfolgenden Ausführungen beschränken sich somit auf die Untersuchung der Möglichkeiten zur Abbildung des Projektablaufs in graphentheoretischen Modellen.

II. Deterministische Netzpläne

Die „klassische" deterministische Netzplantechnik verwendet für die Darstellung von Projektabläufen 2 Strukturelemente: Knoten, die im allgemeinen Ereignissen, d. h. bestimmten Projektzuständen entsprechen[35] und gerichtete Kanten (Pfeile), durch die sowohl die einzelnen

---

[32] Vgl. zur Graphentheorie beispielsweise *Busacker*, R. E., *Saaty*, T. L.: Endliche Graphen und Netzwerke, München 1968; *Harary*, F.: Graphentheorie, München, Wien 1974; und *Sachs*, H.: Einführung in die Theorie der endlichen Graphen, München 1971.

[33] Vgl. hierzu z. B. *Harary*, F., *Norman*, R. Z., *Cartwright*, D.: Structural Models, New York, London, Sydney 1966 und *Schwarze*, J.: Graphentheoretische Parameter zur Charakterisierung und Klassifizierung ökonomischer Strukturen, in: Zeitschrift für die gesamte Staatswissenschaft, 130. Band (1974), S. 657 - 678.

[34] Es muß dazu auf die einschlägige Literatur zur Graphentheorie (vgl. z. B. Fußnote 32), zur Netzplantechnik und zu stochastischen Netzwerken verwiesen werden.

[35] Dem steht nicht entgegen, daß in der zeichnerischen Darstellung von Netzplänen in der am häufigsten angewendeten Variante, den Vorgangsknotennetzplänen, die Aktivitäten als ein einziger Knoten dargestellt werden. Im Strukturmodell kann ein solcher Vorgangsknoten in die Elemente „Anfangsknoten", „Aktivitäten" und „Endknoten" aufgelöst werden. Es läßt sich zeigen, daß man nur über diese Auflösung zu einem realitätskonformen Modell kommt und nur auf der Basis dieses so erhaltenen Modells Algorithmen für die Zeitplanung und andere Optimierungsprobleme anwenden kann. (Vgl. dazu *Schwarze*, J.: Strukturmodelle der Netzplantechnik, in: Zeitschrift für betriebswirtschaftliche Forschung, 22. Jg. [1970], S. 699 - 726.)

Projektaktivitäten als auch Abhängigkeiten dargestellt werden. Knoten und Pfeile werden entsprechend der Ablauflogik des Projektes zu einem „Netz" verknüpft, womit sich auch der Begriff „Netzplantechnik" erklärt. Die Praxis unterscheidet verschiedene Varianten der Abbildung von Projektabläufen in Netzplänen[36], die sich jedoch sämtlich als Sonderfälle eines allgemeinen Netzplanmodells herleiten lassen[37].

Mit Hilfe der Netzplantechnik lassen sich nur deterministische und in ihrer Ablauflogik eindeutige Projektabläufe darstellen. Das klassische Modell der Netzplantechnik läßt außerdem, wenn man einmal von PERT absieht, nur deterministische Projektparameter zu.

F+E-Projekte sind demgegenüber im allgemeinen dadurch gekennzeichnet (s. o.), daß der Projektablauf nicht eindeutig im Planungsstadium festgelegt werden kann, der Projektablauf häufig stochastische Elemente enthält und in den meisten Fällen die Projektparameter nicht deterministisch sind. Für die Planung von F+E-Vorhaben ist damit die Netzplantechnik in der für die „normale" Auftragsabwicklung der Produktion praktizierten Form im allgemeinen nur begrenzt zu verwenden[38].

III. PERT

Bereits bei der Entwicklung der Netzplantechnik wurde versucht, damit auch ein neues Konzept für die Planung von F+E-Vorhaben zu erhalten. Während zwei der drei unabhängig voneinander in den Jahren 1956/57 entwickelten Varianten, nämlich das in den USA entwickelte CPM und die in Frankreich entwickelte MPM-Methode, speziell für die Auftragsabwicklung gedacht waren, wurde PERT im Bereich des amerikanischen Militärs speziell für Entwicklungsvorhaben konzipiert[39]. Den Eigenheiten von Entwicklungsprojekten hat man in dem ursprünglichen Konzept von PERT durch die beiden folgenden Besonderheiten versucht, Rechnung zu tragen:

— Der PERT-Netzplan ist ein Ereignis-Knoten-Netzplan, d. h. es werden vorrangig Projektereignisse (durch die Knoten) dargestellt und im Planungsprozeß betrachtet. Den Pfeilen, die die Ereignisknoten entsprechend

---

[36] Unverständlicherweise werden diese verschiedenen Varianten häufig als eigenständige Verfahren der Netzplantechnik deklariert. (So z. B. *Berg*, R., *Meyer*, A., *Müller*, M., *Zogg*, A.: Netzplantechnik, Zürich 1973 und *Küpper*, W., *Lüder*, K., *Streitferdt*, L.: Netzplantechnik, Würzburg, Wien 1975.)

[37] Vgl. hierzu *Schwarze*, J.: Ein verallgemeinertes deterministisches Netzplanmodell, in: Zeitschrift für Operations Research, 22. Jg. (1978), S. 173 - 194.

[38] Das schließt nicht aus, daß Projektteile von F+E-Vorhaben, die die Voraussetzungen für die Anwendbarkeit für die Netzplantechnik erfüllen, mit Hilfe der Netzplantechnik geplant werden.

[39] Diese Tatsache wird häufig nicht nur übersehen, sondern es wird sogar das Gegenteil behauptet (z. B. von *Czayka*, L.: Die Bedeutung der Graphentheorie für die Forschungsplanung, S. 24).

der Ablauflogik des Entwicklungsprojektes verbinden, werden nicht notwendig spezielle Aktivitäten zugeordnet. Dieses Planungsmodell berücksichtigt auf diese Weise die Tatsache, daß bei Entwicklungsprojekten im Planungsstadium häufig bestimmte Projektzustände eindeutig definierbar sind, daß aber die einzelnen Aktivitäten, die zum Erreichen dieser Zustände erforderlich sind, noch nicht hinreichend präzisierbar sind.

— Die Pfeile werden mit stochastischen Zeiten bewertet. Dadurch trägt man der mangelnden Präzisierbarkeit der dahinterstehenden Aktivitäten Rechnung, und es wird zugleich das grundsätzliche Unsicherheitsproblem bei Entwicklungsvorhaben berücksichtigt.

Im Hinblick auf die F+E-Planung ist vor allem die Tatsache zu beachten, daß die Netzplantechnik grundsätzlich nicht nur in der speziellen Variante von PERT die Möglichkeit zuläßt, ein Projekt als Ereignisknotennetzplan abzubilden und den Verbindungspfeilen der Ereignisknoten nicht eindeutig bestimmte Aktivitäten zuzuordnen. Mit diesem verhältnismäßig einfachen Planungsansatz bietet sich eine Möglichkeit, kleinere F+E-Projekte mit geringem Aufwand planerisch zu erfassen bzw. generell für beliebige F+E-Projekte eine Grobplanung vorzunehmen. Letztere Überlegung geht von dem Grundgedanken aus, daß die speziellen ablauflogischen Bedingungen, wie sie bei F+E-Projekten vorkommen können (Schleifen bzw. Zyklen, alternative Abläufe etc.), erst für eine Detailplanung wirksam werden.

Bezüglich der Terminierung des Projektablaufs muß jedoch darauf hingewiesen werden, daß hier die Verfahrensvorschläge von PERT nicht angewendet werden sollten, da der methodische Ansatz falsch ist[40].

IV. Stochastische Netzwerke und Entscheidungsnetzwerke

Im „klassischen" Netzplan markieren die Knoten bestimmte Projektzustände, die durch die Pfeile in ablauflogische Beziehungen zueinander gebracht werden. Ein Projektzustand kann nur eintreten, wenn alle ablauflogisch unmittelbar vorhergehenden Zustände eingetreten sind und gegebenenfalls die zwischen den beiden Projektzuständen liegenden Aktivitäten ausgeführt sind. Schleifen und Zyklen sind nicht zugelassen. Diese einfache ablauflogische Struktur reicht, wie bereits erwähnt wurde, für die Darstellung von F+E-Projekten nicht aus. Die Netzplantechnik wurde deshalb zu Entscheidungsnetzwerken und stochastischen

---

[40] Vgl. hierzu die ausführliche Diskussion bei *MacCrimmon*, K. R., *Ryavec*, C. A.: An analytical study of the PERT assumptions, in: Operations Research, 12. Jg. (1964), S. 16 - 37. Verblüffend ist, daß auch in neueren Veröffentlichungen die PERT-Annahmen (Unterstellung einer Beta-Verteilung für die Aktivitätendauer, Unabhängigkeit der Aktivitäten, Bestimmung der Projektdauerverteilung nur über den auf der Basis der Erwartungswerte berechneten kritischen Weg) als plausibel bezeichnet werden (so z. B. *Dean*, B. V., *Chaudhuri*, A. K.: Project scheduling: A critical review, S. 225).

Netzwerken weiterentwickelt, deren wichtigste Eigenschaften im folgenden zusammengestellt werden[41].

1. Ablauflogische Strukturelemente

Ablauflogisch besitzt der „klassische" deterministische Netzplan sehr strenge Eigenschaften:

Ein Projektzustand kann nur eintreten, wenn *alle* diesem Projektzustand unmittelbar vorhergehenden Aktivitäten bzw. Projektzustände abgeschlossen bzw. eingetreten sind. Die Bedingung entspricht der Verknüpfungseigenschaft des logischen „und".

Ebenso sieht der deterministische Netzplan vor, daß alle auf einen Projektzustand folgenden Aktivitäten bzw. Projektzustände durchgeführt bzw. eintreten werden. Auch diese Bedingung entspricht der Verknüpfung über das logische „und".

Nicht erst mit der Weiterentwicklung der Netzplantechnik zu Entscheidungsnetzen und stochastischen Netzwerken, sondern bereits bei ihrer Entstehung hat man erkannt, daß die ablauflogische Bedingung des „und" in der skizzierten Form nicht immer zur Beschreibung von Projektabläufen ausreicht. In der ursprünglichen Form des in Frankreich entwickelten MPM war bereits eine sogenannte „Bündelbedingung" vorgesehen, durch welche die einen Projektzustand unmittelbar bestimmenden Aktivitäten und Projektzustände nicht über ein logisches „und", sondern über ein logisches „oder" im Sinne des „inklusiv-oder" verknüpft werden[42]. Der betreffende Projektzustand kann über diese Bedingung eintreten, wenn wenigstens eine der vorhergehenden Aktivitäten bzw. ein unmittelbar vorhergehender Projektzustand abgeschlossen bzw. eingetreten ist.

---

[41] Eine detaillierte Behandlung von stochastischen Netzwerken und Entscheidungsnetzwerken ist in dem vorliegenden Rahmen nicht möglich. Es sei dazu beispielhaft auf die folgenden Monographien verwiesen. *Hastings*, N. A. J., *Mello*, J. M. C.: Decision Networks, Chichester, New York, Brisbane, Toronto 1978; *Kerssenfischer*, V.: Ansätze zur Planung von Forschungs- und Entwicklungsprozessen mit stochastischen Netzwerken, Dissertation Berlin 1972; *Neumann*, K., *Steinhardt*, U.: Gert-Networks, Berlin, Heidelberg, New York 1979; *Pritsker*, A. B.: Modeling and analysis using Q-GERT networks, New York, London, Sydney, Toronto 1977; *Völzgen*, H.: Stochastische Netzwerkverfahren und deren Anwendungen, Berlin, New York 1971. Hinzuweisen ist auch auf die kritische Betrachtung stochastischer Netzwerkverfahren im Hinblick auf ihre Eignung zur Planung von F+E-Projekten bei *Kern*, W., *Schröder*, H.-H.: Forschung und Entwicklung in der Unternehmung, S. 279 ff.

[42] Vgl. DIVO-Institut (Hrsg.): Die Metra-Potential-Methode, DIVO-Information, Reihe 2, Sonderheft 1, Frankfurt/M., 2. Aufl. 1968. In der einschlägigen Literatur zur Netzplantechnik und zu stochastischen Netzen wird die frühe Existenz dieser Bündelbedingung im allgemeinen übersehen.

Berücksichtigt man zusätzlich noch die Tatsache, daß Bedingungen über ein „exklusiv-oder" verknüpft werden können, dann ergeben sich für das Eintreten eines Projektzustandes folgende Bedingungsvarianten:

(1) Es müssen *alle* unmittelbar vorhergehenden Aktivitäten abgeschlossen bzw. Projektzustände eingetreten sein. Die eingehenden Bedingungen für das Eintreten bzw. das Erreichen eines Projektzustandes werden über ein logisches „und" verknüpft.

(2) Der Projektzustand kann eintreten, wenn *wenigstens eine* unmittelbar vorhergehende Aktivität abgeschlossen bzw. wenigstens ein unmittelbar vorhergehender Projektzustand eingetreten ist. Die Bedingungen für den Projektzustand werden über das logische „inklusiv-oder" verknüpft.

(3) Der Projektzustand tritt nur ein, wenn *genau eine* Bedingung (abgeschlossene Aktivität bzw. eingetretener Zustand) erfüllt ist, d. h. sie werden über ein „exklusiv-oder" verknüpft[43].

Die 3 genannten ablauflogischen Bedingungen können auch für die Beziehungen zwischen einem Projektzustand und den unmittelbar nachfolgenden Aktivitäten bzw. Projektzuständen verwendet werden:

(1) *Alle* auf einen Projektzustand folgenden Aktivitäten und Projektzustände werden realisiert (Verknüpfung über „und").

(2) Es wird *wenigstens eine* Aktivität bzw. ein Projektzustand der auf den betrachteten Projektzustand folgt, realisiert („inklusiv-oder").

(3) Es wird nur *genau ein* Projektzustand bzw. eine Aktivität realisiert („exklusiv-oder").

Bezieht man diese verschiedenen ablauflogischen Bedingungen jeweils auf den Eingang bzw. Ausgang des Knotens, der dem betreffenden Projektzustand entspricht, dann ergeben sich insgesamt 9 verschiedene Knotentypen, durch die die unterschiedlichen ablauflogischen Bedingungen im Projektablaufmodell erfaßt werden können.

Für die praktische Modellierung von F+E-Abläufen kann es zusätzlich notwendig sein, die verschiedenen ablauflogischen Bedingungen auf der Eingangs- und auf der Ausgangsseite eines Knotens miteinander zu kombinieren. Es kann durchaus vorkommen, daß eine Teilmenge der auf einen Projektzustand folgenden Aktivitäten und/oder Projektzustände auf jeden Fall realisiert werden muß (Verknüpfung über ein „und"), während bei einer anderen Teilmenge nur wenigstens eine Aktivität bzw. ein Projektzustand oder genau eine Aktivität oder ein Projektzustand realisiert wird. Auch auf der Eingangsseite eines Knotens können die Aktivitäten bzw. Zustände in verschiedenen Teilmengen durch unterschiedliche logische Bedingungen verknüpft werden.

---

[43] Diese letzte Bedingung ist erst sehr spät in die stochastischen Netzwerke eingeführt worden, und zwar vor allem zur Erfassung aller ablauflogischen Möglichkeiten. Ihre Praxisrelevanz dürfte außerordentlich gering sein.

Um das im Projektablaufmodell zu berücksichtigen, kann man entweder eine weitere Modifikation der Knoten durch eine zusätzliche Untergliederung der Eingangs- bzw. Ausgangsseite vornehmen[44] oder man versucht diese Bedingungen durch eine zusätzliche Verfeinerung der Struktur (insbesondere zusätzliche Knoten) zu erfassen[45].

2. Bedingungen für die Realisierung der ablauflogischen Varianten

Die beiden „oder"-Verknüpfungen können prinzipiell auf zwei verschiedene Arten realisiert werden:

(1) Die einen Projektzustand herbeiführenden Bedingungen bzw. die auf einen Projektzustand folgenden Aktivitäten bzw. anderen Projektzustände werden durch eine unternehmerische Entscheidung festgelegt. Hinsichtlich des Ausgangs des betrachteten Knotens im Netzplan wird dieser dann zu einem „Entscheidungsknoten".

(2) Der realisierte Projektablauf kann auch zufällig bestimmt werden. In diesem Fall stellt sich ein zusätzliches Problem in der Bestimmung der Eintretens-Wahrscheinlichkeiten für die möglichen ablauflogischen Varianten.

Obwohl in der Literatur unter diesem Aspekt die Begriffsbildung nicht ganz einheitlich ist, erscheint es zweckmäßig, danach zwischen Entscheidungsnetzwerken und stochastischen Netzwerken zu unterscheiden.

3. Zyklen und Schleifen

Im Rahmen der Theorie stochastischer Netzwerke sind auch Zyklen und Schleifen im Netzplanmodell zugelassen worden. Durch diese Zyklen und Schleifen sollen solche Elemente in Projektabläufen abgebildet werden, die, wie z. B. Erprobungen, Tests usw., zyklischen Charakter haben. Erprobungs- bzw. Testergebnisse bestimmen, ob das Projekt in eine nächste Phase gehen kann, oder ob wegen unbefriedigender Ergebnisse bei einer früheren bereits durchlaufenen Projektphase neu begonnen werden muß. Die Berücksichtigung solcher Schleifen bereitet prinzipiell keine Schwierigkeiten[46]. Auffallend ist, daß im Zusammenhang mit Zyklen und Schleifen kaum auf die Möglichkeit zur Berücksichtigung eines „Zählers" hingewiesen wird. Durch einen solchen Zähler sollte im Planungsstadium festgelegt werden, wie

---

[44] Vgl. hierzu die Vorschläge von *Czayka*, L.: Die Netzplantechnik als Instrument der Planung und Kontrolle von FE-Projekten, S. 218 f.

[45] Diesen Vorschlag machen z. B. *Kern*, W., *Schröder*, H.-H.: Forschung und Entwicklung in der Unternehmung, S. 285.

[46] Es ist darauf hinzuweisen, daß auf die Berücksichtigung von Schleifen und Zyklen dadurch verzichtet werden kann, daß man die entsprechenden Projektteile als eine Art Entscheidungsbaum plant.

oft ein Zyklus bzw. eine Schleife maximal durchlaufen wird. Die Erreichung der Maximalzahl ohne ein befriedigendes Ergebnis in dieser Projektphase würde dann zum Projektabbruch führen.

4. Netzpläne mit stochastischen Parametern

In den vorhergehenden Abschnitten wurden verschiedene Möglichkeiten zur Erweiterung der Modellbildung im Hinblick auf die Projektstruktur, wie sie sich gerade für F+E-Projekte als notwendig erweisen, behandelt. Eine zusätzliche Erweiterungsmöglichkeit besteht darin, daß die Projektparameter nicht mehr deterministisch, sondern stochastisch sind. Bezüglich der stochastischen Realisierung der verschiedenen ablauflogischen Varianten ist darauf weiter oben bereits hingewiesen worden. Stochastische Dauern sind im Zusammenhang mit PERT weiter oben ebenfalls schon erwähnt worden. Ergänzend dazu ist darauf hinzuweisen, daß grundsätzlich sämtliche Parameter eines Projektes als Zufallsgrößen in das Projektablaufmodell eingehen können und entsprechend bei Optimierungsproblemen berücksichtigt werden können.

Besondere Probleme ergeben sich, wenn die Projektparameter weder deterministisch hoch stochastisch sind, d. h. wenn für nichtdeterministische Parameter keine Wahrscheinlichkeiten bzw. Wahrscheinlichkeitsverteilungen bestimmbar sind. Dieser Frage soll hier jedoch nicht weiter nachgegangen werden.

5. Zusammenfassende Beurteilung

In den vorliegenden Ausführungen konnten die Eigenschaften und Merkmale von Entscheidungsnetzwerken und stochastischen Netzwerken nur kurz skizziert werden. Geht man von den charakteristischen Eigenschaften von F+E-Projekten aus, dann kann man feststellen, daß stochastische Netzwerke und Entscheidungsnetzwerke Eigenschaften besitzen, die zur Modellierung der Projektabläufe von F+E-Vorhaben im allgemeinen ausreichend sind. Diese weiterentwickelten Netzwerkmodelle können sowohl die verschiedenen ablauflogischen Bedingungen (einschließlich Schleifen) von F+E-Vorhaben im Modell abbilden, als auch die Unsicherheiten sowohl in der Realisierung verschiedener Ablaufvarianten als auch in den Projektparametern berücksichtigen.

Stochastische Netzwerke und Entscheidungsnetzwerke sind vom Ansatz her auch in der Lage, spezielle Probleme im Zusammenhang mit F+E-Projekten für die Planung zu berücksichtigen, wie z. B. die für solche Projekte typischen Lernphasen[47]. Dazu kann man beispielsweise

---

[47] Vgl. dazu beispielsweise *Drygas*, H., *Paschen*, H.: Die Anwendung der Parallelstrategie bei der Durchführung von Entwicklungsprojekten, S. 186;

die Dauer, die für das Durchlaufen einer Schleife benötigt wird, mit zunehmender Wiederholungshäufigkeit abnehmen lassen.

E. Bedeutung und Anwendungsgrenzen stochastischer Netzwerke für die Forschungs- und Entwicklungsplanung

Unter den für die betriebliche Praxis verfügbaren Planungstechniken und Planungsverfahren sind Entscheidungsnetzwerke und stochastische Netzwerke mit Abstand am besten für die Planung von F+E-Projekten geeignet, da sie in der Lage sind, den charakteristischen Eigenheiten von F+E-Projekten im Planungsmodell gerecht zu werden. Sie haben sich bei der betrieblichen Planung von F+E bislang jedoch nicht durchsetzen können. Dafür sind sicherlich verschiedene Gründe maßgebend, deren wichtigste im folgenden genannt werden[48].

Stochastische Netzwerkverfahren sind im Gegensatz zur deterministischen Netzplantechnik methodisch anspruchsvoll und stellen damit an den Planer und die Projektleitung erheblich höhere Anforderungen. Die erfolgreiche Anwendung stochastischer Netzwerkverfahren setzt fundierte mathematisch-statistische Kenntnisse voraus.

Entscheidungsnetze und stochastische Netzwerkverfahren sind noch verhältnismäßig neu, denn sie werden praktisch erst seit Anfang der 70er Jahre intensiv diskutiert. Verbunden mit den hohen Anforderungen an mathematisch-statistischem Wissen hat das dazu geführt, daß Kenntnisse über diese Verfahren noch sehr wenig verbreitet sind.

Schon für deterministische Netzpläne ist die Datenbeschaffung mitunter schwierig. Entscheidungsnetze und stochastische Netzwerke benötigen jedoch weit mehr und im allgemeinen schwieriger zu beschaffende Informationen. Dieses Problem paart sich mit dem grundsätzlichen Informationsbeschaffungsproblem bei F+E-Projekten. Dieses Informationsbeschaffungsproblem wird in vielen Fällen, selbst bei Vorhandensein der erforderlichen Kenntnisse, verhindern, daß die weiterentwickelten Verfahren der Netzplantechnik vollständig angewendet werden, d. h. nicht nur Ablaufstrukturen abgebildet werden, sondern auch Zeit-, Kosten- und Kapazitätsbeanspruchungspläne aufgestellt werden.

Pfeiffer, W., *Staudt*, E.: Betriebliche Forschung und Entwicklung, Sp. 1521 und 1524; und *Walker*, G. S.: Learning curve theory applied to networking a construction project, in: Proceedings of the 6th INTERNET Congress, Düsseldorf 1979, S. 515 - 520.

[48] Vgl. hierzu auch *Kern*, W., *Schröder*, H.-H.: Forschung und Entwicklung in der Unternehmung, S. 289 - 291.

Selbst wenn sicher ist, daß das Informationsbeschaffungsproblem nicht befriedigend zu lösen ist, sollte dennoch nicht auf die Auseinandersetzung mit Entscheidungsnetzwerken und stochastischen Netzwerkverfahren verzichtet werden. Die sich hier bietenden Ablaufmodelle können fast immer außerordentlich nutzbringend für die Vorbereitung von F+E-Vorhaben eingesetzt werden. Jeder Versuch, auf der Basis dieser Modelle Projektabläufe im Bereich F+E zu strukturieren, wird eine Fülle von Erkenntnissen bringen, die zumindest mittelbar für jede Form der Planung genutzt werden können. Aus diesem Grunde erscheint es sinnvoll, sich ernsthaft mit den skizzierten Verfahren zu beschäftigen, auch wenn die Fülle der theoretischen Möglichkeiten dieser Verfahren in der Praxis häufig nicht voll ausgeschöpft werden kann.

Die Bedeutung der Organisationsstruktur für Innovationsprozesse

Von *Bernd Meier*, Braunschweig

A. Terminologische Vorüberlegungen

Da bisher in der Literatur sowohl der Begriff „Organisation"[1] als auch der Inhalt des Begriffes „Innovation"[2] keine eindeutige und allgemein anerkannte Abgrenzung erfahren haben, ist den folgenden Ausführungen eine Begriffserklärung voranzustellen.

I. Organisation und Organisationsstruktur

Zur grundsätzlichen Unterscheidung der verschiedenen Begriffsinhalte ist zu fragen, „... ob unter Organisation der Betrieb (bzw. die Unternehmung) als *Gesamtgebilde* (als gesamtes sozio-technisches System) verstanden wird oder ob mit dem Begriff Organisation nur die *formale Struktur* sozio-technischer Systeme (die Systemstruktur, der Ordnungsrahmen) erfaßt werden soll"[3]. Der erste Fall kann mit dem Schlagwort „eine Unternehmung *ist* eine Organisation", der zweite mit „eine Unternehmung *hat* eine Organisation" charakterisiert werden[4]. Im folgenden wird „Organisation" im zweitgenannten, instrumentalen Sinn verwandt als System von Regeln einer Unternehmung zur „... planvollen Zuordnung von Menschen und Sachmitteln zwecks bestmöglicher Aufgabenerfüllung (Zielerreichung) ..."[5]. Nach Grochla besteht das „... grundlegende Problem des Organisierens ... darin, die sich aus der Zielsetzung ergebenden Anforderungen an (1) die Hand-

---

[1] Vgl. zur Begriffsanalyse *Grochla*, E.: Organisation und Organisationsstruktur, in: HBW, hrsg. v. E. Grochla und W. Wittmann, 4. Aufl., 2. Bd., Stuttgart 1975, Sp. 2846 - 2868 und *Hoffmann*, F.: Organisation, Begriff der, in: HWO, hrsg. v. E. Grochla, 2. Aufl., Stuttgart 1980, Sp. 1425 - 1431.

[2] Vgl. zur Begriffsanalyse *Marr*, R.: Innovation, in: HWO, hrsg. v. E. Grochla, 2. Aufl., Stuttgart 1980, Sp. 947 - 959.

[3] *Grochla*, E., 1975, Sp. 2846 f.

[4] Vgl. *Stinner*, R.: Konsumenten als Organisationsteilnehmer, Diss. München 1975, S. 1 und die dort angegebene Literatur.

[5] *Grochla*, E.: 1975, Sp. 2848. Zum Problem der Zielfunktion der Unternehmung, vgl. *Heinen*, E.: Grundfragen der entscheidungsorientierten Betriebswirtschaftslehre, München 1976, S. 13 ff. sowie die dort angegebene Literatur.

lungseinheiten der Unternehmung sowie (2) die Beziehungen der Handlungseinheiten untereinander zu erkennen und die jeweils adäquaten Regelungen bzw. Strukturformen auszuwählen"[6].

II. Beschreibung einer Organisationsstruktur

Ausgehend von der Existenz einer Entscheidungshierarchie[7] läßt sich eine konkrete Organisationsstruktur durch die spezifische Ausgestaltung der folgenden ausgewählten Merkmale (Strukturvariablen) von anderen Organisationsformen abgrenzen[8]:

— Grad der Funktionsdifferenzierung
— Zentralisierungs-/Dezentralisierungsgrad
— Grad der Standardisierung und Formalisierung
— Art der Kommunikationsstruktur

1. Grad der Funktionsdifferenzierung

Der Grad der Funktionsdifferenzierung spiegelt das Ausmaß der Arbeitsteilung wider. Mit der Zerlegung eines Aufgabenvolumens in viele Teile geht in der Regel eine Verminderung der Aufgabenkomplexität und eine höhere Aufgaben-Spezialisierung einher[9]. Zunehmende Funktionsdifferenzierung erfordert umfassendere Koordinationsmaßnahmen. Die Vorteile ersterer sind gegen die Nachteile einer aufwendigen Koordination abzuwägen.

Zur Vermeidung hier nicht zu diskutierender Meßprobleme beschränken wir uns darauf, den Grad der Funktionsdifferenzierung als relativ hoch oder relativ gering anzugeben, wobei mit dieser Bezeichnung nur von Art und Umfang ähnliche Aufgabenvolumina verglichen werden können[10].

2. Zentralisierungs-/Dezentralisierungsgrad

Der Zentralisierungs-/Dezentralisierungsgrad kennzeichnet in der weitesten Fassung die Zuordnung *aller* Arten von Aufgaben auf Ab-

---

[6] *Grochla,* E.: Aktuelle Strukturierungskonzeptionen in der Organisationslehre (I), in: WISU. Das Wirtschaftsstudium, 2. Jg. (1973), S. 560.

[7] Vgl. *Grochla,* E., 1975, Sp. 2851.

[8] Vgl. *Wilhelm,* H.; *Corsten,* H.: Organisationsspezifische Faktoren als Hemmnisse im Innovationsprozeß, in: Das Jahrbuch für Führungskräfte 81, hrsg. v. H. Brecht und E. Wippler, Grafenau/Zürich/Freiburg im Breisgau 1981, S. 403 sowie *Corsten,* H.: Der nationale Technologietransfer. Formen—Elemente—Gestaltungsmöglichkeiten—Probleme. Berlin 1982, S. 203 f. und die dort angegebene Literatur. Zum Problem der Auswahl der Merkmale vgl. *Gebert,* D.: Organisation und Umwelt, Stuttgart 1978, S. 29 ff.

[9] Vgl. *Gebert,* D., 1978, S. 34.

[10] Vgl ebenda, S. 35.

teilungen und Stellen, in einer speziellen Fassung dagegen nur die Zuordnung von Entscheidungs- und Leitungsaufgaben auf Personen, Abteilungen und Stellen[11]. Im folgenden soll ausschließlich die Verteilung von Entscheidungsgewalt bzw. Entscheidungsmitwirkung in der Unternehmungshierarchie betrachtet werden. Verwenden wir die gleiche Skalierung wie bei der Funktionsdifferenzierung, so liegt ein relativ hoher Grad an Entscheidungszentralisation (relativ geringer Grad an Entscheidungsdezentralisation) vor, wenn sich die Entscheidungsaufgaben auf die Spitze der Hierarchie konzentrieren und der Entscheidungsspielraum der nachfolgenden Handlungseinheiten damit sehr gering ist. Mit zunehmender Verteilung von Entscheidungsbefugnissen an nachgeordnete Aktionsträger nimmt der Zentralisierungsgrad ab bzw. der Dezentralisierungsgrad zu. Zur Bestimmung des Kompetenzumfangs einzelner Hierarchieebenen ist sowohl die Anzahl als auch die Bedeutung der in der Unternehmung zu treffenden Entscheidungen zu berücksichtigen[12]. Zur Messung der Entscheidungszentralisation wird auch der Indikator „Partizipation" verwendet[13], wobei dieser die Beteiligung von Mitarbeitern an Entscheidungsprozessen angibt. Da in der Literatur auch das Merkmal Zentralisation/*Partizipation* zur Charakterisierung einer Organisationsstruktur angeführt wird[14], soll an dieser Stelle das Verhältnis der Begriffsinhalte von Partizipation und Dezentralisation näher beleuchtet werden. Dieses erscheint erforderlich, da im weiteren Verlauf dieser Ausführungen insbesondere der Partizipation eine gewisse Bedeutung zukommt. In einer weiteren Begriffsfassung wird unter Partizipation „... die möglichst direkte Teilnahme der Betroffenen an gesamt- und einzelwirtschaftlichen sowie staatlich-administrativen Entscheidungsprozessen verstanden"[15]. Engere, auf eine Unternehmung bezogene Definitionen umfassen lediglich die Beteiligung von Mitarbeitern an Entscheidungen einer hierarchisch höheren Ebene[16]. In dieser engeren Sicht ist die Aussage Geberts zu verstehen, der die Partizipation als eine Vorstufe zu einer weiteren Entscheidungsdezentralisierung ansieht[17].

---

[11] Vgl. *Bleicher*, K.: Zentralisation und Dezentralisation, in: HWO, 2. Aufl. 1980, Sp. 2410.
[12] Vgl. *Grochla*, E., 1975, Sp. 2851.
[13] Vgl. *Kubicek*, H.: Organisationsstruktur, Messung der, in: HWO, 2. Aufl. 1980, Sp. 1788 und die dort angegebene Literatur.
[14] Vgl. *Wollnik*, M.: Einflußgrößen der Organisation, in: HWO, 2. Aufl. 1980, Sp. 594.
[15] *Kappler*, E.: Partizipation, in: HWO, 2. Aufl. 1980, Sp. 1845.
[16] Vgl. *Hill*, W.; *Fehlbaum*, R.; *Ulrich*, P.: Organisationslehre 1, Bern—Stuttgart 1974, S. 235; *Thom*, N.: Grundlagen des betrieblichen Innovationsmanagements, 2., völlig neu bearbeitete Aufl., Königstein/Ts. 1980, S. 343.
[17] Vgl. *Gebert*, D., 1978, S. 37.

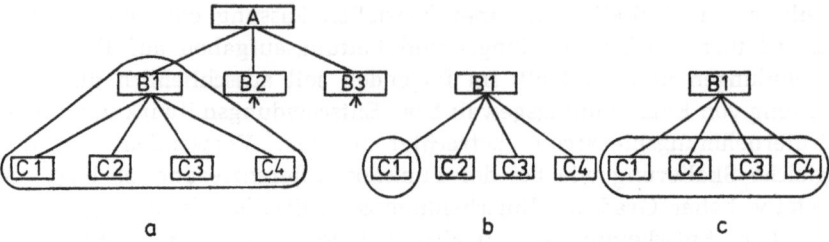

Abb. 1: Partizipation und Entscheidungsdezentralisation

Abb. 1 a stellt eine Struktur dar, bei der die Entscheidungskompetenz für eine bestimmte Problemstellung bei dem Aktionsträger B 1 liegt. Bezieht dieser bei Entscheidungen die hierarchisch nachgeordneten Mitarbeiter C 1 bis C 4 mit ein, so liegt der typische Fall der Partizipation in oben definiertem engeren Sinne vor (Personen auf verschiedenen Hierarchieebenen entscheiden gemeinsam oder wirken zumindest an einer Entscheidungsfindung mit). Abb. 1 b symbolisiert eine fortschreitende Dezentralisierung dadurch, daß Entscheidungskompetenzen von B 1 auf C 1 verlagert werden und der Mitarbeiter C 1 jetzt *allein* entscheidet, und zwar auch in den Fällen, die C 2 bis C 4 mit betreffen. Hieran wird deutlich, daß mit einer zunehmenden Entscheidungsdezentralisation eine *Verringerung* der Partizipation einhergehen kann. Die engere Partizipationsdefinition nimmt den Fall c der Abb. 1 aus, in dem die Entscheidungskompetenz von B 1 auf die Mitarbeiter C 1 bis C 4 *gemeinsam* verlagert wird. Hier liegt eine Übertragung von Entscheidungskompetenz auf eine Gruppe vor. Mit der Schaffung einer solchen multipersonalen Entscheidungskompetenz wird der Teamidee Rechnung getragen[18], auf die unten noch näher einzugehen ist.

3. Grad der Standardisierung und Formalisierung

Der Grad der Standardisierung und Formalisierung kennzeichnet das Ausmaß, in dem die Aktivitäten der Mitarbeiter mündlich oder schriftlich festgelegten Regeln zu folgen haben. Die Detailliertheit der Regelvorgabe wird als Indikator der Standardisierung angesehen. Die Formalisierung bezeichnet die schriftliche Fixierung dieser Regelvorgabe. „Der Formalisierungsgrad ist ein Maß für die Organisationsstruktur von Betrieben und ihrer Teilsysteme, mit dem alle formalen, auf die Dauer angelegten und schriftlich fixierten Regeln und Verfahren erfaßt werden."[19] Es erscheint unmittelbar einsichtig, daß der Grad der

---

[18] Vgl. *Grochla*, E.: Aktuelle Strukturierungskonzeptionen in der Organisationslehre (II), in: WISU. Das Wirtschaftsstudium, 3. Jg. (1974), Nr. 1, S. 9.

[19] *Thom*, N., S. 261.

Standardisierung und der Grad der Formalisierung in der Regel in gleichem Maße ausgeprägt sind. Eine zunehmende Detailliertheit der Regelvorgabe wird mit zunehmender schriftlicher Fixierung einhergehen[20]. Mit einem hohen Standardisierungsgrad wird das Entscheidungsverhalten von Mitarbeitern mit Entscheidungskompetenz weitestgehend vorbestimmt durch das „... antizipierende Durchdenken von Problemlösungswegen und die darauf aufbauende Festlegung von Aktivitätsfolgen ..., so daß diese im Wiederholungsfall mehr oder weniger routiniert und gleichartig ablaufen"[21].

4. Art der Kommunikationsstruktur

Als letztes Merkmal zur Beschreibung einer Organisationsstruktur sei die Art der Kommunikationsstruktur skizziert. Unter Kommunikation wird die Übermittlung von Informationen bzw. der Informationsaustausch zur Erfüllung der Unternehmungsaufgaben verstanden[22]. Dabei kennzeichnet die *interne* Kommunikation Beziehungen von unternehmungszugehörigen Stellen/Personen untereinander und die *externe* Kommunikation eine informationelle Verbindung zu Institutionen/Personen außerhalb der Unternehmung (Außenkontakte). Ferner können Kommunikationsbeziehungen in *formale* und *informale* untergliedert werden. Im Fall der formalen Kommunikationsbeziehungen vollzieht sich der Informationsaustausch entsprechend formal vorgegebener Strukturen (Kommunikationsnetze)[23]. *Informale* Kommunikation ist dadurch gekennzeichnet, daß sich die Informationsaustauschbeziehungen in einer Unternehmung nicht mit der formal vorgegebenen Struktur decken. Allein aufgrund zwischenmenschlicher Beziehungen zwischen Individuen unterschiedlicher Unternehmungsbereiche und unterschiedlicher hierarchischer Ebenen werden ständig formale und informale Kommunikationsbeziehungen nebeneinander zu finden sein.

Die Gesamtheit der informationellen Beziehungen bildet das Kommunikationssystem einer Unternehmung (Abb. 2), wobei zwischen den beiden Grundtypen des gebundenen und des ungebundenen Kommunikationssystems unterschieden werden kann[24]. Bei einem gebundenen System sind den Handlungseinheiten bei ihrer Kommunikation Beschränkungen auferlegt, die sich beziehen können auf

---

[20] Vgl. *Gebert*, D., 1978, S. 38.
[21] *Hill*, W. et. al., S. 266.
[22] Vgl. *Thom*, N., S. 282.
[23] Grundformen möglicher Kommunikationsgesetze finden sich bei *Grochla*, E.: Unternehmensorganisation. Neue Ansätze und Konzeptionen, Reinbek bei Hamburg 1972, S. 85.
[24] Vgl. *Grochla*, E., 1972, S. 81.

a) den Kommunikationspartner
b) die Kommunikationsrichtung
c) den Kommunikationsinhalt.

Der Grad der Kommunikationsgebundenheit richtet sich nach der Anzahl der Kriterien, für die eine Bindung gilt (a bis c) und nach der Intensität der Bindung[25].

Ein ungebundenes (freies, offenes) Kommunikationssystem liegt vor, wenn jede Handlungseinheit mit jeder anderen unbeschränkt kommunizieren kann. In diesem Fall wäre es grundsätzlich denkbar, daß alle Handlungseinheiten über den gleichen Informationsstand verfügen. Dieses wird jedoch in der Regel nicht der Fall sein, da mit dem Informationsaustausch ein Zeitaufwand verbunden ist. „Der einzelne Aktionsträger in einem ungebundenen Kommunikationsnetz wird dabei individuell entscheiden, ob und wann er mit den anderen Kommunikationspartnern in Verbindung tritt."[26]

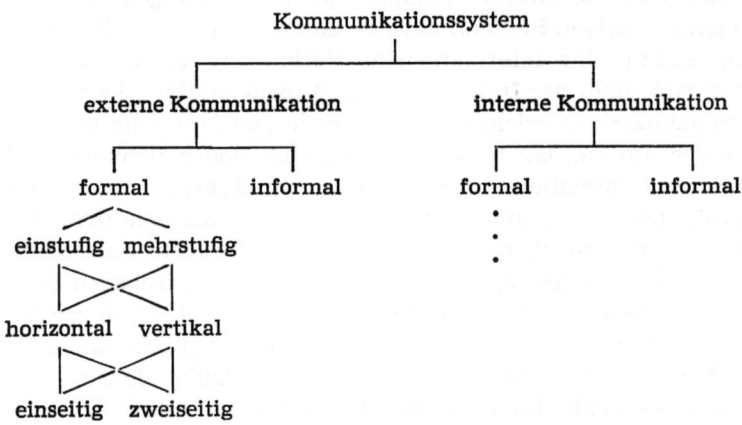

Abb. 2: Mögliche Kommunikationsbeziehungen

Innerhalb eines Kommunikationssystems kann ferner eine Trennung zwischen ein- und mehrstufigem Informationsfluß vorgenommen werden[27]. Bei ersterem besteht eine direkte Verbindung zwischen Informationserzeuger und -verwender; bei mehrstufigem Informationsfluß sind Informationsspeicher und/oder Informationsverteiler zwischengeschaltet. Horizontale Informationsverbindungen bestehen in einzelnen Ebenen einer hierarchisch strukturierten Unternehmung; vertikale Informationswege verbinden Handlungseinheiten, die verschiedenen

---

[25] Vgl. ebenda, S. 84 und die dort angegebene Literatur.
[26] Ebenda, S. 83.
[27] Vgl. zu den folgenden Ausführungen Grochla, E., 1972, S. 80 ff.

hierarchischen Ebenen angehören. Bei einseitiger Kommunikation fließen die Informationen nur in eine gleichbleibende Richtung, während bei zweiseitiger Kommunikation die beteiligten Aktionseinheiten sowohl als Sender als auch als Empfänger von Informationen tätig werden.

Zur Bestimmung des Determiniertheitsgrades von Organisationsstrukturen können auch die beiden diametral entgegengesetzten Strukturtypen *mechanistisch (bürokratisch)* und *organisch (unbürokratisch)* herangezogen werden[28]. Aus einer Untersuchung von Hall[29] geht hervor, daß es sich hierbei um Idealtypen handelt und in der Realität vorzufindende Organisationsstrukturen innerhalb eines Kontinuums zwischen diesen beiden Extremaltypen zu finden sind. Die Organisation einer Unternehmung kann somit als tendenziell mechanistisch (bürokratisch) oder tendenziell organisch (unbürokratisch) charakterisiert werden[30]. Als Minimalkriterien bürokratischer Organisation werden häufig ein hoher Grad an Zentralisierung sowie ein hoher Grad an Standardisierung und Formalisierung genannt[31].

III. Innovation und Innovationsprozeß

Der Begriff „Innovation" wird seit einigen Jahren sowohl in der Fachliteratur als auch in der Tagespresse zunehmend verwendet. Trotzdem, oder vielleicht gerade deshalb hat dieser Begriff eine Vielzahl von definitorischen Abgrenzungen erfahren, ohne daß sich daraus zur Zeit ein eindeutiger und allgemein anerkannter Begriffsinhalt ableiten läßt. Innovation wird in der Literatur sowohl als *Erneuerungsprozeß* als auch als *Ergebnis* eines Erneuerungsprozesses definiert. „Aber weder die prozessuale noch die objektbezogene Begriffsfassung ist einheitlich. Bei prozessualer Interpretation stehen sich eine ganzheitliche (Innovation als alle Phasen des Erneuerungsprozesses einschließend) und eine phasenbezogene Auffassung (Innovation als die der Ideenentwicklung bzw. Invention folgende Durchsetzung einer Neuerung) gegenüber."[32] In Anlehnung an Thom[33] soll im folgenden von

---

[28] Eine Gegenüberstellung der Ausprägungen einzelner struktureller Eigenschaften dieser Organisationstypen findet sich bei *Wilhelm*, H.; *Corsten*, H., S. 401 sowie bei *Brandenburger*, G. et al.: Die Innovationsentscheidung. Bestimmungsgründe für die Bereitschaft zur Investition in neue Technologien. Kommission für wirtschaftlichen und sozialen Wandel, Bd. 16, Göttingen 1975, S. 114 ff.

[29] *Hall*, H.: Die dimensionale Natur bürokratischer Strukturen, in: Bürokratische Organisation, hrsg. v. R. Mayntz, Köln/Berlin 1968, S. 70 ff.

[30] Vgl. *Wilhelm*, H.; *Corsten*, H., S. 403.

[31] Vgl. *Gebert*, D., 1978, S. 40.

[32] *Marr*, R., Sp. 948 f.

[33] *Thom*, N., S. 53. Hier werden auch andere Phasenmodelle vorgestellt.

einem umfassenden prozessualen Innovationsbegriff ausgegangen werden, wobei der Innovationsprozeß in drei Hauptphasen zerlegt wird[34]:

1. Ideengenerierung (Ideenproduktion)
2. Ideenakzeptierung (Ideenannahmeentscheidung)
3. Ideenrealisierung (Ideenimplementierung)

Die Trennung einzelner Phasen des Innovationsprozesses erscheint vor allem deswegen sinnvoll, weil für eine Förderung dieses Prozesses in den einzelnen Phasen unterschiedliche Organisationsstrukturen besonders geeignet sind[35]. Dieser Sachverhalt wird durch die These vom „organisatorischen Dilemma" in Innovationsprozessen verdeutlicht[36].

Aus der Sicht einer Unternehmung lassen sich Innovationsprozesse durch die folgenden Merkmale mit möglicher unterschiedlicher Ausprägung charakterisieren[37]

— Neuigkeitsgrad (der Innovationsprozeß beinhaltet von der Ideengenerierung bis zur Realisation etwas subjektiv Neues[38])
— Unsicherheit und Risiko (unmittelbar mit dem Neuigkeitsgrad verbunden[39])
— Komplexitätsgrad[40]
— Konfliktgehalt.

---

[34] Zur Problematik von Phasenmodellen vgl. *Corsten*, H., S. 180 ff. Die Kritik von Corsten (S. 368 f.) an der Phase der Ideenakzeptierung basiert auf einem Mißverständnis: nach Thom (S. 53 und 79 ff.) beginnt diese Phase mit der Prüfung der Ideen und endet mit der Entscheidung für einen zu realisierenden Plan, wobei diese Entscheidung eine echte Führungsentscheidung im Sinne Gutenbergs darstellt. Die Phase der Ideenakzeptierung entspricht damit inhaltlich den Phasen der Projektbewertung und Projektauswahl bei Kern/Schröder (vgl. *Kern*, W.; *Schröder*, H.-H.: Forschung und Entwicklung in der Unternehmung, Reinbek bei Hamburg, 1977, S. 162 und 224 ff.).

[35] Vgl. *Gebert*, D.: Innovation — organisationsstrukturelle Bedingungen innovatorischen Verhaltens, in: ZO, 48. Jg. (1979), S. 283.

[36] Vgl. hierzu die ausführlichen Erläuterungen bei *Thom*, N., S. 305 f.

[37] Vgl. ebenda, S. 23 ff.

[38] Zur Unterscheidung zwischen einem subjektiven und einem objektiven Neuheitsbegriff sowie zu graduellen Ausprägungen der Eigenschaft „neu" vgl. *Corsten*, H., S. 112 f. Zur Frage der Abgrenzung zwischen Produktdifferenzierung und Innovation vgl. *Wilhelm*, H.: Produktdifferenzierung, in: Handwörterbuch der Absatzwirtschaft, hrsg. v. B. Tietz, Stuttgart 1974, Sp. 1713.

[39] Vgl. *Kern*, W.; *Schröder*, H.-H., S. 310.

[40] Zu Dimensionen der Komplexität vgl. *Corsten*, H., S. 80 ff. sowie die dort angegebene Literatur.

B. Merkmale innovationsfördernder Organisationsstrukturen

Obgleich, wie bereits herausgestellt, Innovationen für Unternehmungen eine ständig wachsende Bedeutung erlangen, ist die „... Innovationsfähigkeit nur *eine* der Anforderungen ..., die an eine funktionstüchtige Organisation gerichtet sind. Als dominante Zweckwidmung kann geradezu das Gegenstück der Innovation, die wirtschaftliche Hervorbringung gleichartiger Dauerleistungen, gelten ... Insbesondere die Kosten der organisatorischen Gestaltung drängen auf eine möglichst langfristige Beibehaltung einmal geschaffener Formalsysteme, um durch großzahlige Wiederholungsvorgänge den angestrebten wirtschaftlichen Nutzen zu realisieren"[41].

Die im folgenden, getrennt nach den vorgestellten Phasen des Innovationsprozesses darzustellenden Merkmale innovationsfördernder Organisationsstrukturen dienen nicht der Herleitung einer speziellen Struktur, die ausschließlich Innovationen fördert (eine solche Struktur ist nur für Unternehmungen anzustreben, deren Aufgaben sich auf die Hervorbringung von Neuerungen beschränken), sondern sollen verdeutlichen, daß die Organisationsstruktur zwar grundsätzlich auf die strukturierende Gestaltung von Dauerleistungen auszurichten ist, aber „... gleichzeitig hinreichende Flexibilität zu besitzen hat, um das Neue anzuregen und zu vollziehen"[42].

Der Erreichung und/oder Sicherung dieser Flexibilität dient ein *organisatorischer Überschuß (organizational slack)*: darunter wird eine positive Differenz zwischen den für die Zielerreichung unbedingt notwendigen Ressourcen und den tatsächlich zur Zielerreichung eingesetzten Ressourcen verstanden[43]. Die Ausführungen von Grochla[44], der organizational slack als Zustand der Unwirtschaftlichkeit ansieht, der unbeabsichtigt und unbewußt herbeigeführt wird, erweitert Bleichert dahingehend, daß dieser Überschuß nur kurzfristig einen Faktor der Unwirtschaftlichkeit darstellt und aus längerfristiger Sicht einen Beitrag zur Steigerung der Wirtschaftlichkeit einer Unternehmung leisten kann: aufgrund des organisatorischen Überschusses kann „... die Unternehmung ihre Ziele marktorientiert ändern, ohne deshalb dabei zugleich eine Reorganisation des Gesamtsystems oder einzelner Subsysteme vornehmen zu müssen. Die hieraus resultierende Flexibilität der Unternehmung am Markt wird sich dann auch in der Rentabilität niederschlagen, wenn die Aufwendungen für die Schaffung und Bereitstellung des organizational slack niedriger sind als die Erträge, die

---

[41] *Witte*, E.: Innovationsfähige Organisationen, in: ZO, 42. Jg. (1973), S. 18.
[42] Ebenda, S. 18.
[43] Vgl. *Grochla*, E.: 1972, S. 158.
[44] Vgl. ebenda, S. 159.

aufgrund der höheren Flexibilität — z. B. zur Erringung eines Wettbewerbsvorsprung — erzielt werden"[45].

I. Förderung der Ideengenerierung

Das Auffinden, Durchdenken und Vorschlagen einer Idee wird von Gebert[46] als Funktion von Person und Situation angesehen, wobei Merkmale der Organisationsstruktur als Dimensionen der „Situation" interpretiert werden. Betrachten wir zunächst das Merkmal „Grad der Funktionsdifferenzierung" (vgl. Abschnitt A. II. 1), so lassen empirische Untersuchungen[47] den Schluß zu, daß sich eine mit einem *geringen* Grad der Funktionsdifferenzierung einhergehende Aufgabenkomplexität positiv auf die Ideenfindung auswirkt. Eine Aufgabe wurde dabei als „komplex" bezeichnet, wenn keine eindeutigen Problemlösungsmöglichkeiten vorlagen, damit eine Vielzahl alternativer Lösungswege beschritten werden konnte, neue, unvorhergesehene Probleme auftraten und die Aufgabenstellung somit die Fähigkeiten der mit der Lösung betrauten Person(en) herausforderte[48]. Die Aufgabenkomplexität ist als ein zentraler Motivator im Sinne der Zweifaktoren-Theorie der Arbeitszufriedenheit nach Herzberg anzusehen[49]. Allerdings können bei einer subjektiv als zu hoch empfundenen Komplexität Überforderungsängste auftreten, die eine ideenstimulierende Wirkung in eine ideenblockierende Wirkung umschlagen lassen[50]. Im Interesse einer Förderung der Ideengenerierung ist entweder nach einem optimalen Grad der Funktionsdifferenzierung/Aufgabenkomplexität zu suchen (eine Forderung, die aufgrund der unterschiedlichen Fähigkeiten der potentiellen „Ideengenerierer" kaum zu realisieren ist) oder eine angstfreie Arbeitsatmosphäre zu schaffen, die eine Ideenblockierung verhindert.

Als nächstes Strukturmerkmal soll der Zentralisierungs-/Dezentralisierungsgrad (vgl. Abschnitt A. II. 2) betrachtet werden. Die Mehrzahl der empirischen Untersuchungen weisen hier auf einen positiven Zusammenhang zwischen einem höheren Grad an Entscheidungsdezen-

---

[45] *Bleicher*, K.: Unternehmungsentwicklung und organisatorische Gestaltung, Stuttgart/New York 1979, S. 60 f.

[46] Vgl. *Gebert*, D., 1979, S. 284. Die Darstellung entspricht der psychologischen Feldtheorie von Levin. Vgl. *Levin*, K.: Feldtheorie in den Sozialwissenschaften. Ausgewählte theoretische Schriften, Bern und Stuttgart 1963.

[47] Vgl. *Gebert*, D., 1979, S. 287.

[48] Vgl. *Gebert*, D.: Organisation und Umwelt, Stuttgart/Berlin/Köln/Mainz 1978, S. 94. Die Problemstellungen sind in diesem Fall schlecht strukturiert, d. h. unvollständig definiert. Vgl. *Heinen*, E., S. 237.

[49] Vgl. *Schanz*, G.: Verhalten in Wirtschaftsorganisationen, München 1978, S. 263 ff.

[50] Vgl. *Gebert*, D., 1978, S. 96 f.

tralisation und Ideengenerierung hin[51]. Mit zunehmender Verteilung von Entscheidungsbefugnissen an nachgeordnete Instanzen wird bei diesen die Ideengenerierung gefördert. Bei ausreichender Entscheidungsautonomie kann der einzelne Mitarbeiter unter Einsatz von Ressourcen eine Idee bereits in einem früheren Stadium weiterentwickeln, in dem die Barriere „Überzeugung des Vorgesetzten" bei einem geringeren Dezentralisierungsgrad hemmend wirken würde.

Vorstehend genannte Untersuchungen wiesen ferner auf einen negativen Zusammenhang zwischen der Ideengenerierung und der dritten hier anzusprechenden Dimension der Organisationsstruktur, dem Grad der Standardisierung und Formalisierung, hin. Ein hoher Grad an Standardisierung und Formalisierung engt die Entfaltungsmöglichkeiten der Mitarbeiter ein; die Tätigkeiten werden entsprechend exakter Vorgaben verrichtet, und die Wahrscheinlichkeit einer Ideengenerierung nimmt ab. Soll letztere gefördert werden, ist der Grad der Regelvorgaben soweit herabzusetzen, daß die damit sinkende Determiniertheit der Arbeitsabläufe Entfaltungsmöglichkeiten bietet.

Als letzte Strukturvariable einer Organisationsstruktur haben wir in Abschnitt A.II.4 die Kommunikationsstruktur behandelt. Abb. 2 zeigt, daß innerhalb des Kommunikationssystems einer Unternehmung zunächst zwischen interner und externer Kommunikation unterschieden werden kann. Vorliegende Untersuchungen weisen auf die große Bedeutung der Außenkontakte hin: nach Haire[52] entsprangen 66 % der Produktideen außerbetrieblichen Quellen; die Literaturübersicht bei Gebert[53] weist ebenfalls eindeutig auf die erhebliche Bedeutung der Kontakte mit innovationsrelevanten Ideenspeichern außerhalb der Unternehmung hin. Offenheit gegenüber externen Gedanken fördert die Ideenproduktion. Eine Befragung in der mittelständischen Industrie ergab als häufigste Quellen betriebsexterner Anregungen Kundenwünsche, Messen und Ausstellungen sowie Fachliteratur[54].

Sowohl bei Kommunikation mit externen Stellen als auch bei der internen Kommunikation einer Unternehmung „... findet neben dem durch die Organisation formell geregelten auch ein informeller Austausch von Nachrichten statt. Die informelle Kommunikation ist — zumal sie als Ergänzung der offiziellen von erheblicher Bedeutung ist — ebenfalls Bestandteil der Kommunikationsstruktur der Organisation"[55].

---

[51] Vgl. die tabellarische Übersicht bei *Gebert*, D., 1979, S. 289.
[52] Vgl. *Haire*, M.: Innovationen fördern, in: ZO, 42. Jg. (1973), S. 287.
[53] Vgl. *Gebert*, D., 1979, S. 287.
[54] Vgl. *Strebel*, H.: Innovation und ihre Organisation in der mittelständischen Industrie. Ergebnisse einer empirischen Untersuchung, Berlin 1979, S. 11.
[55] *Bendixen*, P.: Kreativität und Unternehmungsorganisation, Köln 1976, S. 72.

Die für die Ideenproduktion gleichfalls förderlichen informellen (inoffiziellen) Beziehungen können von der Unternehmung zwar nicht kraft hierarchischer Entscheidungsgewalt herbeigeführt, wohl aber durch geeignete Maßnahmen induziert werden: dieses gilt sowohl für externe als auch für interne informelle Kommunikation.

Wenden wir uns nun den internen formalen Strukturen zu, so gilt auch hier die Aussage Wittes: „Je geringer der Ordnungsgrad, desto höher die innovative Aktionschance"[56]. Ein möglichst geringer Grad kommunikativer Gebundenheit fördert die Ideengenerierung, da sich die Zahl der möglichen Kontakte erhöht und eine umfassende Informationssammlung ohne Überwindung möglicher Barrieren realisierbar ist. In vielen Unternehmungen findet sich inzwischen eine spezielle kommunikative Regelung für die Weiterleitung von Ideen: das betriebliche Vorschlagswesen. Es bietet einen Anreiz durch die Zahlung von Prämien für realisierbare Vorschläge und vermeidet eine mögliche Selektion von Ideen, die ein Vorgesetzter auf dem sonst üblichen Dienstweg ausüben könnte[57]. Das Vorschlagswesen spricht in der Regel alle Mitarbeiter an und soll damit ein großes Potential an „Ideenproduzenten" erschließen. Dieses Potential kann aber nur allgemein und nicht zielgerichtet durch Belohnungen (Prämien) aktiviert werden. Ansätze zur systematischen, von der Unternehmung direkt zielgerichtet angeregten Ideenproduktion werden daneben erforderlich sein. Bei größeren Unternehmungen kann an die Institutionalisierung der Ideengenerierungsfunktion durch die Schaffung besonderer Stellen für diese Aufgabe (z. B. Stabsstellen zur Ideensuche) gedacht werden. Der Vorteil einer solchen Stelle liegt in der Regelmäßigkeit und Systematik der Ideensuche. Als nachteilig kann angeführt werden, daß bei einer Verselbständigung der Ideengenerierungsfunktion eine Entfremdung von den laufenden Betriebsprozessen Platz greifen kann und daß sich alle übrigen Stellen wegen dieser Zentralisierung der Ideenerzeugung für diese Aufgabe nicht mehr verantwortlich fühlen[58].

Neben dem Einsatz von systematisch-logischen (z. B. morphologische Methoden) und intuitiv-kreativen Verfahren (z. B. Brainstorming und Synektik)[59], die insbesondere in Klein- und Mittelbetrieben nur wenig Verwendung finden, wird die Schaffung eines freien Kommunikationssystems als angezeigte organisatorische Maßnahme zur Steigerung der Zahl und Güte von Projektideen genannt[60]. Gewährt eine Unterneh-

---
[56] *Witte*, E., 1973, S. 18.
[57] Vgl. *Bendixen*, P., 1976, S. 75.
[58] Vgl. *Kern*, W.; *Schröder*, H.-H., S. 168 sowie *Witte*, E., 1973, S. 18.
[59] Eine Darstellung dieser Kreativitätstechniken findet sich bei *Kern*, W.; *Schröder*, H.-H., S. 147 ff.
[60] Vgl. *Kern*, W.; *Schröder*, H.-H., S. 167 f. Die Autoren weisen darauf hin, daß noch direkter als die Schaffung eines freien Kommunikationssystems sich

mung den Mitarbeitern ein hohes Maß an Kommunikationsfreiheit, so sind allerdings auch die Probleme einer Informationsüberflutung und der Informationskosten zu beachten[61].

II. Förderung der Ideenakzeptierung

Die Phase der Ideenakzeptierung sei wie folgt spezifiziert:

— Prüfung der Ideen,
— Erstellung von Realisationsplänen,
— Entscheidung für einen zu realisierenden Plan[62].

Ziel der Prüfung neuer Ideen ist es, möglichst umfassend die Konsequenzen zu untersuchen, die sich aus der Realisation dieser Ideen für die Unternehmung ergeben. Dazu ist zunächst eine Antwort auf die Frage zu suchen, ob das vorgeschlagene Projekt mit den vorhandenen Produktionsanlagen realisiert werden kann oder ob Änderungen bzw. Neuaufbau erforderlich werden. Sind die Mitarbeiter qualifiziert und in ausreichender Zahl vorhanden, kann der Absatzbereich ein neues Produkt vermarkten, und welche Absatzerwartungen ergeben sich? Um diese Voraussetzungen und Konsequenzen von Neuerungen deutlich herauszustellen und mit alternativen Projekten vergleichen zu können, sind Kostenplanung, vorausschauende Kapazitätsberechnungen sowie Wirtschaftlichkeitsberechnungen auf der Basis zu erstellender Realisationspläne zwingend erforderlich. Die Prognose der Wirtschaftlichkeit von Innovationen ist jedoch mit Problemen behaftet. Mit Hilfe grober Kalkulationen können die zu erwartenden Kosten zwar größenordnungsmäßig vorausbestimmt werden; der Nutzen einer Innovation für die Unternehmung dürfte jedoch kaum exakt zu prognostizieren sein[63]. „Vergleich und Auswahl von Ideenprojekten *ohne* rechnerische Grundlage bedeutet eine blinde Auswahl, die nur zufällig zu befriedigenden Lösungen führt. Es ist daher bemerkenswert, daß 44 % der innovierenden Betriebe aus der Stichprobe auf Wirtschaftlichkeitsrechnungen für Innovationen verzichten, und zwar vor allem kleinere Betriebe."[64] Während bei größeren Unternehmungen Stabsstellen diese

---

die Regelung auf Zahl und Güte der Projekt-Idee auswirkt, den Mitarbeitern der F+E-Abteilungen einen bestimmten Teil ihrer Arbeitszeit für die Verfolgung eigener wissenschaftlicher Interessen zu belassen.

[61] Vgl. *Thom*, N., S. 285 sowie die dort angegebene Literatur.
[62] Vgl. ebenda, S. 53.
[63] Vgl. *Grochla*, E.: Betriebswirtschaftlich-organisatorische Voraussetzungen technologischer Innovation, in: ZfbF, 32. Jg. (1980), Sonderheft 11, S. 33.
[64] *Strebel*, H., S. 31. Vgl. hierzu auch *Brose*, P.; *Corsten*, H.: Zur Eignung investitionstheoretischer Kalküle für die Wirtschaftlichkeitsanalyse technologischer Innovationen, in: Journal für Betriebswirtschaft, 30. Jg. (1980), S. 161 f.

Aufgabe übernehmen können, müssen bei kleineren und mittleren Unternehmungen unter Umständen externe Berater hinzugezogen werden, um eine möglichst exakte und vergleichbare rechnerische Bewertung von Projektvorschlägen durchzuführen.

In Abhängigkeit vom Neuigkeitsgrad einer Innovation für die Unternehmung werden sich dieser personelle Änderungswiderstände entgegenstellen. Diese Widerstände können abgebaut werden, wenn die später mit der Realisierung beauftragten oder von der realisierten Idee betroffenen Mitarbeiter an den Planungs- und Entscheidungsprozessen mitwirken. Durch die Partizipation fühlen sich die Mitarbeiter stärker an eine Entscheidung gebunden. Dabei ist weniger die objektive, sondern in stärkerem Maße die durch das Individuum subjektiv wahrgenommene Entscheidungsmitwirkung von Bedeutung[65].

Dem Partizipationsertrag „Verringerung der personenbezogenen Widerstände" stehen die Partizipationskosten gegenüber, und zwar aufgrund der Informationszeit der betroffenen und beteiligten Mitarbeiter, aufgrund der längeren Entscheidungszeit durch notwendige Diskurse sowie aufgrund erforderlicher Lernzeit aller Beteiligten[66]. Diese Kosten in der Phase der Ideenakzeptierung sollten aber in Kauf genommen werden, um Friktionen während der Ideenrealisierungsphase möglichst gering zu halten. „Die Effizienz eines Innovationsprozesses wächst, wenn der Entschluß über den zu realisierenden Plan erst zu einem Zeitpunkt gefaßt wird, wenn die Realisierungsaktivitäten unmittelbar danach vollzogen werden können, ohne daß noch mit wesentlichen Ergänzungen und Modifikationen gerechnet werden muß."[67]

Der zum Innovationsentschluß führende Entscheidungsprozeß (Phase der Ideenakzeptierung) wurde von Witte in einer empirischen Untersuchung analysiert und lag der Entwicklung des *Promotorenmodells* zugrunde[68]. Danach können personenbezogene Widerstände solchen des Nicht-Wollens (*Willensbarrieren*) und des Nicht-Wissens (*Fähigkeitsbarrieren*) zugeordnet werden. Personen, die Energie einsetzen, um diese Barrieren zu überwinden, werden als Promotoren bezeichnet, wobei zwischen den beiden Grundtypen *Machtpromotor* und *Fach-*

---

[65] Vgl. *McGregor*, D.: Leadership and Motivation, Cambridge, Mass./London 1968 sowie *Corsten*, H., S. 377 und die dort angegebene Literatur. Hier wird auch ein auschauliches Modell zur Erfassung der Determinanten und Auswirkungen der Partizipation auf das Verhalten von Individuen dargestellt (S. 379).

[66] Vgl. *Boehnisch*, W.: Personale Widerstände bei der Durchsetzung von Innovationen, Stuttgart 1979, S. 171.

[67] *Thom*, N., S. 80.

[68] Vgl. *Witte*, E.: Organisation für Innovationsentscheidungen, Göttingen 1973 (im folgenden zitiert: *Witte*, 1973 a).

promotor unterschieden wird: der Machtpromotor setzt die Energie der Macht ein, die auf der hierarchischen Position innerhalb der Unternehmung basiert, um die Willensbarrieren zu überwinden; der Fachpromotor beseitigt die Fähigkeitsbarrieren durch objektspezifisches Fachwissen[69]. Dabei ist der Gespannstruktur, einer Koalition zwischen Macht- und Fachpromotor, eine besondere innovationsfördernde Bedeutung zuzusprechen. Die anderen denkbaren Fälle, daß ein Innovationsprozeß entweder nur von einem Macht- oder Fachpromotor gefördert wird oder daß beide in einer Person vereinigt sind, haben sich als weniger effektiv herausgestellt[70]. Die letztgenannte Personalunion-Struktur wird in der Realität nur in kleineren Unternehmungen anzutreffen sein, da ein mit ausreichender hierarchischer Macht versehener Machtpromotor in der Spitze der Entscheidungshierarchie angesiedelt sein dürfte, damit in größeren Unternehmungen eher ein Universalist denn ein Spezialist ist und daher insbesondere bei Innovationen mit hohem Neuigkeitsgrad kaum über ausreichendes Fachwissen verfügt, um auch als Fachpromotor tätig zu werden.

Kennzeichnendes Merkmal von Promotoren ist, daß sie keinen formalen Auftrag für ihre fördernde Tätigkeit erhalten, sondern im Rahmen ihres freien Aktionsspielraumes aus eigenem Antrieb tätig werden und dabei ein Engagement zusätzlich zu ihren „normalen" Aufgaben entwickeln, das niemand von ihnen verlangt[71]. Diese charakteristische Spontaneität verhindert die Institutionalisierung von Promotoren, zumal sich Macht- und Fachpromotor nur zur Förderung eines ganz speziellen Innovationsprozesses herausbilden und dieses Engagement bei anderen Innovationen auch von anderen Personen übernommen wird. Durch organisatorische Maßnahmen können somit Promotoren nicht „ernannt", sondern ihr Auftreten kann durch eine entsprechende Organisation lediglich wahrscheinlicher gemacht werden[72]. Die Existenz von Promotoren konnte bisher lediglich ex post durch eine Dokumentenanalyse nachgewiesen werden. Die praktische Relevanz dieses Ansatzes dürfte sich aufgrund neuerer Überlegungen erhöhen, in denen die Möglichkeit aufgezeigt wird, durch den Einsatz sogenannter Interaktionstabellen Promotoren ex nunc, also während des Entscheidungsprozesses, zu erkennen und zu fördern[73].

Es kann festgehalten werden, daß in der Phase der Ideenakzeptierung, die mit der Prüfung vorgeschlagener Ideen beginnt und mit

---

[69] Ebenda, S. 17 ff.
[70] Vgl. *Witte*, E., 1973, S. 21.
[71] Vgl. ebenda, S. 20.
[72] Vgl. *Kern*, W.; *Schröder*, H.-H., S. 376.
[73] Vgl. *Brose*, P.; *Corsten*, H.: Anwendungsorientierte Weiterentwicklung des Promotorenansatzes, in: Die Unternehmung, 35. Jg. (1981), S. 89 ff. sowie *Corsten*, H., S. 256 ff.

der Entscheidung für einen ideenrealisierenden Plan endet, eine Förderung dieses Prozesses durch Promotoren stattfindet. „Während der Fachpromotor ständig bemüht ist, die Arbeit im Detail zu leisten und den *Machtpromotor* auf die durchzusetzende Lösung hinzuweisen, treibt der Machtpromotor die Dinge voran, sorgt für die Bewilligung von Etatpositionen für weitere Untersuchungen und Ausbildungsschritte, stellt die am Innovationsprozeß beteiligten Personen von Routineaufgaben frei und schirmt sie von Opponenten ab."[74]

In einer Erweiterung dieses Modells werden den Promotoren explizit die eben erwähnten Opponenten gegenübergestellt, die, gleichfalls wieder aufgeteilt in Fachopponenten und Machtopponenten, den Innovationsprozeß behindern[75]. Die Opponenten hemmen den Fortgang des Entscheidungsprozesses und zwingen damit die Promotoren, „... die vorliegende Entscheidung mit Sorgfalt und Umsicht zu bearbeiten, Prognosen rechnerisch zu fundieren und die Unsicherheit der Erwartung zu reduzieren"[76]. Entscheidungsprozessen, die unter Mitwirkung sowohl von Promotoren als auch von Opponenten ablaufen, spricht Witte eine besondere Effizienz zu. Dabei wird unterstellt, daß die Konflikte zwischen Promotoren und Opponenten sachbezogen bleiben und nicht den Charakter von persönlichen Auseinandersetzungen annehmen[77]. Sachbezogene Konflikte sollten, wie bereits erwähnt, in der Ideenakzeptierungsphase aus- und nicht in die Realisationsphase hineingetragen werden. Dabei ist es nicht sinnvoll, divergierende Interessen durch Kompromisse auszugleichen: bei einem Kompromiß sieht keine der Parteien ihre Interessen voll erfüllt und wird sich daher in der Realisationsphase weniger mit der Problemlösung identifizieren[78].

Nach der Beschreibung der Phase der Ideenakzeptierung und der Skizzierung einiger fördernder Faktoren in diesem Abschnitt des Innovationsprozesses sollen jetzt die vier in Kapitel A. II. dargestellten ausgewählten Strukturmerkmale wiederaufgegriffen werden. Während in der Phase der Ideengenerierung ein möglichst geringer Ordnungsgrad als optimal herausgestellt wurde, ist die Aufgabenstellung in der Akzeptierungsphase so weit konkretisiert, daß andere Merkmalsausprägungen prozeßbeschleunigend wirken können. So wird bei der Prüfung von Ideen und der Erstellung von Realisationsplänen ein

---

[74] *Witte*, E., 1973 a, S. 20. Die Hervorhebung weist auf eine sinnentstellende Begriffsvertauschung hin, die hier korrigiert wurde.

[75] Vgl. *Witte*, E.: Kraft und Gegenkraft im Entscheidungsprozeß, in: ZfB, 46. Jg. (1976), S. 319 ff.

[76] Ebenda, S. 326.

[77] Vgl. *Corsten*, H., S. 253.

[78] Vgl. *Gzuk*, R.: Messung der Effizienz von Entscheidungen. Beitrag zu einer Methodologie der Erfolgserstellung betriebswirtschaftlicher Entscheidungen, Tübingen 1975, S. 268.

höherer Grad an Funktionsdifferenzierung als in der Ideengenerierungsphase vorteilhaft sein, da die Zerlegung dieser Tätigkeiten in einzelne Teilaufgaben (Prüfung der Ideen hinsichtlich technischer Realisierbarkeit, Kalkulation der Kosten, Analyse des potentiellen Absatzmarktes ...) die gleichzeitige Bearbeitung dieser Probleme und damit die Verkürzung der Bearbeitungszeit ermöglicht[79].

Für den Grad der Entscheidungszentralisierung folgt aus den bisherigen Ausführungen, daß dieser in der Phase der Ideenakzeptierung ausgeprägt hoch sein sollte. Die Entscheidung für einen zu realisierenden Plan stellt zumindest für Innovationen mit hohem Neuigkeits- und Komplexitätsgrad eine echte Führungsentscheidung dar. Sie ist somit in der Spitze der Unternehmungshierarchie zu fällen und kann nicht auf nachgeordnete Ebenen verlagert werden. Ein hoher Grad an Entscheidungs*zentralisation* ist jedoch nur für den die Akzeptierungsphase abschließenden Hauptentschluß zu fordern. Zur Vorbereitung dieses Entschlusses (Prüfung der Ideen, Erstellung von Realisationsplänen) ist durchaus eine Entscheidungsdezentralisation denkbar[80]. Sowohl bei Entscheidungen in der Spitze als auch bei Entscheidungen in anderen Ebenen der Hierarchie ist zumindest ein möglichst hoher Grad an Partizipation anzustreben. Der Beteiligung von Mitarbeitern an Entscheidungen einer hierarchisch höheren Ebene (ein Merkmal des Führungsstils, weniger der formalen Organisationsstruktur) ist in der Ideenakzeptierungsphase die größte Bedeutung beizumessen.

Wenn zur Förderung des Innovationsprozesses in dieser Phase ein höherer Ausprägungsgrad an Standardisierung und Formalisierung gefordert wird[81], so ist dem nur bedingt zuzustimmen. Wieweit z. B. standardisierte Verfahren einer Unternehmung zur Prüfung und Bewertung neuer Ideen Anwendung finden können, wird vom Neuigkeits- und Komplexitätsgrad abhängen.

Der in der Ideenakzeptierungsphase anzustrebende möglichst hohe Partizipationsgrad zur Vermeidung personeller Änderungswiderstände ist durch eine möglichst ungebundene Kommunikationsstruktur zu fördern.

III. Förderung der Ideenrealisierung

In der Phase der Ideenakzeptierung wurden Realisationspläne erstellt und die Entscheidung für einen zu realisierenden Plan gefällt. Die

---

[79] Vgl. *March*, J. G.; *Simon*, H. A.: Planung und Innovation in Organisationen, in: Innovation. Diffusion von Neuerungen im sozialen Bereich, hrsg. von P. Schmidt, Hamburg 1976, S. 160.
[80] Vgl. *Thom*, N., S. 280.
[81] Vgl. ebenda, S. 270.

Ideenrealisierung umfaßt jetzt die konkrete Verwirklichung der neuen Idee, den Absatz an die Adressaten sowie die Akzeptanzkontrolle. Diese Schritte werden auch als Ideenimplementierung bezeichnet[82]. Wenn, wie bereits ausgeführt, in der Akzeptierungsphase die personellen Widerstände innerhalb der innovierenden Unternehmung weitgehend abgebaut und die technischen sowie kapazitätsmäßigen Voraussetzungen geprüft und notwendige Veränderungen im Realisationsplan festgelegt werden, kann in der Realisierungsphase ein wesentlich höherer Ordnungsgrad Platz greifen.

Zur Zerlegung des Projektes in Teilaufgaben ist ein höherer Grad an Funktionsdifferenzierung anzustreben, um einzelne Projektteile parallel realisieren zu können. Die erforderliche Koordination kann z. B. mit Hilfe der Netzplantechnik erfolgen. Wurde in der Akzeptierungsphase bereits die Ablaufplanung mit Hilfe der Netzplantechnik vorgenommen, kann diese Planung der Ablaufüberwachung und -steuerung dienen[83].

Während der Abschluß der Akzeptierungsphase durch einen hohen Entscheidungszentralisierungsgrad gekennzeichnet ist, kann sich die Delegation von Entscheidungen auf nachgeordnete Ebenen in der Realisationsphase als vorteilhaft erweisen. „Es darf nicht aus dem Auge verloren werden, daß auch für ausführende Tätigkeiten der Aufgabeninhalt und die mit ihm verbundene Verantwortung sehr wichtige Anreize für intrinsische Motivation sind. Schließlich bleibt in dieser Phase stets noch Raum für eine Reihe von Verbesserungsvorschlägen zur neuen Konzeption. Für sie wären die Bedingungen bei einem hohen Entscheidungszentralisationsgrad nicht mehr förderlich."[84]

Mit dem Vorliegen eines Realisationsplanes steigt in der Phase der Projektrealisierung auch der Grad der Standardisierung und Formalisierung: die Aktivitäten der Mitarbeiter folgen in stärkerem Maße als im bisherigen Verlauf des Innovationsprozesses mündlich oder schriftlich festgelegten Regeln. Die Detailliertheit der Regelvorgaben wird jedoch auch in dieser Phase vom Neuigkeitsgrad der Innovation begrenzt: bei hohem Neuigkeitsgrad werden auch in der Realisationsphase noch Problemlösungen (z. B. im technisch/organisatorischen Bereich bei Produktinnovationen) zu erarbeiten sein[85].

---

[82] Vgl. *Grochla*, E., 1980, S. 31 und *Thom*, N., S. 53.
[83] Vgl. *Kern*, W.: Die Netzplantechnik als ein Instrument betrieblicher Ablaufplanung, in: Unternehmungsorganisation, hrsg. von E. Grochla, 4. Aufl., Opladen 1980, S. 166 sowie *Kern*, W.; *Schröder*, H.-H., 1977, S. 276 ff.
[84] *Thom*, N., S. 281.
[85] Vgl. ebenda, S. 271.

Die Bedeutung der Organisationsstruktur für Innovationsprozesse

Die Übermittlung von Informationen bzw. der Informationsaustausch sollte insbesondere aus Effizienzgründen in der Realisierungsphase einer stärkeren Bindung unterliegen. Ein höherer Grad an Kommunikationsgebundenheit wird zur Beschleunigung des Innovationsprozesses in dieser Phase beitragen, wobei die gleiche Einschränkung wie bei dem Grad der Standardisierung und Formalisierung Gültigkeit haben dürfte.

In Abb. 3 sind die innovationsfördernden Ausprägungen der hier betrachteten organisatorischen Strukturmerkmale graphisch dargestellt. Ergänzend wurde der Partizipationsgrad als Merkmal des Führungsstils hinzugenommen, um die Bedeutung eines hohen Partizipationsgrades in der Phase der Akzeptierung zu verdeutlichen. Sollten bereits in der Generierungsphase Entscheidungen anstehen (z. B. über die Fortsetzung oder Modifikation von Experimenten), so ist auch in dieser Phase eine Partizipation der Beteiligten angezeigt.

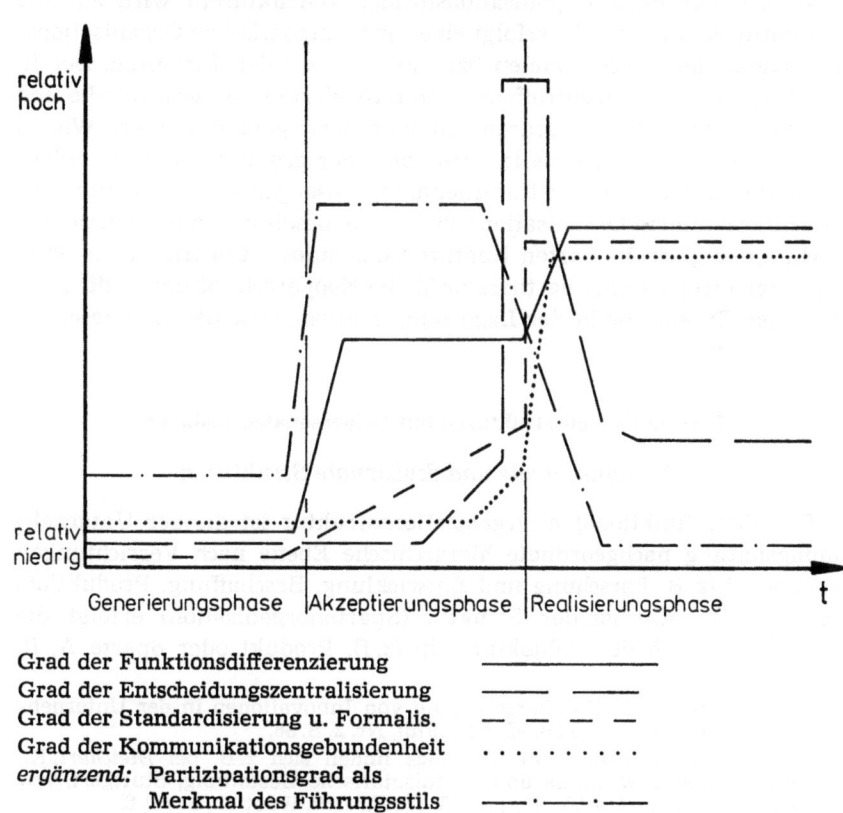

Grad der Funktionsdifferenzierung ⸺⸺⸺
Grad der Entscheidungszentralisierung — —
Grad der Standardisierung u. Formalis. — — — —
Grad der Kommunikationsgebundenheit ....
ergänzend: Partizipationsgrad als
            Merkmal des Führungsstils — · — · —

Abb. 3: Innovationsfördernde Ausprägungen der Strukturmerkmale

Anhand der Abb. 3 wird das im Kapitel A. III. bereits angesprochene „organisatorische Dilemma" noch einmal deutlich: ein relativ geringer Ordnungsgrad fördert die Generierung von Innovationen, die Akzeptierungsphase endet mit einem extrem hohen Grad an Entscheidungszentralisation, und in der Realisierungsphase werden Innovationen durch einen, relativ gesehen, höheren Ordnungsgrad eine Förderung erfahren. Die Bedeutung dieses Dilemmas für eine Unternehmung wird vom Neuigkeits- und Komplexitätsgrad der Innovation abhängen[86].

C. Innovationsprozeßfördernde und -hemmende Strukturmerkmale ausgewählter Organisationsstrukturen

Im folgenden soll der Einfluß einiger Organisationsformen auf den Innovationsprozeß betrachtet werden. Dabei werden nur innovationsrelevante Spezifika herausgegriffen; zur umfassenden Information über die einzelnen Organisationsformen (-strukturen) wird auf die Literatur verwiesen[87]. Es erfolgt eine Trennung zwischen Organisationsstrukturen mit unipersonalen bzw. multipersonalen Instanzen. Der in der Literatur auch anzutreffenden Differenzierung in hierarchische und gruppenorientierte Strukturen soll hier nicht gefolgt werden. Wie in Abschnitt A. II. vorangestellt, wird von einer grundsätzlichen Entscheidungshierarchie in einer Unternehmung ausgegangen. Auch gruppen- (-team)orientierte Organisationsstrukturen beseitigen diese Hierarchie nicht. „Lediglich die harten Konturen der autoritären Hierarchie wurden hier ersetzt durch partnerschaftliche Kooperationsformen, die nach heutiger Erkenntnis in der Lage sind, motivatorisch Leistungsreserven freizusetzen."[88]

I. Organisationsstrukturen mit unipersonalen Instanzen

1. Funktionale und divisionale Strukturen

Bei einer funktionalen Organisationsstruktur ist die der Unternehmungsleitung nachgeordnete hierarchische Ebene nach Verrichtungen gegliedert (z. B. Forschung und Entwicklung, Beschaffung, Produktion, Absatz). Bei divisionaler Struktur (Spartenorganisation) erfolgt die Gliederung nach dem Objektprinzip (z. B. Produkt oder Sparte A, B,

---

[86] Vgl. *Meffert*, H.: Die Durchsetzung von Innovationen in der Unternehmung und im Markt, in: ZfB, 46. Jg. (1976), Nr. 2, S. 86.

[87] Organisationsformen im Überblick finden sich z. B. bei *Bleichert*, K.: Unternehmungsentwicklung und organisatorische Gestaltung, Stuttgart/New York 1979, S. 85 ff.; *Grochla*, E., 1972, S. 178 ff.; *Hill*, W. et al., S. 191 ff.

[88] *Bendixen*, P.: Teamorientierte Organisationsformen, in: HWO, 2. Aufl. 1980, Sp. 2231.

Die Bedeutung der Organisationsstruktur für Innovationsprozesse 193

C ...). Als Leitungssystem liegt in der Regel bei beiden Strukturen das Einliniensystem vor[89]. Ein Mitarbeiter auf einer hierarchisch nachgeordneten Stufe erhält nur von *einem* Vorgesetzten Anweisungen und ist nur diesem gegenüber verantwortlich. „Dem Fayolschen Grundsatz der Einheit der Auftragserteilung wird bei diesem Typ organisatorisch am klarsten und voll entsprochen. Es ergibt sich ein eindeutig gegliederter und gestufter Aufbau der Leistungsbeziehungen in der Unternehmung. Die Vorteile des Einliniensystems liegen in der Einfachheit und Durchsichtigkeit des Aufbaus, der eindeutigen Abgrenzung der Kompetenzen und der straffen Linienführung des Instanzenzuges. Nachteilig wirken die Umständlichkeit der Instanzenwege, die Belastung der Zwischeninstanzen und die Starre des Systems." [90] Die letztgenannte mangelnde Flexibilität dürfte sich hemmend auf einen Innovationsprozeß auswirken. Insbesondere die mangelnde Koordination zwischen hierarchisch gleichrangigen Instanzen, lange vertikale Kommunikationswege, Gefahr von Konkurrenzdenken einzelner Unternehmungsteile statt Kooperation, Gefahr der Informationsfilterung oder -blockierung (Ideenselektion zu einem zu frühen Zeitpunkt durch Zwischeninstanzen) sowie eine Überlastung der Leitungsspitze[91] werden zumindest in den Phasen der Ideengenerierung und -akzeptierung den Innovationsprozeß behindern. Gehen wir auf die in Abb. 3 dargestellten phasenspezifischen Ausprägungen von Strukturmerkmalen zurück, so wird deutlich, daß die funktionale Struktur mit relativ hohem Grad an Funktionsdifferenzierung, Entscheidungszentralisation und kommunikativer Gebundenheit (tendenziell bürokratische Organisation) den Innovationsprozeß in der Generierungs- und Akzeptierungsphase hemmt und lediglich in der Realisierungsphase zu fördern vermag. Bei der divisionalen Organisationsstruktur ist eine stärkere Entscheidungsdezentralisation möglich. Bei konsequenter Produktgliederung kann z. B. den Bereichsleitern auf der zweiten hierarchischen Ebene eine weitgehende Entscheidungskompetenz übertragen werden, die häufig auch mit einer Gewinnverantwortung einhergeht. Mit einer solchen Annäherung an das Profit-Center-Konzept entstehen dann

---

[89] Vgl. *Grochla*, E.; *Thom*, N.: Organisationsformen, Auswahl von, in: HWO, 2. Aufl. 1980, Sp. 1499. Als charakteristisch für die funktionale Organisation sehen einige Autoren ein Mehrliniensystem im Sinne Taylors an, wobei darauf hingewiesen wird, daß es sich hierbei um einen Idealtypus handelt. Vgl. *Kosiol*, E.: Organisation der Unternehmung, Wiesbaden 1962, S. 113: „Ohne Zweifel sind echte Mehrlinieninstanzen nur selten zu finden." *Hill*, W. et al. (S. 195 ff.) weisen darauf hin, daß meistens nur ein System mit unechter Funktionalisierung praktiziert wird: in den Leistungsbereichen liegt das Einliniensystem vor; nur der administrative Bereich erhält ein direktes funktionales Weisungsrecht gegenüber anderen Bereichen.
[90] *Kosiol*, E., S. 111.
[91] Vgl. *Hill* et al., S. 212 ff.

weitgehend selbständige Subsysteme innerhalb einer Unternehmung[92], die sich durch höhere Flexibilität auszeichnen. Die Gliederung nach Objekten führt auf der zweiten Ebene zu einer höheren Aufgabenkomplexität als eine Gliederung nach Funktionen, was sich positiv auf die Ideengenerierung auswirken kann. Witte weist darauf hin, daß die hierarchische Stellen- und Abteilungsgliederung geschaffen wurde, um ständig wiederkehrende Aufgaben zu erfüllen. „Innovation bedeutet jedoch, die Arbeitsroutine zu verlassen und das Ungewöhnliche zu tun. Wir folgern daraus, daß die Hierarchie durch ein der Innovation gewidmetes, *zusätzliches* organisatorisches Modell zu ergänzen ist."[93] Eine solche Ergänzung sieht Witte im Promotorenmodell (vgl. Abschnitt B. II.), das sich allerdings in seiner ursprünglichen Form auf die Förderung von Innovations*entscheidungen* beschränkt und somit die Ideengenerierungs- und -realisierungsphase nicht umfaßt.

Funktionale und divisionale Strukturen erfahren häufig eine Ergänzung durch Stäbe, wobei diese den Innovationsprozeß nur dann fördern, wenn sich ein Machtpromotor aus der Linie mit einem Fachpromotor aus dem Stab zur Durchführung eines bestimmten Projektes verbinden[94]. Die Trennung zwischen Entscheidungs*vorbereitung* durch Stäbe und Entscheidung durch hierarchisch hochrangige Instanzen kann jedoch auch zu Konflikten führen, die den Innovationsprozeß hemmen[95].

Der Einsatz von Projektmanagern als Stabsinstanzen dient vorrangig der Überwachung und Terminverfolgung solcher Projekte, über die bereits entschieden wurde[96]. Es ist grundsätzlich jedoch auch denkbar, Projektmanager in der Akzeptierungsphase zur Ideenprüfung und Erstellung von Realisationsplänen einzusetzen.

2. *Matrixorganisation*

Durch die Kombination von funktionaler und divisionaler Struktur entsteht eine Matrixorganisation. Aufgrund der gleichzeitigen Verrichtungs- und Objektgliederung ergeben sich Mehrfachunterstellungen; im Gegensatz zu den bisher behandelten Strukturen liegt ein Mehrliniensystem vor. Der von einigen Autoren als Nachteil dieser

---

[92] Vgl. *Grochla*, E., 1974, S. 7.
[93] *Witte*, E., 1973 a, S. 10.
[94] Vgl. ebenda.
[95] Vgl. *Corsten*, H., S. 240 sowie die dort angegebene Literatur.
[96] Vgl. *Frese*, E.: Aktuelle Konzepte der Unternehmungsorganisation, in: Organisationstheoretische Ansätze, hrsg. v. A. Kieser, München 1981, S. 65 sowie *Witte*, E., 1973 a, S. 12. Zu Definition und Merkmalen von Projekten vgl. *Thom*, N., S. 113 f. Zur Unterscheidung von Projekt und Innovationsprozeß wird dort herausgestellt, daß bei Projektbeginn das Sachziel relativ präzise zu beschreiben ist, während dieses beim Innovationsprozeß erst in der Phase der Ideenakzeptierung der Fall ist.

Struktur angeführte große Kommunikationsbedarf in einer Matrixorganisation[97] wird sich in den Phasen der Ideengenerierung und -akzeptierung fördernd auf den Innovationsprozeß auswirken. Der entscheidende Vorteil dieser Organisationsstruktur für innovierende Unternehmungen ist in der Anpassungsfähigkeit zu sehen, die insbesondere eine Projekt-Matrixorganisation auszeichnet. Es handelt sich hier um eine „... hochflexible Strukturkonzeption infolge der Verwirklichung eines organisatorischen ‚Baukastenprinzips': Zum einen kann durch die Aufstellung bzw. Auflösung von Projektgruppen eine unmittelbare strukturelle Anpassung an Änderungen in der Aufgabenstellung für die Gesamtorganisation erfolgen; zum anderen ist es möglich, daß während des Projektlebenszyklus die quantitative und qualitative Zusammensetzung der Projektgruppe dem Aufgabenvolumen angepaßt wird, ohne die Grundstruktur zu verändern. ‚Eingebauter Konflikt' kann sich anpassungsförderlich auswirken"[98]. Die Einsetzung einer Projekt*gruppe* statt eines Projekt*managers* weist auf die Teamorientierung hin, die mit einer Matrixorganisation verwirklicht werden kann. Die stärkere Dezentralisierung der Entscheidungen in einer Matrixorganisation birgt in sich zwar die Gefahr eines Zeitverlustes in der Akzeptierungsphase, ausgetragene „produktive Konflikte" werden jedoch den Innovationsprozeß aufgrund einer beschleunigten Realisierung insgesamt eher fördern als behindern. Die direkte Entscheidungskompetenz und Verantwortung des Projektmanagers (der Projektgruppe) lassen eine Matrixorganisation gegenüber Stab-Projektorganisationen innovationsfreundlicher erscheinen. Wenn allerdings die Matrixorganisation als eine Möglichkeit der Überwindung des organisatorischen Dilemmas angesehen wird, so ist dem nicht vorbehaltlos zuzustimmen. Den Projektmanager als für die Teilaufgabe der Ideen*generation* verantwortlich anzusehen[99], dürfte nur für „Verbesserungsinnovationen"[100] zutreffen, wobei sich doch die Frage stellt, ob in diesem Fall nicht ein *Produkt*manager gemeint ist. Es muß davon ausgegangen werden, daß ein *Projekt*manager erst dann ernannt wird, wenn zumindest eine zu prüfende und zu bewertende Idee vorliegt. Die Aufgabe der Ideengenerierung sollte keinesfalls ausschließlich unipersonalen Instanzen zugewiesen werden.

---

[97] Vgl. *Hill*, W. et al., S. 214.
[98] *Grochla*, E.; *Thom*, N., Sp. 1508.
[99] Vgl. *Kieser*, A.: Management der Produktinnovation: Strategie, Planung und Organisation, in: Management. Aufgaben und Instrumente, hrsg. v. E. Grochla, Düsseldorf/Wien 1974, S. 167.
[100] Vgl. *Wilhelm*, H.: Fortschritt und Rationalisierung in der Wirtschaft, in: Vorträge der 15. öffentlichen Jahrestagung der Arbeitsgemeinschaft Verstärkte Kunststoffe e. V., hrsg. v. der Arbeitsgemeinschaft Verstärkte Kunststoffe e. V., Freudenstadt 1978, S. 1 f. und ders., 1974, Sp. 1713.

II. Organisationsstrukturen mit multipersonalen Instanzen

Bei Organisationsstrukturen mit multipersonalen Instanzen wird die Entscheidungsbefugnis und -verantwortung auf Gruppen übertragen. Die auch in Organisationen mit Individualverantwortung in manchen Bereichen bestehende Teamidee (Vorstand, F & E-Abteilung, Projektgruppen) wird auf die gesamte Unternehmung ausgedehnt[101]. Bendixen weist darauf hin, daß das Prinzip der Gruppenarbeit allein nicht ausreicht, um von einer teamorientierten Organisationsform zu sprechen. Diese liegt erst dann vor, „... wenn den Gruppen eine *gemeinsame normative* Kompetenz zugewiesen wird, die eine Zurechnung von Einzelverantwortung unter Gruppenmitgliedern ausschließt"[102].

In dem von Likert[103] entwickelten „System überlappender Gruppen" wird das Gruppenkonzept auf die gesamte Unternehmung über alle hierarchischen Ebenen ausgedehnt. Jedes Team hat ein gemeinsam festgelegtes Ziel zu verwirklichen, und alle Tätigkeiten beruhen auf gemeinsamer Beschlußfassung. Die verschiedenen Gruppen sind durch sogenannte „linking pins" verbunden: einzelne Mitglieder gehören gleichzeitig zwei Gruppen an, um damit sowohl die vertikale als auch die horizontale Kooperation zu erhöhen. Beim „Colleague"-Modell erfolgt eine Gruppenbildung (Colleague-Group) durch Zusammenfügung der bei einer bestimmten Aufgabenstellung erforderlichen Experten und Machthaber (Entscheidungsträger). Im Unterschied zum später entwickelten Promotorenansatz arbeiten diese jedoch nicht aus eigenem Antrieb, sondern aufgrund einer Zuordnung zusammen. Die im Promotorenmodell besonders herausgestellte Innovationsförderung durch ein Zusammenwirken von Fach- und Machtpromotor dürfte aber auch für Colleague-Groups Gültigkeit haben. Bei der Konzeption dieses Modells sollten in erster Linie die bei der Stab-Linien-Organisation auftretenden Probleme aufgrund der Trennung von Entscheidung und Entscheidungsvorbereitung beseitigt werden. Durch die Gruppenbildung erfolgt eine Beteiligung von Experten an der Entscheidungsverantwortung und von Linieninstanzen an der Arbeit der Spezialisten[104]. „Colleague Groups" unterschiedlicher hierarchischer Ebenen bilden ein „Colleague Team". Damit wird „... unter Beibehaltung der vertikalen Integration des traditionellen Einlinien-Konzepts eine horizontale Integration der Aktivitäten in der Organisation beabsichtigt"[105].

---

[101] Vgl. *Grochla*, E., 1974, S. 9.
[102] *Bendixen*, P., 1980, Sp. 2227.
[103] Vgl. *Likert*, R.: New Patterns of Management, New York u. a. 1961.
[104] Vgl. *Bendixen*, P., 1980, Sp. 2232.
[105] *Grochla*, E., 1974, S. 59.

Die Bedeutung der Organisationsstruktur für Innovationsprozesse 197

In weiteren Modellen mit multipersonalen Instanzen (z. B. im Modell der ergänzenden Teamvermaschung und im Modell der Task Force) werden Teams als *Ergänzung* traditioneller Organisationsmodelle angesehen. Beim Auftreten komplexer Problemstellungen werden teamartige Nebenorganisationen geschaffen, sich nach Abschluß der Problemlösung wieder auflösen[106].

Insbesondere in der Phase der Ideengenerierung können Teamkonzeptionen den Innovationsprozeß fördern. Auch in der Akzeptierungsphase erscheinen multipersonale Instanzen vorteilhaft, da ein höchstmöglicher Partizipationsgrad verwirklicht wird, wenn alle Betroffenen gemeinsam an Entscheidungsprozessen mitwirken. Die Effizienzsteigerung einer Organisation durch Gruppenkonzeptionen beruht auf

— Aktivierung potentieller Fähigkeiten der Gruppenmitglieder,
— Konfliktminimierung in den interpersonalen Beziehungen
  und
— Erhöhung der Anpassungsfähigkeit.

Dem stehen jedoch nicht unerhebliche Nachteile gegenüber[107]:

— steigender Zeitaufwand für Entscheidungsprozesse
— klare Verantwortungsbeziehungen entfallen
— Teamarbeit kann zu konformem Verhalten verleiten
— Frustrationen von Gruppenmitgliedern können nicht völlig vermieden werden.

Insbesondere die Ausweitung der Gruppenkonzepte auf die gesamte Organisation dürfte in der Regel unter ökonomischen Gesichtspunkten kaum durchzuführen sein und wird auch in der Realisierungsphase eines Innovationsprozesses und bei den sich ständig wiederholenden Aufgaben in einer Unternehmung eher hemmend wirken. Die traditionelle Organisationsstrukturen *ergänzenden* Teamkonzeptionen dagegen können die Vorteile dieser Organisationsform zur Förderung des Innovationsprozesses nutzen, ohne die Nachteile auf die gesamte Unternehmung zu übertragen.

---

[106] Vgl. die komprimierte Darstellung dieser Ansätze bei *Bendixen*, P., 1980, Sp. 2233 ff.
[107] Vgl. *Grochla*, E., 1974, S. 60 sowie die dort angegebene Literatur.

D. Änderung oder Ergänzung der Organisationsstruktur — Voraussetzung erfolgreicher Innovationsprozesse

In einer sicheren und sich wenig verändernden Umwelt werden Unternehmungen dazu neigen, tendenziell bürokratische Organisationsstrukturen aufzubauen und zu erhalten[108]. Die derzeitige Situation, die durch eine rasche Folge von Veränderungen im ökonomischen, technischen und sozialen Bereich gekennzeichnet ist, erfordert dagegen flexiblere Strukturen, die eine Reaktion auf Änderungen ermöglichen. Dynamik und Unsicherheit in vielen unternehmungsrelevanten Bereichen führen zu zwei grundsätzlichen Erkenntnissen[109]:

— es gibt keine Organisationsstruktur, die unter allen jeweils vorliegenden internen und externen Bedingungen als optimal angesehen werden kann, und
— eine konkret vorliegende Organisationsstruktur muß regelmäßig auf ihre Zweckmäßigkeit geprüft werden.

Wird die Förderung von Innovationsprozessen durch eine Veränderung der für die gesamte Unternehmung geltenden Organisationsstruktur angestrebt, so ist zum einen zu beachten, daß die Innovationsfähigkeit nur *eine* der Anforderungen ist, denen die neue Struktur genügen muß und daß zum anderen die Kosten der organisatorischen Gestaltung sowie die schwer zu quantifizierenden personalen Änderungswiderstände eine möglichst langfristige Beibehaltung einmal geschaffener Strukturen nahelegen. Die Änderung der Aufbauorganisation ist eine schwerwiegende unternehmungspolitische Entscheidung, die eine sorgfältige, aus unternehmungsspezifischer Sicht möglichst umfassende Gegenüberstellung unterschiedlicher Ausprägungen von Auswahlkriterien bei verschiedenen Organisationsformen erfordert. Die Sicherstellung einer rationalen Entscheidung kann durch das Verfahren der Einzelpräferenzentscheidung oder die Anwendung der Scoring-Methode zur Auswahl der Organisationsform angestrebt werden[110].

Wenn ein Ausweg aus dem organisatorischen Dilemma in der Verselbständigung von Innovationsbereichen gesehen und die Beurteilung der Innovationsfähigkeit einer Unternehmung z. B. auf die F & E-Abteilung beschränkt wird[111], so ist dem nicht vorbehaltlos zuzustimmen. Selbst die Phase der Ideengenerierung kann nicht ausschließlich auf

---

[108] Vgl. *Khandwalla*, P. N.: Unsicherheit und die „optimale" Gestaltung von Organisationen, in: Organisationstheorie, hrsg. v. E. Grochla, 1. Teilband, Stuttgart 1975, S. 140.
[109] Vgl. *Grochla*, E., 1980, S. 37.
[110] Vgl. *Grochla*, E., *Thom*, N., 1980, Sp. 1494 ff. Hier findet sich eine knappe Darstellung dieser Verfahren.
[111] Vgl. *Thom*, N., S. 330 und die dort angegebene Literatur.

Die Bedeutung der Organisationsstruktur für Innovationsprozesse 199

einen F & E-Bereich übertragen werden. Eine ungebundene Kommunikation mit anderen Unternehmungsteilen und externen Informationsquellen liefert wertvolle Anregungen. Besonders in der Akzeptierungs- und Realisierungsphase sollten alle Unternehmungsteile innovationsfördernd wirken.

Werden alle mit Innovationen befaßten Aktionseinheiten zu einem betrieblichen Innovationssystem (Summe aller temporären innovativen Subsysteme) zusammengefaßt, so bedarf die vorhandene Organisationsstruktur, wenn sie die genannten innovationsfördernden Merkmale nicht aufweist, einer *ergänzenden* organisatorischen Gestaltung, z. B. durch die Schaffung von Teams oder Projektgruppen. Eine Unternehmung kann sich auf diese Weise prinzipiell unabhängig von der bestehenden Organisationsstruktur bemühen, in betroffenen Bereichen zumindest temporär innovationsförderliche organisatorische Regelungen einzuführen[112].

Erfolgreiche Innovationsprozesse können als wirkungsvolle Anpassung an veränderte Umweltbedingungen aufgefaßt werden. Die Organisationsbedingungen sollten dazu so gestaltet werden, daß

— umfassende Informationen aus internen und externen Quellen aufgenommen und weitergegeben werden,
— Kreativität und Flexibilität die Realisierung von Veränderungen gewährleisten,
— Integration und Einverständnis hinsichtlich der Unternehmungsziele herrscht und
— ein internes Klima der Bestätigung und Angstfreiheit ein Engagement für das Gesamtsystem stimuliert[113].

Die Notwendigkeit, durch Änderung oder Ergänzung der Organisationsstruktur einen unternehmungsspezifischen Beitrag zur Innovationsförderung zu leisten, zeigt sich besonders in der aktuellen Situation, „... in der sich für eine zunehmende Anzahl von Unternehmungen weniger die Frage stellt, *ob* sie Innovationen tätigen wollen, sondern vielmehr die Frage, *wie* Innovationen planmäßig und in organisierter Weise als bestandserhaltende und entwicklungsfördernde Mittel eingesetzt werden können"[114].

---

[112] Vgl. ebenda, S. 332.
[113] Vgl. *Schein*, E. H.: Organisationspsychologie, Wiesbaden 1980, S. 164.
[114] *Grochla*, E., 1980, S. 30.

Probleme bei der Implementierung technischer Neuerungen — gezeigt am Beispiel der Einführung von NC-Maschinen

Von *Ulrich Berr*, Braunschweig

A. Einleitung

Technische Neuerungen bringen eine Menge Probleme in ein Unternehmen. Zunächst wird der Mensch angesprochen, der eine ist Neuerungen gegenüber aufgeschlossen, ein anderer ist abwartend, mancher ist gar ablehnend. Von Euphorie bis Niedergeschlagenheit reicht die Palette menschlichen Verhaltens, beginnend beim ersten Gedanken der Einführung einer technischen Neuerung, verstärkt bei der Implementierung. Viel Wahrheit steckt in der scherzhaften Betrachtung über die verschiedenen Stadien beim Einführen einer Neuerung: Zunächst gibt es das Stadium der Begeisterung, dann das der Ernüchterung, das der Niedergeschlagenheit, gefolgt von der Suche nach den Schuldigen, der Bestrafung der Unschuldigen und der Belohnung der Unbeteiligten.

Den Problemen, die mit der Implementierung technischer Neuerungen verbunden sind, kann nur mit der Kenntnis ihrer möglichen Auswirkungen begegnet werden. Manche Neuerungen betreffen nur einen kleinen Ausschnitt eines Unternehmens, andere krempeln es regelrecht vollkommen um. Erinnert sei an die Auswirkungen, welche die Einführung der elektronischen Datenverarbeitung (EDV) in den letzten knapp drei Jahrzehnten mit sich brachte: die Struktur der Unternehmen und ihrer einzelnen Bereiche, die Arbeitsabläufe, die Organisation im kleinen wie im großen, alles wurde beeinflußt.

Nicht ganz so kraß dürften die Veränderungen sein — und nicht so viele Bereiche eines Unternehmens berührend —, die mit der Einführung von NC-Maschinen[1] verbunden sind. Vielleicht liegt es auch daran, daß mit numerisch gesteuerten Maschinen von vornherein die EDV mit in Beziehung gebracht wird. Die elektronische Datenverarbeitung und die Probleme, die damit verbunden waren bzw. noch sind, dürften in den meisten Unternehmen bekannt sein, so daß sich eine etwas gelassenere Betrachtungsweise einstellt.

---

[1] NC von englisch „Numerical Control", numerisch gesteuert.

Jedoch stellt die Implementierung von NC-Maschinen augenblicklich noch eine technische Neuerung dar, wir befinden uns immer noch in den frühen Stadien einer Entwicklung.

Zwangsläufig sind damit viele Probleme verbunden. Es ist wichtig, diese zu kennen — dann kann sich darauf eingestellt werden. Das ist der Zweck der vorliegenden Abhandlung.

Zunächst werden
— NC-Maschinen, eine relativ junge Generation von Werkzeugmaschinen vorgestellt, anschließend die
— Einflüsse der NC-Steuerungen auf die Werkzeugmaschinen.

Es folgt eine Betrachtung der
— Programmiersysteme zur rechnerunterstützten Fertigung, der
— Einflüsse der NC-Maschinen auf die Aufbau- und Ablauf-Organisation und damit verbundene mitarbeiterbezogene Probleme,

sowie der
— ökonomischen Gesichtspunkte der Implementierung von NC-Maschinen.

Weiterhin werden die
— Verbindungen zur rechnerunterstützten Arbeitsplanung und rechnerunterstützten Konstruktion

angesprochen.

Bewußt an den Schluß gesetzt werden die zugehörigen
— Einführungsvoraussetzungen.

B. NC-Maschinen, eine relativ junge Generation von Werkzeugmaschinen

Mit NC-Maschinen bezeichnet man in erster Linie, historisch bedingt, numerisch gesteuerte Werkzeugmaschinen. Die Entwicklung numerischer Steuerungen begann im Jahre 1949, und schon Mitte der 50er Jahre kam die erste industriell gefertigte NC-Werkzeugmaschine in den USA auf den Markt. Die noch heute bedeutende erste allgemeingültige Programmiersprache APT (Automated Programmed Tools) für die zugehörigen NC-Steuerprogramme war bereits Ende der 50er Jahre einsatzreif. In Deutschland werden erst ab den 70er Jahren in größerem Umfang numerisch gesteuerte Werkzeugmaschinen implementiert.

Die technologische Entwicklung war zwischenzeitlich regelrecht rasant geworden, neue elektronische Bauelemente wurden einsatzreif für numerische Steuerungen, 1960 war es der Transistor, 1968 die integrierte Schaltung (IC = Integrated Circuit), 1976 der Mikroprozessor. Die 70er Jahre waren zudem gekennzeichnet durch den Übergang von der festverdrahteten numerischen Steuerung (NC) zur rechnerorientierten CNC-Steuerung (CNC = Computerized Numerical Control) und des vereinzelten Einsatzes von DNC-Systemen. Unter DNC (Direct Numerical Control) wird die Eingabe von NC-Programmen auf direktem elektronischen Wege über Kabel in die einzelnen NC/CNC-Steuerungen von mehrfach vorhandenen und angeschlossenen Werkzeugmaschinen verstanden, gesteuert von einem gemeinsamen Prozeßrechner.

Mit der numerischen oder zahlenmäßigen Steuerung sind eine Fülle von Begriffen und den dahinterstehenden Techniken und Verfahren verbunden, deren wichtigste im folgenden angesprochen werden.

Bei Werkzeugmaschinen sind die Steuerbefehle in Form von Zahlen zunächst Maßangaben, welche die relative Lage zwischen Werkzeug und Werkstück kennzeichnen. Man bezeichnet sie als geometrische Daten oder als Weginformationen. Ferner gibt es Schaltinformationen, die sich auf technologische Daten und die entsprechenden Einrichtungen einer Werkzeugmaschine beziehen und mit denen Schaltvorgänge zu bestimmten Zeitpunkten verbunden sind.

Die Steuerbefehle für die Werkzeugmaschine werden einer Steuerung eingegeben, die Zahlen verarbeiten kann und als Ergebnis Steuersignale ausgibt. Damit sind die drei wesentlichen Funktionsbaugruppen einer numerischen Steuerung angesprochen: die Dateneingabe, die Datenverarbeitung und die Datenausgabe. Das sind Einrichtungen, wie sie jede klassischen elektronische Datenverarbeitungs-Anlage (EDVA) in entsprechender Weise besitzt, nur daß hier die Ausgabe in Form von Steuersignalen zum Betätigen von Stellgliedern und Servomotoren an der Werkzeugmaschine erfolgt.

Die Zahlenwerte für die Steuerbefehle müssen nach vorgeschriebenen Regeln als Anweisungen in eine für die Steuerung verständliche Form gebracht werden. Dieser Vorgang — die NC-Programmierung — kann manuell oder mit Hilfe von EDV durchgeführt werden, bei letzterem spricht man von maschineller NC-Programmierung. Eine Fülle universeller und spezieller Programmiersprachen, in erweiterter Form mit EDV-Unterstützung als NC-Programmiersysteme bezeichnet, sind dazu verfügbar.

Betont werden muß, daß die numerische Steuerung kein Fertigungsverfahren darstellt. NC ist ein spezielles Konzept zur Steuerung von Maschinen, bei Werkzeugmaschinen für die verschiedensten Fertigungsverfahren. Historisch gesehen, wurden zunächst Werkzeugmaschinen für das Fertigungsverfahren „Trennen" numerisch gesteuert, beginnend bei spanenden Maschinen, wie Fräsmaschinen, Bohrmaschinen, Drehmaschinen, aber auch zum Stanzen, zum Brennschneiden und zum Erodieren. Mittlerweile gibt es auch numerisch gesteuerte Werkzeugmaschinen für „Umformen", „Fügen" (Schweißen verschiedener Art) und weitere Fertigungsverfahren. Nähere Einzelheiten können ausführlichen Katalogen entnommen werden[2].

Darüber hinaus werden auch z. B. Verdrahtungs-, Handhabe-, Montage-, Meß-, Prüf- und Zeichenmaschinen numerisch gesteuert.

Wesentlich ist, daß mit der mehr oder minder theoretisch optimalen Leistungsfähigkeit der Maschinen im Vergleich zu konventionellen Maschinen gerechnet werden kann.

Bei Werkzeugmaschinen (wie auch analog bei anderen Maschinen) hat die numerische Steuerung die Werkzeugmaschinen selbst beeinflußt; einmal die Konstruktion der Maschinen, die Werkzeuge, die Antriebselemente, den Preis und damit insgesamt die Wirtschaftlichkeit und Betriebsorganisation des Einsatzes, um nur die wichtigsten Positionen zu nennen.

Damit verbunden sind Fragen der Investition insgesamt, nicht nur für die NC-Maschine selbst, sondern auch in engem Zusammenhang die für den jeweiligen Einsatz sinnvollsten Programmiersprachen bzw. Programmiersysteme oder in noch erweiterter Aufgabenstellung die mögliche Anwendung eines Systems zur rechnerunterstützten Arbeitsplanung. Im deutschen Sprachraum wird für die rechnerunterstützte Fertigung auch der englische Begriff CAM (Computer Aided Manufacturing) verwendet, je nach Auffassung auch die rechnerunterstützte Arbeitsplanung enthaltend. Für letzteres wird teilweise auch der englische Begriff CAP (Computer Aided Planning) gebraucht.

Die Problematik erstreckt sich noch weiter: soll oder wie soll eine Verbindung zur rechnerunterstützten Konstruktion (CAD = Computer Aided Design) erreicht werden? Mit NC, den zugehörigen Programmiersystemen, mit CAM und CAD ist zwangsläufig die EDV verbunden. Soll ein Kleinrechner, eine Datenstation oder ein Satellitenrechner zu einem Großrechner und dieser in welcher Betriebsform (Stapelverarbeitung oder Dialogverarbeitung) eingesetzt werden? Soll in der Werkstatt oder in der Arbeitsvorbereitung (AV) programmiert werden? Welche betriebsorganisatorischen und welche personellen Probleme treten auf?

Die Fülle der Probleme bei der Implementierung dieser technischen Neuerungen ist groß — eine Reihe davon werden im folgenden weiter behandelt.

---

[2] Vgl. *Kief*, H.: NC-Handbuch '80, Michelstadt 1980; *Shah*, R.: NC-Guide, Band 1, Zürich, Düsseldorf 1979; Band 2, Zürich, Düsseldorf 1980.

C. Einflüsse der NC-Steuerungen auf die Werkzeugmaschinen

Zunächst ein kurzer Abriß möglicher NC-Steuerungen[2a].

Bild 1 zeigt das Prinzip der numerischen Werkzeugmaschinensteuerung, welches allerdings in dieser vereinfachten Form nur für die Steuerung beispielsweise eines Schlittens gilt. Sollen mehrere Achsen einer Werkzeugmaschine gesteuert werden, so sind alle skizzierten Elemente je einmal erforderlich.

Ein weiteres Kriterium für die Leistungsfähigkeit einer Steuerung ist der Funktionszusammenhang zwischen den gesteuerten Achsen. Man unterscheidet Punktsteuerungen, einfache und erweiterte Streckensteuerungen und Bahnsteuerungen, siehe Bild 2.

Bei der Punktsteuerung bewegt sich das Werkzeug ohne Eingriff in das Werkstück nur von Punkt zu Punkt, anschließend wird es betätigt. Klassische Anwendungsbeispiele für diese Steuerungsart sind Revolverstanzmaschinen, Bohrmaschinen und Lehrenbohrwerke.

Bei der einfachen Streckensteuerung wird das Werkzeug im Eingriff entlang einer der gesteuerten Achsen mit definiertem Vorschub verfahren. Diese Steuerungsart ist bei Dreh- und Fräsmaschinen gebräuchlich, obwohl hiermit nur geometrisch einfache Teile, beim Drehen also Zylinder- und Planflächen, beim Fräsen nur glatte Flächen und rechtwinklige Taschen bearbeitet werden können.

Die erweiterte Streckensteuerung gestattet zusätzlich die Bewegung entlang bestimmter Winkel, so daß auch Schrägen erzeugt werden können.

Die Bahn- oder Stetigbahnsteuerung erlaubt zusätzlich die Bewegung längs bestimmter gekrümmter Kurven aufgrund eines Programmsatzes. Damit wird eine zweidimensionale Bahnsteuerung (2 D) erreicht, angewendet bei Dreh- und Fräsmaschinen, aber auch zum Brennschneiden, Konturstanzen und Konturnibbeln (fortlaufendes „Knabbern").

Fräsmaschinen für komplexe dreidimensionale Teile aus der Luft- und Raumfahrtindustrie werden mit einer drei bis zu fünf Achsen verknüpfenden Steuerung ausgerüstet. Neben den drei translatorischen Achsen x, y und z werden meist noch ein drehbarer Werkstücktisch und ein schwenkbarer Spindelkopf gesteuert. Fünfachsiges NC-Formfräsen stellt immer noch die Krone der spanenden Fertigungstechnik dar, hierbei wird die räumliche Lage des Werkzeuges der Werkstückgeometrie optimal aufeinander angepaßt. Die Fertigung der Schaufeln für die Laufräder von Turbinen und Pumpen ist ein kennzeichnendes Beispiel. Eine Sechs-Achsen-Steuerung ist nur bei Robotern (programmierte erweiterte Form der Handhabungsgeräte) nötig. Siehe hierzu auch Bild 3.

[2a] Die Abbildungen befinden sich auf den Seiten 219 - 222.

Weitere Einzelheiten führen in diesem Rahmen zu weit. Nur angedeutet werden soll, daß es z. B. für Drehmaschinen 2×2-Achsen-Steuerungen gibt, d. h. doppelte Schlitten zur doppelten Werkzeugaufnahme und zum gleichzeitigen zweifachen Eingriff. Ferner gibt es sog. 2½ D-Steuerungen, wobei zwei translatorische Achsen simultan und eine weitere Achse unabhängig verstellbar sind (z. B. bei Bohrmaschinen).

Die oben genannten Möglichkeiten der numerischen Steuerung haben konstruktiv die Werkzeugmaschinen so verändert, daß möglichst viele Bearbeitungsvorgänge an einem Werkstück in einer Aufspannung durchgeführt werden können[3]. Der extreme Fall ist das hierfür entwickelte Bearbeitungszentrum, das erst mit der NC-Technik entstanden ist. Weitere neue Entwicklungen sind automatische Werkzeugwechsler, Werkzeug-Schnellspanner und Werkstück-Palettenwechsel sowie spezielle Werkzeuge für NC-Werkzeugmaschinen mit vereinheitlichten Werkzeughaltern.

Wegen höherer Ausnutzungs- und Belastungsmöglichkeiten der NC-Werkzeugmaschinen mußten die Antriebe, die Getriebe, die Führungen, die Spindeln usw. verstärkt werden. Diese Verstärkungen und Verbesserungen der Werkzeugmaschine haben neben der zusätzlichen numerischen Steuerung und den zugehörigen Meßsystemen den Preis der NC-Werkzeugmaschine gegenüber der klassischen Werkzeugmaschine beträchtlich erhöht. Allerdings ist der Anteil der Steuerung am Gesamtpreis der Einrichtungen in den letzten Jahren stetig gefallen, bedingt durch den Einsatz des Mikroprozessors in den Steuerungen.

Bei der Steuerung selbst ist die Frage zu klären, ob eine NC- oder eine CNC-Steuerung gewählt werden soll. Erst ein Steuerprogramm setzt die NC-Maschine in Bewegung. Aber beim Erstellen dieses Steuerprogramms mit Hilfe einer/s Programmiersprache/-systems zeigt sich, ob die Steuerung „programmierfreundlich" ist und ob die Programmierung manuell oder nur mittels externer Rechnerunterstützung möglich ist. Ermittelt die NC bestimmte Funktionsabläufe und Berechnungen selbsttätig, kommt man über die speicherprogrammierbare Steuerung (SPS) zur rechnerorientierten CNC-Steuerung. Hier muß also nicht alles im einzelnen programmiert werden, was sich wiederum auf das anzuwendende Programmiersystem und die Ausbildung des Personals auswirkt. Das zeigt sich besonders bei automatischen Zyklen, geometrischen Berechnungen und der Fehlerüberwachung, z. B. betrifft es die Berechnung von äquidistanten Werkzeugbewegungen (Schneidenradiuskompensation). CNC-Steuerungen besitzen daher einen integrierten frei programmierbaren Rechner mit einer entsprechenden zugehörigen Programmausrüstung (Software).

---

[3] Vgl. *Weck*, M.: Automatisierung und Steuerungstechnik, Düsseldorf 1978.

Des weiteren ist zu überlegen, ob die CNC-Steuerung noch mit einer zusätzlichen Anpaßregelung (AC = Adaptive Control) in Form einer Grenzregelung (ACC = AC-Constraint) oder Optimierregelung (ACO = AC-Optimization) ausgerüstet sein soll, womit sich sowohl Belastungen verringern als auch Schnittleistungen verbessern lassen. Heute ist es meist noch sehr schwierig, die Wirtschaftlichkeit derartiger aufwendiger Zusatzeinrichtungen nachzuweisen.

Eine andere Möglichkeit, mit CNC-Steuerungen die Steuerprogramme zu erstellen, besteht in der sog. Handeingabe-NC. Das bedeutet, die manuelle Programmierung wird direkt an der Maschine durchgeführt. Sinnvoll ist derartiges meist nur für Teile mit niedrigem bis mittlerem Schwierigkeitsgrad und für Kleinserien, weil damit nicht die Möglichkeiten eines optimierenden maschinellen NC-Programmiersystems einer Arbeitsvorbereitung erreicht werden.

Welche Werkzeugmaschine für welches Fertigungsverfahren mit welcher Steuerungsart, d. h. Achsanzahl usw., welchen Spanneinrichtungen und Werkzeugen in Frage kommt, richtet sich in erster Linie nach dem zu bearbeitenden Teilespektrum und der damit zusammenhängenden Wirtschaftlichkeit im Einsatz. Ob die Steuerung den Umfang nur einer reinen NC oder den erweiterten Funktionsumfang einer CNC haben muß, ist auch in Zusammenhang mit der Programmierungsart zu sehen, ob nämlich in der Werkstatt oder in der Arbeitsvorbereitung programmiert und weiterhin, ob optimiert werden soll. Die Investitionsentscheidung ist somit weit über die eigentliche Maschine hinaus auszudehnen, was zusätzliche Probleme mit sich bringt.

D. Programmiersysteme zur rechnerunterstützten Fertigung

Im vorigen Abschnitt wurde bereits erwähnt, daß die wesentliche Eigenschaft einer numerischen Steuerung im selbsttätigen Ablauf vorher programmierter Bewegungsabläufe zu sehen ist. Diese Bewegungsabläufe bzw. Fertigungsabläufe auf einer Werkzeugmaschine müssen über eine Kette von Eingabeinformationen erfolgen — mit einem NC-Steuerprogramm. Die schon früher erwähnten Weg- und Schaltinformationen werden nach festen Regeln zu Sätzen zusammengefaßt und auf einem Datenträger abgespeichert (nur bei DNC direkte Weitergabe an die Steuerung). In Anlehnung an die natürlichen Sprachen werden die einzelnen Angaben „Worte" genannt und deren Zusammenfassung als Beschreibung einzelner Bearbeitungsschritte „Sätze". Der Satzaufbau für die einzelnen Anweisungen ist bei den verschiedenen Programmiersprachen uneinheitlich, des weiteren sind einige Sprachen mehr maschinen- bzw. hier jetzt steuerungsorientiert und andere mehr problemorientiert.

Die Eingabedaten für das zu erstellende NC-Steuerprogramm werden mit „Teileprogramm" bezeichnet, weil mit ihnen die einzelnen Schritte des Fertigungsprozesses vom Rohteil zum Fertigteil beschrieben werden.

Beim manuellen Programmieren müssen alle Sätze, die zu einem Ablauf gehören, nach den Regeln des jeweiligen Steuercodes an- bzw. eingegeben werden. Daher ist diese Programmierart zeitlich sehr aufwendig.

Programmierfreundlicher sind maschinelle Programmiersysteme, mit denen mittels EDV-Unterstützung die Anzahl der vom Programmierer einzugebenden Anweisungen wesentlich vermindert wird. Hierzu sind Übersetzer nötig, die allgemein bei der NC-Programmierung „Prozessor" genannt werden — in der klassischen EDV werden diese Übersetzer mit „Assembler" und „Compiler" bezeichnet. Programmiersysteme gibt es in einfacher Ausführung für NC/CNC-Handeingabe-Steuerungen und Programmierung an der Maschine in der Werkstatt bis hin zu komfortablen Ausführungen für die Programmierung in der Arbeitsvorbereitung (AV) und verschiedenen Formen des Rechnereinsatzes. Bild 4 zeigt den prinzipiellen Ablauf der maschinellen NC-Programmierung.

Die Entscheidung, wie und wo mit welcher Programmiersprache bzw. welchem Programmiersystem gearbeitet werden soll, ist genauso wichtig wie die Auswahl der Werkzeugmaschine mit zugehöriger Steuerung. Beides ist miteinander verbunden und mit in die Investitionsüberlegung einzubeziehen[4].

Eine gewisse Entscheidungserleichterung kann sich zunächst dadurch ergeben, daß manche NC-Werkzeugmaschinen von vornherein mit einem zugehörigen Programmiersystem angeboten werden. Jedoch ist eine derartige Entscheidungserleichterung ein Trugschluß, denn mit jeder weiteren NC-Werkzeugmaschine anderen Fabrikats oder für ein anderes Fertigungsverfahren oder wegen einer nötigen höheren Mehr-Achssteuerung stellt sich erneut die Frage nach dem hierfür sinnvollsten Programmiersystem. Im allgemeinen werden daher heute in den Unternehmen mehrere verschiedene Programmiersysteme nebeneinander verwendet werden müssen. Hier besteht die Problematik darin, diese Vielfalt nicht ausufern zu lassen.

Die Programmiersprachen bzw. -systeme lassen sich grob in zwei Gruppen untergliedern:

— in allgemeingültige (universelle) Systeme, die mehr oder minder jedem Anwendungsfall gerecht werden und die anzupassen sind,

---

[4] Vgl. *Grupe*, U.: Programmiersprachen für die numerische Werkzeugmaschinensteuerung, Berlin/New York 1974.

Probleme bei der Implementierung technischer Neuerungen

— in spezielle Systeme, die entweder eine Untermenge eines universellen Systems darstellen und sich auf bestimmte NC-Werkzeugmaschinen beziehen oder auch an einen Rechner gebunden sind oder für ganz bestimmte Anwendungsfälle konzipiert worden sind.

Die Systeme der erstgenannten Gruppe verwenden sog. problemorientierte Mehrzwecksprachen, meist in der Schreibweise (Notation) einer klassischen problemorientierten EDV-Programmiersprache. Die Übersetzer (Prozessoren) sind vielfach ebenfalls mit einer der Programmiersprachen der klassischen EDV erstellt, z. B. mit FORTRAN (Formula Translation). Wegen der angestrebten Universalität wird das Übersetzungsprogramm für den NC-Steuerlochstreifen zweigeteilt: die geometrische und technologische Verarbeitung des schon genannten „Teileprogramms" erfolgt für die allgemeingültigen Verarbeitungsschritte in einem Prozessor. Als Zwischenergebnis werden maschinenunabhängige CL-Data (Cutter Location Data) ausgegeben, die in einem nachfolgenden Anpassungsprogramm, im Postprozessor, der NC-Maschine bzw. ihrer NC-Steuerung angepaßt werden. Der Postprozessor muß in der gleichen Anzahl von Versionen vorliegen, wie unterschiedliche NC-Steuerungen bedient werden sollen.

Die Systeme der zweitgenannten Gruppe, also die speziellen NC-Programmiersysteme, sind naturgemäß wesentlich differenzierter. Die zugehörigen Prozessoren sind teilweise mit maschinenorientierten Programmiersprachen (sog. ASSEMBLER) oder auch mit problemorientierten erstellt. Die oben angeführte Zweiteilung der Übersetzung über einen Prozessor mit nachgeschaltetem Postprozessor wird beibehalten. Einige wenige NC-Programmiersysteme für ganz bestimmte Maschinentypen haben lediglich einen Prozessor, weil sie nämlich dann keinen eigenständigen Postprozessor benötigen. Erst in jüngster Zeit wurde ein Programmiersystem entwickelt, welches nur mit einem Prozessor auskommt, obwohl unterschiedliche NC-Maschinen bzw. NC-Steuerungen bedient werden. Hierbei ist demnach der Postprozessor in den Prozessor integriert. Es handelt sich um ein spezielles System, auf das Fertigungsverfahren Drehen beschränkt[5].

Das universellste und am weitesten ausgebaute Programmiersystem ist das schon früher genannte APT, welches allerdings nur rein geometrieorientiert ist. Es ist insbesondere für drei- oder mehrachsige Bearbeitungen geeignet. APT-Untermengen-Systeme erlauben auch die Einbeziehung technologischer Sachverhalte. Das bekannteste System ist EXAPT (Extended APT).

---

[5] Vgl. *Berr*, U., *Zenke*, G.: Dialogorientierte NC-Programmierung für ein ausgewähltes Drehteilspektrum, in: Werkstattstechnik, 71. Jg. (1981), S. 735 ff. Das hier beschriebene Programmiersystem mit dem Namen CONC wurde vom Lehrstuhl des Verfassers zusammen mit den Optischen Werken Ernst Leitz Wetzlar GmbH entwickelt.

Der Rahmen dieses Beitrags erlaubt es nicht, weiter auf Einzelheiten der NC-Sprachen einzugehen, die zur APT-EXAPT-Familie gehören oder ihr nahestehen[6]. Es gibt augenblicklich wahrscheinlich weit mehr als 150 NC-Programmiersysteme, die auf dem Markt angeboten werden, wobei der Anteil der speziellen Systeme naturgemäß höher ist. In der Bundesrepublik sind etwa 25 Systeme weiter verbreitet.

Die älteren Systeme sind so ausgelegt, daß die Übersetzung mittels des Prozessors nur in Stapelverarbeitung durchgeführt werden kann. Fehler können somit nur nach der Verarbeitung korrigiert werden. Neuere Systeme und die neueren Versionen klassischer NC-Programmiersysteme erlauben auch eine Verarbeitung im Dialog, was besonders für die Fehlerkorrektur vorteilhaft ist und ganz allgemein den Benutzerkomfort erhöht. Dazu gehören auch Vorprozessoren zum Vereinfachen der Teileprogrammierung und Reduzieren der Eingabemenge, indem sog. „Makros"[7] verwendet werden.

Eine gewisse Sonderstellung nehmen die Systeme ein, die in erweiterter Aufgabenstellung in den Bereich der rechnerunterstützten Arbeitsplanung gehören und auf die später noch eingegangen wird.

Nur wenige NC-Programmiersysteme erlauben dem Benutzer die freie Wahl der zu verwendenden EDV-Anlage, auf denen der Prozessor implementiert wird. Universelle Systeme wie APT und EXAPT verlangen wegen der Größe des Programmiersystems und des dazu benötigten Hauptspeichers einen recht leistungsfähigen Universalrechner, wobei allerdings Untermengen dieser NC-Programmiersysteme auch auf Kleinrechnern laufen können. Die Frage Groß- oder Kleinrechner, Stapel- und/oder Dialogbetrieb, Verarbeitung im hauseigenen Rechenzentrum (RZ) oder über Datenfernverarbeitung im Service-RZ usw. ist meist wegen geringer Angebotsauswahl stark eingeschränkt, immer aber in Zusammenhang mit der Gesamtinvestition NC-Werkzeugmaschine plus NC-Programmiersystem plus personelle Situation plus Betriebsorganisation zu sehen, um noch einmal nur einige der wichtigsten Problemfaktoren zu nennen.

Glücklicherweise besteht für die NC-Steuerungen bzw. den NC-Steuerlochstreifen bereits eine eingeschränkte internationale Normung, so haben die Wörter für Wegbedingungen die Adresse G und die für

---

[6] Vgl. Verein z. Förderung d. EXAPT-Program. Systems (Hrsg.): NC-Maschinen — Datenverarbeitungsanlagen — Maschinelle Programmierung; Stuttgart 1968; *Budde*, W. u. a.: Anwendungstechniken des neuen EXAPT-Modulsystems, in: ZwF, 75. Jg. (1980), S. 280 - 284.

[7] Unter einem „Makro" wird ein vorgefertigter Programmbaustein verstanden, der als sog. Unterprogramm in einem Speicher abgelegt ist. Bei Bedarf wird ein Makro mit Hilfe eines Namens-Etiketts aufgerufen, um anschließend unverändert in das zu erstellende Programm einzugehen.

die Maschinenfunktionen die Adresse M plus jeweils einer zweistelligen Ziffernfolge, welche selbst aber nicht genormt ist.

Andererseits ergibt sich daraus wieder, daß für die manuelle Programmierung eine genaue Kenntnis des Systems Werkzeugmaschine plus Steuerung nötig ist, was viel Routinearbeit bedingt, die mit großer Konzentration ausgeführt werden muß. Erst der Einsatz von EDV-Anlagen entlastet den Teileprogrammierer und führt zur maschinellen Programmierung. Außerdem sind die höheren NC-Programmiersprachen analog wie die klassischen höheren EDV-Programmiersprachen mit einer die Programmierung erleichternden mnemotechnischen Symbolik ausgestattet. Auf der anderen Seite ist die höhere technische Ausstattung (Hardware) und die umfangreichere Programmausrüstung (Software) dieser Systeme eine Investition, deren Rentabilität erst nachzuweisen ist.

Neben dem NC-Steuerlochstreifen (oder Magnetband) werden im übrigen noch weitere Unterlagen benötigt und vom Programmiersystem bzw. der EDVA ausgegeben. Beispielsweise ein Einrichteblatt, in welchem die verschiedenen Werkzeuge und ihr Ort im Werkzeughalter angegeben sind, ferner ein Ausdruck des Inhalts des Steuerlochstreifens und ggf. noch ein Organisationsblatt mit verschiedenen Einzelangaben zum Einrichten des ganzen Systems.

E. Einflüsse der NC-Maschinen auf die Aufbau- und Ablauf-Organisation und damit verbundene mitarbeiterbezogene Probleme

In den vorausgegangenen Abschnitten wurde bereits mehrfach darauf hingewiesen, daß der Einsatz von NC-Maschinen, ihrer verschiedenen Steuerungen und der zugehörigen Programmiersysteme in Zusammenhang mit der betrieblichen Organisation zu sehen ist. Das betrifft in erster Linie die Art der Arbeitsvorbereitung in einer eigenständigen Abteilung AV oder in der Werkstatt selbst, demnach werden die Aufbau- und die Ablauf-Organisation beeinflußt. Damit sind wiederum mitarbeiterbezogene Probleme verbunden.

Die Programmierung in der Werkstatt, in Form der manuellen Programmierung und/oder mit Hilfe einfacher Programmiersysteme, was wiederum von der Art der NC-Steuerung abhängig ist, kommt in erster Linie für folgende Einsatzzwecke in Frage:

— einmalige oder wiederholte Einzelfertigung bis 2½ Achsen-Steuerung mit Möglichkeit der Korrektur an der NC-Maschine, evtl. mit Speicher (teach-in-Verfahren) und/oder Ausgabe eines Datenträgers für eine Wiederholfertigung,
— für kleine Betriebe, die sich keine Arbeitsvorbereitung leisten wollen oder können und nur über eine oder wenige NC-Maschinen verfügen.

Eine Programmierung in der Arbeitsvorbereitung ist dagegen technisch und wirtschaftlich nötig oder zumindest sinnvoll bei:

— einmaliger oder wiederholter Einzelfertigung ab 3 Achsen-Steuerung,
— Klein- und Mittel-Serienfertigung.

Für die Großserienfertigung sind auch heute noch aus Kostengründen die klassischen kurvengesteuerten Automaten eine Alternative, z. B. als Drehautomaten. Ähnliches gilt für Transferstraßen. Jedoch treten mit letzterer schon NC-gesteuerte „flexible Fertigungssysteme" in Konkurrenz, eine technische Neuerung, die wie die Bearbeitungszentren erst durch die numerische Steuerung aufgekommen sind und bei der für die Fertigung von ähnlichen Teilen, sog. Teilefamilien, mehrere verschiedene NC-Werkzeugmaschinen und ein zugehöriges Werkstücktransportsystem über DNC verbunden werden. Siehe hierzu auch Bild 5.

Abwandlungen der klassischen Transferstraße aufgrund der NC-Technik sind „flexible Transferstraßen", auf denen einige wenige Varianten eines Werkstückes gefertigt werden können. Für „flexible Fertigungssysteme" eignen sich als Bausteine im besonderen Maße die schon früher genannten Bearbeitungszentren, die Werkstücke sollen nämlich so wenig wie möglich umgespannt werden. Unter dem Begriff „flexible Fertigungszelle" wird ein System aus unverketteten und einzeln gesteuerten Maschinen verstanden, die also nicht über ein integriertes Transportsystem verbunden sind.

Die klassische NC-Steuerung verlangt ein Programmieren in der AV. Hier wird bereits die konventionelle Arbeitsweise in der AV geändert: als zusätzliches neues Arbeitsmittel wird ein Rechner (die EDV) benötigt. Das bedeutet eine erhebliche Neuerung. Damit sind auch Probleme für den Arbeitsvorbereiter verbunden, reicht seine Qualifikation für die neuen Techniken der EDV, der NC-Technik und der NC-Programmierung? Hat er ausreichende Kenntnisse in der Mathematik, besonders in der Geometrie?

Bei der CNC-Steuerung, insbesondere in der Form der Handeingabe, ist ein Programmieren in der Werkstatt möglich. Das bedeutet auch einen Flexibilitätszuwachs, insbesondere bei Eilaufträgen oder Sonderanfertigungen. Des weiteren sind die Aufgaben der Programmkorrektur und ggf. auch der Programmoptimierung einzubeziehen. Damit stellt sich die Frage der Qualifikation des Bedienungspersonals. Während in den Anfangsphasen des Einsatzes numerisch gesteuerter Werkzeugmaschinen die Tendenz vorherrschte, angelernte Arbeitskräfte einzusetzen, setzt sich durch die oben angeführten Möglichkeiten heute die Erkenntnis durch, wieder mehr Facharbeiter als Bediener einzusetzen, insbesondere bei Werkstattprogrammierung. Technologiefunktionen, wie Spindeldrehzahl und Vorschub in Abhängigkeit vom Werkstoff des

Probleme bei der Implementierung technischer Neuerungen 213

Werkstückes und des Werkzeuges verlangen vom Programmierer und/ oder Bediener besondere Qualifikationen. Eine Reihe von CNC-Handeingabe-Steuerungen haben Funktionstasten, die komplette Funktionen abrufen, neben Drehzahlen und Vorschüben können es auch Konturelemente sein. Das verlangt vom Bediener Kenntnis und Erfahrung. Eine zu hohe Spindeldrehzahl z. B. kann nicht nur zu Schaden an Maschine, Werkzeug und Werkstück führen, sondern auch den Bediener gefährden, eine zu kleine Spindeldrehzahl kann die Qualität des Arbeitsergebnisses mindern und/oder zu einer unwirtschaftlichen Fertigung führen.

Die Gestaltung der Bedienungselemente verlangt von seiten der Werkzeugmaschinenhersteller Kenntnisse der Ergonomie; die Benutzerfreundlichkeit ist ein nicht zu unterschätzender Faktor und wirkt sich auf die Belastung des Menschen aus.

Im Hinblick auf eine teilweise Rückverlagerung von Tätigkeiten aus der AV in die Werkstatt kommt einer Differenzierung in Maschinenbediener, Einrichter, Vorarbeiter und Meister sowie den damit verbundenen Überwachungsfunktionen eine zentrale Bedeutung zu. Die Organisation der Arbeitsbereitstellung und -überwachung ist ablaufmäßig und strukturell nach Sachen und Personen meist neu zu gliedern. Nicht unwesentlich ist eine geordnete Bereitstellung und ggf. Voreinstellung der vielen Spezial-Werkzeuge, die zu den NC-Maschinen gehören.

Für den reibungslosen Ablauf einer NC-Fertigung sind somit personenbezogene Maßnahmen nötig, die entsprechende Personalkapazitäten binden:

— die Programmerstellung für die NC-Maschinen,
— die Werkzeugvoreinstellung außerhalb der NC-Maschinen,
— die Instandhaltung der NC-Maschinen und der zugehörigen Werkzeuge durch höher qualifiziertes Personal.

Die Entwicklung muß noch einmal historisch gesehen werden: In der ersten Phase der NC-Technik zu Anfang der 50er Jahre war die Aufgabe zu lösen, komplizierte Teile aus der Luft- und Raumfahrttechnik überhaupt fertigen zu können. Dafür mußten die Vorschubelemente von meist drei und mehr Maschinenachsen gleichzeitig im Funktionszusammenhang bewegt werden. Für die schwierige Aufgabe der Programmierung wurde seinerzeit das Programmiersystem APT entwickelt, welches noch heute das einzige für komplexe mehrachsige Bearbeitungen ist.

In der zweiten Phase der NC-Technik vollzog sich die Entwicklung zur bahngesteuerten Drehmaschine und zum mehrachsigen Bearbeitungszentrum (Fertigung möglichst in einer Aufspannung). Der Bediener an der Maschine wurde entlastet, insbesondere vom Lesen der Zeichnungen und den daraus zu treffenden Bearbeitungsschritten, mit dem weiteren Ziel, Neben- und Rüstzeiten zu verkürzen. Das bedingte ein Verlagern der Teileprogrammierung in die Arbeitsvorbereitung.

In der dritten Phase der NC-Technik drang die numerische Steuerung in die Einzelfertigung vor. Je nach Ziel und den vorhandenen Möglichkeiten wird die Programmierung in der Werkstatt und/oder in der AV durchgeführt.

Die jetzige vierte Phase der NC-Technik ist gekennzeichnet durch langsam steigenden Einsatz von DNC-Systemen, durch gelegentliche Anwendung angepaßter Regelungen (ACC und ACO) sowie den beginnenden Einsatz flexibler Fertigungssysteme. Für letzteres ist wiederum eine sorgfältige Planung nötig, die im allgemeinen nur in einer Arbeitsvorbereitung durchgeführt werden kann. Programmänderungen bzw. -korrekturen müssen zentral unter Berücksichtigung sämtlicher Bearbeitungsstationen erfolgen, daher sind Einrichtungen zur Programmkorrektur an den NC-Maschinen eines flexiblen Fertigungssystems nicht notwendig und auch keine Rückmeldeeinrichtung für korrigierte Programme zu dem zentralen Prozeßrechner der DNC-Steuerung.

Flexible Fertigungssysteme werden bereits mit Einrichtungen zur Werkzeugbruchkontrolle ausgerüstet. Es wird versucht, den Werkzeugverschleiß durch automatisches Messen über Meßtaster und durch Anpaßregelungen (Adaptive Control) zu korrigieren und damit die Standzeit-Überwachung der Werkzeuge durchzuführen. Mit variabler Werkzeug-Magazinplatzkodierung kann ggf. ein Ersatzwerkzeug bereitgestellt werden. In die Steuerung ist ferner die Kühlmittelzufuhr für die Werkzeuge und der Abtransport der Späne einzubeziehen.

Die genannten Einrichtungen eines flexiblen Fertigungssystems in Verbindung mit dem integrierten Transportsystem und den zugehörigen Handhabungseinrichtungen sowie zusätzlichen Werkstückmagazinen ermöglichen heute bereits den Betrieb einer unbemannten dritten Schicht, der sog. „Geisterschicht".

Die Implementierung flexibler Fertigungssysteme steht erst am Anfang, alle bisher genannten Probleme treten simultan auf. Ein derartiges System ist nach dem jetzigen Stand der Erkenntnisse nur beherrschbar, wenn möglichst wenige unterschiedliche Steuerungen und nur ein Programmiersystem verwendet werden. Der Einsatz flexibler Fertigungssysteme erfordert eine sehr sorgfältige Analyse der Fertigungsaufgabe unter Berücksichtigung der zukünftigen Veränderungen. Verschiedene Lösungen müssen vorher theoretisch durchgespielt werden, erst dann kann eine Entscheidung getroffen werden unter den Gesichtspunkten „maximale Flexibilität" oder „minimale Kosten".

F. Ökonomische Gesichtspunkte der Implementierung von NC-Maschinen

In den vergangenen Abschnitten wurden ökonomische Gesichtspunkte der Implementierung von NC-Maschinen bereits behandelt — hier soll noch einmal kurz gesondert darauf eingegangen werden.

Die Flexibilität in der Fertigung erhöht sich durch den Einsatz von NC-Maschinen, da sich die Auftragszeiten der in Fertigung befindlichen Aufträge und die Wartezeiten nachfolgender Aufträge verringern. Dadurch kann vielfach die Grenzlosgröße verkleinert werden, was die Flexibilität nochmals erhöht. Allerdings verstärkt das die Abhängigkeit von den NC-Maschinen, welche im allgemeinen jeweils drei bis vier konventionelle Werkzeugmaschinen ersetzen. Somit sind weniger Ausweichmaschinen verfügbar.

Erst durch eine weitgehende Integrierung unterschiedlicher Bearbeitungsarten mit unterschiedlichen NC-Maschinen kommen die Vorteile der NC-Technologie voll zur Geltung. Jedoch liegen die Anschaffungskosten der NC-Maschinen erheblich über denen konventioneller Maschinen, was durch eine höhere Produktivität ausgeglichen werden muß. Die Einzelkosten eines Werkstückes verringern sich aber nur dann, wenn nicht nur mit den NC-Maschinen geringere Stückzeiten erreicht, sondern dieselben auch wesentlich besser ausgenutzt werden als konventionelle Maschinen. Notwendige Voraussetzungen dafür sind die schon besprochenen Maßnahmen aufbau- und ablauforganisatorischer Art sowie die damit verbundenen personellen Gesichtspunkte. Die Vielzahl der früher schon genannten kostenbeeinflussenden Faktoren erfordert eine möglichst exakte Investitionsrechnung. Die Schwierigkeiten, die mit einer exakten Investitionsrechnung verbunden sind, sollen hier nicht weiter behandelt werden, der Beitrag würde gesprengt.

G. Verbindungen zur rechnerunterstützten Arbeitsplanung und rechnerunterstützten Konstruktion

Unter CAM wird, wie schon gesagt, einheitlich die rechnerunterstützte Fertigung verstanden, in erster Linie damit der Einsatz numerisch gesteuerter Werkzeugmaschinen. Soweit ein Teil (Werkstück) auf einer NC-Maschine vollständig hergestellt werden kann, ist damit gleichzeitig auch die Arbeitsplanung für dieses Teil als erledigt zu betrachten, vom vorhergehenden Arbeitsvorgang „Material bzw. Halbzeug bereitstellen" und vom nachfolgenden Arbeitsvorgang „Weiterleiten der fertigen Teile" und einem evtl. zusätzlichen Prüf-Arbeitsvorgang einmal abgesehen.

Insofern besteht ein enger Zusammenhang zwischen der rechnerunterstützten Fertigung und der Arbeitsplanung, die selbst wiederum rechnerunterstützt ablaufen kann. Allerdings kann sich eine rechnerunterstützte Arbeitsplanung auch auf die Fertigung mit ausschließlich klassischen Werkzeugmaschinen (ohne NC-Steuerung) beziehen oder sowohl klassische als auch numerisch gesteuerte Werkzeugmaschinen einbeziehen. Die rechnerunterstützte Arbeitsplanung kann wiederum im Dialog oder im Stapelbetrieb teil- oder mehr oder minder vollautomatisch in unterschiedlichen Ausbaustufen ablaufen, der Vielfalt sind keine Grenzen gesetzt.

Wegen des eben beschriebenen Zusammenhangs wird, wie früher schon gesagt, unter dem Begriff CAM teilweise auch die rechnerunterstützte Arbeitsplanung mit einbezogen. Teilweise wird dafür der eigenständige Begriff CAP verwendet, der allerdings neben der Fertigungs-(Arbeits)-Planung auch die Fertigungssteuerung mit einbezieht. Es besteht noch keine einheitliche Terminologie. Gleiches gilt für den Einbezug des rechnerunterstützten Qualitätswesens, für das manchmal auch der eigenständige englische Begriff CAQ (Computer Aided Quality-Assurance) gesetzt wird. Die noch nicht einheitliche Terminologie geht noch weiter: Zwar wird unter CAD einheitlich die rechnerunterstützte Konstruktion verstanden, teilweise wird aber die rechnerunterstützte Arbeitsvorbereitung bzw. speziell die Arbeitsplanung damit einbezogen, siehe hierzu auch Bild 6.

Mehrere Hochschulinstitute — auch einige EDVA-Hersteller und sog. Software-Häuser — befassen sich mit Problemen bzw. ganzen Systemen aus den Bereichen CAD und CAM, ganz besonders in den USA und in der Bundesrepublik Deutschland. CAD/CAM-Systeme für den Maschinenbau, die Elektrotechnik und das Bauwesen sind in Module aufgeteilt. Die Module selbst sind wiederum Systeme für beispielsweise statische und dynamische Berechnungen, zum Entwurf bzw. der Konstruktion von Teilen und Baugruppen in zwei- und in dreidimensionaler Darstellung auf Bildschirmen, zur Ausgabe der Zeichnungen mittels Zeichenmaschinen, zur Ableitung der Stücklisten, zur Erstellung von Arbeitsplänen, von Prüfplänen, von elektrischen Schaltplänen und Lageplänen bis hin zu den Daten für die Steuerung von NC-Werkzeugmaschinen und anderen NC-gesteuerten Maschinen.

Eine breitere und tiefere Behandlung dieser Systeme (die weit mehr noch im Entwicklungsstadium stehen als die Programmiersysteme für NC-Maschinen) führt in diesem Rahmen zu weit[8].

---

[8] Vgl. *Schultz*, R.: NC-Programmierung als Baustein integrierter CAD/CAM-Systeme, in: ZwF, 72. Jg. (1977), S. 232 - 235; *Wessel*, H.-J., *Steudel*, M.: Gegenüberstellung von Systemen zur automatischen Arbeitsplanerstellung,

Hier sollen nur einige Einzelprobleme angeschnitten werden, die in näherem Bezug zu den Programmiersystemen für NC-Werkzeugmaschinen stehen, in erweiterter Aufgabenstellung zu Systemen der Arbeitsplanung, die selbst wiederum von den Ausgaben von CAD-Systemen beeinflußt werden, in erster Linie den Zeichnungs- bzw. Kontur- bzw. Bemaßungs-Daten von Teilen (Werkstücken).

Die Arbeitsplanung befaßt sich im wesentlichen mit

(1) der Methodenplanung, im einzelnen also den Fertigungsmethoden bzw. anzusetzenden Fertigungsmaschinen und -verfahren, z. B. in NC-Technik,

(2) der Investitionsplanung, z. B. für NC-Maschinen, NC-Programmiersysteme usw.,

(3) der Materialplanung, wobei die Qualität des Werkstoffes von der Konstruktion vorgegeben wird und sich die AV mit Quantitätsangaben zu befassen hat, z. B. dem Ausgangs-Halbzeug für die Fertigung der Teile auf NC-Werkzeugmaschinen,

(4) der Fertigungsmittelplanung, z. B. den Spannmitteln, Vorrichtungen, Werkzeugen und Meßmitteln,

(5) der Ablauf- und Zeitplanung, d. h. der eigentlichen Arbeitsvorgangsfolge-Planung in der Fertigung eines Teiles,

(6) der Kostenplanung.

Die Positionen 3) bis 6) gehören in die eigentliche Arbeitsplanerstellung, Positionen 1) und 2) sind dafür nötige Voraussetzungen.

In engerem Bezug zu den NC-Programmiersystemen stehen aus obiger Aufstellung die Auswahl der (NC)-Werkzeugmaschinen, die Ausgangsmaterialbestimmung, die Fertigungsmittelzuordnung, die Arbeitsvorgangsfolge und die Zeitermittlung.

Aus den Daten der Zeichnung (und weiteren Daten, wie zu fertigende Stückzahlen usw.) sind die Fertigungsverfahren und vertieft die NC-Maschinen auszuwählen. Hierzu gehören umfangreiche Tabellen bzw. EDV-Dateien über Einzelheiten der NC-Maschinen; bei Drehmaschinen neben Drehzahlen und Vorschüben beispielsweise der maximale Öffnungsdurchmesser der Spannzange bei Verwendung von Halbzeug in Form von Stangen und Rohren, die Art der Werkstückeinspannung, die maximale Werkstücklänge und der minimale Werkstückdurchmesser. Ferner ist die maximale Antriebsleistung der NC-Drehmaschine in Bezug zur Werkstoffauswahl zu sehen, je nach Schnittiefe, Vorschub und Schneidstoff des Werkzeugs können hier engere oder weitere Spielräume vorliegen. Darüber hinaus beeinflußt die Geometrie des zu er-

---

in: VDI-Z 122. Jg. (1980), S. 302 - 310; *Müller*, G., *Schuster*, R.: Aspekte der rechnerunterstützten Konstruktion (CAD/CAM) im Automobilbau, in: ZwF, 76. Jg. (1981), S. 327 - 333.

stellenden Werkstückes, des Drehmeißels und vieles mehr den Fertigungsvorgang. Die Vielzahl der Probleme ist derart groß, daß sich hier eine weitere Erörterung von Einzelheiten erübrigt, der Rahmen des Beitrages würde gesprengt.

In gleicher Weise sind Dateien für das Material bzw. Halbzeug und für die Fertigungsmittel mit einer Reihe von Einzelangaben anzulegen. Die Hauptzeiten für die einzelnen Arbeitsvorgänge oder Arbeitsvorgangsstufen werden mit den spezifischen vorher genannten Faktoren rechnerisch ermittelt, die Nebenzeiten sind wiederum in Tabellen bzw. EDV-Dateien festzuhalten.

Neben der erstmaligen Ermittlung aller Werte ist dafür ein ständiger Änderungsdienst einzurichten. Gleiches gilt für die Korrektur der Algorithmen, der Entscheidungstabellen und Entscheidungsbäume der zugehörigen EDV-Programme.

Die Programme zur rechnerunterstützten Arbeitsplanung sind etwas einfacher, soweit es sich um die Arbeitsplanung von ähnlichen Teilen, z. B. aus Teilefamilien, handelt. Man spricht hier von der Arbeitsplanung nach dem Variantenprinzip. Die Programme werden komplizierter, wenn es sich um jeweils eine Neuerstellung handelt, die Teile demnach unterschiedlich sind. Die Arbeitsplanung geschieht dann nach dem sog. (Neu-)Generierungsprinzip.

Die heutige Forschung, aber auch die Implementierung derartiger Systeme geht wiederum in zwei Richtungen:

— zum einen werden Universalsysteme im Bereich CAD/CAM entwickelt, die dem jeweiligen Anwendungsfall anzupassen sind,
— darüber hinaus werden spezielle Systeme entwickelt, die nur einen begrenzten Anwendungsbereich abdecken, dafür aber schneller und kostengünstiger aufzubauen, zu implementieren und zu ändern sind.

H. Einführungsvoraussetzungen

Bewußt wurde dieser Abschnitt an das Ende des Beitrages gesetzt, um erst in einer Übersicht die Vielzahl der Probleme zu zeigen, die mit der Implementierung einer technischen Neuerung in Form einer NC-Maschine verbunden sind.

Vor der Investition einer NC-Maschine und den zugehörigen NC-Programmiersystemen usw. wie auch für die erweiterten Systeme zur Arbeitsplanung usw. ist zu untersuchen, ob die dafür nötigen Voraussetzungen gegeben sind.

So ist die Einstellung des Managements gegenüber innovativen Investitionen von größter Bedeutung. Das ist hier die Fähigkeit, die

Erfolgsaussichten einzuschätzen und die Bereitschaft, das mit der Einführung technischer Neuerungen verbundene Risiko einzugehen.

Hinsichtlich der Finanzen muß das Unternehmen in der Lage sein, die Investition selbst und das damit verbundene hohe finanzielle Risiko zu tragen. Eine ausführliche Wirtschaftlichkeitsanalyse und Investitionsrechnung verstehen sich von selbst.

Zum Einführen technischer Neuerungen wie es die NC-Technik darstellt, muß im Unternehmen ein recht hohes technisch-organisatorisches Ausgangsniveau im Produktionsbereich vorhanden sein. Zumindest Erfahrungen mit dem Einsatz von EDV sind nötig.

Hinsichtlich des Teilespektrums für die Erzeugnisse des Unternehmens müssen vorher sorgfältige Analysen durchgeführt werden, um die richtige Auswahl der NC-Maschinen usw. zu gewährleisten und um die Auslastung der Einrichtungen sicherzustellen.

Das nötige Personal muß vorhanden bzw. gewillt sein, sich einer Umschulung und Zusatzausbildung zu unterziehen.

Mit der Implementierung von NC-Maschinen sind demnach viele Probleme verbunden, deren wichtigste hier skizziert wurden.

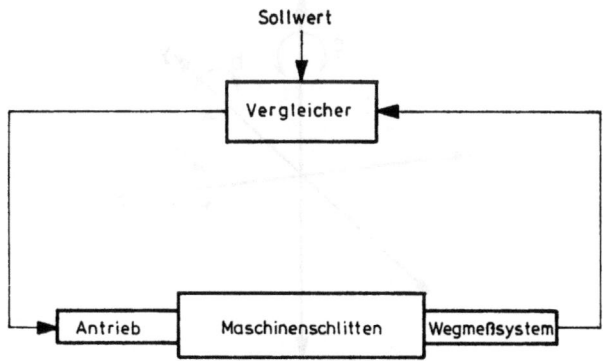

Bild 1: Prinzip einer NC-Steuerung

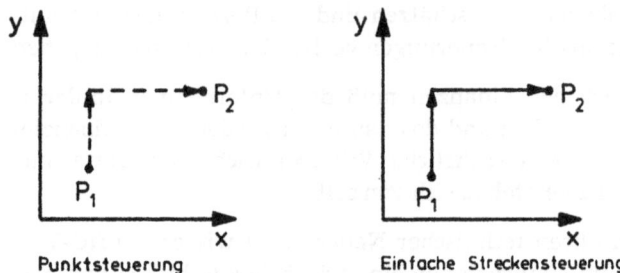

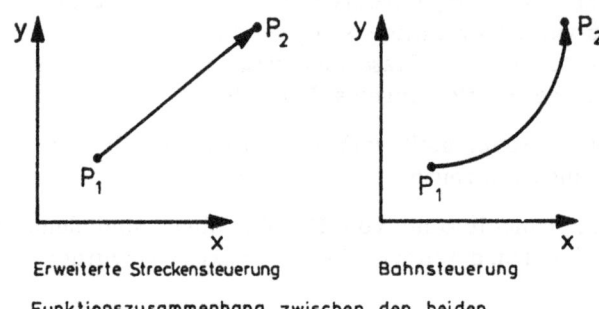

Bild 2: Prinzip verschiedener Steuerungsarten (Zwei-Achs-Steuerungen)

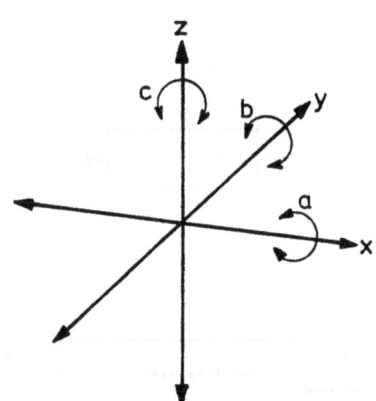

Bild 3: Prinzip einer Sechs-Achsen-Steuerung

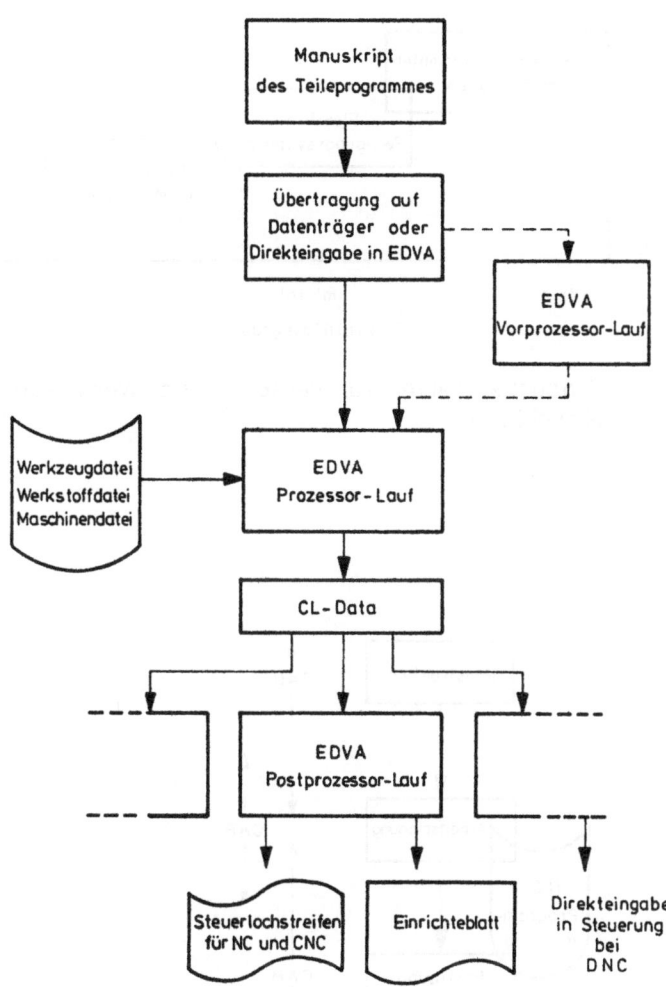

Bild 4: Prinzip der maschinellen NC-Programmierung

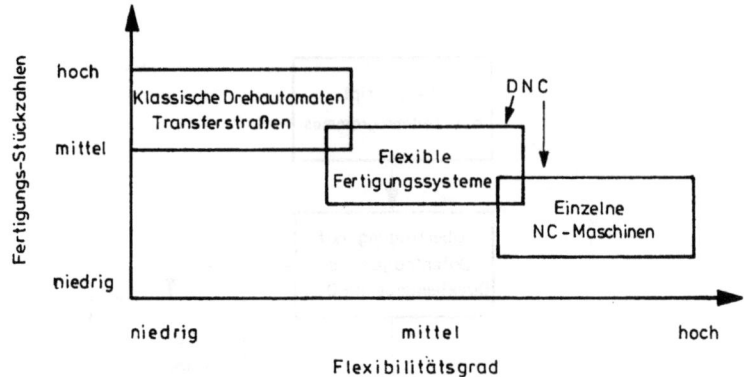

Bild 5: Einsatzkriterien für verschiedene Werkzeug-Maschinen

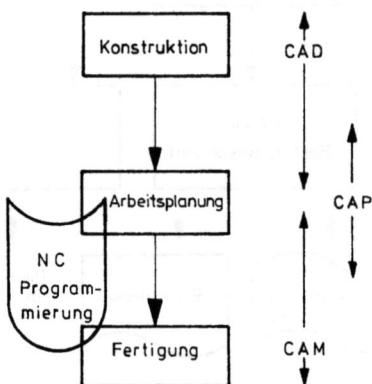

Bild 6: Standortbestimmung verschiedener rechnergestützter Verfahren

Innovationen im Angebot an Verkehrsleistungen.
Dargestellt an Beispielen aus Spezialtransporten im Land- und Seeverkehr

Von *Horst Matthies*, Hamburg

Die entwickelten Volkswirtschaften stehen seit Mitte der 70er Jahre angesichts der Verknappung von Rohstoffen und Energiequellen, sinkenden Wachstumsraten, zunehmenden Umweltproblemen — um nur die wichtigsten „Störfaktoren" zu nennen — vor großen wirtschaftlichen Problemen. Die westlichen Industriestaaten sind von wirtschaftlicher Stagnation, struktureller Arbeitslosigkeit und Geldwertverfall erfaßt. Lediglich Länder, die den Prozeß der Industrialisierung erst sehr viel später begonnen haben und deshalb einen höheren Modernitätsgrad ihres Kapitalstocks aufweisen, wie z. B. Japan oder einige ostasiatische Länder, sind davon nicht betroffen. Besonders die traditionellen Industriestaaten Europas stehen vor der Notwendigkeit, sich den veränderten wirtschaftlichen Rahmenbedingungen anzupassen. Sie müssen, um international wettbewerbsfähig zu bleiben und das bisherige Wohlstandsniveau zu sichern, ihre Produktionskapazitäten modernisieren, den Ressourceneinsatz effektiver gestalten und — dies erschwert den Anpassungsprozeß — ihn in Einklang mit den gewandelten Wertvorstellungen der Bevölkerung etwa im Hinblick auf die Bewahrung der Umwelt oder den Arbeitsprozeß (z. B. Verkürzung der Arbeitszeit) bringen. Voraussetzungen für die Modernisierung und Anpassung an die veränderten Verhältnisse bei Wahrung der Produktivität der Wirtschaft und damit des wirtschaftlichen Wachstums sind aber die verstärkte Durchsetzung neuer technologischer Entwicklungen und Innovationen in allen Bereichen unserer Volkswirtschaft. Es müssen neue oder verbesserte Produkte mit größeren Absatzchancen und effizienteren Produktionsverfahren gefunden werden.

Dies gilt vor allem für den industriellen Bereich. Hierauf konzentriert sich auch das Interesse der öffentlichen Diskussion, da hier die Innovationslücke am größten erscheint[1]. Erreicht doch der industrielle Sektor in der Bundesrepublik heute einen Anteil am BIP von rd. 50 %

---

[1] Vgl. hierzu z. B. *Mensch*, G.: Das technologische Patt. Innovationen überwinden die Depression, Frankfurt 1977.

und an der Erwerbstätigkeit von rd. 43 %, während der Anteil des Industriesektors an der Gesamtbeschäftigung in den USA nur bei rd. 30 % und in Japan bei 34 % liegt. Der industrielle Sektor spielt also in der Bundesrepublik im Vergleich zu anderen Industriestaaten eine größere Rolle[2].

Trotz dieser dominierenden Bedeutung des industriellen Bereichs sind aber auch andere Bereiche der Volkswirtschaft bedeutungsvoll, bei denen Wachstumsanstöße aus Innovationen möglich sind. Ein bedeutender und wachsender Sektor wirtschaftlicher Tätigkeit, der Dienstleistungsbereich, zu dem auch die Verkehrswirtschaft gehört, darf dabei nicht vernachlässigt werden. Der tertiäre Sektor gilt allgemein als weniger innovationsfreudig und als weniger geeignet, Produktivitätsfortschritte zu realisieren. In der Tat ist das mehr auf die *persönliche* Dienstleistung sich beziehende Angebot von Dienstleistungsunternehmen nicht unmittelbar dem technischen Fortschritt zugänglich[3]. Barrieren für die Durchsetzung von Innovationen liegen in der begrenzten Aufnahmefähigkeit der organisatorischen und institutionellen Strukturen, in denen die persönlichen Dienstleistungen erbracht werden, was sich auch an der bisher noch relativ geringen Verbreitung von modernen Kommunikations- und Informationstechniken bei gleichzeitig relativ hoher Personalintensität unschwer zeigen läßt[4].

Der tertiäre Sektor umfaßt neben den rein auf den Menschen gerichteten Dienstleistungen (wie etwa im Gesundheits- und Sozialbereich) jedoch auch Bereiche wie die Verkehrswirtschaft, die ihre Dienstleistungen nur durch die Zurverfügungstellung von Sachmitteln erbringen können. Hier bestimmt die persönliche Dienstleistung in der Kombination mit angewandter Technik, dem Transportfahrzeug und -weg, den Erfolg. Ist es in diesem produktionsbezogenen Dienstleistungsbereich möglich, Neuland zu betreten? Mit Sicherheit erfolgen

---

[2] Statistisches Jahrbuch 1981 für die Bundesrepublik Deutschland, S. 532 f. u. 622 f.

[3] Dies ergibt sich auch aus einer allgemeinen Definition des Begriffs „Dienstleistungen": Scheuch und Hasenauer verstehen hierunter „wirtschaftliche, zum Absatz bestimmte immaterielle (daher nicht technologisierte), warenbezogene oder warenunabhängige, an Zielkonstellationen orientierte, von Menschen erbrachte und vom Empfänger nicht speicherbare Tätigkeiten" (vgl. *Scheuch, F., Hasenauer, R.*: Leistung-Dienstleistung-Dienstleistungsbetrieb, in: Jahrbuch der Absatz- und Verbrauchsforschung, 15. Jg. [1969], S. 131).

[4] Vgl. zu den innovationshemmenden Faktoren u. a. *Wilhelm, H., Corsten, H.*: Organisationsspezifische Faktoren als Hemmnisse im Innovationsprozeß, in: Brecht, H./Wippler, E. (Hrsg.): Das Jahrbuch für Führungskräfte '81, Grafenau 1981, S. 399 ff. und vor allem bei den öffentlichen Dienstleistungen: *Hauff, V., Scharpf, F. W.*: Modernisierung der Volkswirtschaft. Technologiepolitik als Strukturpolitik, Frankfurt (Main) - Köln 1975, S. 95 ff.

in der Verkehrswirtschaft, wie in vielen anderen Branchen unserer entwickelten Volkswirtschaften, immer weniger Innovationen im Sinne von „Basisinnovationen", mit denen völlig neue Märkte erschlossen oder neue Betätigungsfelder eröffnet werden. Der Bau der ersten Lokomotive (1824), der ersten Eisenbahnstrecke (1825), des ersten Motorwagens (1886) — oder um ein Beispiel aus diesem Jahrhundert zu nehmen — des ersten Helikopters (1936) liegen lange zurück[5]. Viele der neuen Verkehrstechnologien der letzten Jahrzehnte wird man sicherlich nicht als Basisinnovationen im Sinne einer „revolutionären Umgestaltung" ganzer Wirtschaftszweige bezeichnen können. Sie haben aber dennoch Verbesserungen in der Produktion von Verkehrsleistungen ermöglicht und neue Transportbedürfnisse befriedigt. Zu nennen wären hier etwa der Container im Land- und Seeverkehr, der Huckepack-Verkehr auf der Schiene, die Schubschiffahrt in der Binnenschiffahrt, die Ro-Ro-(Roll-on-Roll-off)Schiffe aber auch neue Fernverkehrstechnologien wie die Magnetschwebebahn.

Neben diesen technologischen Neuerungen, die die Struktur der Verkehrsmärkte und damit auch die Wettbewerbsposition der verschiedenen Verkehrsträger verändert hatten und noch immer verändern, finden in der Verkehrswirtschaft laufend Produktvariationen oder besser Dienstleistungsvariationen bei der Gestaltung des Verkehrsleistungsangebots statt; denn die mögliche Substitution durch andere Verkehrsmittel oder Verkehrsunternehmen erzwingt eine dauernde Anpassung an spezifische Bedürfnisse der Verlader. Dieser „Modernisierungsdruck" wird auch im Anstieg des Brutto-Anlagevermögens des Verkehrs in der Bundesrepublik von 210 Mrd. DM (1960) auf 472 Mrd. DM (1980) deutlich, wenn auch der Anteil des Verkehrs am Brutto-Anlagevermögen aller Wirtschaftsbereiche von 14 % im Jahre 1960 auf knapp 12 % im Jahre 1980 zurückging[6]. Hieraus zu schließen, daß der Verkehrsbereich weniger innovationsfreudig sei als andere — vor allem industrielle Branchen —, wäre zu einfach. Sicherlich wirkt sich hier die überproportional große Bedeutung des industriellen Sektors in der Bundesrepublik aus, auf die wir bereits eingangs hingewiesen haben.

Jede Investition zur Durchsetzung von Innovationen im privatwirtschaftlichen Bereich etwa durch ein Verkehrsunternehmen — dies gilt in gleichem Maße für Unternehmen aus anderen Branchen — ist nur dann erfolgreich, wenn sie einen Gewinn und einen mittelfristigen Payout dieser Investition ermöglicht. Innovationen werden seltener einen revolutionären technischen Fortschritt beinhalten, da das damit ver-

---

[5] Weitere Beispiele für Basisinnovationen sind zu finden bei *Mensch*, G.: S. 150 ff.
[6] Vgl. Bundesverkehrsministerium (BMV): Verkehr in Zahlen 1981, S. 48 f.

bundene erhöhte wirtschaftliche Risiko deren Durchsetzung im Markt erschwert. Es kommt m. E. deshalb mehr darauf an, die vorhandenen Dienstleistungsangebote zu erweitern und zu verfeinern und damit neue Transportbedürfnisse zu wecken, ohne dabei Störungen des Marktes zu verursachen[7]. Eine innovative Maßnahme kann als erfolgreich bezeichnet werden, wenn es gelingt, eine technische Idee konstruktiv und baulich umzusetzen und damit beispielsweise ein Spezialfahrzeug zu schaffen, das entweder zusätzliche Transportleistungen erbringt oder aber vorhandene Verkehre in einer wirtschaftlicheren Weise durchführt. Erfolgreich ist der Innovationsprozeß auch dann, wenn bisher nicht mögliche Aktivitäten aufgrund der verbesserten Verkehrstechnik ausgeführt werden können. Qualitative Verbesserungen des Verkehrssystems können somit nicht nur Richtung und Menge der Verkehrsnachfrage wesentlich beeinflussen, sondern auch durch die Einführung neuer Verkehrsmittel Nachfrage erst entstehen lassen, etwa durch die räumliche Erweiterung von Gütermärkten und Wirtschaftsgebieten[8].

Nachfolgend sei an einigen Beispielen aus dem Bereich des Land- und Seeverkehrs aufgezeigt, wie durch technische Verbesserungen bei den Transportmitteln aber auch in der Transportabwicklung ein qualitativer „Sprung" und damit eine Verbesserung ihrer Wettbewerbsfähigkeit erzielt, aber auch neue Märkte erschlossen wurden. Dabei sind die Erfahrungen aus dem Tätigkeitsbereich eines Unternehmens verwertet, das zu den führenden Anbietern von Transportraum für den Schienenverkehr in Europa gehört.

Die Statistik weist den *Schienenverkehr* unter den Verkehrsträgern als nicht sehr entwicklungsfreudig aus. Eine Betrachtung des Anteils des Schienenverkehrs an der bundesdeutschen Güterverkehrsleistung aller Verkehrsträger ergibt, daß dieser von etwas über 37 % im Jahre 1960 auf rd. 25 % im Jahre 1980 abgesunken ist. Gleichzeitig hat sich der Anteil des Straßenverkehrs von damals 32 % auf fast 49 % erhöht[9]. Die mangelnde Investitions- und damit Innovationsfreudigkeit des Schienenverkehrs kommt auch dadurch zum Ausdruck, daß beim

---

[7] Der Innovationsbegriff schließt im Gegensatz zur Invention auch die Markteinführung ein (vgl. *Wilhelm,* H.: Fortschritt und Rationalisierung in der Wirtschaft, Vortrag auf der 15. Öffentlichen Jahrestagung der Arbeitsgemeinschaft Verstärkte Kunststoffe e. V. — Internationale Tagung über verstärkte Kunststoffe — Freudenstadt 2. - 5. Oktober 1978, Vorabdruck S. 1 - 1 f; Ders: Produktdifferenzierung, in: Tietz, B. [Hrsg.]: Handwörterbuch der Absatzwirtschaft, Stuttgart 1974, Sp. 1713.) Ich würde noch einen Schritt weitergehen und auch die dauerhafte und ertragreiche Durchsetzung am Markt mit einbeziehen.

[8] Theoretisch untersucht wurden diese Zusammenhänge vor allem von *Voigt,* F.: Verkehr. Die Theorie der Verkehrswirtschaft, 1. Band, 1. Hälfte, Berlin 1973.

[9] BMV: Verkehr in Zahlen 1981, S. 178 f.

Schienenverkehr der sog. Modernitätsgrad, ausgedrückt als Anteil des Nettoanlagevermögens am Bruttoanlagevermögen, mit 56 % (1980) gegenüber dem Verkehr insgesamt mit 64 % deutlich geringer ist[10]. Vor allem in der Güterdistribution in der Fläche hat der Lkw eine nicht mehr wegzudenkende Bedeutung gegenüber den anderen Verkehrsträgern erreicht. Der Schienenverkehr konnte nur bei Massenguttransporten außerhalb des Rheinstromgebiets, wo das Binnenschiff auch in höherwertige Transporte, wie der Aufschwung der Containertransport zeigt, vorzudringen vermag, seine Stellung behaupten. Bei den hochtarifierenden Nicht-Massen-Gütern beträgt der Anteil der Deutschen Bundesbahn (DB) nur noch knapp 20 %[11]. Bedenkt man dabei noch, daß die Mehrzahl der Verkehre der DB defizitär sind, so haben sich die meisten Investitionen in Güterwagen und Produktionseinrichtungen am Markt nicht durchgesetzt. Sie trugen letztlich nicht zur Steigerung der Produktivität bei. Dies zeigt auch ein Vergleich des Anlagevermögens der DB mit ihrem Umsatz. Bei rd. 50 Mrd. Anlagevermögen wird nur ein Umsatz von rd. 26 Mrd. DM/Jahr (einschließlich der ergebniswirksamen Bundesleistungen) eingefahren[12].

Die Ursache für diese geringe Produktivität und Wettbewerbsfähigkeit des Schienenverkehrs erscheint mir nicht allein in einer technischen Veralterung des Wagenparks zu liegen, sondern primär darin, daß es bis heute nicht gelungen ist, die DB in ihren langfristigen Markt- und Absatzstrategien unternehmerischen Entscheidungskriterien zu unterwerfen und den laufenden Veränderungen auf den Verkehrsmärkten anzupassen. Beispiel für die geringe Modernität und damit auch „Marktferne" des Transportraumangebots ist der viel zu geringe Anteil moderner großräumiger vierachsiger Güterwagen am Bestand der DB. Er beträgt nur 18 %. Anders sieht diese Relation bei den Spezialgüterwagen wie Kessel-, Großraumgüter- und Erzwagen aus, welche die DB teilweise oder ganz dem privaten Investor überläßt: Dieser ist wesentlich innovationsfreudiger, was sich nicht nur an einem Anteil von rd. 57 % an modernen vierachsigen Güterwagen zeigen läßt[13].

So sind von privaten Gesellschaften Spezialgüterwagen entwickelt worden, die aufgrund der höheren Produktivität dieser Wagentypen der verladenden Wirtschaft Vorteile gegenüber anderen Verkehrs-

---

[10] BMV: Verkehr in Zahlen 1981, S. 52 f.
[11] Deutsche Bundesbahn: Gesamtkonzeption für Absatz und Produktion, o. O. 1979, S. 73.
[12] Vgl. Geschäftsbericht der Deutschen Bundesbahn, Geschäftsjahr 1980.
[13] Vgl. hierzu auch *Matthies*, H.: Marktangebot und Marktstellung beider Partner verbessern. Kooperation zwischen Deutscher Bundesbahn und Privatwageneinsteller — dargestellt am Beispiel der VTG, in: Vaerst, W., Koch, P. (Hrsg.): Jahrbuch des Eisenbahnwesens, Folge 32, Darmstadt 1981, S. 46 f.

trägern gebracht haben. Dadurch konnten der Schiene in den letzten Jahren Transporte erhalten und/oder neue ihr zugeführt werden. So hat z. B. beim Transport von Mineralölprodukten wie Benzin und Heizöl die Schiene durch die Entwicklung neuer technisch verbesserter Transportmittel ihre Stellung in der Belieferung der Großtanklager von den Raffinerien behauptet und vor allem im süddeutschen Raum — unterstützt durch günstige Ausnahmetarifangebote — ausgebaut. 1978 wurden nach Ausbau der Hauptabfuhrstrecken mit der höher belastbaren UIC-60-Schiene für den 200 km/h-schnellen Intercity-Personenverkehr und den Erzverkehren großräumige Mineralöl-Kesselwagen mit 22 t Achslast (vorher 20 t) entwickelt mit neuen besonders schnellen und arbeitssparenden sowie bedienungssicheren Be- und Entladeeinrichtungen. Auch im Hinblick auf die Kapazitätsengpässe des Schienenverkehrs stellen der Einsatz von Eisenbahngüterwagen mit erhöhter Achslast eine Verbesserung dar, weil bei gleicher Wagenzahl eine um 10 % höhere Transportmenge befördert werden kann und dadurch das Schienennetz der DB, das auf den Hauptabfuhrstrecken bereits stark beansprucht ist, entlastet wird.

Falls die Vorstellung besteht, die Konstruktion neuer, technisch fortschrittlicherer Transportmittel im Schienenverkehr würden den bestehenden, älteren Wagenpark entwerten und somit aus dem Markt „drängen", wäre ein solches Denken ausgesprochen innovationshemmend. Damit kann man im Wettbewerb mit dem Straßenverkehr, der sich ständig anpaßt und versucht, das auf den Verlader optimal „zugeschnittene" Transportangebot zu realisieren, nicht bestehen. Der starke Wettbewerb zum Straßenverkehr erfordert es, daß Neutransporte gewonnen oder von der Abwanderung zum Lkw bedrohte Verkehre langfristig an die Schiene gebunden werden. Dies kann m. E. nur durch zukunftsweisende, technologische Weiterentwicklungen im Schienenverkehr erreicht werden. Ungeachtet der ohnehin langen technischen und betrieblichen Lebensdauer — sie beträgt bei einem Standard-Güterwagen zwischen 25 und 35 Jahren, bei einem Spezial-Güterwagen immerhin noch zwischen 15 und 20 Jahren — müssen die Schienentransportmittel ständig erneuert und modernisiert werden. Die mittlere Lebensdauer eines Lkw mit Spezialaufbau beträgt zum Vergleich nicht über 10 Jahre. Wie sich die technischen Leistungsdaten von Eisenbahn-Spezialgüterwagen vom 2-Achser aus den 30er Jahren bis hin zu modernen großräumigen 4-achsigen Drehgestellwagen, der sich vor allem für den Einsatz in Ganzzügen eignet, macht die Tabelle 1 am Beispiel von Kesselwagen für Mineralölprodukte deutlich.

Innovationen im Angebot an Verkehrsleistungen

Tabelle 1:
Kapazitätsentwicklung von zwei- und vierachsigen Mineralöl-Kesselwagen

Baujahr	Achsen	Achslast (t)	Fassungsvermögen (m³)	Lastgrenze (t)	Eigengewicht (t)
1930	2	16	20	11,6	20,4
1941	2	16	30	9,7	22,3
1942	2	20	40	11,8	28,2
1956	4	16	63	17,7	46,3
1962	4	20	83	22,9	57,1
1970	4	20	88	20,6	59,4
1979	4	22	95	23,8*	64,2

* unter Berücksichtigung einer erhöhten Kesselwanddicke entsprechend den neuesten internationalen Transportvorschriften für Gefahrguttransporte auf der Schiene (RID), die allein 1,8 t Mehrgewicht ausmacht.

Quelle: VTG Hamburg.

Die Vorteile des Schienenverkehrs kommen besonders bei Ganzzugverkehren zum Tragen. Sowohl hinsichtlich der Beförderungsqualität als auch Produktionstechnik — es ist kein Rangieraufwand erforderlich — und der Produktivität stellen diese die systemkonformste Art des Schienenverkehrs dar. Der Ganzzugverkehr auf der Schiene hat seinen Anteil am gesamten Wagenladungsverkehr der Deutschen Bundesbahn von 17 % (1960) auf 47 % (1978) steigern können. Durch die weitere Bündelung von Verkehrsströmen (Intercity-Güterzügen, Container- und Huckepack-Ganzzügen) kann mit einer weiteren Erhöhung dieses Anteils bis zum Jahre 2000 auf bis zu 60 % gerechnet werden[14].

Nicht nur von der Produktionsseite her auch bei den Transportgütern geht der Trend im Schienenverkehr zunehmend zu technisch hochwertigen Spezialfahrzeugen. Während früher im Schienenverkehr, aber auch in der Binnenschiffahrt, das Leistungsangebot weitgehend standardisiert war, um möglichst jeden Nachfrager bedienen zu können und den aus der Betriebspflicht erwachsenden Vorhaltungsaufwand gering zu halten, geht heute die Entwicklung zu einer stärkeren Spezialisierung und Ausrichtung des Leistungsangebots auf die Ansprüche der Verlader — ein Weg, der vom Lkw seit langem bereits vorgezeichnet ist.

So hat sich der Anteil der Güterwagen der Sonderbauarten bei der Deutschen Bundesbahn, die über spezielle Einrichtungen wie z. B. Schiebetüren, Transportschutzeinrichtungen oder Möglichkeiten zur

---

[14] Nach Berechnungen des Instituts für Verkehrswesen, Eisenbahnbau und -betrieb der Universität Hannover.

Schwerkraftentladung bei Schüttgütern verfügen, von 11,5 % (1960) auf heute rd. 39 % (1980) erhöht. Ähnlich verhält es sich mit dem Anteil der Drehgestellwagen, der von 1960 rd. 5,5 % auf heute rd. 18 % angestiegen ist. Der Trend der steigenden Nachfrage nach Spezialgüterwagen wird auch im steigenden Anteil der Privatgüterwagen, die von privaten Unternehmen oder Vermietgesellschaften bei der DB eingestellt werden, am Gesamtwagenpark der DB deutlich. Er stieg von 11 % auf heute 15 %. Daß es sich bei den privaten Güterwagen größtenteils um großräumige 4-achsige Spezialfahrzeuge handelt, zeigt der steigende Anteil dieser Wagen an der Gesamtladekapazität der DB-Wagen. Dieser erhöhte sich von 12 % auf fast 19 %. Die Ladekapazität dieser Privatwagen hat sich in diesem Zeitraum um das 2,2fache erhöht, bei den Standard-Güterwagen der Eisenbahn hingegen nur um das 1,4fache[15]. Hieraus wird deutlich, daß die Privatwageneinsteller stärker auf erkennbare Tendenzen in der Marktentwicklung und in den technischen Möglichkeiten reagieren und ihren Wagenpark modernisieren.

Für Massenguttransporte in der Chemie und Petrochemie kommen zunehmend nur noch Spezialfahrzeuge zum Einsatz. Für einige Produkte sogar nur Einzweckfahrzeuge. So gibt es z. B. für Phosphorsäure für den Transport in Ganzzügen spezielle Kesselwagen mit innengummierten Kesseln und druckluftgesteuerten Befüll- und Entleereinrichtungen. Auch für besonders diffizile Güter, wie z. B. unter Druck verflüssigte Gase, stehen heute Kesselwagen-Spezialentwicklungen zur Verfügung. Für Druckgase, wie z. B. Chlor, aber auch LPG (Propan, Butan), das als Energieträger für Heizzwecke und zum Antrieb von Kraftfahrzeugen wachsendes Interesse findet, gibt es besondere Wagenkonstruktionen mit schnellschließenden, innenliegenden Ventilen, die auch im Unglücksfall, wenn die äußeren Armaturenteile abreißen, ein Ausströmen des Gases verhindern. Aber nicht nur Chemiegase und LPG können heute sicher auf der Schiene transportiert werden, sondern auch für tiefkaltes verflüssigtes Erdgas (LNG) gibt es Kesselwagenkonstruktionen. Ein vakuumisolierter Kesselwagen hält dabei das verflüssigte Methan bis zu 10 Tage lang auf einer Temperatur von — 160,7° C.

Eine Besonderheit stellen auch Güterwagen dar, die eine durchgehende Verbindung mit den europäischen Randstaaten, die entweder eine andere Spurweite (Spanien, Finnland) oder ein geringeres Lichtraumprofil (Großbritannien) aufweisen. So hat die Schiene durch den Bau von Spezialgüterwagen im Großbritannienverkehr an die Straße verlorene Marktanteile zurückgewonnen. Ende der 60er Jahre verlagerten sich in Großbritannien durch die Konzentration auf Ganzzug-

---

[15] Deutsche Bundesbahn: unveröffentlichte statistische Angaben für die Jahre 1960, 1979 und 1980.

verkehr zu Lasten des Einzelwagen die Transportströme mit dem Kontinent immer mehr auf den Lkw. Zwischen 1970 und 1975 hat der Lkw sein Aufkommen verzehnfacht, während die Eisenbahn die Hälfte ihres Aufkommens verlor[16]. Erst als die britischen Eisenbahnen Mitte der 70er Jahre ein modernes Netz für Schnellgüterzüge schuf, mehr und mehr private Güterwagen beschafft wurden, nahm der Schienenverkehr mit fährbootfähigen Eisenbahngüterwagen zwischen dem Kontinent und Großbritannien wieder deutlich zu.

Nicht nur bei den Landverkehrsmitteln zeigt sich eine ständige Spezialisierung und Auffächerung des Leistungsangebots, auch in der *Schiffahrt* sind immer stärker Spezialschiffe gefragt, die auf das jeweilige Ladegut zugeschnitten sind und einen rationelleren Transport und Umschlag ermöglichen. Die Containerisierung der Seeschiffahrt muß in diesem Zusammenhang an erster Stelle genannt werden, aber auch Spezialentwicklungen im Transport von Flüssigkeiten, z. B. Binnentankschiffe für den Transport von Säuren wie Salpeter- und Salzsäure, Laugen und unter Druck verflüssigten Gasen (LPG, Chemiegase) oder Gastanker für den Seetransport von tiefkaltem verflüssigtem Erdgas. Es gibt auch Bereiche in der Seeschiffahrt, die vor 20 Jahren noch gar nicht existierten, so z. B. Spezialschiffe für die Versorgung maritimer Erdöl- und Erdgas-Explorations- und Produktionsstätten.

Es ist erst gut 30 Jahre her, daß nach Öl und Gas auch auf dem Meeresgrund (also „Offshore") gebohrt wurde. Die Offshore-Exploration begann damals mit sehr einfachen Mitteln im Golf von Mexiko. Die Bohrstellen lagen alle in küstennahen, flachen Gewässern und wurden bei relativ guten Witterungsbedingungen mit einfachen Pontons versorgt. Seit Mitte der 60er Jahre wird auch in der Nordsee, zuerst noch im südlichen Teil, gebohrt. Vor allem nach der sog. ersten Energiekrise 1973/74 wurden große Anstrengungen unternommen, die beachtlichen Vorkommen trotz der schwierigen Umweltbedingungen in kurzer Zeit zu erschließen, um die Abhängigkeit von den OPEC-Ländern zu verringern. Dies führte zu einem Offshore-Bohrboom. In immer tieferen Gewässern, in Schwerwettergebieten, ja sogar in arktischen Regionen wurde nach Erdöl und Erdgas[17] gebohrt. Gleichzeitig entstand ein neuer Technologiebereich — die *Meerestechnik:* es wurden z. B. Bohr- und Produktionsplattformen für Wassertiefen von 200 m und mehr, Unterwasserpipelines, schwimmende Übernahmestationen für Tanker

---

[16] Statistisches Bundesamt (Hrsg.): Fachserie H bzw. 8, Verkehr Reihe 9 bzw. 1 verschiedene Jahrgänge.

[17] Heute stammen bereits 20 % der weltweiten Rohölförderung aus Offshore-Quellen (650 Mio t p. a.). Es wird angenommen, daß bis zum Jahr 2000 ein Anteil von 50 % erreicht wird (vgl. „Immer mehr Öl und Gas aus dem Meer", in: Blick durch die Wirtschaft v. 20. 5. 1981).

etc. entwickelt. Ein nur mit den Anstrengungen der Weltraumfahrt in den 60er Jahren vergleichbarer Innovationsschub fand hier statt. Es wurde eine Fülle neuartiger Konstruktionen (z. B. „dynamisch positionierte" Bohrinseln oder -schiffe ohne Verankerung) entwickelt, die auch neue Werkstoffe und Produktionsverfahren (z. B. flexible Rohrleitungen, die die Offshore-Plattform auch bei stärkstem Seegang gas- und öldicht mit dem Bohrlochkopf auf dem Meeresgrund verbinden; Techniken, die Unterwasser-Schweiß- und -Reparaturarbeiten ermöglichen) sowie Überwachungs- und Sicherheitseinrichtungen, die auf den Einsatz in den Schwerwettergebieten und großen Wassertiefen hin ausgerichtet und optimiert wurden.

So mußten in der Nordsee Geräte und Methoden für ein Gebiet mit Wassertiefen bis 200 m und mehr, Wellenhöhen bis zu 30 m, mit Windgeschwindigkeiten bis zu 200 km/h und Oberflächenströmungen bis zu 6 Knoten entwickelt werden. Um unter diesen Bedingungen bohren, fördern und Pipelines bauen zu können, war nicht nur ein großer Erfindungsgeist, sondern auch ein beträchtlicher finanzieller Einsatz erforderlich. Für die Offshore-Baustellen wurden spezielle Versorgungsschiffe entwickelt, da normale Frachtschiffe, z. B. Küstenmotorschiffe, nicht geeignet waren. Die neuen Versorgungsschiffe mußten überdurchschnittlich gute Manövriereigenschaften besitzen, um auch bei stärkstem Seegang noch an den Bohrinseln und Plattformen Position halten zu können. Das Schiff sollte weiterhin spezielle Ladeeinrichtungen haben, um die für die Offshore-Baustellen notwendigen Materialien und Geräte wie z. B. Bohrrohre, Maschinen, Container und unter Deck Schwerspat, Zement, Wasser und Treibstoff in Tanks transportieren zu können. Daraus entstand das typische Versorgungsschiff, ein Heckträger, ein Schiff also, das die Aufbauten vorne und hinten ein freies Ladedeck hat. Hierdurch wird das Löschen und Laden an der Bohrinsel erleichtert. Das Schiff muß auch bei schlechtem Wetter oder in starker Strömung in unmittelbarer Nähe der Plattform auf Position gebracht werden können, ohne dabei die Bohrinsel zu berühren. Die hohe Manövrierfähigkeit des Versorgers ist daher sein wichtigstes Merkmal. 2 Hauptmaschinen von zusammen mindestens 2000 PS, 2 unabhängig voneinander steuerbare Propeller, 2 Ruderblätter und ein Bugstrahlruder geben dem Schiff große Wendigkeit. Der einfache 2000 PS-Versorger wird vorwiegend zum Versorgen von Hubinseln oder Produktionsplattformen in Wassertiefen bis zu 100 m benutzt.

Mit der Ausdehnung der Offshore-Tätigkeit auf immer tiefere Gewässer, z. B. in die nördliche Nordsee, in den Nordatlantik oder vor Kanada, Australien, etc. und mit zunehmender Spezialisierung der Offshore-Arbeiten entstanden weitere Schiffstypen. Um Bohrinseln oder Halbtaucher von ihrer Lokation wegschleppen zu können, wurden spezielle

Ankerzieh-Schleppversorger mit hohen PS-Leistungen entwickelt, die neben der Versorgung und dem Schleppen der Bohranlage auch das Ausbringen und Einholen der 35 t schweren Anker übernehmen konnten. Im Labradorstrom vor Neufundland werden diese Schiffe sogar für das Wegschleppen von riesigen Eisbergen, die den Bohrinseln zu nahe kommen, eingesetzt. Ankerzieh-Schleppversorger erreichen heute PS-Leistungen bis 13 000 PS und können damit auch in Eisregionen eingesetzt werden. So waren diese Versorger dank ihrer guten Manövriereigenschaften in Packeisgebieten vor Spitzbergen, Labrador und anläßlich der ersten deutschen Antarktis-Expedition im Winter 1979/1980 vor der Küste des Viktoria-Landes im Einsatz. Hier mußte Packeis bis zu einer Dicke von über 3 m durchfahren werden.

Es wird aber nicht nur nach Erdöl und Erdgas gebohrt, sondern es werden auch Pipelines auf dem Meeresgrund verlegt. Dies wird von großen Rohrlege-Schiffen ausgeführt. Diese Schiffe müssen bei der Verlegung immer wieder verankert werden. Hierfür werden besonders wendige Spezialschiffe benötigt, die die Anker laufend aufnehmen und wieder auslegen.

Die Unterwasser-Pipelines und -Produktionsanlagen müssen laufend gewartet und repariert werden. Hierfür gibt es Spezialschiffe, die mit Tieftauchsystemen für Arbeiten in Wassertiefen bis zu 400 m ausgerüstet sind. Die modernsten Schiffstypen dieser Art verfügen über computergesteuerte „dynamische" Positionierungsanlagen, d. h., das Schiff kann ohne Verankerung mit Hilfe eines Senders auf dem Meeresgrund auch bei starkem Wellengang durch elektronische Steuerung der Querstrahlruder und Schiffsschrauben auf der gewünschten Position gehalten werden. Welche Leistungen in der Meerestechnik heute möglich sind, zeigt der Einsatz des Taucherbasisschiffes „Stephaniturm": Im Herbst 1981 wurden von diesem Schiff aus dem Wrack des englischen Kreuzers „Edinburgh", der 1942 von der deutschen Kriegsmarine in der Barentssee nördlich vor Murmansk versenkt worden war, eine rd. 5 t schwere Goldladung in Goldbarren aus 250 m Wassertiefe geborgen. Zuvor war die genaue Position des Wracks in einem 15 qkm großen Seegebiet mit Hilfe von Unterwasserkameras und modernsten Sonar-Geräten in nur 24 Stunden geortet und Videoaufnahmen mit einem ferngesteuerten Unterwasserfahrzeug aufgenommen worden. Aus den Druckkammern an Bord des Tauchschiffes, in denen Druckverhältnisse wie in 250 m Wassertiefe herrschten, wurden jeweils 2 Taucher mit einer Taucherglocke, die durch eine Seegangskompensationsanlage stabilisiert wird, zu dem Wrack abgesenkt.

Bis vor wenigen Jahren konnte bei derartigen Druckverhältnissen nur von geschlossenen Tauchkugeln aus operiert werden. Dank der modernen Tieftauchtechnik können auch Taucher in diesen Tiefen arbeiten. Sie werden mehrere Tage lang auf die Druckverhältnisse in der „Einsatztiefe" vorkomprimiert und atmen anstelle des in der normalen Atemluft vorhandenen Stickstoffs Helium ein, da Stickstoff bei dem hohen Druck narkotische Wirkung hat („Tiefenrausch") und zu gesundheitlichen Schäden führt. Die Taucher sind über einen Versorgungsschlauch mit der Tauchglocke verbunden. Er enthält die Versorgungsleitungen für Atemgas, Kommunikation und für warmes Wasser zum Heizen der Tauchanzüge, da die Wassertemperatur in diesen Tiefen nur etwas über dem Gefrierpunkt liegt. Die Taucher bleiben rd. 8 Stunden „vor Ort". Danach werden Sie mit der Tauchglocke wieder an Bord gehievt und in die Kompressionskammer gebracht, wo sie sich bis zu ihrer nächsten „Schicht" ausruhen. Inzwischen übernimmt ein zweites Team die Arbeit. Während der gesamten Einsatzzeit, die mehrere Wochen dauern kann, stehen die Taucher ständig unter dem „Arbeitsdruck" und atmen ein Helium/Sauerstoff-Gemisch ein. Danach werden die Taucher je nach Wassertiefe und Dauer des Einsatzes zwischen 3 und 10 Tagen dekomprimiert, d. h. an den normalen atmospärischen Druck wieder „angepaßt".

Die Beispiele aus Spezialtransporten im Land- und Seeverkehr sollten deutlich machen, daß sich auch die Verkehrswirtschaft auf die veränderten Nachfragestrukturen der 70er Jahre eingestellt hat. Dies gilt auch für die Zukunft. Weitere weltwirtschaftliche Verflechtungen, die wachsende Verlagerung von Industrieproduktionen in Entwicklungs- und OPEC-Ländern, die Veränderungen auf den Energie- und Rohstoffmärkten („Renaissance der Kohle") werden neue Transportbedürfnisse hervorbringen. Die Transporttechniken und -organisationen werden die entsprechenden Lösungen dafür finden bzw. sind bereits in Vorbereitung. In hochentwickelten Industriegesellschaften wie der Bundesrepublik wirkt sich in immer mehr Produktionszweigen der Produktlebenszyklus aus, da die technologische Basis bei den meisten Produkten allgemein bekannt und so perfektioniert ist, daß auch Verbesserungsinnovationen immer schwieriger werden. Dies gilt auch für den Verkehrsbereich. Dennoch sind „kleine Innovationsschritte" weiterhin möglich und auch notwendig, da die allgemeinen Rahmenbedingungen, nämlich geringere Wachstumschancen, sinkende Bevölkerung, steigende Aufwendungen für Energie-Rohstoffe in den 80er und 90er Jahren, nicht gerade stimulierend für neue „revolutionäre" Ideen sein werden.

Probleme
des Technologietransfers

Technology Transfer Through International Licensing, Franchising, and Know-How Agreements

Von *Howard W. Barnes*, Provo, Utah

A. Introduction

Central to the subject of technology transfer are the issues of specialization of labor and the diffusion of innovation. From the time of Adam Smith it has been understood that economic autarky is inherently inefficient, whether it be practiced on a farm, in a commune, in a state, or among a group of nations. To inhibit the flow of goods, services, or ideas necessarily imposes a lower standard of living on a society which strives to be economically self-sufficient. The freedom to specialize not only assures that individual workers and producers will benefit from economies of scale, but likewise contributes to a more efficient utilization of all factors of production. Where labor is inexpensive, labor-intensive methods of production will be employed; in turn, capital will replace labor when the latter is dear. Specialization of labor in turn contributes to economic and, ultimately, political interdependence by creating an environment where products, people, and ideas move freely from state to state.

On the basis of observations in a Glasgow pin factory, Adam Smith formulated the theory of the market economy. Through specialization workers, as well as factories, achieve economies of scale based on the repetitive performance of tasks. From Smith's seminal work on the advantages of labor specialization came the concept of comparative advantage, which David Richards applied to international trade. The concepts of specialization of labor and comparative advantage both allow for the movement of ideas, as well as products, in domestic and international trade. The diffusion of ideas and innovation through licensing, franchise, and know-how agreements is the subject of this examination.

B. The Evolution of Technology Transfer

The process through which technology is transferred has evolved over the millennia, but only recently have efforts been made to identify various methods and to formulate a theory on the diffusion of innovation. Ideas have always spread between people, impeded only by distance, modes of travel, and overt efforts to maintain secrets. At times the diffusion of technology seems to have been rapid, as suggested by recent archaeological finds of bronze making in Eastern and Central Europe. In other circumstances the diffusion of innovation proceeded whith excruciating slowness, largely because of a paucity of contacts between distant lands. This is particularly true in the case of Han Dynasty China (207 B.C. to A.D. 220), whose intellectual and technological development was on par with Rome. Among the important Chinese achievements were lacquer, porcelain, coal and coke, gunpowder, as well as sophistication in mathematics, astronomy, and metallurgy[1]. In each instance it took centuries for Chinese discovery and invention to reach Europe. Trade secrets have also impeded technology transfer as suggested by the slow diffusion of innovation in silk production. By strictly prohibiting the exportation of silkworm eggs, the Chinese were able to maintain a virtual monopoly from 2700 B.C. until 552 A.D., when Rome was finally able to end the exclusive control on a product which had become dear to the western society.[2] Similarly, trade secrets played a key role in limiting the diffusion of innovation in the ancient art of sword manufacture. Swords of Damascus were said to be so supple that they could be bent from hilt to tip while at the same time being able to taken an edge unsurpassed until the present time[3]. The secrets of Damascus sword craftsmen were closely guarded for more than a thousand years.

With the emergence of the patent system in Florence in 1421 and privileges granted fifty years later by Venice for a monopoly "to print certain books", it became possible to communicate information to the public without surrendering proprietary rights. More than anything, the patent and copyright system started to break the stranglehold with which the time-honored practice of secrecy impeded the flow of knowledge. The disclosure requirement of a patent not only warned those who might inadvertently intrude on the property rights of another, but it likewise served as a starting point for future invention. A good product idea, enjoying the benefit of patent protection, often stimulated others to make substantial improvements or to create entirely new patentable products. Far from limiting or discouraging invention, the patent system promoted creativity and the diffusion of technology.

---

[1] *Goodrich*, L. C.: A Short History of the Chinese People, New York 1951, P. 29, 46, 97, 152.

[2] *Porter*, G. R.: Treatise on the Origin, Progressive Improvement, and the Present State of the Silk Manufacture, London 1830, P. 11.

[3] *Fisher*, D. A.: The Epic of Steel, New York 1963, P. 21 f.

C. International Licensing and Economic Development

The causes of poverty and underdevelopment are widely discussed, but little understood. Prominent among the explanations is the belief that a knowledge gap exists between rich and poor nations. If it is assumed that innovation and technology are important elements in the economic development, then two other issues need to be addressed, namely, how innovation and technology are best transferred and how they can be put to work most effectively. Licensing, franchising, and know-how agreements figure importantly among the possibilities for improving the economic conditions of less developed countries.

International licensing is a method of foreign business in which a firm in one country, called the licensor, authorizes a firm in another, termed the licensee, to use its patents, trademarks, or know-how for the manufacture and distribution of a product or service. Licensing may be regarded as a middle approach to foreign trade, occupying a position between export sales and overseas manufacture. The chief advantage of licensing and franchising has been that they effectively circumvent trade and tariff barriers by manufacturing or performing services in the host country, without requiring a substantial commitment of invested capital or the assumption of significant market and financial risk.

During the first half of the Twentieth Century international licensing was primarily a defensive strategy through which the grantor could gain access to markets which would otherwise be foreclosed by tariff or trade barriers. This was true not only for developing countries which experienced chronic foreign exchange shortages, but likewise between advanced industrial nations which from time to time discouraged imports and foreign investments with tariffs and exchange controls. In the post World War II period licensing was also used to gain access to Soviet and Chinese-bloc countries who were also trying to conserve scarce foreign exchange and found foreign investment to be politically unacceptable.

In the 1970's when Europe and Japan had fully recovered from the effects of the war and the currencies of all major trading nations were fully convertible, it might have been expected that the value and number of licensing and franchise agreement would have declined[4]. Such did not happen; in fact, licensing was more extensively used, particularly among the industrialized nations. Licensing and franchising have thus evolved as commercially acceptable alternatives

---

[4] *Root*, F. R., *Contractor*, F. J.: Negotiating Compensation in International Licensing Agreements, in: Sloan Management Review, Vol. 22 (1981), P. 23.

to export sales and foreign investment, rather than as a means to circumvent government regulations.

However, licensing, franchising, and know-how agreements are not the panacea for economic development. Important constraints exist for all parties, including the grantor, the grantee, and the public. Particularly among the developing countries the first essential criterion to be met is the relevance of the technology, and the capability of the licensee to employ it effectively. Even on a cost-free basis, the licensee may not be in a position to utilize the assistance offered. India serves as a good example of a nation whose fragile infrastructure was not sufficient to accept a large infusion of advanced western technology. Prior to her independence in 1947, India was primarily an agrarian nation with a small amount of industry concentrated primarily in textiles and building materials. Licensing has been useful in the nation's economic development largely because governmennt severely restricted trade and discouraged foreign investment.[5] In spite of remarkable growth, the second most populated nation remains underdeveloped, not because technical assistance and patent licenses are unavailable, but because it is moribund in a labyrinth of government rules, regulations, and social measures which have effectively destroyed much private initiative. On a recent visit to India, the author talked with one of the nation's leading television manufacturers. Noting that on a foreign-exchange basis the firm's black and white set sold for more than color models in Europe and the United States, it was immediately apparent that gross inefficiencies in manufacturing had contributed to high product costs. Politely declining various suggestions for improvement, the owner indicated that there was little advantage for him to improve efficiency in order to lower prices, because the firm was already under surveillance by the government for garnering a market share deemed too large. Further market penetration would likely result in the application of punitive measures against unfair competition.

In contrast to India, Japan provides an excellent example of industrial vitality, attributed in part to its access to technology through licensing. Like the mythical phoenix, Japan experienced a rebirth following the conflagration of World War II. With its industrial capacity almost totally destroyed, but its craft and managerial skills intact, Japan was able to shape a new industrial society committed to growth. While much of the nation's physical infrastructure was severely damaged, its intellectual and managerial capacity had steadily increased through the war years. It is, therefore, not surprising that the nation

---

[5] *Ratman*, C. V. S.: Technology Transfer from Developed to Developing Countries: Experience in India, in: Technology Transfer in Industrialized Countries, Alphen aan den Rijn 1979, P. 132.

which built the largest combatant ships in the War was able to produce the largest oil tankers and cargo ships ten years later. Koji Kobayashi, Chairman of the Board of Directors of Nippon Electric, stated the issue of technology transfer most clearly with an analogy of water, "... there must be an appropriate difference in levels between countries. Technology, like water, flows from high ground to low ground, but when differences are too great, it tends to flow past without stopping. There must be an educational level that is sufficiently high to absorb the technology."[6]

The difference in levels between countries is not so much related to the extent of economic development as it is to the degree of specialization. Firms and countries which have a high degree of specialization have a much greater need for advanced technology than those less adapted to a particular form or function.

Illustrative of this point are the findings of a study reported in the *Economist* in 1979[7] which concluded that the most extensive use of licensing occurs among the most highly industrialized nations, and not between the developed and the developing nations. According to the findings, 90 percent of the trade in know-how takes place within the industrial world, of which a high proportion is between multinational corporations. Subsidiaries of multinational corporations in the developing countries are more likely to receive high technology from abroad than are private firms or state corporations. The study also indicated that the trade in technology is dominated by the United States with only two other countries, Britain and France, showing a payment surplus. Germany and Japan imported a great deal of technology, paying more than twice as much for purchases than received in license revenue. At the other extreme, Brazil, Mexico, Argentina, and India made relatively small purchases of technology and obtained only negligible income.

Canada provides a curious example of an advanced nation which has a large dependence on foreign technology. Canadian gross expenditures on research and development, at 1.13 percent of Gross Nationl Product, were substantially lower than the United States at 2.45 percent, and Germany and the Netherlands at 1.96 and 1.88 percent, respectively.[8] A partial explanation of this anomaly is that Canada has a comparatively large amount of foreign ownership concentrated in such high technology

---

[6] *Kobayashi,* K.: Technology Transfer in Japan, in: Technology Transfer in Industrialized Countries, Alphen aan den Rijn 1979, P. 30.

[7] The Trade in Technology: The Economist, Vol. 271 (1979), P. 48.

[8] *Miedzinski,* J.: Technology Transfer in Canada, in: Technology Transfer in Industrialized Countries, Alphen aan den Rijn 1979, P. 36.

fields as energy exploration and production, communications, pharmaceuticals, etc.

Technology transfer takes place both between industrialized nations and with the developing countries. The essential difference involves the question of continuity. Among the advanced nations an orderly, evolutionary system has developed in which technology has been transferred, first between master and apprentice, and later between large and small producers. The state has also contributed to an unrestrained flow of ideas by allowing the creation of legal monopolies through which the owners of technology may sell or lease the products of their creativity to others, including competitors. It is not by accident that the patent and copyright systems were first adopted by the advanced nations of the Fifteenth Century, while many developing countries have been reluctant to accept international treaties for the protection of property, even in this day.

In marked contrast to the evolutionary development in the flow of technology, leaders in the growth-oriented developing countries press for immediate change—a discontinuity with the past. In an effort to achieve revolutionary change, high technology is imported, often with disappointing results. Licenses and know-how assistance can make a significant contribution to economic growth, and may be the catalyst for change, but not the locomotive. On the other hand, licensing and know-how agreements have contributed substantially to the increase of trade, and attendant specialization of labor among the advanced industrialized nations.

I. Licensing Strategy

Once a strategy to circumvent foreign investment and acquisition barriers, licensing gained new prominence in the sixties and seventies as a means to exploit the highly competitive European and Japanese markets. Not limited to American business, licensing was also used increasingly by multi-national corporations in other industrialized nations to expand their foreign operations.

A review of circumstances where licensing has proven to be an optimum marketing strategy provides important insights into the inherent flexibility of this medium of foreign trade. Faced with a decision of maximizing profits on patented products, manufacturers often assess their alternatives with the use of the product life cycle concept.[9] The concept holds that all products move through a series

---

[9] *Levitt*, T.: Exploit the Product Life Cycle, in: Harvard Business Review, Vol. 43 (1965), P. 81 ff.; *Wells* Jr., L. T.: A Product Life Cycle for International Trade?, Journal of Marketing, Vol. 32 (1968), P. 1 ff.

of phases, beginning with the introduction, proceeding to growth, maturity, and eventual decline. The division between the introduction and growth is arbitrarily defined as a midpoint, while the growth to maturity point is characterized by increasing unit sales, but at a declining rate. The decline phase begins at the apex of sales and continues until the product is ultimately withdrawn from the market. Clearly, all product life cycles differ not only in magnitude, but in the shape of the curve and the duration as well. Furthermore, it is likely that the product life cycles of an individual item will differ from that of the product class. The concept has important implications for both domestic and foreign marketing. For example, price elasticity is generally high in the introduction and early growth, but declines as the product reaches maturity. At the same time increasing competition in the growth phase tends to limit the marketers flexibility in pricing and distribution strategy.

Not only do product life cycles differ between domestic competitors, they likewise have distinctly different characteristics in foreign markets. Thus a product like men's electric shavers, which may be at or near the maturity phase in the German market, could still be in the growth phase in Greece or Spain, and appropriate for introduction in a less-developed country. This does not mean that the affluent or well-traveled residents of developing countries do not own electric shavers, but it does suggest that a product in the maturity phase in one market may have reached the point where new sales come primarily from replacement purchases, while it may still be unknow to the majority of potential buyers in another nation. With the product cycle concept the marketer is aided in his assessment of sales opportunities in the firm's domestic market in light of opportunities abroad.

The decision to license may likewise be influenced by implications drawn from product life cycle. Products which are slow to develop and enjoy long periods of growth, such as toilet goods, are usually sold abroad through a combination of export sales and foreign manufacture. On the other hand, the market for products whose sales increase rapidly, like video recording equipment, may develop so fast that no one manufacturer has the capacity to fully satisfy growing demand. In a rapidly expanding market licensing may serve several useful purposes, including forestalling competition, gaining additional revenue in non-competing markets, and possibly developing cross-licensing arrangements with a foreign competitor whose research and development appear to complement its own efforts.

Licensing may also be appropriate for products which have reached a point where sales revenue barely covers variable costs in the domestic market, while foreign sales and licensing income could contribute directly to the firm's profitability. Residents of a developed country traveling abroad often find a familiar product which has since disappeared at home, but continues to enjoy prominence abroad; an example of which are American fountain pens, still found abroad, but not widely sold in the United States. Since licensing requires little overhead and administration expenditure, revenue from this source may be very attractive to the firm.

II. Use and Benefits of Licensing

An examination of the applications of licensing provides useful insights into the advantages afforded to both the grantor and the recipient. Attention will first be directed to the benefits received by the licensor, the party which enjoys the right to a legal monopoly.

Notwithstanding size and resources, no multiproduct firm is able to maximize income on all products. Stated another way, it is not possible for a given firm or corporate organization to do everything. To say otherwise is to repudiate the first principle of economics, the advantages of the division of labor. Concentration of effort along the lines of one's comparative advantage is more efficient. For this reason, individual firms must decide where the maximum return on their effort may be realized. Some decide to concentrate their efforts on research and development, leaving the task of manufacturing to others, while others decide that their comparative advantage lies in marketing. Implicit in the granting of a license is the recognition that the royalty income received exceeds the revenue which would be sacrificed in letting others exploit the market. While the loss of market opportunity might be termed as opportunity cost, licensing fees in fact are an exogenous source of income which might not have been realized otherwise. Depending on the nature of the patent, including the product's substitutability, length of remaining patent protection, and the demand for the product, licensing may provide a significant source of additional revenue, important to the firm, its stockholders, and the prosperity of the nation.

In a departure from the dependency relationship which once characterized licensing arrangements, current applications often involve firms with similar capacities in research and development. Such relationships may result in extensive cross-licensing agreements through which long-term exchanges of technology take place. Indeed some manufacturers believe that long-term licensing is valuable only when cross-fertilization takes place.[10] While occasionally fraught with difficulty involving anti-trust regulations, cross-licensing can prove profitable to all. The United States, in particular, is wary of the possibility that domestic and foreign competitors will use licensing and cross-licensing arrangements to affect market allocations, or otherwise to collude in setting prices or other anti-competitive market practices. The relationship between Hitachi of Japan and the General Electric Company of the United States provides a good example of an evolution from dependency to equality. Dating from 1953, the two companies have had wide-ranging associations, including licensing, know-how agreements, and joint ventures. Even in management style the two companies are similar, with Hitachi having patterned its management training institute on General Electric's Crotonville program. Hitachi's president, Hirokickhi Yoshiyama, refers to General Electric as its older brother.[11] For Hitachi the General Electric brother may be older, but with more than $14 billion in revenues and 143,000 employees, the Japanese firm is by no means a poor relative.

Licensing may also be a means to secure ancillary benefits, such as preserving market position, managing the competitive environment by selecting appropriate partners for future cooperation, and providing a possible base for selling the company's primary product. An interesting example of preserving market position through licensing is suggested by N. V. Philips' Gloeilampenfabrieken, which allowed competing firms, to use its patented audio cassette without remuneration, provided that the licensed firms abided by various rules and regulations, including the maintenance of quality standards. Philips faced the distinct possibility that a rising demand for its cassette system would oblige other manufacturers to introduce competitive products. Because competitive products were thought to be on the horizon, Philips reasoned that its market position could be preserved by promoting the universal acceptance of its recording system, even at the loss of licensing revenue. The creation of selective demand for a primary product may also indicate the use of licensing on a cost-free or low cost basis. The Aluminum Corporation of America (ALCOA) actively sought licenses for its pull-top beverage can technology because it contributed to the use and sale of its primary product. Kodak likewise provided technical assistance to "competing" camera manufacturers in the belief that the sale of its end-use product, photographic film in cassettes, would be stimulated by the wide acceptance of its system. Kodak's example is in marked contrast to the strategy of Polaroid

---

[10] *Mohr*, H.-W.: Bestimmungsgründe für die Verbreitung von neuen Technologien, Berlin 1977, S. 106.
[11] *Pearlstine*, N.: That Old Nobushi Spirit, in: Forbes, Vol. 124 (1979), P. 42 ff.

which has been extremely reluctant to license other camera manufacturers to use their system, even if it contributed to the sale of photographic film.

For a small company in a high technology field, licensing may be the most attractive way of obtaining funds for developmental research. One of the pioneers in the fast-growing field of genetic engineering is Genentech, a South San Francisco research firm. In 1981 two Japanese drug makers, Daiichi Seiyaki Company and Toray Industries, Inc. agreed to fund Genentech research on immune interferon, in exchange for exclusive marketing rights in Japan.[12] Immune interferon offers some promise in the fight against cancer, a disease particularly feared by the Japanese since half of all its victims die of carcinomas of the stomach. Not only will Genentech receive much needed funding, but it will also develop long-term partnerships whose efforts will be essential in maneuvering through the labyrinth of Japanese pharmaceutical regulations, as well as bureaucratic rules which effectively impede foreign entrants into the market.

Aside from the commercial advantages associated with licensing, it is also important in avoiding political risk, especially for firms operating in developing countries. As witnessed by the events in Iran, moves to nationalize or expropriate foreign direct investment cause economic repercussions throughout the world. Not only does licensing effectively remove the fear of having foreign assets seized, but to a large measure it precludes the misappropriation of property. Experience suggests that most nations are willing to pay license fees, within reason, for products considered of value in the domestic market. At the same time international patent conventions provide significant protection against the unauthorized use or sale of patented products in third countries. Hence, the most the licensor has to lose is loss of revenue in the host country market.

Beyond the security issue, licensing may be the only practical means of gaining access into nations which prohibit foreign investment and exclude imports not considered vital to the national interest. Nations in this category include, but are not limited to, the Soviet Union, Eastern Europe, and the People's Republic of China. Severe limitations in foreign exchange necessitate the establishment of priorities for allocating hard currencies to the most pressing of public projects. At the same time nations in the Soviet bloc are vitally interested in strengthening their economic system. In a sense, licensing products for manufacture in the Socialist countries is a free good to the licensor

---

[12] Japan: A Deal That Protects Biotechnology Secrets, in: Business Week, N. 2714 November 16, 1981, P. 60 f.

because additional income comes from a market which would otherwise be foreclosed. On the other hand, the risk of firms competing with their own products coming from the East is minimal, since relatively few goods of this genre are sold in the West. Exceptions exist, but for the most part East-West trade is not characterized by the degree of high technology products common among other industrial nations.

III. Advantages Enjoyed by the Licensee

To this point attention has been largely concerned with the benefits received by the grantor of licenses. As with any successful partnership commensurate advantage must exist for all parties concerned. That licensing continues to find new applications and markets suggests that it remains a mutually advantageous means to transfer technology and to extend market penetration.

Among the important benefits accorded to licensees is the opportunity to pick and choose from a "supermarket" of new ideas, products, and processes. By selecting products which have already demonstrated purchaser acceptance, the licensee avoids much of the risk associated with innovation. Not only is the licensee given reasonable assurance that the product will be successful, but it is relieved, in part, of the responsibility of making many decisions connected with research, prototype development and testing, production planning, as well as various marketing considerations, including pricing, channel selection, and promotional strategy normally associated with new product introductions. Clearly, the international licensee cannot expect to adopt the entire product, production, and marketing system intact, but the purchasing firm is given a successful model upon which change and modification may be made.

Except for those directly involved with new product development, few can appreciate the risks involved with the pioneering of new consumer or industrial goods. In a well publicized 1968 study the consulting firm of Booz, Allen, and Hamilton reported that fewer than two out of every 100 apparently good ideas ever reached commercialization.[13] This attrition takes place in every step from product planning and development, to testing, market analysis and market introduction. Not only does the risk involved with new products pose a drain on the developer's financial resources, it likewise imposes demands on facilities, personnel, and the attention of management. Accordingly, the customary five percent license royalty payment is a comparatively small price to pay for access to the stream of income potentially

---

[13] *Booz,* A. u. H., Inc. Management Consultants: Management of New Products 1968.

available from a successful product. Furthermore, the royalty fee is not only small, but is generally a variable cost, thus limiting further the risk attendant to innovation.

Time is also an important factor in the use of licensing. The innovation path imposes extensive time requirements in the search for ideas, engineering, prototype development, testing, and government approval when health and safety requirements mandate. At the same time risk is also involved, to the extent that uncertainty exists regarding the activities of competitors. Licensing generally affords the recipient access to the product and marketing plans of one of the firm's largest existing or potential competitors. Time is also a factor, owing to the limited duration of patent protection. The fifteen to twenty year legal monopoly conveyed by the state may be very brief for a high price, high technology consumer product such as color televisions. Because RCA was anxious to recoup its research and development investment as soon as possible, licensees were able to secure access to the pioneer's technology and patent on favorable terms.[14]

In addition to the rights conveyed by the license agreement to manufacture and sell a patented product, the grantee usually receives valuable production and marketing know-how. Experience gained by the licensor may be invaluable, at times essential, to the success of the product. Recognizing the intangible nature of know-how, coupled with the inability to subsequently revoke the information conveyed, such knowledge is usually tied to the product in the form of a license, or to a franchised name in the case of a marketing program. Incidents involving patent infringement bear evidence of the importance of know-how. An interesting example is suggested by the 1972 purchase of the Boeing 707 commercial aircraft by the People's Republic of China. At the time of the purchase negotiations, Boeing officials were puzzled by the request of the Chinese to buy four extra engines for each airplane. Given the favorable operating experience airlines had enjoyed with jet engines, it was not clear why the Chinese were desirous of acquiring such a large inventory of spare equipment. The answer became evident several years later when visitors to Beijing noticed what appeared to be an exact replica of the 707, now humorously called the 708. Since the Chinese version has apparently not seen service, either at home or abroad, it is believed that the possession of a working model was not adequate to afford the Chinese sufficient knowledge to fabricate working duplicates, at least on terms competitive with Boeing.

---

[14] RCA Offers Orderly System for Color TV: Editor & Publisher, Vol. 86, P. 33.

For consumer products, obtaining information about marketing programs and promotional techniques may be no less important than access to patent rights. Experience indicates that many good products fail in the commercialization phase because of errors in pricing, sales and distribution, and advertising. Indeed, many widely accepted products, such as CinZano, Renault, Niva, and Sony owe their success not so much to product superiority as to the skill and effort to create and sustain consumer interest and demand.

D. International Franchising

Franchising is to marketing what licensing is to manufacturing. Patents protect the rights of inventors and owners of inventions against unauthorized use in much the same way as trademarks prevent the usurpation of names, symbols, and ideas. The lay public generally accepts the rationale behind the protection of property rights as related to physical goods, largely because they can identify with the inventor and recognize the debt society owes to those who provide material goods and comforts. In contrast to physical items, ideas, symbols, and names are mere abstractions, which somehow seem to be less subject to proprietary ownership. The unauthorized assault on ideas, words, symbols, and sounds seems to be somewhat more acceptable to the public than the theft of physical goods. However, without the creative genius of advertising and imaginative selling, together with effective merchandising and display, most consumer goods would fail to achieve success, notwithstanding excellence in appearance and operating results. A precise replica of a Wienerwald or a McDonalds, without the familiar logos, would be another fast foods outlet, bereft of both consumer reputation and demand.

The earliest use of franchising as a marketing strategy dates from the last century[15] and the efforts of two Yankee salesmen who dreamed of world markets for their products. The first was Isaac M. Singer, an inventor who developed the first practical domestic sewing machine; the second, John D. Rockefeller, of petroleum fame. Both were fortunate in focusing their efforts on products which had potential demand in every household throughout the world. Singer's sewing machine made clothing more affordable for the masses, while Rockefeller's Standard Oil combine brought light, warmth, and transportation to hundreds of millions of households. In both instances the enormity of the world market exceeded the ability of either business to achieve adequate penetration. Neither capital nor management were available to Singer

---

[15] *Walker*, B. J., *Etzel*, M. J.: The Internationalization of U.S. Franchise System, in: Journal of Marketing, Vol. 37 (1973), P. 38 ff.

or Rockefeller to integrate forward from manufacturing to marketing, either in the U.S. or the international market.

Franchising thus emerged as a means for the producer to receive benefit from the recognition and public acceptance of proprietary products, and at the same time control the channels of distribution through exclusive representation, pricing agreements, and tieing-in arrangements. Other products and services likewise followed the franchising successes of Singer and Standard Oil, including: automobiles, soft drinks, travel agencies, and sundry other consumer products. The growth of franchising in the post war period is suggested by a study in 1970[16] which indicated that more than 90 percent of U.S. franchises were started since 1954. Given the rapid expansion of international franchising in the last ten years, it can be concluded that almost all of the growth has occurred in the past two decades.

The real boom in international franchising came after World War II, with the emergence of comparatively inexpensive air transport, which made it possible for tens of millions of people to travel abroad. International travel, formerly limited to the wealthy, as well as business and government leaders, became accessible to vacationers, students, professional people, and an avalanche of business men and women who staffed and directed far-flung overseas operations. The international travel market created a need for world-class products and services, catering to the lodging, food, beverage, transportation, and service needs of foreign guests. Given the extraordinary expansion of international travel in the second half of the Twentieth Century, it is not surprising that revolutionary change took place in the hotel-motel industry, fast foods, carbonated beverages, travel agencies, rent-a-cars, and other businesses which serve tourists and travelers.

I. Varieties of Franchising Operations

Four principle categories of franchising account for almost all of the relationships customarily employed.[17] The first is the "manufacturer-retailer" system, which encompasses the automotive franchise group. Included in the automotive groups are dealerships, gasoline service stations, tire sales, and service. The franchise system in the automotive field is an ideal relationship because it provides benefit for all. The manufacturer enjoys the advantage of intensive distribution by retailers who have a substantial financial commitment as well as a contractual obligation. In turn, the dealer enjoys permanency in the relationship.

---

[16] *Burck*, C. G.: Franchising's Troubled Dream World, in: Fortune, Vol. 81 (1970), P. 117 ff.

[17] *Vaughn*, C. L.: Franchising, Lexington/Massachusetts, 1974, P. 4 ff.

The public also receives benefit, not only through access to a network of dealers, but likewise by an implicit warranty from the manufacturer that the purchaser will be treated fairly.

The second major category is the "manufacturer-wholesaler" system, which is common to the soft drink bottling industry. Products described as "convenience goods" fit appropriately into this classification, owing to the disposition of buyers to purchase where most accessible as well as their general insensitivity to small differences in price. While it may be long in the making and exceedingly expensive, the establishment of a well-known soft drink brand offers a potentially large return on investment. Given the profit potential of syrup manufacture, few soft drink producers are interested in the bottling business. At the same time few bottlers are interested in the even less profitable retail trade. Exceptions do exist, such as the desire to increase penetration in key markets, but the general principle of the division of labor characterizes the carbonated drink industry.

The "wholesaler-retailer" relationship constitutes the third type of franchise arrangement. Included in this category are retail food stores, appliance centers, housewares, and hardware stores. The principle benefit obtained from this arrangement is to assist the independent retailer in buying merchandise at prices more or less comparable with that available to large outlets. The "wholesaler-retailer" also offers the possibility of introducing retailer or control brands bearing the name of the wholesaler or retailer, but selling for less than established brands. Because the retailer or control brands do not carry the promotion overhead of name brands it is possible to sell merchandise at a lower price and still maintain satisfactory margins.

By far the most important form of international franchising is the "trademark/tradename-licensor" franchise. Prominent among this group are the international hotels, fast foods restaurants, car rental outlets, tax preparation services, and travel agencies. In this arrangement the principle benefit offered by the franchisor is an established reputation together with a detailed procedure for doing business. Closely linked to the international travel market, the trademark/tradename franchise offers the franchisee almost instant access to an ever growing market of affluent, price-insensitive patrons. While the name and know-how conveyed by the franchise agreement may appear to be so intangible as to defy an equitable basis for determining the monetary value, the market has given an accurate indication of the net present value of these agreements. Successful franchisors, like the Wienerwald, are able to secure a substantial initial payment together with a percentage of sales over the life of the contract.

II. Benefits Obtained Through Franchising

The franchise agreement allows the purchaser literally to buy knowledge and access to the market. Economists regard the purchase of knowledge as an information cost, with the implication that the seller expects to be reimbursed, within reason, for both success and failure. For the franchising relationship to continue to meet both the needs of the buyer and seller, it is expected that a continuing stream of knowledge and assistance be extended to the franchisee. Successful franchisors anticipate the cognitive dissonance associated with the purchase of intangibles by offering valuable information and assistance on a frequent and continuing basis. As an example of the continuing support given by one of the world's most successful franchisors, the author was once shown a lengthy manual, for a mother's day promotion in Hong Kong. For the disinterested party, it seemed hard to believe that more than two pages could have been written about a one day promotion, but the thoroughness of the franchisor is characteristic of the importance of providing continuing support in all phases of the operation, including product, equipment, production methods, promotion, supervision, and financial controls.

Access to the market is an invaluable contribution of franchising. Given the rising tide of international travelers in the past two decades, it is not surprising that such worldfamous names as McDonalds, Wimpy's, The Rice Bowl, Wienerwald, and Baskin-Robbins are located in the central business districts of large European, North American, and Asian cities. While the tourist and business travelers may initially constitute the core of patronage for a new consignee, successful franchises must also appeal to the domestic market, in order to enjoy stable earnings and growth. Accordingly, the growth of franchise operations usually radiates from major metropolitan centers to medium and smaller cities, as well as from the business districts to surrounding communities.

The fare offered by franchisees is important to consider. International travelers are generally not less disposed to the exotic, whether it be in foods, beverages, accommodations, or services, and are thus more comfortable with the familiar. While franchise foods, drinks, and rooms may seem pedestrian by local standards, they are generally economical, convenient, and satisfactory. Indeed one large franchise hotel operation with locations in large cities throughout the world advertises, "No surprises". The sheer uniformity of products and services offered by franchisees may prove trying when used or consumed on a regular basis, but the assurance of sameness is not without merit. Because the product or service is known and accepted, the opening of a new franchise generally brings immediate market recognition and loyal patronage.

One important ingredient in the success of a new retail venture is site selection. Owing to the success previously enjoyed by franchisors, they are generally able to establish a set of criteria to aid in the selection of optimal locations. The criteria may be as simple as a check-off list, or as complex as a formula which includes population density, car and pedestrian traffic, numbers of competing establishments in the market area, land values, and rental costs. The execution of feasibility studies, by skilled professionals thoroughly familiar with the franchise operation, accounts importantly in the overall success of franchising. Franchisors with well developed feasibility measures are thus able to reserve some sites for their own use, approve selected locations for franchise operations, and decline the applications for some locations which do not offer sufficient promise of success.[18] By receiving a franchise from a successful franchisor the operator can anticipate success with a high level of certainty. Premiere franchisors do not want marginal operations, notwithstanding income which may be received from the initial fee and subsequent royalties.

Also contributing to the success of franchise operations are valuable services given by the franchisor, which may include: management training, personnel selection procedures, access to group buying discounts for equipment and supplies, training and instruction for employees during the pre-opening period, together with sales, cost, and profit analyses during the life of the agreement.

Successful franchisors provide more than a valued name and a business plan; such could be secured through a one-time purchase. In order to justify long-term royalty payments the franchisor is obliged to provide continuing support in the form of new products, advertising and promotional programs, business advisory services, and architecture and design assistance for building or remodeling, etc. Economies of scale are enjoyed by both national and international franchisors, which make it possible to sustain a level of public awareness and buyer-demand, unobtainable through individual effort.

In time the most successful franchisors obtain good standing in the financial community and have broad access to capital markets. Since franchisors invariably tie their agreements to specific sites, they are often willing to lend money to the franchisee for building and remodeling, knowing that if the business succeeds the loan will be repaid; if not the loan is foreclosed and the franchisor will receive the property and

---

[18] Franchised Distribution: The Conference Board, New York, No. 523, 1971, P. 71 ff.

improvements. Because of its size, financial position, and knowledge of the business, the franchisor may be the best source of financing available to the francisee.

Owning one's own business is usually the most important benefit offered the franchisee.[19] In this regard, the franchise agreement offers the best of both the corporate and small business world. The large corporate franchisor provides technical and marketing assistance, production methods, and finance and control procedures at a level of sophistication unknown to small business, while the franchise operator is usually willing to commit his time and talent in ways uncommon in large business. Resources and commitment are the hallmark of successful franchising. No one entering a franchise agreement should harbor illusions that it is an easy way to make money, although the profit potential is great. Since royalty fees often equal or exceed sales margins, it is essential that the franchisee look to volume to achieve an adequate return on investment. To achieve high volume, the franchisee must meet the demanding, if not fickle, needs of the public, which among other things means uniform quality, competitive prices, consumer access and convenience, and long hours. All of these pose burdens on owner-managers.

Management and employee training are among the most important services provided by the franchisor.[20] Some franchisors, such as McDonalds, require that all operators must undergo a course of instruction and training, at their own facilities, regardless of their background and experience. Franchisor training personnel also work side-by-side franchise employees before and after the location is opened, to assure that all established procedures are followed precisely and that errors are corrected. Not only is this service vital to the success of the franchise, but it also benefits the franchisor by assuring that uniform methods are followed and no deviation exists in product or service quality.

III. Risks Associated With Franchising

The franchising route is not without risk. Depending on changing circumstances, either the franchisor or the franchisee may find that the arrangement has become less to their advantage. For example, franchise agreements generally have termination dates with provisions for a negotiated renewal. If the franchised operation has been imminently successful, the operator may find that the franchisor is unwilling to extend the agreement, preferring to operate the business

---

[19] *Mendelsohn*, M.: The Guide to Franchising, London 1970, P. 15.
[20] *Metz*, R.: Franchising, New York 1969, P. 44 ff.

as a wholly owned corporate unit. On the other hand, if the renewal option is extended by the franchisor, it may be on terms considered prohibitively expensive. In any event the franchisee's success will be costly, either through the terms of the new agreement, or as an opportunity cost in the case the agreement is not renewed. At the other extreme, if the franchisee's performance has been unsatisfactory it is possible that the name and reputation of the business will have been so tarnished that a new operator will enjoy little likelihood of success. Too much or too little success in franchising may pose problems for the principals.

Maintaining uniformity in the quality of products or service, as well as the appearance of the franchisee's building and interior space, may be a difficult task for the franchisor, particularly for those which are new and less firmly established, or those whose market demand has begun to wane. As a consequence of a lack of uniformity, the public image necessarily diminishes, further reducing the monetary value of the relationship. In contrast, successful franchises generally have a great deal of clout and are able to impose quality and appearance standards, as well as to require periodic changes in decoration, appointments, signing, and eventually the remodeling or renewal of facilities. All of these are costly to the franchisee in the short run, but may, if the franchisor is correct, contribute to long-term revenues and profits. When the value of the franchise is perceived to be sufficiently large, the franchisor is able to dictate the terms of the agreement and its implementation. Weaker franchises enjoy no such advantage.

Achieving expected performance is the greatest challenge facing the franchisor. Although "best effort" clauses are customarily written into franchise agreements, these constitute little more than a "gentlemens' agreement" and are generally wanting in terms of legal enforcement, particularly when the contract is to be interpreted in the host country's courts. Options under which the franchisor may reacquire the franchise can provide additional incentive for the operator to perform, but this isn't entirely advantageous to the franchisor because the marginal performing franchises would likely require inordinate effort to bring them to expected operating levels.

E. Know-How Agreements

In addition to patent licenses and franchise agreements there is a third contractual means to transfer technology, one which is not specifically tied to a product or name. Broadly speaking, all license and franchise agreements involve the transfer of know-how, either in the form of a physical product or in the experience associated with the execution of a marketing program. Knowledge can also be transferred in its pure form. One author has defined know-how as, "technology that a skilled artisan would eventually develop given enough time and money."[21] Know-how also exists in many other forms, such as optimum formulations of chemical compositions, blueprints for the construction and lay-out of production plants, or in inventory control systems, none of which could be protected through patents. The protection of proprietary information is normally accomplished through the time-honored methods of craft and trade secrecy. When circumstances dictate that it would be profitable for the owner of know-how to sell his experience to others, it is prudent to enter a formal agreement which states, among other things, the nature of the information to be transferred, the extent of assistance to be rendered, provisions regarding the maintenance of confidentiality and the duration of the understanding.

Knowledge is frequently purchased by business from outside sources on an *ad hoc* basis. Among the professional services retained are legal assistance, tax advisement, management consultants, consulting engineers, and data processing. Each of these relationships is more or less related to the completion of a specific task, with compensation provided directly for work accomplished, usually on an hourly basis. Know-how agreements generally include provisions for longer time periods, say one to five years, and are not directly related to the amout of time spent by the licensor in assisting the purchaser. Included in the terms of the agreement may be the right to send engineers or technical representatives to the licensor's plant for purposes of observation and study. In this instance compensation comes by virtue of access to proprietary information, rather than the number of hours or days given by the licensor in problem solving. Nonetheless, access to the production facilities of a competitor or potential competitor by skilled specialists may be of considerable value to the licensee. The know-how greement may also make provisions through which the licensor will, upon request, send engineers or technical representatives to the licensee's facilities to render assistance as specified. Contract provisions may mention the number of persons inolved in plant visits and technical assistance, but the very nature of the relationship usually precludes much specificity. Aside from the compensation received by the know-how licensor there are usually other reasons which militate in favor of this relationship. Such agreements may anticipate further cooperation in sharing knowledge, patents, the selling of one another's products,

---

[21] *Murphy*, D. R.: Legal Restrictions on International Technology Transfer, in: Technology Transfer in Industrialized Countries, Alphen aan den Rijn 1979, P. 326.

future joint ventures, and possibly even acquisition or merger. Owing to potential long-term benefits many businesses, domestic and international, from know-how agreements even with direct competitors.

Protecting the information provided in a know-how agreement is a difficult task for both parties. Clearly the grantor wants to obtain exclusive benefit from the experience it has acquired; likewise it is in the interest of the purchaser to maintain confidentiality, lest others obtain valued information without cost. As much as both parties should want to maintain control over the transferred knowledge, information is not easy to contain. In ancient times information was long maintained in a family, clan, or community because the economic value of the information was recognized and filial bonds held masters and apprentices together. Societies with horizontal and upward mobility, characteristic of Europe and North America, are hard pressed to protect industrial, and for that matter military, secrets.

The extent of the use of know-how agreement is suggested by Eckstrom[22] who indicated that it is a rare license-to-manufacture contract which does not include direct or indirect references to know-how and technical data. In fact, according to Eckstrom, possibly as many as one-half of the manufacturing contracts in the international field today do not include patents of practical value. A British study[23] ten years later suggested that as many as two out of three licensors have "pure" know-how agreements with outsiders. Interestingly, both Eckstrom as well as Taylor and Silberston conclude that the incidence of pure know-how agreements is greater in international than it is in domestic commerce.

Know-how agreements are a means to transfer technology in international commerce. In spite of the elusive character of information and knowledge, it is possible for two parties to cooperate in the exchange of knowledge for their mutual benefit. As with all agreements and contracts, the principals need to recognize a mutuality of interest and benefit for the relationship to continue, but it is instructive that both domestic and foreign cometitors increasingly formalize their cooperation through know-how agreements.

---

[22] *Eckstrom*, L. J.: Licensing in Foreign and Domestic Operations, Essex/Massachusetts, P. 35, 1964.
[23] *Taylor*, C. T., *Silberston*, Z. A.: The Economic Impact of the Patent System, Cambridge 1973, P. 136 ff.

F. Conclusion

When the impatient pharoah's son asked his learned teacher, Euclid, for an easier way to learn geometry, he was told that there is no royal route to geometry. By the same token, there is no royal route to technology transfer. Some knowledge is diffused rapidly, while technology in other areas spreads with incredible slowness. In Japan, the most modern trains in the world fly past rice paddies which employ prehistoric cultivation techniques. Clearly one of the great strides of the modern era is the increasing facility with which ideas move from community to nation to the world. Fundamental advances in technology, such as Damascus steel, can no longer be maintained over extended periods of time. Even the patent system, which contributed so much to the diffusion of innovation, is continually under assault. Patents, franchises, and know-how agreements do provide a vehicle for cooperation, and are remarkably effective when a mutuality of interest exists. This mutuality must include continued support for the license to remain satisfied with the relationship, and the licensor must be pleased with growth and increasing revenues. More than a one-way flow of ideas, the agreements which have been considered provide an avenue for more extensive cooperation, creating benefits for all concerned.

Licensing, franchising and know-how agreements do not offer a panacea for the economic development of the poorer nations, but they may provide an additional conduit to send life-giving support. While technology is not necessarily the answer to development, its absence through the failure of the advanced nations to provide technical assistance could evoke memories of the most malign aspect of colonialism, which attempted to maintain a technological monopoly in the mother country, with the colonies serving as raw material suppliers.

Economic development is not limited to the poorer nations, as pressing as that concern may be. Advanced nations likewise suffer from underdevelopment, though in a less pernicious form. The under utilization of human potential, by employing human beings for their physical capability, or as cogs in the machinery of a manufacturing plant may ultimately be as debilitating with regard to the quality of life as are inadequate food, housing, and clothing. That the bulk of technology transfer exists between developed nations provides evidence that market-created demand for technology offers promise for a greater abundance of goods and services. The efficient and orderly communication of technology among the developed nations should have a palliative effect on the entire world. Once set free ideas, methods, and techniques eventually find their way to future users throughout the realm. Licensing, franchising, and know-how agreements will facilitate this transfer.

Die Bedeutung des Technologietransfers für mittelständische Unternehmen

Von *Karl-Heinz Strothmann*, Berlin

A. Einführende Bemerkungen

Verbreitet besteht Sorge um die Existenzfähigkeit mittelständischer Unternehmen. Tatbestand ist, daß die mit Auslaufen der Wachstumsära schwierigeren wirtschaftlichen Verhältnisse sowie der sich gleichzeitig verstärkende internationale Wettbewerbsdruck manches mittelständische Unternehmen in Bedrängnis geraten läßt. Weitere Ursachen dafür liegen nicht zuletzt in den Wesensmerkmalen des mittelständischen Unternehmens begründet.

Versteht man den Mittelstand und insbesondere die mittelständischen Unternehmen als die wesentliche Substanz der Marktwirtschaft, so sind durch die Existenzbedrohung vieler Firmen, die als mittelständisch bezeichnet werden, Gefahren für unsere Wirtschaftsordnung zu sehen. Es stellt sich die Frage, wie dieser Gefahr zu begegnen ist, speziell, welche Möglichkeiten im Interesse einer Existenzsicherung mittelständischer Unternehmen geschaffen werden müssen. Der Technologietransfer ist einer der denkbaren Wege.

Unter dem Gedanken des Technologietransfers ist vornehmlich eine Hilfestellung auf dem Gebiet der Innovations- und Diversifikations-Politik angesprochen. Es wird im folgenden darum gehen, den Technologietransfer mit seinen Möglichkeiten zu beschreiben und die Transferbedingungen im einzelnen zu präzisieren. Dabei kann auf die Ergebnisse einer empirischen Untersuchung zurückgegriffen werden, die vom Institut für Markt- und Verbrauchsforschung der freien Universität im Rahmen des Hauptseminars für empirische Forschung im Jahre 1980 durchgeführt wurde[1].

---

[1] *Strothmann*, K.-H., *Clemens*, B., *Ziegler*, R.: Die Bedeutung des Technologietransfers für kleinere und mittlere Unternehmen, Wiesbaden 1980.

B. Charakterisierung des Technologietransfers

I. Der Begriff des Technologietransfers

Der Begriff des Technologietransfers ist in früheren Jahren weitgehend auf die Übertragung von Technologien in Exportländer, speziell in Länder der Dritten Welt, angewandt worden. Heute findet der Begriff auch Verwendung, wenn der Transfer wissenschaftlicher Erkenntnisse in die Praxis angesprochen wird. Im Interesse einer größeren Klarheit empfiehlt es sich deshalb, zwischen dem externen Technologietransfer mit Außenhandelsbezug und dem internen Technologietransfer, der die Beziehungen zwischen wissenschaftlichen Instituten und den Unternehmen beschreibt, zu unterscheiden. Eine einwandfreie Abgrenzung ist damit jedoch nicht gegeben, weil auch der Transfer von Erkenntnissen der Wissenschaft in die Praxis grenzüberschreitend sein kann. Ausgangspunkt des Transferprozesses ist hier jedoch immer eine wissenschaftliche Institution, während beim externen Technologietransfer auch ein Technologieaustausch zwischen Staaten aufgrund von Handelsabkommen oder zwischen Unternehmen auf der Basis privatrechtlicher Verträge gemeint sein kann[2].

Es empfiehlt sich deshalb, richtiger zwischen Technologietransfer im engeren und weiteren Sinne zu unterscheiden. Auf die Erörterung des Technologietransfers im engeren Sinne werden die nachstehenden Ausführungen eingegrenzt. Damit kann dieser Abhandlung die nachstehende Definition von Technologietransfer zugrunde gelegt werden:

> Technologietransfer beinhaltet die Gesamtheit aller Maßnahmen, die zur Praxisorientierung technik-relevanter Forschung beitragen und der Vermittlung von Forschungsergebnissen technischer und naturwissenschaftlicher Disziplinen in die Praxis förderlich sind.

Damit ist vornehmlich die Nutzbarmachung wissenschaftlicher Forschungsergebnisse für die Unternehmen der Wirtschaft gemeint. Es kann sich dabei nur um Forschungsergebnisse handeln, die a priori praxis-relevant sind. In erster Linie ist dabei an Grundlagenforschung zu denken, die eine Neuprodukt- oder eine Produkt-Weiterentwicklung ermöglicht. Nicht nur technikbezogene Disziplinen sind jedoch in die Betrachtung einzubeziehen, wenn man berücksichtigt, daß die Implementierung und Durchsetzung von Innovationen innerhalb der Unternehmen organisatorische Voraussetzungen und Maßnahmen erfordert. Das gilt auch für die Markteinführung neuer Produkte nach einem abgeschlossenen Produkt-Entwicklungsprozeß. Hier können insbeson-

---

[2] Vgl. hierzu auch *Pförtsch*, W. A.: Universitärer Technologietransfer, Initiierung und Implementierung von Forschungs- und Entwicklungsergebnissen durch die Universität am Beispiel der angepaßten Technologie, Diss., Berlin 1981, S. 59 ff.

dere betriebswirtschaftliche Erkenntnisse dazu beitragen, innovativen Prozessen zum Erfolg zu verhelfen. Neben Naturwissenschaft und Technik sind, wie das Beispiel verdeutlicht, weitere, auch geisteswissenschaftliche Disziplinen mit Praxisbezug unter dem Transfergedanken herausgefordert.

Bei Gründung der später zu besprechenden Technologietransfer-Institutionen haben weitgehend die Belange von mittelständischen Unternehmen Berücksichtigung gefunden. Dies lag deshalb nahe, weil zwischen den Großunternehmen und der Wissenschaft hinreichend Beziehungen gepflegt werden und davon ausgegangen werden kann, daß größere Unternehmen neben eigener Grundlagenforschung auch Forschungsergebnisse der Hochschulen nutzen und umsetzen. Insbesondere zwischen den Technischen Hochschulen und Universitäten und der Großindustrie besteht eine jahrzehntelange Tradition der Zusammenarbeit. Bei den mittelständischen Unternehmen wurde im Gegensatz zu den Großunternehmen ein Zusammenarbeits-Defizit gesehen. Aus diesen Gründen erschien es sinnvoll, insbesondere staatlich geförderte Technologietransfer-Institutionen mit den besonderen Belangen mittlerer Unternehmen zu betrauen. Der vorstehende Begriff des Technologietransfers erfährt unter diesem Aspekt eine weitergehende Einengung.

II. Zur Situation mittelständischer Unternehmen

Alle Versuche, das mittelständische Unternehmen gegen das Großunternehmen über Beschäftigtenzahlen abzugrenzen, haben sich als nicht besonders tragfähig erwiesen[3]. Die auf den Beschäftigtenzahlen aufbauenden Definitionen von Groß- und Mittelunternehmen werden um so fragwürdiger, wenn der technologische Entwicklungsprozeß immer kapitalintensivere Produktionsformen bei sinkenden Beschäftigtenzahlen ermöglicht. Insbesondere um die Belange der mittleren Unternehmen auf dem Gebiet des Technologietransfers zu verdeutlichen, erscheint es ratsam, andere Merkmale als die Beschäftigtenzahl heranzuziehen, um Unternehmen dieses Typs zu charakterisieren.

Als in diesem Zusammenhang wichtig wird für das mittelständische Unternehmen erkannt, daß die Unternehmensleitung nicht mit Spezialressorts betraut ist, sondern daß meistens nur eine Person, nämlich der Unternehmer, alle Funktionen der Leitung wahrnimmt. So ist der Unternehmer gleichzeitig verantwortlich für die Technik, für Marketing und Beschaffung sowie für das Personal- und Rechnungswesen. Anders als in Großunternehmen findet der mittelständische Unternehmer bei

---

[3] Vgl. *Löffelholz,* J.: Repetitorium der Betriebswirtschaftslehre, 5. Auflage, Wiesbaden 1975, S. 302 ff.

dieser Mehrfach-Belastung keine Abstützung durch Stabsabteilungen. Dieses ist deshalb problematisch, weil der Unternehmer aufgrund seiner vielfältigen Aufgaben oftmals nicht in der Lage ist, sich hinreichend weiterzubilden und neuere Forschungsergebnisse zur Kenntnis zu nehmen.

Für die Konstruktionsbüros der mittelständischen Unternehmen ist insofern eine Unterbesetzung zu unterstellen, als nur die durch Tagesgeschäft bedingten konstruktiven Arbeiten verrichtet werden können. Konstrukteure und Entwicklungs-Ingenieure, die auf Neuprodukt-Entwicklungen unter Verwertung von Ergebnissen einer Grundlagen-Forschung hinarbeiten, sind in der Regel nicht vorhanden.

Als für das mittelständische Unternehmen typisch muß auch gesehen werden, daß moderne Formen der Unternehmensführung noch nicht adaptiert wurden und damit keinen Eingang in die Organisation fanden. Dies gilt insbesondere für den Marketingbereich. Hier ist oftmals nur der herkömmliche Vertrieb anzutreffen, der gleichzeitig Aufgaben der Werbung wahrnimmt. Eine Beurteilung des Marktgeschehens beruht weitgehend auf Erfahrung, weil eine Marktforschung nicht etabliert ist.

Ein weiterer Gegensatz zum Großunternehmen ist in den relativ geringeren Finanzressourcen zu sehen, sowie in größeren Schwierigkeiten der Kapital-Beschaffung. Hierin besteht die hauptsächliche Barriere, sich innovativen Lösungen zuzuwenden. Zeit- und personalaufwendige Produkt-Entwicklungsprozesse können oftmals aus finanziellen Erwägungen nicht betrieben werden, so daß erforderliche Diversifikationen ausbleiben. Noch gravierender ist für das mittelständische Unternehmen das Problem, die Folgen von Innovationen zu bewältigen. Oftmals sind damit neue Maschinen und Anlagen verbunden, sowie erhebliche Aufwendungen im Vertriebsbereich und auf dem Gebiet der Werbung.

Diese Betrachtung erweckt den Anschein eines Negativbildes vom mittelständischen Unternehmen. Seine Vorteile liegen zweifellos in den Möglichkeiten einer schnelleren Entscheidungsfindung und damit größeren Flexibilität als sie im Großunternehmen möglich erscheint. In diesem Zusammenhang ist jedoch eine Erörterung der negativen Seiten des mittelständischen Unternehmens sinnvoll, weil gerade diese Veranlassung bieten, einen auf den Mittelstand ausgerichteten Technologietransfer institutionell zu etablieren.

III. Der institutionalisierte Technologietransfer

In den letzten Jahren hat es in der Bundesrepublik, insbesondere in Berlin (West) verschiedene Gründungen von Technologietransfer-Instituten gegeben. Zu nennen sind hier das Institut TU-Transfer der Technischen Universität Berlin, das VDI-Technologiezentrum, Berlin, sowie die ebenfalls in Berlin ansässige Technologie-Vermittlungs-Agentur (TVA). Auch die zuletzt angeführte Institution erfährt eine Finanzierung aus öffentlichen Mitteln; sie ist deshalb nur bedingt als privates Dienstleistungs-Unternehmen zu bezeichnen.

Für die Bundesrepublik ist ein Modellversuch der Universität Bochum anzuführen, der in eine institutionalisierte Form einmünden soll[4]. Zu erwähnen ist auch das sog. IUD-Programm[5], das in Anlehnung an das amerikanische SCATT-Modell konzipiert ist.

Wesentlich erscheint zunächst, daß in Berlin ein offenkundiges Interesse an Technologietransfer-Instituten besteht, was sicherlich auf die Struktur der Berliner Wirtschaft zurückzuführen ist, die im wesentlichen von mittelständischen Unternehmen geprägt ist. Die besondere Wirtschaftssituation Berlins legt zusätzlich nahe, der Förderung mittelständischer Unternehmen besonderes Augenmerk zu widmen.

Ausgehend von der Finanzierung der bestehenden Institute kann darauf geschlossen werden, daß mit dem Technologietransfer staatliche Förderungsmaßnahmen für das mittelständische Unternehmen verbunden werden. Dieses ist ein erstes markantes Merkmal des Technologietransfers überhaupt. Neben dieser Gemeinsamkeit gibt es partielle Unterschiede unter den Instituten. Während sich TU-Transfer vornehmlich ausgewählten Produktbereichen widmet, die vom gesellschaftlichen Standpunkt besondere Förderung verdienen, arbeitet das VDI-Technologie-Zentrum speziell auf dem Gebiet der Mikroelektronik und der darauf beruhenden Technologie. Die Berliner Technologie-Vermittlungs-Agentur ist demgegenüber nicht auf spezielle Produktrichtungen festgelegt. Beim IUD handelt es sich um eine umfassende Dokumentationsstelle, die abrufbereit alle neueren Erkenntnisse der Natur- und Technik-Wissenschaften speichert.

Ein weiterer Unterschied zwischen den Transfer-Instituten ist in dem Umfang zusätzlicher Service-Leistungen für das mittelständische Unter-

---

[4] In Fortsetzung des Modellversuchs „Unikontakt" wurde ein weiteres „Innovationsförderungs- und Technologietransfer-Zentrum der Hochschulen des Ruhrgebiets" (ITZ) beim BMBW beantragt, der ab April 1980 seine Arbeit aufgenommen hat.
[5] IuD (Information und Dokumentation) Programm bedeutet die reine Vermittlung von Literatur und deren Bereithalten in einem entsprechenden Dokumentationssystem (Fachinformationszentren).

nehmen zu sehen. Außer IUD sind alle anderen Institute bestrebt, neben der Kontaktherstellung zwischen Wissenschaft und Praxis zusätzliche Service-Leistungen in den Transferprozeß einzubringen. Dabei geht es im wesentlichen um Beratungsleistungen, die den gesamten Produkt-Entwicklungsprozeß bis zur Markteinführung begleiten.

Sieht man einmal von den erwähnten Service-Leistungen ab, so ist die Aufgabe eines Technologietransfer-Instituts in einem Beschaffungs- und Absatzmarketing als Voraussetzung zur Kontaktanbahnung zwischen Wissenschaft und Unternehmen zu fassen. Ein Beschaffungs-Marketing vollzieht sich in zwei Richtungen: Einmal sind die wissenschaftlichen Institutionen zur Zusammenarbeit zu gewinnen, die über praktisch verwertbare Erkenntnisse verfügen, und zu einer Zusammenarbeit mit der Praxis bereit sind. Zum anderen ist die Aufgabe zu sehen, Unternehmen ausfindig zu machen, die Probleme auf dem Gebiet der Diversifikation und Produkt-Entwicklung haben. Auch das Absatz-Marketing findet in beide Richtungen statt. Der wissenschaftlichen Seite ist eine Kooperation mit einem konkreten Unternehmen nahezulegen, umgekehrt sind die Unternehmen davon zu überzeugen, daß eine spezielle Erkenntnis zu ihren Gunsten nutzbar gemacht werden kann. Erst nach der Identifizierung zweier füreinander geeigneter Partner ist dann der eigentliche Transferprozeß einzuleiten. Nach der Kontakt-Anbahnung durch das Transfer-Institut stellt sich die Frage nach dem weiteren Beratungsumfang. Es sind Fälle denkbar, in denen das Transfer-Institut weiterhin eingeschaltet bleiben muß; ebenso kann es sein, daß alles dem direkten Zusammenwirken der zusammengeführten Partner aus Wissenschaft und Praxis überlassen werden kann.

Zwei Besonderheiten des Technologietransfers seien abschließend angeführt. Zunächst das Beispiel der belgischen Botschaft, in der ein Industrie-Attaché tätig ist, der sich speziell mit Aufgaben des Technologietransfers beschäftigt. Unter Nutzung der in der Bundesrepublik vorhandenen Institutionen ist seine Aufgabe darin zu sehen, die wissenschaftlichen Erkenntnisse deutscher Hochschul-Institute für belgische Unternehmen nutzbar zu machen. Dabei ist angestrebt, eine gemeinsame Know-how-Verwertung in Kooperation zwischen deutschen und belgischen Unternehmen herbeizuführen. Dieses Beispiel wird deshalb erwähnt, weil davon auszugehen ist, daß die Spielarten des Technologietransfers noch nicht voll ausgeschöpft sind. Es ist anzunehmen, daß sich derartige, auch von Botschaften ausgehende Aktivitäten vermehren werden.

Als offen ist demgegenüber das Problem zu sehen, das in dem an sich naheliegenden Technologietransfer zwischen forschungsintensiven

Großunternehmen und mittleren Unternehmen besteht. Hier liegen zweifellos unausgeschöpfte Möglichkeiten, die zum Vorteil beider Seiten genutzt werden können. Viele Großunternehmen verfügen über nicht verwertete Forschungsergebnisse und Produkt-Entwicklungen, die aus irgendwelchen Gründen zu „Schubladen"-Projekten geworden sind. Es fragt sich, inwieweit diese zum Gegenstand des Technologietransfers werden können. Es wäre zunächst Bewußtsein für den beidseitigen Nutzen zu schaffen. Sinnvolle Transferregelungen zwischen den Partnern dürften keine Probleme bereiten. Sie reichen von der einfachen Lizenzvergabe bis zum joint venture.

Auch diese Variante des Technologietransfers zeigt, daß sich weitere Aufgaben für Technologietransfer-Institutionen abzeichnen. Es deuten sich Möglichkeiten für das Entstehen neuer Technologietransfer-Institutionen an. Dabei ist davon auszugehen, daß sich der privat-wirtschaftliche Bereich auf diesem Gebiet ausweitet, weil die öffentlichen Förderungsmittel nicht mehr im bisherigen Ausmaß zur Verfügung stehen.

C. Einstellungen mittelständischer Unternehmer zum Technologietransfer

I. Bewertung von Technologietransfer-Institutionen

Inwieweit in mittelständischen Unternehmen der Gedanke des Technologietransfers aufgegriffen und von dem Angebot von Technologietransfer-Instituten Gebrauch gemacht wird, dürfte zunächst von dem Technologietransfer-bezogenen Wissensstand der Unternehmer abhängig sein, sowie von den Einstellungen, die in Unternehmerkreisen gegenüber den mit Technologietransfer befaßten Institutionen vorherrschen. Bevor die in diesem Zusammenhang wesentlichen Ergebnisse der bereits zitierten Primär-Erhebung des Instituts für Markt- und Verbrauchsforschung der Freien Universität dargestellt werden[6], sollen einige Anmerkungen zur Methode dieser Untersuchung gemacht werden.

Die der Untersuchung zugrundeliegende Grundgesamtheit besteht aus kleineren und mittleren Unternehmen des produzierenden und verarbeitenden Gewerbes der Bundesrepublik Deutschland und Berlins (West) mit 10 bis 500 Beschäftigten. Für diese Grundgesamtheit wurde für die Bundesrepublik eine Random-Stichprobe von rund 1 000 Fällen gebildet, für Berlin wurde mit rund 500 Fällen eine Totalabdeckung der Grundgesamtheit erreicht. Da die Methode der schriftlichen Befragung angewandt wurde, ist die Rücklaufquote zu beachten.

---

[6] *Strothmann*, K.-H. u. a.: Die Bedeutung des Technologietransfers für kleinere und mittlere Unternehmen, a.a.O.

So ergaben sich für die Bundesrepublik 407 und für Berlin 253 auswertbare Fragebogen.

Im Rahmen dieser Untersuchung wurde denjenigen Unternehmern, die in den letzten 3 Jahren ein neues Produkt auf den Markt gebracht haben, die Frage gestellt, inwieweit bei den vorangegangenen Produkt-Entwicklungen mit einem wissenschaftlichen Institut einer Universität oder Hochschule zusammen gearbeitet wurde. Im Ergebnis zeigt sich, daß dies in nur etwa 10 % der angesprochenen Produkt-Entwicklungsprozesse der Fall war. Es bleibt offen, worauf dieser relativ niedrige Prozentsatz zurückzuführen ist. Zu einer Deutung dieses Befundes veranlaßt das Ergebnis der Ermittlung derjenigen Informationsquellen, die bevorzugt von den Unternehmern unter der Zielsetzung genutzt werden, einen möglichst weitgehenden Überblick über Erkenntnisse der Technik und Naturwissenschaften zu erhalten. Auch unter dieser Fragestellung zeigt sich, daß ein derartiger Überblick nur in 11 % der Unternehmen der Bundesrepublik und 14 % der Unternehmen in Berlin aus dem direkten Kontakt mit Universitäten und Hochschul-Instituten resultiert. Demgegenüber erweisen sich Fachzeitschriften mit mehr als 80 % und Messen, Ausstellungen mit nahezu 70 % der Nennungen als die etablierten Medien des Technologietransfers. Technologietransfer-Institute selbst werden in diesem Zusammenhang nur von einem vernachlässigbar kleinen Prozentsatz von 2 % bzw. 4 % der Unternehmer erwähnt.

Diese Untersuchungsergebnisse legen den Schluß nahe, daß ein Zusammenwirken zwischen mittelständischen Unternehmen auf der einen Seite und den Hochschul- und Transfer-Instituten auf der anderen Seite nur in geringem Ausmaß eingespielt ist. Offen bleibt die Frage, ob dies auf eine geringe Bekanntheit der in einer Zusammenarbeit liegenden Möglichkeiten, oder auf bestehende Barrieren, eine derartige Zusammenarbeit zu suchen, zurückzuführen ist. Mutmaßlich ist das letztere der Fall. Darauf deutet zumindest das Ergebnis einer Frage hin, mit der die Hemmnisse ermittelt wurden, die hinsichtlich einer Zusammenarbeit von Praxis und wissenschaftlichen Forschungseinrichtungen gesehen werden. Auf die folgenden, vorgegebenen Antwortmöglichkeiten entfielen dabei zwischen rund 60 % bis 80 % der Nennungen:

— Wissenschaftliche Forschungsergebnisse lassen sich nur nach aufwendigen Entwicklungsarbeiten der Unternehmen in die Praxis umsetzen.
— Die Unternehmen können die Vielfalt der Forschungsergebnisse nicht überblicken und das für sie Verwertbare ausfindig machen.
— Die Unternehmen haben zu wenig Fachleute, die wissenschaftliche Erkenntnisse aufgreifen und umsetzen können.
— Wissenschaftler arbeiten zu wenig praxis-orientiert.

— Die Wissenschaftler sprechen eine „praxisferne" Sprache.
— Die Unternehmen können Forschungsergebnisse nur schwer verstehen und bewerten.
— Die Unternehmen haben eine gewisse Scheu, mit Wissenschaftlern direkt Kontakt zu pflegen.

Dies Ergebnis zeugt von den Schwierigkeiten mittelständischer Unternehmen, wissenschaftliche Forschungsergebnisse aufzugreifen und in der Praxis in konkrete Produkt-Entwicklungen umzusetzen.

Auf diesem Hintergrund erscheint es plausibel, daß die Technologietransfer-Institute in ihrer Mittlerrolle von den befragten Unternehmen weitgehend bejaht werden. Rund 70 % der Befragten sind der Überzeugung, daß derartige Institutionen eine gute Lösung darstellen. Es fragt sich allerdings, in welche Richtung Technologietransfer-Institute ihre Brückenfunktion wahrnehmen sollen. Dies hängt weitgehend von der Einschätzung der Praxisrelevanz der verschiedenen wissenschaftlichen Disziplinen ab. Tabelle 1 verdeutlicht, welche wissenschaftlichen Fachgebiete nach Auffassung der Befragten Forschungsergebnisse herbeiführen, die für die Praxis von Bedeutung sein können.

Tabelle 1

Wissenschaftliche Fachgebiete und die Bedeutung ihrer Forschungsergebnisse für die Praxis

Wissenschaftliche Fachgebiete und die Bedeutung ihrer Forschungsergebnisse für die Praxis	Bundesrepublik %	Berlin %
Wirtschaftswissenschaften		
Volkswirtschaftslehre	6	4
Betriebswirtschaftslehre	38	28
Technik-Wissenschaften		
Maschinenbau	40	32
Konstruktionslehre	24	23
Elektrotechnik	30	37
Verfahrenstechnik	46	44
Automatisierungstechnik	40	39
Werkstoffkunde	35	36
Naturwissenschaften		
Chemie	30	25
Physik	20	19
Biologie	12	11
Sonstige Wissenschaften		
Medizin	14	14
Psychologie	5	4
Mathematik	7	4

Im ganzen zeigt sich, daß Erwartungen vornehmlich in Richtung derjenigen Wissenschaften gehegt werden, die ohnehin schon in einem traditionellen Bezug zur Praxis stehen. Offenkundig wird unter dem Aspekt der Praxisrelevanz nicht nur an Wissenschaften gedacht, die einen Leistungsbeitrag für Produkt-Entwicklungen einbringen können, sondern auch an die Betriebswirtschaftslehre, der Erkenntnisse zur Bewältigung von Folgewirkungen neuer Produkt-Entwicklungen abverlangt werden.

Faßt man zusammen, so erkennt man die Unternehmen in einem Zwiespalt. Einerseits billigt man in nicht unerheblichen Anteilen verschiedenen wissenschaftlichen Disziplinen praxis-relevante Forschungsleistungen zu, andererseits bestehen offenkundig doch entscheidende Hemmnisse, mit der Wissenschaft Kontakt aufzunehmen und in einen Verwertungsprozeß einzutreten. Dies fordert heraus, dem Transfergedanken zu einem höheren Bekanntheitsgrad zu verhelfen, und die Institutionalisierung des Technologietransfers voranzutreiben. Die relativ hohe Einschätzung des Gedankens des Technologietransfer-Instituts bildet dazu eine gute Voraussetzung.

II. Technologietransfer-Modelle im Vergleich

Die Ausrichtung der bestehenden und neu zu gründenden Technologietransfer-Institute wird zweifellos eine größere Effizienz zu verzeichnen haben, wenn sie dem Wunschbild der Unternehmer entsprechen. Damit stellt sich die Frage nach den Merkmalen, die ein aus Sicht der befragten Unternehmer optimales Technologietransfer-Institut aufweisen soll.

Um Anhaltspunkte für den gewünschten Leistungsumfang eines Technologietransfer-Instituts zu gewinnen, wurden den Befragten zwei Modelle vorgegeben, zwischen denen eine Entscheidung herbeizuführen war. Die beiden Modelle werden nachstehend mit ihren wesentlichen Merkmalen vorgestellt:

MODELL A: (Beispiel SCATT-Modell bzw. IUD-Programm)

1. Jeder Wissenschaftler kann Erkenntnisse und Entdeckungen in eine Datenbank eingeben und speichern lassen.
2. Der Nutzer (Unternehmer) kann die für ihn interessante Information abrufen.
3. Die Unternehmen können sich im Bedarfsfall direkt mit dem Wissenschaftler in Verbindung setzen.

MODELL B: (Beispiel: TU-Transfer bzw. VDI-Technologiezentrum)

1. Wissenschaftler können ihre Erkenntnisse persönlich an ein Technologietransfer-Institut herantragen.
2. Experten des Technologietransfer-Instituts versuchen, ein geeignetes Unternehmen als Kooperationspartner ausfindig zu machen.
3. Unternehmen, die die Absicht haben, mit einem Wissenschaftler zusammenzuarbeiten, können ein Technologietransfer-Institut um Unterstützung bei der Suche nach einem geeigneten Kooperationspartner bitten.
4. Experten des Instituts beraten im entstehenden Transferprozeß.

Nahezu 60 % der befragten Unternehmer geben dem Modell B, also einer Institution mit größerem Leistungsumfang, den Vorzug. Dies deutet darauf hin, daß die Mehrheit der Auffassung ist, daß die bloße Erkenntnis-Vermittlung allein nicht ausreichend sein wird. Es ist vielmehr zu sehen, daß der Transferprozeß Ungewohntes bedeutet, das ohne eine beratende Instanz nicht bewältigt werden kann.

Eine Spekulation über den echten Wert beider Modelle legt den Gedanken nahe, beide Richtungen zu forcieren und in ein übergeordnetes Modell zu integrieren. Das Modell A kann den permanenten Überblick über wissenschaftliche Erkenntnisse vermitteln und die Selektion der für den Einzelfall richtigen Lösung ermöglichen. Im Falle einer als nutzbringend erkannten wissenschaftlichen Entdeckung sollte dann das Modell B Platz greifen. Dies unter der Aufgabe, den Kontakt zwischen dem interessierten Unternehmen und dem zuständigen wissenschaftlichen Institut herzustellen und den Transfer-Prozeß beratend zu begleiten.

Nach dieser globalen Beurteilung der praktizierten Technologietransfer-Modelle im Vergleich soll noch auf zwei Merkmale von Technologietransfer-Instituten eingegangen werden, die in diesem Zusammenhang wesentlich erscheinen. Zunächst wird dabei die Frage zu prüfen sein, inwieweit ein privatwirtschaftlich organisiertes, gewinnorientiertes Institut oder ein von Bundes-/Landes-Behörden getragenes, gemeinnütziges Institut den Wunschvorstellungen mittelständischer Unternehmer entspricht. Auch in dieser Frage bietet die durchgeführte Untersuchung Aufschluß. Etwas mehr als 50 % der Unternehmer bevorzugen nach den Erhebungsergebnissen die privatwirtschaftliche Lösung, 40 % entscheiden sich demgegenüber für ein von Behörden getragenes Institut.

Des weiteren konnte geklärt werden, ob Präferenzen für ein Universal-Institut bestehen, das auf allen Gebieten der Technik tätig ist, oder ob eher Spezial-Technologietransfer-Institutionen Vertrauen genießen. Das Ergebnis, das mit einer entsprechenden Frage erzielt wurde, weist deutliche Unterschiede zwischen der Bundesrepublik und Berlin auf. Mehrheitlich entscheidet man sich zwar in beiden Regionen für die Gründung zahlreicher spezialisierter Institute. Der Prozentsatz derjenigen, die diese Lösung gegenüber dem Universal-Institut bejahen, liegt in der Bundesrepublik bei 72 %, in Berlin indessen nur bei 58 %. Offenkundig schlägt sich in diesem Befund die Tatsache nieder, daß in Berlin bereits universell ausgerichtete Institutionen bestehen, die hinreichend bekannt sind, und das für Berlin Übliche verkörpern.

Orientiert man sich bei einer Zusammenfassung an Mehrheiten, so entspricht das Transfermodell B mit seiner umfangreicheren Service-Palette mit spezialisierter Ausrichtung auf Ausschnittgebiete der Technik in privatwirtschaftlicher Form am ehesten den Vorstellungen der mittelständischen Unternehmer. Das Bedürfnis nach einem auf Spezialwissen beruhenden Service ist damit erkennbar. Es bleibt zu klären, welche Serviceleistungen einer Technologietransfer-Institution abverlangt werden.

III. Service-Anforderungen an Transfer-Institutionen

Mit einer weiteren Frage wurde im Rahmen der Untersuchung zu klären versucht, welche Serviceleistungen eines Technologietransfer-Instituts seitens der Unternehmer für besonders wichtig erachtet werden. Tabelle 2 verdeutlicht das Ergebnis.

Tabelle 2

Service-Leistungen einer Technologie-Transfer-Institution

Service-Leistungen einer Technologie-Transfer-Institution	Bundesrepublik %	Berlin %
Technische Beratung	88	87
Durchführung von Marktanalysen	66	62
Patent- und Lizenzberatung	60	58
Marketing/Absatzberatung	59	56
Organisatorische und abwicklungsunterstützende Hilfe	57	55
Hilfe bei Behördenkontakten (Erstellen von Zuschußanträgen usw.)	48	49
Juristische Beratung	45	42
Finanzierungsberatung	43	41

Schwerpunktlich geht es den Unternehmern um die technische Beratung im Transfer, aber sicherlich auch im sich anschließenden Produkt-Entwicklungsprozeß. Unverkennbar sind jedoch die Probleme der Unternehmen auf dem Gebiet des Marketing, die sich in dem Wunsch nach Marktanalysen und Marketing-/Absatzberatung verdeutlichen. In größerem Ausmaß werden administrative und juristische Schwierigkeiten gesehen, die wohl aus dem Tatbestand resultieren, daß man Probleme im Umgang mit Behörden sieht, wenn es um die Antragstellung für finanzielle Unterstützung aus öffentlichen Mitteln geht. Es fragt sich an dieser Stelle, inwieweit ein zu weitreichender, aus öffentlichen Mitteln finanzierter Service von Technologie-Beratungsinstituten nicht wettbewerbsverzerrend wirkt. Als markantes Beispiel kann hier der Service auf dem Gebiet der Marktforschung und des Marketing herausgegriffen werden. Damit sind eindeutig Tätigkeitsfelder angesprochen, die nach bisherigen Vorstellungen in Eigeninitiative wahrgenommen werden sollten.

D. Personelle Probleme des Technologietransfers

Die gezeichneten Aufgabenbereiche von Technologietransfer-Instituten machen deutlich, daß relativ hohe Qualifikationsanforderungen an alle Fachleute gestellt werden, die an Transferprozessen gestaltend und beratend mitwirken. Für die Hochschul-Institute, aber auch für die Unternehmen, die deren Leistung in Anspruch nehmen, stellt sich das Problem, derartige Mitarbeiter zu gewinnen und für die Aufgabe des Technologietransfers zu interessieren. Dabei kann wohl davon ausgegangen werden, daß ein jedes Transferprojekt eine anders gelagerte technische Problematik darstellt, die das jeweils benötigte Spezialwissen herausfordert. Außerdem werden in den Unternehmen häufig zusätzliche Konstrukteure benötigt, die den Umsetzungsprozeß wissenschaftlicher Erkenntnisse in neue Produkt-Entwicklungen betreiben.

Ein Sonderproblem stellt der einzubringende Leistungsbeitrag der Betriebswirtschaftslehre dar. Gerade die Marktforschung- und Marketingaufgaben erfordern erfahrene Spezialisten, die zusätzlich befähigt sein müssen, den auf diesem Gebiet schwierigen Belangen mittelständischer Unternehmen Rechnung zu tragen.

Geklärt werden konnte mit der zitierten Untersuchung die Frage, ob dem Technologietransfer-Berater auf dem Gebiet der Technik seitens der Praxis eher Spezialwissen auf dem jeweils anstehenden Gebiet der Technik abverlangt wird, oder ob es sich bei ihm um mehr universell ausgebildete Fachleute mit breitem Verständnis für verschiedenartige technische Probleme handeln soll. Mehrheitlich entscheiden sich die Unternehmer zu rd. 55 % für den technischen Universalisten. Nur rd. 28 % halten Fachleute, die ein technisches Spezialgebiet beherrschen, für geeignet. Es fragt sich, ob diese von der Praxis erhobene Forderung angesichts zu sehender technischer Entwicklungstendenzen, insbesondere des Entstehens komplexer Technologien, noch aufrecht erhalten werden kann.

In diesem Zusammenhang ist interessant, daß der Technologietransfer in Berlin nicht zuletzt unter der Zielsetzung forciert wurde, zusätzliche Arbeitsplätze für junge Akademiker zu schaffen. So wurden Lehrveranstaltungen im Rahmen eines Modellversuchs für ein postgraduate-Studium konzipiert, die auf eine Ausbildung zum Technologietransfer-Ingenieur hinauslaufen sollen. Außerdem ist geplant, Hochschullehrer für die Sache des Technologietransfers zu interessieren, um sie für Beratungsaufgaben zu gewinnen. Des weiteren sollen am Technologietransfer mitwirkende Hochschullehrer angeregt werden, Diplom- und Doktorarbeiten zu vergeben, mit denen konkrete Probleme aufgegriffen werden, die aus einem verlaufenden oder abgeschlossenen Transferprozeß resultieren.

Tabelle 3

Einschätzung von Hochschulabsolventen ohne Berufserfahrung

Einschätzung von Hochschulabsolventen ohne Berufserfahrung	trifft uneingeschränkt zu	
	Bundesrepublik %	Berlin %
Sind zu theoretisch ausgebildet	32	34
Haben zu hochgesteckte Erwartungen	24	30
Sind nicht betriebsblind und bringen neue Anregungen	18	20
Bringen neue wissenschaftliche Erkenntnisse in die Praxis ein	11	9
Haben praxisferne Ideen	10	19
Fügen sich schwer in das Unternehmen ein	6	9
Können theoretische Kenntnisse relativ schnell in die Praxis umsetzen	6	5
Bringen Voraussetzungen für schnellen Aufstieg mit	5	5

Bei alledem fragt sich, ob die Praxis diese Bemühungen für geeignet hält, inwieweit sie hinreichendes Zutrauen zu der daraus resultierenden Problemlösungs-Kapazität hat. Insbesondere ist dabei die Einstellung gegenüber Hochschulabsolventen zu beachten, die ja meistens ohne Berufserfahrung an die anstehenden Aufgaben herangeführt werden. Tabelle 3 verdeutlicht, welche Haltung die befragten Unternehmer gegenüber derartigen Hochschulabsolventen einnehmen. Dabei kommen positive und negative Einstellungen gleichermaßen zum Ausdruck.

Ergänzend sei angemerkt, daß bei mittelständischen Unternehmen Absolventen mit Fachhochschul-Abschluß den jungen Akademikern mit Universitäts-Examen vorgezogen werden. 45 % der Unternehmer äußern sich im Sinne eines Votums für die Fachhochschule, während bei nur 25 % eine positive Grundhaltung gegenüber Universitäts-Absolventen zu erkennen ist.

Alles in allem wird mit der personellen Seite die eigentliche Problematik des Technologietransfers aufgezeigt. Der Erfolg des Technologietransfers wird weitgehend dadurch bestimmt werden, inwieweit es gelingt, in dieser Hinsicht richtige Lösungen zu finden.

E. Mikroelektronik und Technologietransfer

Mit der Mikroelektronik hat auch der Technologietransfer eine neue Dimension erhalten. Gerade mittelständische Unternehmen tun sich außerordentlich schwer, geeignete Fachleute für dieses Gebiet an sich zu binden, um eine innovative Verwertung der neuen Technologie bei eigenen Produktentwicklungen vorzunehmen. Dabei ist zu sehen, daß es sich bei Spezialisten der Mikroelektronik um ein ohnehin begrenztes Reservoir von Fachleuten mit hohem Know-how handelt.

Gerade die Mikroelektronik könnte jedoch der Produktentwicklung mittelständischer Unternehmen neue Impulse geben: Einmal in Form völlig neuartiger Erzeugnisse, die erst durch Mikroelektronik ermöglicht werden, aber auch durch die Substitution konventioneller Bauelemente durch Mikroelektronik bei Produkten des angestammten Programms. Die zu sehenden Schwierigkeiten betreffen nicht nur den Produktentwicklungsprozeß, sie liegen auch in der oftmals auftretenden Software-Problematik, sowie in neuartigen Serviceanforderungen der Produkt-Abnehmer[7].

Bei der Suche nach einer Lösung ist der Technologietransfer als das geeignete Instrument zu erkennen, den Kenntnisstand innerhalb der mittelständischen Unternehmen anzuheben und bei der Einführung der Mikroelektronik in Produkt-Entwicklungsprozesse hilfreich zu sein.

---

[7] Vgl. *Strothmann*, K.-H., *Clemens*, B., *Ziegler*, R.: Auswirkungen der Mikroelektronik auf das Investitionsgüter-Marketing — Eine Untersuchung bei Marketingleitern mit Mikroelektronik-Erfahrung, Würzburg 1981.

Ausgehend von den Gegebenheiten dieser Technologie ist auf eine künftig größere Bedeutung von Spezial- Transfer-Instituten zu schließen, die sich ganz der Mikroelektronik angenommen haben. Dieses ist in beispielhafter Form beim VDI-Technologiezentrum, Berlin, der Fall. Das Wirken dieses Instituts verdeutlicht, daß nur der Spezialberater im Transferprozeß Erfolg verbürgt, der über Spezialwissen auf dem Gebiet der Mikroelektronik verfügt. Es wurde bereits an anderer Stelle angedeutet, daß die von den Unternehmern artikulierte Forderung nach dem universell ausgebildeten Transferberater unter der besonderen Problemlage, wie sie durch die Mikroelektronik entsteht, nicht aufrecht erhalten werden kann.

F. Schlußbetrachtung

Mit dem Technologietransfer werden sehr viele normative Vorstellungen verbunden, nicht zuletzt das Ziel, brachliegendes, innovatives Potential mittelständischer Unternehmen neu zu erschließen[8]. Vielfach sind gerade mittelständische Unternehmen entstanden, weil eine Gründerpersönlichkeit eine besondere Entwicklungsleistung vollbracht hat. Wurde daraus ein Wettbewerbsvorsprung, von dem Generationen zehren konnten, so ist die Gefahr einer Erstarrung schöpferischer Leistung zu sehen. Dieser Gefahr gilt es mit dem Technologietransfer zu begegnen.

Zusätzlich ist das Risiko in die Betrachtung einzubeziehen, dem mittelständische Unternehmen häufig deswegen unterliegen, weil sie Zulieferbetriebe mit relativ wenigen Abnehmern sind. Hier ist eine Existenzabsicherung durch Diversifikation angezeigt.

Wird der Technologietransfer als ein Förderungsprogramm aus öffentlichen Mitteln verstanden, so wird er angesichts der Defizite öffentlicher Haushalte nur ein kurzes Leben führen. Es wird deshalb darauf ankommen, durch den Technologietransfer zur Innovation zu stimulieren, die Wege zum Auffinden wissenschaftlicher Erkenntnisse und deren Verwertung aufzuzeigen, im übrigen aber die Unternehmer-Initiative dahingehend zu beleben, daß mit Produktentwicklungen im Zusammenhang stehende Leistungen auch von den Unternehmen in Eigenverantwortlichkeit erbracht werden. Damit ergibt sich eine Annäherung an die in England geprägte Vorstellung vom Technologietransfer als Hilfe zur Selbsthilfe.

---

[8] Vgl. auch *Strebel,* H. u. a.: Innovation und ihre Organisation in der mittelständischen Industrie, Berlin 1979.

Patentrecht und Freier Warenverkehr in der Europäischen Wirtschaftsgemeinschaft

Von *Eckart Koch*, Braunschweig

A. Patentrecht und Protektionismus

I. Liberalisierung des Handelsverkehrs und Patentrecht

Es ist ein altes, weltwirtschaftliches Problem: In der Vorstellung, damit die eigene Industrie und den eigenen Handel zu fördern, errichten Staaten Barrieren nach dem Prinzip: möglichst viel Export an Waren und Dienstleistungen, möglichst viel Import an Kapital. Andere Staaten ziehen nach, und sei es nur, um sich zu wehren. Im Ergebnis werden Produktion und Handel mit ungeheurer Verarmung der Ressourcen auf nationale Dimensionen reduziert.

Solches zu verhindern ist eines der wichtigsten Ziele des Vertrages zur Gründung der Europäischen Wirtschaftsgemeinschaft, mit dem die vier Grundfreiheiten normiert wurden: Freiheit des Waren-, Dienstleistungs- und Kapitalverkehrs sowie der grenzüberschreitenden Niederlassung und Arbeitsplatzwahl von staatlichen Beschränkungen. Das Thema ist nicht, darzustellen, wieweit man in diesen Bereichen gekommen ist. Das Thema ist aber, darzustellen, daß die nationalen Patentrechte auch ihren Beitrag zu dem eingangs angesprochenen Prinzip leisten. Das war bei Abschluß des EWG-Vertrages nicht bewußt.

Das Patentrecht soll Inventionen und Innovationen fördern (ob es das tut, ist ungewiß)[1]. Es macht auch das erfinderische Wissen selbst, indem es dieses in ein übertragbares und lizenzierbares Recht, eben das Patent, einkleidet, transferierbar und handelbar. Also sollte es für eine auf Liberalisierung des Handelsverkehrs gerichtete Integration nicht schädlich sein. Daß es dieses doch sein kann, wurde erst später deutlich.

---

[1] Die eingehendste Untersuchung zu den wirtschaftlichen Vorteilen und Nachteilen ist immer noch die von *Machlup, F.*: Die wirtschaftlichen Grundlagen des Patentrechts, in: GRuR Int. 1961, S. 373 ff., S. 473 ff., S. 524 ff. Sie hält eine eindeutige Aussage nicht für möglich.

II. Die historische Entwicklung des Patentrechts in Europa

Ein Blick in die Historie des Patentrechts hätte vielleicht zu besserer Bewußtseinsbildung beigetragen. Das Patentrecht entwickelte sich im 17. und 18. Jahrhundert aus einem Konzessionssystem, bei dem der Landesherr Gewerbeberechtigungen an sich zog und dann im fiskalischen Interesse als ausschließliches Recht gegen Entgelt vergab, zu einem System der Förderung der Technik durch Verleihung originärer Ausschlußrechte. Das Bemühen der Regierungen, technische Neuerungen ins Land zu ziehen, äußerte sich in der Gewährung von Patenten nicht nur für den Erfinder, sondern auch für denjenigen, der eine Idee einführte und zum ersten Mal im Geltungsbereich des Gesetzes benutzte. Vorbild hierfür war das englische Patentgesetz von 1623[2]. Die Möglichkeiten der internationalen Verbreitung von Erfindungen waren zu jener Zeit noch gering, da der Buchdruck schwerfällig und eine druckschriftliche Veröffentlichung nur wenigen zugänglich war. Daher wurde die Beschreibung einer Erfindung in einer Druckschrift nicht als neuheitsschädlich angesehen, vielmehr nur ihre tatsächliche Ausführung, und man privilegierte den ersten Importeur wie den Erfinder, um neue Erkenntnisse möglichst schnell ins Land zu ziehen. Frankreich übernahm im Patentgesetz von 1791 den Schutz der Einführung von Erfindungen mit der Begründung, daß es von Vorteil für die Nation sei, ein gutes Neues so schnell wie möglich aus dem Auslande auch vom Nichterfinder zu übernehmen und nicht zu warten, bis es etwa dem Erfinder einfiele, auch in Frankreich ein Patent zu nehmen[3]. Das französische Patentgesetz enthielt darüber hinaus eine Bestimmung, daß der Erfinder, der zuerst ein französisches Patent genommen hatte, dieses verlor, sobald er auf dieselbe Erfindung im Ausland ein Patent nahm[4]. Im Habsburger Reich begann Franz II. (1792 - 1835) Herstellern neuer nützlicher Maschinen und Fabrikate Privilegien einzuräumen, sofern die Erfindung nur innerhalb der Monarchie neu war, mochte sie auch von außerhalb eingeführt oder abgeguckt sein[5]. Das preußische Publikandum des Ministers der Finanzen und des Handels von 1815, welches die Grundlage des preußischen Patentwesens war, bezieht sich auf neue, selbst erfundene, beträchtlich verbesserte oder vom Ausland zuerst eingeführte und verbesserte Sachen. Ausländern sollten keine Patente erteilt werden[6].

---

[2] Vgl. *Damme*, F.: Das deutsche Patentrecht, Ein Handbuch für Praxis und Studium, Berlin 1906, S. 6 ff.

[3] *Damme*, F.: S. 22.

[4] *Damme*, F.: S. 26.

[5] *Damme*, F.: S. 37.

[6] *Damme*, F.: S. 41.

Die meisten deutschen Partikularstaaten richteten sich in ihren Gesetzen oder Verwaltungsanordnungen zur Erteilung von Patenten je nach Einflußbereich am französischen, österreichischen oder preußischen Vorbild aus, in dem hier interessierenden Aspekt machte das aber keinen Unterschied.

Das Bestreben der Nationalstaaten, technische Neuerungen so früh wie möglich ins Land zu ziehen, ging Hand in Hand mit dem Bestreben, sie auch im Inland ausführen zu lassen. Es hat seinen Ursprung im Merkantilismus Frankreichs, sollte den Import von Waren verhindern und das Aufkommen der französischen Industrie fördern und wurde von sämtlichen Staaten Europas übernommen[7]. Die Erfindung war binnen einer bestimmten Frist auszuführen, andernfalls drohte Verlust oder Vernichtung des Patents oder die Vergabe von Zwangslizenzen.

III. Das sogenannte Territorialitätsprinzip

1. Sein wirtschaftspolitischer Ursprung

Die Patentrechtslehre geht einhellig davon aus, daß der Schutz der Erfindung durch das Patent sich an den erfindungsgemäß hergestellten Produkten sowie den Erzeugnissen, die das unmittelbare Ergebnis eines patentierten Verfahrens sind, fortsetzt. Das Patentrecht erschöpft sich jedoch, wenn das Produkt oder Erzeugnis von dem Patentinhaber oder einem Lizenznehmer oder sonst mit seiner Zustimmung in den Verkehr gebracht wird. Damit realisiert sich die dem Patentinhaber durch das Ausschlußrecht des Patents zugedachte Belohnung mit der Maßgabe, daß nunmehr die betreffenden Produkte und Erzeugnisse frei gehandelt (nicht jedoch nachgebaut) werden können. Dieses aber soll nach dem Verständnis des Territorialitätsprinzips nicht gelten, wenn die Produkte und Erzeugnisse im Ausland in den Verkehr gebracht werden[8]. Die Folge ist, daß der Patentinhaber aus seinem Patent heraus den Import dieser Produkte und Erzeugnisse verhindern kann. Er kann somit unter Einsatz eines privaten Rechts die Märkte der Nationalstaaten abschotten.

In dieser Bedeutung einer Möglichkeit der Abschottung des nationalen Marktes gilt das Territorialitätsprinzip in allen Mitgliedstaaten der EWG. Schon dieses einheitliche Verständnis weist auf den gemeinsamen wirtschaftspolitischen Ursprung hin. Denn es war ja von den Nationalstaaten gewollt gewesen, daß Erfindungen (Inventionen) ins Land kamen und dort ausgeführt (zu Innovationen) wurden, nicht aber, daß Innovationen weiterhin importiert würden.

---
[7] Vgl. *Schütz:* Jahrbuch der internationalen Vereinigung für gewerblichen Rechtsschutz 1897, S. 237 - 259.
[8] BGHZ 49, S. 331 — „Voran", BGH GRuR 1976, S. 579, 582 — „Tylosin".

2. Der Verlust des historischen, wirtschaftspolitischen Bezuges des Territorialitätsprinzips in der Patentrechtslehre

Der wirtschaftspolitische Ursprung des Territorialitätsprinzips ging in der dogmatisierenden Patentrechtslehre des 20. Jahrhunderts alsbald verloren. Der erste große deutsche Rechtslehrer des Patentwesens, Kohler, folgerte die territoriale Begrenzung des Freiwerdens geschützter Gegenstände aus der Selbständigkeit und Souveränität der nationalen Patentrechte unter Begrenzung ihrer Wirkungsbereiche auf das Territorium, für das sie erlassen wurden. Nur auf dem eigenen Territorium sei die Gewähr einer hoheitlichen Durchsetzung gegeben, hier finde der Patentinhaber gerichtlichen Schutz vor Verletzungen, und hier solle seine Alleinstellung gelten[9].

Mit dieser Begründung, die im Grunde keine ist, übernahmen Literatur und Rechtsprechung einheitlich das Territorialitätsprinzip. Schon der Begriff von der Territorialität ist rechtlich von schillernder Vieldeutigkeit[10]. Er kann Begrenzung des Anwendungsbereichs einer Norm auf ihr Erlaßgebiet wie Anknüpfung eines Sachverhalts an örtliche Kriterien, Eingreifen der lex loci wie der lex fori, Verknüpfung eines Rechts mit einem bestimmten Territorium, das Bestehen mehrerer territorial unabhängiger Rechte an demselben Gut, Nichtanwendung ausländischen Rechts, Gegensatz zum Personalitätsprinzip oder Universalitätsprinzip sowie territoriale Auslegung bedeuten[11]. Was es denn nun eigentlich bedeuten solle, hätte auch im Patentrecht erklärt werden müssen. Die Erscheinung, daß nur auf dem eigenen Territorium die Gewähr einer hoheitlichen Durchsetzung gegeben sei, ist recht umfassend. Deswegen allein ist aber kaum jemand im Bereich des internationalen Privatrechts, und diesem Bereich sind die Fragen des Territorialitätsprinzips zuzurechnen, auf den Gedanken gekommen, auslandsbezogene Sachverhalte unter Anwendung deutschen Rechts (In-Verkehr-Bringen im Ausland) nicht zur Kenntnis zu nehmen. Wäre das so, dann hätte es kaum eines internationalen Privatrechts mit

---

[9] *Kohler, J.*: Handbuch des deutschen Patentrechts in rechtsvergleichender Darstellung, Mannheim 1900, § 178, 2 ab S. 455; ders.: Lehrbuch des Patentrechts, Mannheim, Leipzig 1908, S. 132.

[10] Treffend *Gamillscheg, F.*: Internationales Arbeitsrecht, Berlin, Tübingen 1959, S. 121 f.: „Der Ausdruck ist deshalb unbrauchbar, mit ihm ist nichts ausgesagt, gerade deshalb läßt sich damit vortrefflich, wenn auch unfruchtbar, streiten."

[11] Vgl. *Nussbaum, A.*: Grundzüge des internationalen Privatrechts unter besonderer Berücksichtigung des amerikanischen Rechts, München, Berlin 1952, S. 39 Fn. 29; *Deutsch, E.*: Wettbewerbstatbestände mit Auslandsbeziehungen, Stuttgart 1962, S. 20 f.; *Steindorff, E.*: Sachnormen im internationalen Privatrecht, Frankfurt 1958, S. 134 f.; *Troller, A.*: Das internationale Privat- und Zivilprozeßrecht im gewerblichen Rechtsschutz und Urheberrecht, Basel 1952, S. 49 ff.

seinen komplexen Kollisionsnormen bedurft, jedenfalls würden die im internationalen Privatrecht behandelten Kollisionsprobleme durch das Territorialitätsprinzip simpel und rechtskulturlos gelöst.

Die Erklärung des sogenannten Territorialitätsprinzips ist, wie gesagt, nicht in der Dogmatik, sondern in den wirtschaftspolitischen Ursprüngen der Patentsysteme zu suchen. Es ist nicht das erste Mal, daß das Recht versucht, ihm eigene politische Inhalte dogmatisch zu verbrämen, sehr zum Nachteil für das Verständnis des Rechts.

3. Die Verbandspriorität und die Lockerung des Ausführungszwanges

In den historischen Ursprüngen des modernen Patentwesens liefen die Interessen der Nationalstaaten und ihrer Industrien konform. Die Förderung der eigenen Industrie wurde mit der Förderung der Wohlfahrt des gesamten Staatswesens gleichgesetzt. Daher waren die Vertreter der Industrie auch überzeugte Interessenvertreter für die nationalen Patentsysteme, gerade auch wegen der Möglichkeit der Verhinderung von Importen.

Dieser Gleichlauf erfuhr ab Mitte des 19. Jahrhunderts eine erhebliche Störung. Seit einer Novelle von 1832 in Österreich, 1844 in Frankreich und 1852 in England waren Patentanmeldungen und erteilte Patente zu veröffentlichen, dasselbe galt ab 1872 in den Vereinigten Staaten und auch für das Patentgesetz des Deutschen Reichs von 1877. Der Sinn war, daß man dem Erfinder nur eine zeitlich begrenzte Alleinstellung gewähren wollte. Mit der Erfindung hatte er die technische Entwicklung über das normale Maß vorangetrieben, und entsprechend sollte nur für einen Zeitraum seine Vorrangstellung rechtlich erhalten bleiben, bis die normale technische Entwicklung ebenfalls diesen Stand erreicht hätte. Danach sollte jeder die Erfindung benutzen können, und dafür sollte durch ihre Veröffentlichung gesorgt werden.

Da es aber nunmehr ein Leichtes war, Kenntnis von den Erfindungen des Auslands zu erlangen, verloren die Staaten ihr Interesse, auf die Einführung einer Erfindung ein Patent zu gewähren, ja sie mußten ihr Interesse überhaupt verlieren, auf eine im Ausland bereits veröffentlichte Erfindung noch ein inländisches Patent zu erteilen, da jedem die ausländischen Patentschriften aufmerksam studierenden Fabrikanten die dort patentierten Erfindungen zugänglich wurden und im Inland ohne Patentbehinderung im freien Wettbewerb genutzt werden konnten. Erfindungsbeschreibungen auch in ausländischen öffentlichen Druckschriften wurden nunmehr durchgehend als neuheitsschädlich anerkannt, was die Gewährung eines Patents ausschloß.

Diese Entwicklung entwertete aus internationaler Sicht die Bedeutung des Patents für den Erfinder und für denjenigen, der die Erfindung auswertete. Konnte er früher in beliebig vielen Staaten Patente nehmen, Lizenzen vergeben und die Konkurrenz seiner nationalen Lizenznehmer untereinander mit dem Territorialitätsprinzip in Form eines Gebietskartells verhindern, so gelang es ihm nunmehr regelmäßig nur noch, in einem Staat ein Patent zu bekommen, während die anderen sich auf die Neuheitsschädlichkeit der Veröffentlichung der ersten Patenanmeldung berufen konnten.

Dieser Situation begegnete die Industrie mit der von ihr initiierten Pariser Verbandsübereinkunft von 1883, der das Deutsche Reich im Jahre 1903 beitrat. Die hier wichtige Bestimmung der Verbandsübereinkunft ist das Prioritätsrecht des Art. 4. Durch die Ausübung der Priorität einer bereits in einem Verbandsstaat hinterlegten Anmeldung erhält die zweite Anmeldung in einem anderen Verbandsstaat (innerhalb einer Frist, die ursprünglich auf sechs, seit der Revision von Brüssel 1900 auf 12 Monate festgesetzt wurde) das Anmeldedatum der ersten. Damit wurde die Neuheitsschädlichkeit von Vorveröffentlichungen im Rahmen der Patentanmeldung und Patenterteilung im Ausland ausgeräumt[12]. Die Voraussetzung der allstaatlichen Patentierbarkeit von Erfindungen innerhalb des Verbandes war geschaffen worden.

Auch die strengen Ausführungszwänge der nationalen Patentgesetze wurden von der Verbandsübereinkunft im Brüsseler Schlußprotokoll von 1900 mit Art. 3 b für die Unionsstaaten in der Weise geregelt, daß in keinem Lande der Verfall eines Patents wegen Nichtausführung vor Ablauf von drei Jahren seit der Anmeldung und auch nur dann ausgesprochen werden durfte, wenn der Patentinhaber keine Gründe für seine Untätigkeit vorbringen konnte[13].

4. Das anachronistische Festhalten an dem Territorialitätsprinzip in der nationalen Patentrechtslehre

Diese auf die Interessen der Industrie zurückgehende beginnende Universalität der Patentsysteme hätte in der Patentrechtswissenschaft die Frage aufkommen lassen müssen, ob denn nun das Territorialitätsprinzip noch eine Grundlage habe. Man spürt dieser Frage in der Patentrechtsliteratur vergeblich nach. Dabei darf durchaus gesagt werden, daß diese Literatur von den Interessen der Industrie nicht unerheblich beeinflußt war. Sie war an allem zugleich interessiert, an der Aufrechterhaltung des Territorialitätsprinzips zur räumlichen Abschottung der nationalen Märkte, an der Lockerung des Ausführungs-

---

[12] Vgl. *Seligsohn*, A.: Kommentar zum Patentgesetz mit Anhang Unionsvertrag, 7. Auflage, Berlin und Leipzig 1932, Anhang Unionsvertrag Art. 4, Stichwort „Priorität"; *Troller*, A.: S. 86.
[13] Vgl. *Damme*, F.: S. 430.

zwanges, denn dann konnte man an einem beliebigen Standort produzieren und blieb trotzdem Alleinimporteur in einem anderen Staat, in dem man ebenfalls Patentschutz genoß, wie demgemäß auch an der Gewährleistung von Patentschutz in möglichst allen Industriestaaten.

Die Frage nach der Verbindlichkeit des Territorialitätsprinzips wurde zum ersten Mal im Jahre 1960 für das Gebiet der Europäischen Wirtschaftsgemeinschaft dem Europäischen Gerichtshof in den sechziger Jahren des 20. Jahrhunderts gestellt, und dieser hat sie in kompromißloser Konsequenz und sehr zum Entsetzen betroffener Wirtschaftskreise beantwortet.

B. Die Rechtsprechung des EuGH zum nationalen Territorialitätsprinzip[14]

I. Das Verbot mengenmäßiger Beschränkungen und seine unmittelbare Wirksamkeit

Art. 30 des EWG-Vertrages verbietet mengenmäßige Einfuhrbeschränkungen sowie Maßnahmen gleicher Wirkung zwischen den Mitgliedstaaten. Nach Art. 31 werden die Mitgliedstaaten untereinander weder neue mengenmäßige Beschränkungen noch Maßnahmen gleicher Wirkung einführen.

Dem Wortlaut nach wenden sich diese Bestimmungen an die Mitgliedstaaten als Adressaten. Erläßt etwa ein Mitgliedstaat eine hoheitliche Maßnahme — Italien sperrt z. B. die Einfuhr von Schweineerzeugnissen —[15], so verstößt er damit gegen den EWG-Vertrag. Er kann von der Kommission (Art. 169 EWG-Vertrag) oder von einem Mitgliedstaat (Art. 170 EWG-Vertrag) wegen Vertragsverletzung vor dem Europäischen Gerichtshof verklagt werden. Der EuGH kann dann nach Art. 174 die angefochtene Handlung für nichtig erklären.

Der EuGH hat indessen darüber hinaus alle Artikel des EWG-Vertrages, mögen sie sich formal auch an die Mitgliedstaaten wenden, für unmittelbar wirksam innerhalb der Mitgliedstaaten erklärt, wenn diese Vorschriften ein klares Verbot enthalten, das durch keinen Vorbehalt eingeschränkt ist[16]. Die Folge ist, daß ein nationales Gesetz, das gegen Gemeinschaftsrecht verstößt, möge sich dieses formal auch nur an die Mitgliedstaaten wenden, unwirksam ist, ohne daß dies erst in

---

[14] Europäischer Gerichtshof, amtliche Sammlung der Entscheidungen, abgekürzt: EuGH, Nr. der Rechtssache (Rs.), Name der Parteien, in römischen Ziffern die Nr. des Bandes, Seite.
[15] EuGH 7/61 — Kommission gegen Italien, Bd. VII, 693.
[16] EuGH 13/68 — Salgoil gegen Italienisches Außenhandelsministerium, Bd. XIV, 679, seitdem ständige Rechtsprechung.

einem besonderen Verfahren vom Gerichtshof erklärt werden müsse. Damit können sich die Bürger in den Mitgliedstaaten selbst vor den nationalen Gerichten gegen gemeinschaftswidrige Gesetze zur Wehr setzen. Diese Rechtsprechung ist als eine der größten integrationspolitischen Leistungen des Europäischen Gerichtshofs gewertet worden. Sie hat den EWG-Vertrag in weiten Bereichen geräuschlos und unabhängig von der politischen Folgsamkeit der Mitgliedstaaten durchgesetzt[17].

Nach Art. 36 stehen den Bestimmungen über die Verbote mengenmäßiger Einfuhrbeschränkungen „Einfuhr-, Ausfuhr- und Durchfuhrverbote oder -Beschränkungen nicht entgegen, die ... zum Schutz ... des gewerblichen und kommerziellen Eigentums gerechtfertigt sind. Diese Verbote oder Beschränkungen dürfen jedoch weder ein Mittel zur willkürlichen Diskriminierung noch eine verschleierte Beschränkung des Handels zwischen den Mitgliedstaaten darstellen".

Zum gewerblichen und kommerziellen Eigentum i. S. dieser Vorschrift gehören die sog. immatriellen Ausschlußrechte, mit denen im gewerblichen Bereich bestimmte Leistungen vor Nachahmungen geschützt werden, so z. B. das Patentrecht, das Gebrauchsmusterrecht, das Geschmacksmusterrecht, das Firmenrecht, Warenzeichen und Ausstattungen.

II. Das Verfahren der Vorabentscheidungen

Der EuGH hatte sich mit der Territorialitätswirkung gewerblicher Ausschlußrechte im Rahmen sog. Vorabentscheidungen nach Art. 177 Abs. 2 des EWG-Vertrages zu befassen. Steht vor einem nationalen Gericht eine Frage der Auslegung des EWG-Vertrages an, so kann es diese Frage dem EuGH vorlegen und das letztinstanzliche Gericht hat sie dem EuGH vorzulegen. Klagt ein Patentinhaber oder sein Lizenzinhaber gegen den Import der patentgeschützten Gegenstände aus einem anderen Mitgliedstaat, stellt sich aufgrund der Rechtsprechung des Europäischen Gerichtshofs von der unmittelbaren Wirkung der Normen des EWG-Vertrages für das nationale Gericht die Frage, ob das nationale Patentrecht entsprechend dem bisherigen Verständnis von seiner Territorialität die Befugnis verleiht, gegen solche Importe vorzugehen. Der EuGH entscheidet nun im Wege der Vorabentscheidung nicht den Rechtsstreit, sondern die entscheidungserhebliche Frage ist in abstrakter Formulierung dem Gerichtshof von dem nationalen Gericht vorzulegen. Dabei hat der Gerichtshof bislang nicht zwischen Patenten und anderen gewerblichen Schutzrechten, insbesondere Warenzeichen, differenziert, sondern er hat die Wirkungen der Art. 30, 31 und 36 auf die nationalen Schutzrechte jeweils generell formuliert. Der Gerichtshof kann nicht zur Auslegung des nationalen Rechts Stellung nehmen,

---

[17] *Ipsen*, H.-P.: Europäisches Gemeinschaftsrecht, Tübingen 1972, S. 27; *Mestmäcker*, E.-J.: Europäisches Wettbewerbsrecht, München 1974, S. 46 f.

sondern nur zur Auslegung des Gemeinschaftsrechts mit dem Hinweis, daß, wenn ein nationales Ausschlußrecht den Import von Produkten verhindere, die unter einem parallelen Ausschlußrecht desselben Inhabers oder seines Lizenznehmers in einem anderen Mitgliedstaat frei geworden seien, diese Wirkung nunmehr von den Art. 30, 31 EWGV abgeschnitten werde. Wenn die meisten Entscheidungen auch Warenzeichen betreffen, gelten sie daher ebenso für die nationalen Patente.

III. Territorialitätsprinzip und Europäisches Kartellrecht

1. Territorialitätsprinzip und Internationale Gebietskartelle

Anfänglich spielte bei den Entscheidungen des EuGH zu den nationalen Schutzrechten das Kartellrecht des EWG-Vertrages (Art. 85 u. 86) eine dominierende Rolle. Nach Art. 85 des EWG-Vertrages sind alle Vereinbarungen zwischen Unternehmen verboten, welche den Handel zwischen den Mitgliedstaaten zu beeinträchtigen geeignet sind und eine Verhinderung, Einschränkung oder Verfälschung des Wettbewerbs innerhalb des Gemeinsamen Marktes bezwecken oder bewirken. Dabei ist man sich darüber einig, daß die Verhinderung, Einschränkung oder Verfälschung des Wettbewerbs nicht Inhalt der Vereinbarung zwischen den Unternehmen zu sein braucht, sondern daß es ausreicht, wenn dies als bloße Folge der Vereinbarung eintritt[18]. Der EuGH hat es deswegen als einen Kartellverstoß und somit als nicht durchsetzbar angesehen, wenn der Grenzübertritt von Waren aus einem nationalen Schutzrecht verhindert werden soll, das in den verschiedenen Mitgliedstaaten einmal demselben Inhaber zugestanden hat, der es durch Vereinbarungen übertragen oder lizenziert hat.

Daß der EuGH anfänglich diese Aspekte in den Vordergrund stellte, ist, gemessen an der wirtschaftlichen Realität, keine Zufälligkeit. Seit jeher wurden nationale Schutzrechte unter Anwendung des Territorialitätsprinzips von Unternehmen dazu eingesetzt, ihre Einflußbereiche territorial abzugrenzen. Insofern ist das Patentrecht zwar einerseits ein Rechtsinstitut gewesen, Inventionen zu transferieren, andererseits war es zugleich aber ein Instrument zur Marktaufteilung und Begrenzung internationaler Konkurrenz im Bereich der Innovationen. Auf die schwierige Frage, inwieweit die Reduktion der Konkurrenz mit innovatorischen, unter Patentschutz stehenden Produkten auch die Inventionsbemühungen reduziert hat, sei hier nur hingewiesen[19]. In der

---

[18] Vgl. *Gleiss*, A., *Hirsch*, M.: Kommentar zum EWG-Kartellrecht, 3. Aufl., Heidelberg 1978, S. 78 - 86.

[19] Vgl. dazu Hauptgutachten II der Monopolkommission, Baden-Baden 1978, Kapitel VI, Patente und Konzentration; *Koch*, E.: Patentrecht, technischer Fortschritt und Zwangslizenzen, ein Gutachten für das BMW, Bielefeld 1972.

Diskussion mit den Entwicklungsländern wird den Patentsystemen der Industrienationen der Vorwurf gemacht, daß sie die Entwicklungsländer an der Übernahme, Produktion und am Export patentgeschützter Innovationen hinderten, was zugleich vom Umgang mit der neuesten Technik ausschließe, der erforderlich sei, um selbst einmal zu weiterführenden Inventionen zu kommen[20].

Wie probat nationale Schutzrechte verwendet werden können, eine Konkurrenz mit innovatorischen Produkten zu begrenzen, haben amerikanische Antitrust-Entscheidungen gezeigt. Im National Lead-Fall[21] wurde die mögliche Konkurrenz verschiedener Verfahren zur Gewinnung von Titanium durch weltweite Gebietsaufteilung mit Hilfe einer Vielzahl nationaler Schutzrechte ausgeschlossen und der Handel aller in Verbindung mit Titanium herstellbarer Produkte, insbesondere Farbe, synthetisches Gummi, Glas und Papier geregelt.

Das I. C. I. Kartell[22] schloß, ausgehend von einer Zuteilung nationaler Gebiete unter Übertragung oder Lizenzierung von Schutzrechten für die Herstellung von Pulver, eine Vielzahl neuer Produkte der führenden Chemieunternehmen in der Welt in die Gebietsaufteilung ein, insbesondere Zellulose, synthetische Fasern, Farben, Säuren, Salze und andere Chemikalien. Weitere Beispiele waren der Lizenzaustauschvertrag zwischen IG-Farben und der amerikanischen Firma Roehm & Haas Co., Philadelphia, für Produktinnovationen auf der Grundlage bestimmter chemischer Zusammensetzungen[23], internationale Marktaufteilungen in der Radio- und Fernsehindustrie[24], in der Arzneimittelindustrie zwischen Unternehmen in den Vereinigten Staaten und der Bundesrepublik Deutschland, Frankreich, der Schweiz und Großbritannien[25], Erfahrungs- und Patentaustausch in der Computerindustrie zwischen Siemens und der Radio Co. of America[26], General-Electric mit Gebietsaufteilungen gegenüber ausländischen Lampenherstellern (Phoebus-Abkommen)[27], ebenso die Gebietsaufteilung von General Electric mit anderen Firmen in der Welt für den Bereich härtester Metallegierungen[28], oder die Gebietsschutzverträge der Aluminium Corp. of America mit ausländischen

---

[20] Bericht der UNO über die Rolle der Patente bei der Übermittlung technischen Wissens an Entwicklungsländer gemäß Entschließung der Vollversammlung v. 19. 12. 1961 unter dem Titel: Patentschutz und Entwicklungsländer.

[21] United States v. National Lead Co., 63 F. Supp. 513 (S.D.N.Y. 1945), aff'd 332 u. S. 319, 67 S. Ct. 1634 (1947).

[22] United States v. Imperial Chemical Industries Ltd, 100 F. Supp. 504 (S.D.N.Y. 1951), opinion on reymedies 105 F. Supp.

[23] US 77th Congress, 2dsess. 1942, Patent Hearings 1942, S. 752, 754; *Kronstein*, H.: Das Recht der internationalen Kartelle, Berlin 1967, S. 185.

[24] U.S. v. Radio Co. of America, U.S. District Court S.D.N.Y. Criminal Action Nr. 155, 107; Hazeltine Research Inc. v. Cenith Radio Corp. 1965 CCH Trade Cases § 71, 355 (N.D. JU. 1965); *Kronstein*, H.: S. 106.

[25] Hearings on Administered Prices, 86th Congress, 2dsess. part. 20, 1960, S. 11257 ff., 11065 ff.; *Kronstein*, H.: S. 107 f.

[26] *Kronstein*, H.: S. 35 Fn. 96, S. 46 Fn. 120.

[27] U.S. v. General Electric 82 F. Supp. 753 (D.C.N.Y. 1949).

[28] U.S. v. General Electric 80 F. Supp. 982 (D.C.N.Y. 1948).

Produzenten auf der Grundlage eines wichtigen Patents zur Aluminiumherstellung[29].

Diesem Bild entspricht es, wenn es in der Konzentrationsenquete[30] heißt, daß Großunternehmen an zahlreichen Vereinbarungen mit anderen Unternehmen im In- und Ausland über wissenschaftliche Zusammenarbeit und technischen Erfahrungsaustausch beteiligt waren, die gelegentlich eine Abstimmung der Forschungs- und Produktionsprogramme zur Folge hatten und bis zur Zusammenarbeit unter kapitalmäßiger Beteiligung führten und daß insbesondere Großunternehmen der chemischen und der elektronischen Industrie des In- und Auslands an zahlreichen Vereinbarungen über einen gegenseitigen Austausch von Lizenzen und technischen Erfahrungen beteiligt sind.

Es mag hier eine Erklärung dafür liegen, daß, wie einige amerikanische Wirtschaftswissenschaftler glauben festgestellt zu haben[31], die Korrelation von Forschung und Entwicklung einerseits und Handelsaustausch andererseits im Verhältnis zwischen technisch entwickelten Ländern nachläßt. Unternehmen gleicher technischer Leistungsfähigkeit in verschiedenen Ländern vereinbaren zwar einen Erfahrungs- und Schutzrechtsaustausch, in Verbindung damit aber vermeiden sie von nun an Konkurrenz mit ihren innovatorischen Produkten und respektieren gegenseitige Territorien entsprechend den aus den Schutzrechten sich ergebenden Wirtschaftsgrenzen.

2. Die Rechtsprechung des EuGH

Die Rechtsprechung des Europäischen Gerichtshofs hat die Möglichkeit, die Wirkungen nationaler Schutzrechte in der Europäischen Wirtschaftsgemeinschaft für einen Gebietsschutz einzusetzen, nahezu völlig beseitigt.

Der Grundig/Consten-Entscheidung[32] lag der Sachverhalt zugrunde, daß Grundig die Firma Consten in Frankreich zum Alleinvertrieb der Grundig-Produkte ermächtigte und der Firma Consten das Warenzeichen GINT (Grundig-International) überließ, damit sie aus diesem Zeichen in Frankreich gegen einen Import von Grundigartikeln anderer Händler vorgehen könne. Der Europäische Gerichtshof hielt dieses für einen Verstoß gegen das Kartellrecht der Gemeinschaft, der auch nicht von Art. 36 gerechtfertigt würde.

Der Park/Davis-Entscheidung[33] lag der Sachverhalt zugrunde, daß der Inhaber eines niederländischen Patents gegen Importe aus Italien klagte, wo es keinen Patentschutz für Pharmazeutika gab. In diesem

---

[29] U.S. v. Aluminium Corp. of America, 148 F. 2d 416 (2d Cir. 1945), decree 91 F. Supp. 333.
[30] Bt. Ds. IV/2320 Anlagenband, S. 774, 778.
[31] *Gruber*, M., Vernon: The R & D Factor in International Trade and International Investment of U.S. Industries, Journal of Political Economy, LXXV (1967), S. 20.
[32] EuGH Rs 56 u. 58/64 — *Grundig/Consten*, Bd. XII, S. 321.
[33] EuGH Rs 24/67 — *Parke/Davis*, Bd. XIV, S. 111.

Fall hielt der Gerichtshof die marktabschließende Wirkung des Patents weder für einen Verstoß gegen Wettbewerbsregeln noch gegen die Regeln über den freien Warenverkehr[34]. In einer weiteren Entscheidung[35] wurde es dem italienischen Unternehmen Sirena verboten, Verletzungsklagen aus dem Warenzeichen „Prep", das sie 1937 von dem amerikanischen Inhaber Mark Allen erworben hatte, gegen Importe von Produkten zu erheben, die von deutschen Lizenznehmern der Firma Mark Allen mit dem gleichen Warenzeichen versehen worden waren. Dabei sah der Gerichtshof die Kartellabsprache schon in der einfachen Übertragung des Warenzeichens, weil sie wegen der Möglichkeit der Behinderung des freien Grenzübertritts wettbewerbsbeschränkende Wirkungen habe[36].

IV. Territorialitätsprinzip und das Verbot mengenmäßiger Beschränkungen

In den folgenden Entscheidungen löste sich der EuGH dann aber vom Bezug zu den kartellrechtlichen Vorschriften und grenzte das Territorialitätsprinzip nationaler Schutzrechte allein mit Hinweis auf die Regeln über den freien Warenverkehr ein. Es könne nicht zugelassen werden, „in einem Mitgliedstaat den Vertrieb von Waren zu verbieten, die in einem anderen Mitgliedstaat rechtmäßig unter einem ursprungsgleichen identischen Warenzeichen hergestellt worden seien"[37]. Es sei ein Hindernis für den freien Warenverkehr, „wenn die innerstaatliche Gesetzgebung auf dem Gebiet des gewerblichen und kommerziellen Rechtsschutzes bestimmt, daß sich das Recht des Zeicheninhabers mit dem Vertrieb eines Erzeugnisses in einem anderen Mitgliedstaat unter dem Schutz des Warenzeichens nicht erschöpft, der Inhaber vielmehr berechtigt bleibt, sich der Einfuhr des in einem anderen Staat in Verkehr gebrachten Erzeugnisses nach seinem Heimatstaat zu widersetzen. Ein solches Hindernis läßt sich nicht rechtfertigen, wenn das Erzeugnis in dem Mitgliedstaat, aus dem es eingeführt wird, durch den Inhaber selbst oder mit seiner Zustimmung rechtmäßig auf den Markt gebracht worden ist, von einem Mißbrauch oder einer Verletzung des Zeichenrechts mithin keine Rede sein kann. Denn wäre der Zeicheninhaber befugt, die Einfuhr geschützter Erzeugnisse zu unterbinden, die in einem anderen Mitgliedstaat durch ihn oder mit seiner Zustimmung in den Verkehr gelangt sind, dann würde ihm die Möglichkeit eröffnet, die nationalen Märkte abzuriegeln und auf diese Weise den Handel zwi-

---

[34] Vgl. auch BGHZ GRuR 1976, 579 „Tylosin".
[35] EuGH Rs 40/17 — Sirena, Bd. XV, S. 69.
[36] Vgl. auch *Deringer*, A.: Gewerbliche Schutzrechte und freier Warenverkehr im Gemeinsamen Markt, NJW 1977, 469.
[37] EuGH Rs 192/73 — Kaffee Hag, Bd. XX, S. 731.

schen den Mitgliedstaaten zu beschränken, ohne daß eine derartige Beschränkung notwendig wäre, um ihm das aus dem Warenzeichen fließende Ausschließlichkeitsrecht in seiner Substanz zu erhalten"[38].

Dies ist der Stand der europäischen Rechtsprechung, die insbesondere im Patentrecht noch viele Fragen offen läßt. Geklärt ist, daß die territoriale Wirkung des Patents sich gegenüber Importen aus einem Mitgliedstaat entfaltet, in dem die betreffenden Gegenstände gar nicht patentfähig sind. Wie aber ist zu entscheiden, wenn der Patentinhaber in bestimmten Mitgliedstaaten aus welchen Gründen auch immer gar kein Patent genommen hat. Auch dann müßte wohl anzuerkennen sein, daß Importe aus dem Patent verhindert werden können. Denn sonst würde das nationale Patent wertlos. Wie aber ist es, wenn Ware in einem Mitgliedstaat hergestellt und in den Verkehr gebracht wird, in dem ein ursprünglich bestehendes Patent inzwischen wegen Zeitablaufs oder aus irgendeinem anderen Grund erloschen ist[39].

C. Territorialitätsprinzip und Vereinheitlichung des Europäischen Patentrechts

I. Auf dem Wege zu einem Europäischen Patentrecht

Die Rechtsprechung des EuGH war von weittragender Bedeutung für die Vereinheitlichung des europäischen Patentrechts. Auf der Grundlage von drei internationalen Übereinkommen ist das Patentrecht in den Europäischen Mitgliedstaaten und darüber hinaus weitgehend angeglichen worden. Im Straßburger Übereinkommen vom 27. November 1963 zur Vereinheitlichung gewisser Begriffe des materiellen Rechts der Erfindungspatente[40] verpflichteten sich die Mitgliedstaaten, gewisse materielle Regeln ihres nationalen Patentrechts zu vereinheitlichen. Diese Verpflichtung wurde von den Vertragsstaaten vorläufig nicht eingelöst. Im Münchener Übereinkommen vom 5. Oktober 1973 über die Erteilung europäischer Patente (Europäisches Patentübereinkommen)[41], dessen Mitglieder nicht nur die Staaten der Europäischen Wirtschaftsgemeinschaft sind, vereinheitlichten die Mitgliedstaaten das Recht der Patenterteilung und richteten ein europäisches Patentamt mit Sitz in München ein, das, sofern der Anmelder ein europäisches Patent beantragt, nach einem einheitlichen Verfahren Patente nach den natio-

---

[38] EuGH Rs 16/74 — Centrafarm II, Bd. XX, S. 1183, 1195 und für Patente nahezu wortgleich Rs 15/74 — Centrafarm I, Bd. XX, S. 1147, 1163; vgl. auch Rs 78/70 — Grammophon/Metro. Bd. XVII, S. 487.
[39] Vgl. dazu auch *Gleiss*, A., *Hirsch*, M.: Kommentar zum EWG-Kartellrecht, 3. Aufl., Art. 85 Rd. 362.
[40] BGBl. II 1976, S. 649.
[41] BGBl. II 1976, S. 826.

nalen Rechten der Mitgliedstaaten erteilt (sog. Bündelpatent). Am 1. Juni 1978 wurde das Amt für die Einreichung europäischer Patentanmeldungen eröffnet[42].

Das europäische Bündelpatent ist, wie sein Name sagt, nichts anderes als das in einem einheitlichen Verfahren erlassene Bündel nationaler Patente, die dem nationalen materiellen Patentrecht erwachsen und unterliegen, das allerdings zugleich in weitem Umfang vereinheitlicht wurde. Denn die Bestimmungen des Straßburger Übereinkommens wurden in das Münchener Übereinkommen übernommen, weil ein einheitliches Patenterteilungsverfahren nur bei einer gewissen Vereinheitlichung auch des materiellen nationalen Rechts möglich ist.

Das ehrgeizige Bemühen, ein aus einheitlicher Rechtsquelle fließendes übernationales Patent innerhalb der Europäischen Wirtschaftsgemeinschaft zu schaffen, nahm im Luxemburger Übereinkommen vom 15. Dezember 1975 über das europäische Patent für den Gemeinsamen Markt (Gemeinschaftspatentübereinkommen[43]) Gestalt an. Hierbei waren die sogenannten Wirtschaftsklauseln der zentrale Streitpunkt. Man war sich darüber einig, daß eine Erschöpfung des Patentrechts, also das Freiwerden der vom Patentinhaber oder sonst mit seiner Zustimmung in den Verkehr gebrachten patentgeschützten Gegenstände, für den gesamten Gemeinsamen Markt gelten müsse. Das Luxemburger Übereinkommen sieht aber vor, daß neben dem Gemeinschaftspatent auch die nationalen Patentrechte weiter gelten und daß der Erfinder wählen kann, ob er ein Gemeinschaftspatent oder ein nationales Patent nimmt. Beides nebeneinander ist nicht zulässig. Unter dem Begriff der „Wirtschaftsklausel" wurde nun darüber gestritten, ob eine Erschöpfung der *nationalen* Patente auch dann eintritt, wenn in einem anderen Mitgliedstaat unter einem parallelen nationalen Patent der gleiche Patentinhaber oder ein mit ihm wirtschaftlich Verbundener oder sonst jemand mit Zustimmung des Patentinhabers die patentgeschützten Gegenstände in Verkehr gebracht hat. Eigentlich war dies durch die Rechtsprechung des Europäischen Gerichtshofs schon festgeschrieben. Über die Angleichung nationalen Rechts hinauszugehen und supranationales Recht zu setzen, ist zudem nur dann erforderlich, wenn die Angleichung Verzerrungen und Handelsbeschränkungen nicht aufzuheben vermag (Beispiel: Territorialitätsprinzip). Mit anderen Worten liegt der zentrale Sinn eines supranationalen Gemeinschaftspatents in der Beseitigung der nationalen Territorialitätsprinzipien. Trotzdem standen sich die Kommission als Verhandlungsteilnehmer und Verfechter einer Beseitigung des Territorialitätsprinzips einerseits und

---

[42] Amtsbl. 4/1978, S. 245; vgl. auch Staehlin, Europäisches Patenterteilungsverfahren in der Praxis, GRuR Int. 1981, S. 284.

[43] BGBl. II 1979, S. 883.

insbesondere die französische und englische Delegation andererseits sehr streitbar gegenüber[44]. Man fand schließlich einen Kompromiß des Inhalts, daß das Recht aus dem Patent sich nicht auf Handlungen erstrecken solle, die ein durch das Patent geschütztes Erzeugnis betreffen und im Hoheitsgebiet des Vertragsstaates vorgenommen werden, nachdem das Erzeugnis vom Patentinhaber oder mit seiner ausdrücklichen Zustimmung in einem dieser Staaten in Verkehr gebracht worden ist. Dieser Grundsatz der Erschöpfung des Rechts aus dem Patent soll jedoch dann nicht gelten, wenn Gründe vorliegen, die es nach den Regeln des Gemeinschaftsrechts gerechtfertigt erscheinen lassen, daß sich das Recht aus dem Gemeinschaftspatent auf solche Handlungen erstreckt.

II. Gemeinschaftspatent und seine Wirkung auf die Territorialität nationaler Schutzrechte

Das Luxemburger Übereinkommen tritt erst in Kraft, wenn es von allen Mitgliedstaaten unterzeichnet worden ist. Deswegen ist sein Inkrafttreten nicht unzweifelhaft. Die Bundesrepublik Deutschland hat für ihren Bereich die Voraussetzungen für das Inkrafttreten des Luxemburger Patentübereinkommens weitgehend erfüllt[45].

Wird es einmal in Kraft treten — wobei noch Übergangsfristen eine Rolle spielen — bedeutet es insoweit eine Integration, als es für den Gemeinsamen Markt ein einheitliches, supranationales Patent, das Gemeinschaftspatent, gibt. Diese Vergemeinschaftung bleibt aber uneinheitlich, weil daneben die Möglichkeit, ein nationales Patent zu nehmen, fortbestehen soll. Dies ist ein Kompromiß, wie überhaupt die europäische Integration sich als eine Aneinanderreihung von Kompromissen entwickelt, in welcher man die Einheit oft vergeblich sucht. Dies spiegelt sich in den Gesetzgebungswerken der europäischen Integration wider, mit denen der Jurist umzugehen hat. Der mutigste Verfechter einer Einheit auf diesem mühsamen Weg bleibt der Europäische Gerichtshof. Über manche Schwierigkeiten, die der Jurist unter Verwendung seines subsumtionstechnischen Handwerkszeugs mit den europäischen Gesetzen hat[46], ist der Gerichtshof in Verfolg der Integration kühn hinweggeschritten. Wenn man in Adaption dieser rechtlichen oder besser rechtspolitischen Methode eine Prognose wagt, dann kann sie folgendermaßen lauten:

---

[44] Vgl. dazu den Aufsatz des stellvertretenden Leiters der deutschen Delegation Krieger, in: GRuR Int. 1976, S. 208, „Die sogenannten Wirtschaftsklauseln".

[45] BGBl. I 1979, S. 1269.

[46] Zur Auslegung von Gemeinschaftsrecht vgl. *Ipsen*, H.-P.: Europäisches Gemeinschaftsrecht, Tübingen 1977, S. 131 ff.

Im Luxemburger Abkommen ist nicht die Frage behandelt worden, die auch in der Rechtsprechung des EuGH noch offen ist, ob und inwieweit das Territorialitätsprinzip auch gegenüber Importen aus einem Mitgliedstaat zurückzutreten hat, in dem gar kein nationales Patent beantragt wurde. Sollte das Gemeinschaftspatentübereinkommen einmal in Kraft treten, hat jeder Anmelder die freie Wahl zu Gunsten des europäischen Patents oder nationaler Patente. Wenn er nur in einzelnen Mitgliedstaaten ein nationales Patent nimmt, stellt sich die oben angeschnittene Frage, ob er mit dieser Methode die Märkte isolieren kann, die er ausgespart hat. Bislang ist wohl davon auszugehen, daß aus einem nationalen Patent Importe verhindert werden können, die aus einem Mitgliedstaat kommen, in dem kein Patent beantragt wurde. Will z. B. der Erfinder den Export aus einem Niedrig-Lohn-Land der EG in die anderen Mitgliedstaaten verhindern, empfiehlt es sich, nationale Patente zu nehmen und das Niedrig-Lohn-Land auszusparen. Eröffnet nunmehr aber das europäische Recht die Möglichkeit eines einheitlichen Patentschutzes, dann sollten nationale Patente nicht mehr dazu tauglich sein, nationale Märkte mit Hilfe dieses Rechtsinstruments zu schließen. Es wäre daher die These zu vertreten, daß dann die Prinzipien des Freiwerdens für nationale Patente auch unter Einbeziehung der Mitgliedstaaten gelten, in denen der Patentinhaber kein Patent genommen hat. Im Ergebnis würden damit die nationalen Patente wertlos. Im ausgesparten Niedrig-Lohn-Land könnte jeder — denn Patentschutz besteht dort nicht — die Produktion aufnehmen und den gemeinsamen Markt insgesamt versorgen. Nun enthält der EWG-Vertrag in Art. 222 eine Bestandsgarantie für die „Eigentumsordnung in den verschiedenen Mitgliedstaaten", und der Gerichtshof hat auch immer wieder erklärt, daß der Bestand nationaler Schutzrechte gemäß Art. 222, 365 EWGV gewährleistet bliebe, daß der Vertrag aber ihre Ausübung regele. Zur Bestandsgarantie zähle es nicht, wenn die Schutzrechte dazu benutzt würden, den Grenzübertritt von Waren zwischen den Mitgliedstaaten zu verhindern, nachdem die Ware in einem Mitgliedstaat mit Zustimmung des Schutzrechtsinhabers oder eines mit ihm wirtschaftlich Verbundenen in Verkehr gebracht worden sei, somit der Schutzrechtsinhaber bereits, und sei es auch nur mittelbar, sein Recht realisiert und seine Belohnung empfangen hatte[47]. Diese Sichtweise führt bereits zu einer gewissen Vereinheitlichung der nationalen Schutzrechte. Wenn nun das Gemeinschaftsrecht ein eigenes Schutzrecht anbietet, ist die Eigentumsgewährleistung bereits vom Gemeinschaftsrecht eingelöst. Der Fortbestand nationaler Schutzrechte ist demgegenüber ein auf Bewahrung nationaler Interessen beruhender Anachronismus, den das Gemeinschaftsrecht nicht zu

---

[47] Vgl. dazu Anmerkungen 33 bis 38.

respektieren brauchte. Würde der EuGH dieses vertreten, stünde die Weitergeltung nationalen Patentrechts nur noch auf dem Papier. Es wäre nicht das erste Mal, daß der Gerichtshof vehement verteidigte nationale Interessen mit einer kühnen Rechtsauslegung schnell und geräuschlos überwindet. Gegenüber dem Territorialitätsprinzip wäre es nur ein Weitergehen auf dem schon betretenen Weg.

Allerdings birgt die Prognose einer solchen Rechtsprechung die Gefahr, daß die Mitgliedstaaten um so mehr zögern werden, das Gemeinschaftspatentübereinkommen in Kraft zu setzen.

Vielleicht sollte daher der EuGH erwägen, den letzten Schritt auf dem Wege der Beseitigung der nationalen Territorialitätsprinzipien für den Gemeinsamen Markt schon auf der Grundlage des jetzt bereits geltenden Rechts zu tun. Es ließe sich begründen, daß die Aufhebung des Territorialitätsprinzips für den Gemeinsamen Markt schon dadurch bedingt ist, daß es seit dem Münchener Patentübereinkommen die Möglichkeit gibt, für alle Mitgliedstaaten beim europäischen Patentamt ein Bündel nationaler Patente zu erlangen. Wenn sich demgegenüber jemand weiterhin für nationale Patente nach nationalen Erteilungsverfahren unter Aussparung eines oder einiger Mitgliedstaaten entscheidet, macht er das in der wahrscheinlichen Absicht, mit Hilfe des Territorialitätsprinzips Wirtschaftsgrenzen in der Gemeinschaft aufrecht zu erhalten. Diese Absicht erscheint nicht weiter schützenswert.

Eine Rechtsprechung, die in diesem Fall die Wirkung des Territorialitätsprinzips als Verstoß gegen das Gemeinschaftsrecht nicht mehr anerkennt, würde dazu führen, daß nunmehr nur noch europäische Patente gewählt werden, und das Luxemburger Patentübereinkommen könnte schnell in Kraft gesetzt werden.

Die Einstellung von Diplom-Wirtschaftsingenieuren und Diplom-Ingenieuren zur Selbständigkeit und die Gründung technologiebasierter Unternehmungen

Von *Hans Corsten* und *Klaus-Otto Junginger-Dittel*, Braunschweig

A. Einführende Bemerkungen und Zielsetzung der Untersuchung

Die vorliegende Arbeit ist ein Teilergebnis einer größeren empirischen Untersuchung[1], die sich mit dem beruflichen Werdegang von Diplom-Wirtschaftsingenieuren und Diplom-Ingenieuren und ihrer Einstellung zur Selbständigkeit befaßt.

Ziel der vorliegenden Teiluntersuchung ist es,

(1) die Einstellung von Diplom-Wirtschaftsingenieuren und Diplom-Ingenieuren zur Selbständigkeit zu analysieren und

(2) zu überprüfen, ob es aus dem Kreis der Befragten zu technologiebasierten Unternehmungsgründungen gekommen ist.

Ähnliche Untersuchungen wurden für die Bundesrepublik Deutschland bislang nur an der Universität Köln[2] für ausgewählte Berufsgruppen (Angehörige des Handwerks, Diplom-Kaufleute, graduierte Ingenieure, Diplom-Ingenieure und Manager)[3] durchgeführt. Unsere Untersuchung unterscheidet sich jedoch von diesen dadurch, daß auf eine weitgehende Homogenität der Untersuchungsgruppen Wert gelegt wurde. Bei den von uns erfaßten Diplom-Wirtschaftsingenieuren und Diplom-Ingenieuren handelt es sich ausschließlich um Absolventen des Diplomstudienganges Maschinenbau; die ersteren haben zusätzlich ein zumindest viersemestriges wirtschaftswissenschaftliches Aufbaustudium

---

[1] Vgl. *Corsten*, H., *Junginger-Dittel*, K.-O.: Berufs- und Motivationsstruktur von Diplom-Wirtschaftsingenieuren und Diplom-Ingenieuren — Ein vergleichender empirischer Beitrag zur Berufsökonomik. München 1982.

[2] Vgl. z. B.: *Szyperski*, N., *Nathusius*, K.: Gründungsmotive und Gründungsvorbehalte — Ergebnisse einer empirischen Studie über potentielle und tatsächliche Unternehmungsgründer, in: DBW, 37. Jg. (1977), S. 299 ff.; *Szyperski*, N., *Klandt*, H.: Bedingungen für innovative Unternehmungsgründungen. Aspekte und Ergebnisse einer Untersuchung über potentielle Spin-off-Gründer im Raum Aachen—Bonn—Köln, in: BFuP, 32. Jg. (1980), S. 354 ff.

[3] Vgl. *Szyperski*, N., *Nathusius*, K.: Gründungsmotive und Gründungsvorbehalte, a. a. O., S. 299 ff.

an der Technischen Universität Braunschweig absolviert. Dieses Aufbaustudium vermittelt in seinen Pflichtfächern Kenntnisse aus den Bereichen Betriebswirtschaftslehre, Volkswirtschaftslehre, Statistik und Recht (vgl. Übersichten 1 bis 3 im Anhang dieses Beitrags). Diplom-Wirtschaftsingenieure dürften damit wesentlich bessere Voraussetzungen für Unternehmungsgründungen mitbringen.

B. Zum Problemkreis der Untersuchung

I. Die Einstellung zur Selbständigkeit

Die bereits angesprochenen Arbeiten legen ihren Schwerpunkt auf folgende Aspekte:

(1) Ermittlung der *allgemeinen* Wertschätzung der Selbständigkeit in ausgewählten Gruppen,
(2) Ermittlung der Wertschätzung einer eigenen Selbständigkeit in Entscheidungssituationen unterschiedlichen Konkretisierungsgrades („verpflichtende Haltung")[4],
(3) Bewertung vorgegebener Argumente für und gegen eine Unternehmungsgründung.

Beim letztgenannten Aspekt wurde vor allem überprüft, welche Rolle Motive wie

— die Erlangung einer höheren Selbstverwirklichung,
— die Erlangung eines höheren Einkommens,
— der Wunsch, andere Menschen zu führen,
— die Fortführung einer Familientradition,
— die Wahrnehmung von deplazierenden Erlebnissen etc.

für die Gründung einer eigenen Unternehmung spielen und inwieweit Vorbehalte wie

— fehlendes Startkapital,
— zu hohes Risiko,
— Vorteile der unselbständigen Tätigkeit etc.

den Schritt in die Selbständigkeit verhindern.

Die hierzu von Szyperski/Nathusius vorgelegte empirische Studie unterscheidet zwischen potentiellen und tatsächlichen Unternehmungsgründern und kommt zu den folgenden zentralen Aussagen:

(1) Als wesentliche Motive für eine Gründung werden vor allem das Streben nach Selbstverwirklichung und finanzielle Aspekte genannt, wobei zwischen potentiellen und tatsächlichen Gründern keine signifikanten Unterschiede bestehen.

---

[4] Vgl. *Szyperski*, N., *Nathusius*, K.: Gründungsmotive und Gründungsvorbehalte, a. a. O., S. 303.

(2) Die in der Literatur angeführte „Displacement"-These[5] wird in dieser Untersuchung nicht bestätigt.

(3) Zwischen den potentiellen und tatsächlichen Unternehmungsgründern bestehen hinsichtlich der Gründungsvorbehalte signifikante Unterschiede. Während bei den potentiellen Gründern die Vorbehalte

— kein Startkapital,
— zu hohes Risiko und
— gute Karrieremöglichkeit in unselbständiger Beschäftigung

dominieren, wird bei den tatsächlichen Gründern vor allem

— die politische Entwicklung,
— die steuerliche Belastung und
— zu hohes Risiko

genannt.

Die hier angeführten Ergebnisse hinsichtlich der Vorbehalte und Motive beziehen sich auf die *Gesamtheit* der in die Untersuchung einbezogenen Gruppen. Der methodologisch sicherlich sauberere Weg, die Ergebnisse für die doch recht inhomogenen Teilgruppen auch getrennt auszuweisen, wurde bedauerlicherweise nicht beschritten.

Ein weiteres für unsere eigene empirische Arbeit relevantes Ergebnis ist darin zu sehen, daß gerade Diplom-Ingenieure eine sehr geringe Bereitschaft zur Unternehmungsgründung aufweisen.

II. Technologiebasierte Unternehmungsgründungen

Eine besondere Erscheinungsform der Unternehmungsgründung ist in der technologiebasierten Unternehmungsgründung zu sehen. Untersuchungen über technologiebasierte Unternehmungsgründungen setzen in der Bundesrepublik Deutschland[6] erst ab Mitte der siebziger Jahre ein und ordnen ihnen nur eine geringe Bedeutung zu. So stellt eine Little-Studie[7] fest, daß in dem Zeitraum 1950 - 1975 in der Bundesrepublik Deutschland etwa 200 technologiebasierte Unternehmungsgründungen beobachtet werden konnten, die im Jahre 1975 einen Umsatz in Höhe von etwa 0,5 Mrd. DM aufwiesen[8].

---

[5] Vgl. *Shapero*, A.: The Displaced Uncomfortable Entrepreneur, in: Psychology Today, Nov. 1975, S. 84.

[6] Vgl. *A. D. Little Ltd.*: New technology-based firms in the United Kingdom and the Federal Republic of Germany, London 1977; *Szyperski*, N., *Nathusius*, K.: Gründungsmotive und Gründungsvorbehalte, a. a. O., S. 299 ff.; *Szyperski*, N., *Klandt*, H.: a. a. O., S. 354 ff.

[7] Vgl. *A. D. Little Ltd.*: a. a. O., S. 26.

[8] In den USA gibt es einige Tausend technologiebasierter Unternehmungsgründungen, die einen Umsatz von mehreren Milliarden Dollar aufweisen. Vgl. *A. D. Little Ltd.*: a. a. O., S. 26. Die bekanntesten Beispiele sind die Anhäufungen von Gründungen in Boston (Route 128) und Palo Alto (Silicon valley). Vgl. *Keune*. E J., *Nathusius*, K.: Technologische Innovation

Unter einer technologiebasierten Unternehmungsgründung verstehen wir Fälle, in denen einzelne oder mehrere Personen (Gründer)[9] ihren bisherigen Tätigkeitsbereich verlassen, um auf der Grundlage einer patentierten oder nichtpatentierten technologischen Innovation[10] eine neue Unternehmung zu gründen[11] oder um eine bereits bestehende Unternehmung zu übernehmen. Diese Definition berücksichtigt damit sowohl originäre als auch derivative Gründungen[12]. Während es sich bei den erstgenannten um völlige Neugründungen handelt, stellen letztgenannte Übernahmen von bereits existenten Unternehmungen dar. Auch bei einer derivativen Unternehmungsgründung kann eine innovative Gründung vorliegen, nämlich dann, wenn der Übernehmer zum Beispiel auf der Grundlage seines Know-how entweder alte Probleme mit neuen Verfahren oder neue Probleme mit alten oder neuen Verfahren löst.

Entscheidend für die Definition des Gründers einer technologiebasierten Unternehmung ist, daß das i. d. R. in seiner vorangegangenen Tätigkeit erworbene technologische Wissen in der gegründeten Unternehmung genutzt wird[13].

C. Durchführung und Ergebnisse der Untersuchung

I. Durchführung

Seit der Einrichtung des wirtschaftswissenschaftlichen Aufbaustudiums an der Technischen Universität Braunschweig haben 181 Studenten diesen Ausbildungsgang erfolgreich abgeschlossen, darunter 90

---

durch Unternehmungsgründungen. Eine Literaturanalyse zum Route 128-Phänomen, BIFOA-Forschungsbericht, Köln, Juni 1977, S. 20 f.

[9] Derartige Gründer können somit auch als Promotoren sui generis aufgefaßt werden. Zum Promotorenansatz vgl. *Brose*, P., *Corsten*, H.: Anwendungsorientierte Weiterentwicklung des Promotorenansatzes, in: Die Unternehmung, 35. Jg. (1981), S. 89 ff.

[10] Zu diesem Begriff vgl. *Brose*, P., *Corsten*, H.: Zur Eignung investitionstheoretischer Kalküle für die Wirtschaftlichkeitsanalyse technologischer Innovationen, in: Journal für Betriebswirtschaft, H. 3, 1980, S. 162 f. Zum Begriff der Technologie: vgl. *Corsten*, H.: Der nationale Technologietransfer — Elemente, Formen, Gestaltungsmöglichkeiten, Probleme, Berlin 1982, S. 4 ff.; *Kern*, W.: Zur Analyse des internationalen Transfers von Technologien — ein Forschungsbericht, in: ZfbF, 25. Jg. (1973), S. 86.

[11] Vgl. zu dieser Definition: *Keune*, E. J., *Nathusius*, K.: a. a. O., S. 16; *A. D. Little Ltd.*: a. a. O., S. 20.

[12] Vgl. hierzu *Szyperski*, N., *Nathusius*, K.: Probleme der Unternehmungsgründung. Eine betriebswirtschaftliche Analyse unternehmerischer Startbedingungen, Stuttgart 1977, S. 26 f.

[13] Die Termini innovative und technologiebasierte Unternehmungsgründung stellen u. E. keine synonymen Begriffe dar. Wir verstehen vielmehr technologiebasierte als Untermenge der innovativen Unternehmungsgründungen. Anders hingegen *Szyperski*, N., *Klandt*, H.: a. a. O., S. 354.

mit einem Erststudium der Fachrichtung Maschinenbau. Diese 90 Absolventen wurden in unserer Untersuchung, die den Zeitraum SS 1968 - WS 1980/81 abdeckt, befragt. Als Vergleichsstichprobe wurden 110 zufällig ausgewählte Diplom-Ingenieure der Fachrichtung Maschinenbau, die ihr Studium im gleichen Zeitraum abgeschlossen haben, herangezogen. Die Fragebögen wurden nebst Begleitschreiben und Rückantwortumschlag am 11. 8. 1981 versandt mit der Bitte, sie bis zum 11. 9. 1981 beantwortet zurückzusenden[14].

In dem *Teilbereich* unserer Untersuchung, der sich mit der Analyse der Einstellung zur Selbständigkeit beschäftigt, verwenden wir die bereits von Szyperski/Nathusius formulierten Fragestellungen, um eine Vergleichbarkeit der empirischen Untersuchungen sicherzustellen.

II. Ergebnisse[14a]

1. Rücklaufquote und Stichprobenstruktur

Von den 200 versandten Fragebögen konnten 157 zugestellt werden; davon entfielen 67 auf Diplom-Wirtschaftsingenieure und 90 auf Diplom-Ingenieure. Die Rücklaufquote war bei beiden Teilgruppen überraschend hoch: mit 42 bzw. 44 Rückantworten lag sie bei den Diplom-Wirtschaftsingenieuren bei 63 v. H. und bei den Diplom-Ingenieuren bei 49 v. H.[15]. Insgesamt wurden 54 v. H. aller zustellbaren Fragebögen beantwortet.

Über 90 v. H. der Angehörigen der Gesamtstichprobe waren im Zeitpunkt der Befragung abhängig beschäftigt; nur 8 der 86 Befragten beantworteten die Frage nach der Selbständigkeit positiv. Wie Tabelle 1 zeigt, verbirgt diese Gesamtbetrachtung erhebliche Unterschiede zwischen den Teilgruppen; denn während immerhin 6 von 42 Diplom-Wirtschaftsingenieuren angaben, selbständig zu sein, waren unter den 44 Diplom-Ingenieuren nur zwei nicht in abhängiger Stellung beschäftigt.

Etwa ein Drittel der 78 befragten abhängig Beschäftigten steht im öffentlichen Dienst, während zwei Drittel in der Privatwirtschaft tätig sind. Diplom-Wirtschaftsingenieure sind im öffentlichen Dienst leicht überproportional vertreten.

---

[14] Die Fragebogenaktion wurde mit Mitteln der Landeszentralbank Hannover finanziert.
[14a] Die im folgenden angeführten Tabellen befinden sich im Anhang zu diesem Beitrag auf den Seiten 305 - 311.
[15] Die Diskrepanz der Rücklaufquoten der beiden Teilgruppen dürfte auf die enge Verbundenheit der Absolventen des wirtschaftswissenschaftlichen Aufbaustudiums mit dem untersuchenden Institut zurückzuführen sein.

2. Die Einstellung zur Selbständigkeit

a) Die grundsätzliche Haltung zur Selbständigkeit

45 v. H. aller Befragten halten es grundsätzlich für erstrebenswert, sich selbständig zu machen, während 13 v. H. eine strikte Ablehnung bekunden. Über 45 v. H. waren unentschieden. Wie Tabelle 2 zeigt, bestehen dabei zwischen den verschiedenen Gruppen deutliche Unterschiede. So standen 57 v. H. der Diplom-Wirtschaftsingenieure, aber nur 34 v. H. der Diplom-Ingenieure einer Selbständigkeit grundsätzlich positiv gegenüber. Daß über die Hälfte der Diplom-Ingenieure, aber weniger als ein Drittel der Diplom-Wirtschaftsingenieure eine unentschiedene Haltung einnimmt, läßt darauf schließen, daß Diplom-Ingenieure sich in erheblich geringerem Maße mit dem Problem der Selbständigkeit auseinandergesetzt haben.

Während die Neigung zur Selbständigkeit bei Diplom-Wirtschaftsingenieuren in den beiden Teilbereichen öffentlicher Dienst und Privatwirtschaft nur geringfügig differiert, zeigen Diplom-Ingenieure aus dem öffentlichen Dienst eine wesentlich höhere Bereitschaft zur Selbständigkeit als solche in der Privatwirtschaft.

b) Die Einstellung zur Möglichkeit einer eigenen Selbständigkeit

Im vorangegangenen Abschnitt haben wir bereits festgestellt, daß Diplom-Ingenieure wesentlich häufiger eine unentschiedene Haltung zur Selbständigkeit zeigen. Die naheliegende Vermutung, daß sich Diplom-Ingenieure seltener mit dem Problem der Selbständigkeit beschäftigt haben als Diplom-Wirtschaftsingenieure wird durch die Ergebnisse in Tabelle 3 gestützt.

Während 20 v. H. der Diplom-Ingenieure noch nie daran gedacht haben, sich selbständig zu machen, beträgt diese Quote bei den Diplom-Wirtschaftsingenieuren lediglich 2 v. H.. Im Bereich geringerer Konkretisierung (Antworten: „Ja, flüchtig"; „ja, relativ konkret") zeigt sich zwischen den Diplom-Wirtschaftsingenieuren und Diplom-Ingenieuren kein Unterschied. Bei Antworten, die einen starken Konkretisierungsgrad („Ja, ich habe den festen Entschluß ..."[16]; „ja, ich habe mich selbständig gemacht") widerspiegeln, sind dagegen Diplom-Wirtschaftsingenieure erheblich stärker vertreten.

---

[16] Auch wenn das bei Szyperski/Nathusius vorgegebene Antwortraster unglücklich gewählt ist — denn auch eine entschiedene Ablehnung der Selbständigkeit ist möglich —, halten wir aus Gründen der Vergleichbarkeit hieran fest.

c) Der Eintritt konkreter Entscheidungssituationen bei Nichtselbständigen

Auf die Frage, ob sie schon einmal in einer Situation gestanden hätten, in der sich ihnen konkret die Entscheidung stellte, sich selbständig zu machen, antworten 29 v. H. der Nichtselbständigen positiv. In dieser Hinsicht bestehen weder zwischen Diplom-Wirtschaftsingenieuren und Diplom-Ingenieuren noch zwischen Beschäftigten im öffentlichen und privaten Sektor wesentliche Unterschiede (vgl. Tabelle 4).

3. Argumente zur Selbständigkeit und ihre Relevanz bei Nichtselbständigen

a) Grundsätzliche Argumente für eine Selbständigkeit

Vor allem die Erreichung von Entscheidungs- und Handlungsfreiheit, die Möglichkeit zur Durchsetzung neuer Ideen und die Erlangung wirtschaftlicher Unabhängigkeit sind dominante Motive für eine Unternehmungsgründung (vgl. Tabelle 5): Weit mehr als die Hälfte aller Befragten nannte das Erreichen von Entscheidungs- und Handlungsfreiheit bzw. die Durchsetzung neuer Ideen als wesentliche Motive für eine Selbständigkeit. Gegenüber diesen beiden auf die Erlangung besserer persönlicher Entfaltungsmöglichkeiten abzielenden Gründen erhält das Streben nach wirtschaftlicher Unabhängigkeit ein geringeres Gewicht. Ebenfalls wird die Erreichung eines höheren oder leistungsgerechten Einkommens gegenüber dem Entfaltungsaspekt schwächer bewertet. Auch daß über 20 v. H. der Befragten Ärger in der abhängigen Beschäftigung als wesentliches Motiv für die Gründung einer Unternehmung nennen, spricht für die hohe Bedeutung des Entfaltungsaspektes und bestätigt tendenziell die Wirkung von Deplazierungseffekten. Demgegenüber spielen Argumente wie Geldanlage und Vermögensbildung, der Wunsch, andere Menschen zu führen, steuerliche Vorteile, gutes Ansehen in der Öffentlichkeit und Familientradition keine Rolle.

Während sich Diplom-Wirtschaftsingenieure und Diplom-Ingenieure hinsichtlich ihrer Motivstruktur kaum unterscheiden, fällt auf, daß bei Beschäftigten im privaten Sektor das Streben nach wirtschaftlicher Unabhängigkeit überproportional ausgeprägt ist. Beschäftigte im öffentlichen Dienst dagegen nennen die Aussicht auf höheres Einkommen wesentlich häufiger als in der Privatwirtschaft Tätige.

b) Grundsätzliche Argumente gegen eine Selbständigkeit

Als wesentliche Vorbehalte gegen eine Selbständigkeit werden fehlendes Startkapital (45 v. H.) und zu hohes Risiko (43 v. H.) genannt.

23 v. H. bzw. 18 v. H. der Befragten geben gute Karrieremöglichkeiten in der abhängigen Beschäftigung bzw. gutes Gehalt in der bisherigen Stellung als Gründe gegen eine eigene Unternehmungsgründung an. Mehr als jeder fünfte Befragte glaubt, nicht der Typ des selbständigen Unternehmers zu sein, und jeder sechste erklärt, nur über Spezialkenntnisse, nicht aber über kaufmännische und/oder Managementerfahrungen zu verfügen (vgl. Tabelle 6).

Über die Hälfte aller Diplom-Wirtschaftsingenieure, aber nur ein Drittel aller Diplom-Ingenieure führt als grundsätzliches Argument an, nicht über genügend Startkapital zu verfügen. Ferner schätzen Absolventen des Aufbaustudiums ihre Karrieremöglichkeiten in abhängiger Beschäftigung höher ein.

Mangelnde kaufmännische und/oder Managementkenntnisse werden nur von jedem achtzehnten Diplom-Wirtschaftsingenieur, jedoch von jedem vierten Diplom-Ingenieur als Vorbehalt gegen eine Selbständigkeit angeführt; hierin kann ein wesentlicher Grund zur Erklärung der schwachen Vertretung der Diplom-Ingenieure in der Gruppe der Selbständigen gesehen werden. Maßgeblich hierfür mag ferner sein, daß jeder vierte Diplom-Ingenieur, aber nur jeder sechste Diplom-Wirtschaftsingenieur glaubt, nicht der Typ des selbständigen Unternehmers zu sein.

Zwei von 42 Diplom-Wirtschaftsingenieuren, aber zehn von 44 Diplom-Ingenieuren führen die Mehrarbeit gegenüber der unselbständigen Tätigkeit als Vorbehalt gegen eine Selbständigkeit an.

c) Die Relevanz grundsätzlicher Vorbehalte in konkreten Entscheidungssituationen

Drei Zehntel der in abhängiger Stellung Beschäftigten geben an, bereits einmal vor der konkreten Entscheidung gestanden zu haben, eine eigene Unternehmung zu gründen. Etwa die Hälfte dieser „gründungsnahen" Nichtselbständigen betont, eine bewußte Entscheidung gegen den Schritt in die Selbständigkeit aufgrund von Faktoren getroffen zu haben, die den jeweiligen speziellen Projekten zuzuordnen waren. Jeweils etwa ein Viertel der „gründungsnahen" Nichtselbständigen leitet die Ablehnung der Selbständigkeit aus grundsätzlichen Faktoren ab oder gibt an, in diesem Zusammenhang keine bewußte Entscheidung getroffen zu haben (vgl. Tabelle 7).

Nur für zwei der Befragten, beide Diplom-Ingenieure, war der Mangel an wirtschaftlichen Kenntnissen von maßgeblichem Einfluß für die Ablehnung einer Selbständigkeit.

4. Argumente zur Selbständigkeit bei Selbständigen

In der gesamten Stichprobe konnten lediglich acht Selbständige identifiziert werden. Eine detaillierte Analyse ist daher wenig sinnvoll; auf eine Wiedergabe der Ergebnisse in tabellarischer Form wird verzichtet.

Auffällig ist jedoch, daß *alle* Befragten das Erreichen von Entscheidungs- und Handlungsfreiheit als Argument für ihre Unternehmungsgründung anführten. Jeweils vier der acht Selbständigen nannten „Ärger in der abhängigen Beschäftigung" bzw. die Möglichkeit der „Durchsetzung eigener Ideen" zur Begründung ihrer Selbständigkeit, und zwei führten „Familientradition" als Motiv an.

Bei den Vorbehalten konnten keine wesentlichen Unterschiede zwischen Selbständigen und Nichtselbständigen festgestellt werden. Als Vorbehalte wurden vor allem die Argumente „kein Startkapital", „zu hohes Risiko", „gute Karrieremöglichkeiten in unselbständiger Beschäftigung" und „politische Entwicklung" genannt.

5. Diplom-Wirtschaftsingenieure und Diplom-Ingenieure als Unternehmungsgründer

Es konnten sechs Diplom-Wirtschaftsingenieure und zwei Diplom-Ingenieure als Selbständige identifiziert werden. Fünf dieser acht Selbständigen sind freiberuflich tätig, davon drei im Consulting-Bereich. Die Hälfte der Selbständigen hat eine bereits bestehende (z. B. elterliche) Unternehmung (derivative Unternehmungsgründung) übernommen. Drei der Befragten geben an, eine eigene Unternehmung (primäre Unternehmungsgründung) aufgebaut zu haben. Hierbei handelt es sich ausschließlich um Consulting-Unternehmungen; außerhalb des Consulting-Bereichs kamen *ausschließlich* derivative Unternehmungsgründungen zustande (vgl. Tabelle 8). Auf die Frage, ob die Unternehmungsgründung auf einer Innovation basiere, die z. B. patentrechtlich abgesichert sei, konnte nur in einem Fall eine innovative (technologiebasierte) Unternehmungsgründung identifiziert werden. Bei der zugrunde liegenden Innovation handelt es sich um eine Verfahrensinnovation, die von einer Beratungsunternehmung unter Leitung eines promovierten Diplom-Ingenieurs genutzt wird.

D. Diskussion der Ergebnisse

Die Wahl zwischen dem Weg in die Selbständigkeit einerseits und einer weiteren Tätigkeit in abhängiger Stellung andererseits stellt für Diplom-Ingenieure eine Entscheidungssituation dar, mit der sie nur selten konfrontiert werden. Ihre Haltung zur Frage einer eigenen Selbständigkeit ist daher nur selten konkret durchdacht, ihre Einstellung zur Frage, ob sie eine Selbständigkeit für erstrebenswert halten, in der Mehrzahl der Fälle unentschieden. Unsere Untersuchung stützt damit das Ergebnis der Studie von Szyperski/Nathusius, die für die Gruppe der Diplom-Ingenieure die geringste Bereitschaft zur Selbständigkeit festgestellt hat.

Der Grund für die geringe Bereitschaft der Diplom-Ingenieure, den Schritt in die Selbständigkeit zu vollziehen, scheint dabei weniger in gundsätzlichen Erwägungen als vielmehr in dem seltenen Auftreten konkreter Chancen zur Selbständigkeit zu liegen. Auch wenn eine solche konkrete Möglichkeit vorlag, wurde eine ablehnende Entscheidung eher aus projektspezifischen als aus grundsätzlichen Motiven heraus gefällt. Diplom-Wirtschaftsingenieuren dagegen scheint sich wesentlich häufiger eine Chance zur Selbständigkeit zu bieten. Entsprechend liegt der Konkretisierungsgrad ihrer Überlegungen zur Frage einer eigenen Selbständigkeit erheblich höher. Ihre grundsätzliche Einstellung zur Selbständigkeit ist stärker ausgeprägt und zumeist bejahend.

Vorbehalte gegen eine Selbständigkeit wie „Ich bin nicht der Typ des selbständigen Unternehmers", „Ich besitze nur Spezialkenntnisse, ..." werden von Diplom-Wirtschaftsingenieuren kaum genannt. Vielmehr tritt für diese Gruppe als wichtiger Hinderungsgrund die als sehr gut eingeschätzte Karrieremöglichkeit im Rahmen einer abhängigen Beschäftigung in den Vordergrund. Dennoch ist bei Diplom-Wirtschaftsingenieuren das Klima zugunsten einer eigenen Selbständigkeit insgesamt als günstig zu beurteilen.

Bezüglich der Argumente, denen bei der grundsätzlichen Bewertung der Selbständigkeit positives Gewicht zukommt, weisen die beiden untersuchten Gruppen starke Gemeinsamkeiten auf. Die Möglichkeit, „neue Handlungs- und Entscheidungsspielräume zu gewinnen" und „eigene Ideen durchzusetzen", wird jeweils noch vor der Aussicht auf höhere Einkommen genannt.

Die Frage, ob der von Shapero in die Literatur eingeführte, von Szyperski/Nathusius in ihrer empirischen Untersuchung jedoch nicht bestätigte Deplazierungseffekt wirklich eine Rolle spielt, ist nur sehr schwer zu beantworten: immerhin gab die Hälfte der befragten Selbständigen „Ärger in der abhängigen Beschäftigung" neben anderen als wesentliches Motiv für den Weg in die eigene Selbständigkeit an. Aber auch das in Antworten wie „Durchsetzen eigener Ideen", „Erreichen neuer Entscheidungs- und Handlungsspielräume" geäußerte Unbehagen über die abhängige Beschäftigung kann als Indiz für die Gültigkeit der Deplazierungs-Hypothese gewertet werden.

Unsere Untersuchung konnte nur in einem einzigen Fall eine technologiebasierte Unternehmungsgründung identifizieren. Sie unterstützt damit die Ergebnisse der Little-Studie, die für den Zeitraum 1950 - 1975 im Gebiet der Bundesrepublik Deutschland weniger als 200 technologiebasierte Unternehmungsgründungen vermutet.

Für die von uns befragte Gruppe gestaltet sich der Weg in die Selbständigkeit überwiegend durch die Fortführung einer Familientradition bzw. die Übernahme einer bereits bestehenden Unternehmung. Bei den originären Unternehmungsgründungen handelt es sich ausschließlich um Consultings.

Die Untersuchung zeigt erhebliche Unterschiede in der Einstellung der beiden befragten Gruppen zur Selbständigkeit auf; dabei ist allerdings zu beachten, daß unsere Untersuchung zwar auf einer Totalerhebung für die Gruppe der Diplom-Wirtschaftsingenieure mit einem Erststudium der Fachrichtung Maschinenbau beruht, bei den Diplom-Ingenieuren der Fachrichtung Maschinenbau aber lediglich eine Zufallsstichprobe zugrunde liegt. Die Aussagekraft unserer vergleichenden Ergebnisse könnte sicherlich durch eine Erhöhung des Stichprobenumfangs erhöht werden. Eine Übertragung dieser Ergebnisse auf andere Fachrichtungen ist ohne weitere empirische Untersuchungen nicht zulässig.

Es sei betont, daß unsere Arbeit keine Bewertung der Selbständigkeit aus gesamtwirtschaftlicher Sicht vornimmt und auf keiner solchen beruht. Ob und in welchem Ausmaß der Übergang von abhängiger Beschäftigung zur Selbständigkeit positive Allokationseffekte zeitigt, stellt ein bislang ungeklärtes Problem dar. Auch die durch einen solchen Schritt ausgelösten Wettbewerbseffekte sind äußerst vielschichtig und können insbesondere auch wegen der empirisch nur unzureichend gesicherten Kenntnisse über den Zusammenhang zwischen Wettbewerb und dynamischer Effizienz für die gesamtwirtschaftliche Bewertung nicht herangezogen werden.

Verstärktes Forschungsinteresse sollte in diesem Zusammenhang dem Bereich der Beratungsunternehmungen gewidmet werden, die offensichtlich eine bedeutsame Einstiegsmöglichkeit in die Selbständigkeit bieten.

Anhang

Übersicht 1

Lehrveranstaltungen des wirtschaftswissenschaftlichen Aufbaustudiums
Pflichtfächer

Pflichtfach	Lehrveranstaltungen
Volkswirtschaftslehre	Theoretische Volkswirtschaftslehre
	Wirtschaftspolitik
	Volkswirtschaftliche Übungen in Mikroökonomik I und II
	Volkswirtschaftliche Übungen in Makroökonomik I und II
	Volkswirtschaftliche Übungen für Fortgeschrittene
	Wirtschaftspolitische Übungen I und II
	Volkswirtschaftliches Seminar
Betriebswirtschaftslehre	Grundlagen der Betriebswirtschaftslehre
	Technik des betrieblichen Rechnungswesens
	Jahresabschluß
	Produktionswirtschaft
	Finanzwirtschaft (Finanzierung und Investition)
	Betriebswirtschaftliche Übungen
	Betriebswirtschaftliches Seminar

Übersicht 2

Wahlpflichtfächer (3. Prüfungsfach)

— wirtschaftlich bedeutsame Gebiete des privaten und des öffentlichen Rechts
— Statistik und Ökonometrie
— Unternehmensforschung und Datenverarbeitung

---

*) unabhängig von dem gewählten Fach müssen alle Studenten des wirtschaftswissenschaftlichen Aufbaustudiums einen Leistungsnachweis in Statistik und Rechtswissenschaft erbringen

Übersicht 3

Wahlfächer (4. Prüfungsfach)

— wirtschaftlich bedeutsame Gebiete des privaten Rechts
— wirtschaftlich bedeutsame Gebiete des öffentlichen Rechts
— Statistik
— Ökonometrie
— Unternehmensforschung
— Datenverarbeitung
— Arbeitswissenschaft
— Finanzwissenschaft
— Fremdenverkehrswirtschaft
— Industriebetriebslehre
— Personalwirtschaftslehre

Tabelle 1

Selbständige und abhängig Beschäftigte nach Sektorzugehörigkeit und Qualifikation

Status → Qualifikation ↓	Selbständige	Abhängig Beschäftigte im		Gesamt
		öffentlichen Sektor	privaten Sektor	
Diplom-Wirtschaftsingenieure	6	13	23	42
Diplom-Ingenieure	2	12	30	44
Gesamt	8	25	53	86

Tabelle 2: Grundsätzliche Haltung der Befragten zur Selbständigkeit[a]

Qualifikation → Antwortkategorien	Halten Sie es für erstrebenswert, daß man sich selbständig macht, also eine eigene Unternehmung gründet?									
	Alle Befragten			Nichtselbständige						
				privater Bereich			öffentlicher Bereich			
	ja	nein	unent- schieden	ja	nein	unent- schieden	ja	nein	unent- schieden	
Diplom-Wirtschaftsingenieure ...	24 (57)	5 (12)	13 (31)	13 (57)	3 (13)	7 (30)	7 (54)	1 (8)	5 (38)	
Diplom-Ingenieure	15 (34)	6 (14)	23 (52)	9 (30)	5 (17)	16 (53)	5 (42)	1 (8)	6 (50)	
Gesamt	39 (45)	11 (13)	36 (42)	22 (42)	8 (15)	23 (43)	12 (48)	2 (8)	11 (44)	

a) Die Angaben in Klammern geben die Prozentwerte in bezug auf die jeweilige Teilgruppe an.

Tabelle 3

Grad der Konkretisierung der Überlegungen der Befragten zur Selbständigkeit[a]

Haben Sie schon einmal daran gedacht, sich eine selbständige unternehmerische Existenz aufzubauen?

Qualifikation → Antworten ↓	Diplom-Wirtschafts-ingenieure	Diplom-Ingenieure	Gesamt
Noch nie	1 (2)	9 (20)	10 (12)
Ja, flüchtig	23 (55)	24 (55)	47 (55)
Ja, relativ konkret	7 (17)	7 (16)	14 (16)
Ja, ich habe den festen Entschluß, mich in Zukunft selbständig zu machen	5 (12)	2 (5)	7 (8)
Ja, ich habe mich selbständig gemacht	6 (14)	2 (5)	8 (9)
Gesamt	42 (100)	44 (101)[b]	86 (100)

a) Prozentangaben in Klammern.
b) Rundungsfehler.

Tabelle 4

Der Eintritt konkreter Entscheidungssituationen bei Nichtselbständigen[a]

Standen Sie schon einmal in einer Situation, in der sich Ihnen konkret die Frage stellte, ob Sie sich selbständig machen sollten?

Qualifikation/ Sektor ↓ Antwortkategorien →	ja	nein	keine Antwort
Diplom-Wirtschaftsingenieure	12 (33)	23 (64)	1 (3)
Diplom-Ingenieure	11 (26)	29 (69)	2 (5)
Gesamt	23 (29)	52 (67)	3 (4)
Beschäftigte im öffentlichen Sektor	6 (25)	16 (67)	2 (8)
privaten Sektor	17 (31)	36 (67)	1 (2)

a) Prozentwerte in Klammern.

Tabelle 5: **Motive für die Gründung einer Unternehmung bei Nichtselbständigen**[a]

Befragte Gruppen → Argumente ↓	Diplom-Wirtschafts-ingenieure	Diplom-Ingenieure	Beschäftigte im		Gesamt
			öffentl. Sektor	privaten Sektor	
Erreichen von Entscheidungs- und Handlungsfreiheit	23 (66)	28 (76)	18 (72)	33 (62)	51 (71)
Durchsetzen eigener Ideen	20 (57)	22 (59)	13 (52)	29 (55)	42 (58)
Streben nach wirtschaftlicher Unabhängigkeit	15 (43)	14 (38)	7 (28)	22 (42)	29 (40)
Streben nach höherem Einkommen	6 (17)	8 (22)	7 (28)	7 (13)	14 (19)
Erreichen eines leistungsgerechten Einkommens	8 (23)	8 (22)	5 (20)	11 (21)	16 (22)
Geldanlage/Vermögensbildung	0 (0)	3 (8)	3 (12)	0 (0)	3 (4)
Führen von Menschen	3 (9)	0 (0)	2 (8)	1 (2)	3 (4)
Steuerliche Vorteile	3 (9)	3 (8)	4 (16)	2 (4)	6 (8)
Ärger in der abhängigen Beschäftigung	7 (20)	8 (22)	4 (16)	11 (21)	15 (21)
Arbeitsmarkt- und konjunkturbedingte Gründe	0 (0)	1 (3)	1 (4)	0 (0)	1 (1)
Gutes Ansehen in der Öffentlichkeit	1 (3)	1 (3)	1 (4)	1 (2)	2 (3)
Familientradition	2 (6)	1 (3)	1 (4)	2 (4)	3 (4)

a) Angaben in Klammern stellen Prozentwerte in bezug auf die Zahl der Beantworter in den einzelnen Teilgruppen dar.

Tabelle 6: **Vorbehalte gegen die Selbständigkeit bei Nichtselbständigen[a]**

Gruppen → Argumente ↓	Dipl.-Wirtsch.-Ing.	Dipl.-Ing.	Beschäftigte im öffentl. Sektor	Beschäftigte im privaten Sektor	Gesamt
Politische Entwicklung	9 (26)	6 (14)	7 (28)	8 (15)	15 (19)
Steuerliche Belastung	3 (9)	4 (9)	4 (16)	3 (6)	7 (9)
Zu hohes Risiko	15 (43)	18 (41)	10 (40)	23 (44)	33 (43)
Kein Startkapital	19 (54)	16 (36)	11 (44)	24 (46)	35 (45)
Probleme mit Arbeitnehmern	4 (11)	2 (5)	3 (12)	3 (6)	6 (8)
Unbefriedigende Alterssicherung	4 (11)	2 (5)	2 (8)	4 (8)	6 (8)
Gute Karrieremöglichkeiten in unselbständiger Beschäftigung	10 (29)	8 (19)	5 (20)	13 (25)	18 (23)
Ungleichmäßiges Einkommen	2 (6)	3 (7)	2 (8)	3 (6)	5 (6)
Negatives Unternehmerimage in der Öffentlichkeit	1 (3)	2 (5)	1 (4)	2 (4)	3 (4)
Mehrarbeit gegenüber unselbständiger Tätigkeit	2 (6)	10 (24)	3 (12)	9 (17)	12 (16)
Keine geregelte Arbeitszeit	1 (3)	2 (5)	2 (8)	1 (2)	3 (4)
Gutes Gehalt in bisheriger Stellung	6 (17)	8 (19)	4 (16)	10 (19)	14 (18)
Habe nur Spezialkenntnisse, kaufmännische und/oder Managementerfahrungen fehlen	2 (6)	11 (26)	3 (12)	10 (19)	13 (17)
Konkurrenzklausel in Ihrem Anstellungsvertrag	—	1 (2)	—	1 (2)	1 (1)
Bin nicht der Typ des selbständigen Unternehmers	6 (17)	10 (24)	5 (20)	11 (21)	16 (21)
keine Antwort	1 (3)	—	—	1 (2)	1 (1)

[a] Prozentangaben in Klammern; Basis: Angehörige der jeweiligen Teilgruppe.

Tabelle 7

Gründe für die Ablehnung einer Selbständigkeit in einer konkreten Entscheidungssituation

Wenn Sie schon einmal in einer derartigen Entscheidungssituation standen, worauf war dann Ihre Ablehnung einer Selbständigkeit zurückzuführen?

Antworten → Qualifikation ↓	Bewußte Entscheidung gegen eine Selbständigkeit aufgrund		Der Ablehnung lag *keine* bewußte eigene Entscheidung zugrunde
	projektspezifischer Faktoren	grundsätzlicher Faktoren	
Diplom-Wirtschaftsingenieure ($n = 12$)	5	4	3
Diplom-Ingenieure ($n = 11$)	7	2	2
Gesamt ($n = 23$)	12	6	5

Tabelle 8: Gründer und Art der Unternehmensgründung

Merkmalskombination der Befragten[a] → Gründungsspezifische Einzelfragen ↓		FB C DWI	FB C DWI	FB C DWI	DWI	DWI	FB DWI	FB C D.I.	D.I.
Haben Sie die elterliche oder eine bestehende Unternehmung übernommen oder aufgekauft?	Ja								
	Nein	X	X	X		X	X	X	X
	k.A.				X				
Hat der Umfang Ihrer wirtschaftswissenschaftlichen Kenntnisse Ihre Entscheidung, eine Unternehmung zu gründen, maßgeblich beeinflußt?	Ja	X	X	X					
	Nein					X	X	X	X
	k.A.				X				
Ist der Gegenstand Ihrer Unternehmensgründung eine Innovation, die z.B. patentrechtlich abgesichert ist?	Ja							X	
	Nein	X	X	X		X	X		X
	k.A.				X				
Erfolgte Ihre Unternehmensgründung in einem Bereich, in dem Sie Leistungen anbieten, die in gleicher Form auch von anderen Unternehmungen angeboten werden?	Ja	X	X	X		X	X		
	Nein							X	X
	k.A.				X				
Waren Sie nach Abschluß Ihres Studiums bereits einmal selbständig, haben aber diese Selbständigkeit wieder aufgegeben?	Ja	X	X	X		X	X	X	
	Nein								X
	k.A.				X				

a) FB = Freiberufler — C = Consulting — DWI = Diplom-Wirtschaftsingenieur — D.I. = Diplom-Ingenieur.

Anhang

Verzeichnis der Veröffentlichungen von Herbert Wilhelm

Zusammengestellt von Bernd Meier, Braunschweig

A. Bücher und Broschüren

Kaspar Hauser, ein Beitrag zur Gesellungslehre, Diss., Nürnberg 1948

Der Marktautomatismus als Modell und praktisches Ziel, Wiesbaden 1954

Verwaltungskosten der gesetzlichen Sozialleistungsträger, Berlin 1957

Preisbindung und Markenartikel, Freiburg im Breisgau 1960

Werbung als wirtschaftstheoretisches Problem, Berlin 1961

Preisbindung und Wettbewerbsordnung, München und Berlin 1962

Die wirtschaftliche Bedeutung des Fremdenverkehrs für den Harz, Heft 2 der Schriftenreihe des Harzer Verkehrsverbandes, Goslar 1968

gemeinsam mit Horst Günter:

Die Struktur des Wochenendverkehrs im Harz, Braunschweig 1971

Statistische Analyse des Wochenendverkehrs im Harz, Braunschweig 1971

Volkswirtschaftslehre für Ingenieure, Essen 1980

B. Beiträge in Sammelwerken

„Handel", in: Staatslexikon, hrsg. v. d. Görres-Gesellschaft, 6., völlig neu bearbeitete und erweiterte Aufl., Bd. 3, Freiburg im Breisgau 1959, Sp. 1177 bis 1182

Die Chancen in der Europäischen Wirtschaftsgemeinschaft (EWG), in: Handbuch der Verkaufsplanung und Verkaufskontrolle, hrsg. v. E. Fratz u. a., Bd. II, München 1961, S. 229 - 275

Pharmazeutische Industrie, in: Handwörterbuch der Sozialwissenschaften, hrsg. v. E. v. Beckerath u. a., Bd. 8, Stuttgart/Tübingen/Göttingen 1962, S. 285 bis 290

Die volkswirtschaftlichen Funktionen der Werbung, in: Marktrisiko und Wirtschaftswerbung, hrsg. v. Zentralausschuß der Werbewirtschaft e. V. (ZAW), Bad Godesberg 1962, S. 59 - 61

Die produktions- und absatzwirtschaftlichen Probleme der Betriebsgründungen im Ausland, in: Wilhelm, H., Seidler, G., Bartholdy, K.: Zweigbetriebe, Niederlassungen und Beteiligungen im Ausland, München 1963, S. 13 - 95

Zum Problem der Koordinierung der Ansprüche an das Sozialprodukt. Das Thema aus der Sicht der Wirtschaftsordnung, in: Zum Problem der Koordinierung der Ansprüche an das Sozialprodukt, hrsg. v. d. Bundesvereinigung der Deutschen Arbeitgeberverbände, Bergisch-Gladbach 1963, S. 29 - 38

Werbung in der wirtschaftswissenschaftlichen Theorie, in: Werbeleiterhandbuch, hrsg. v. H. L. Zankel, München 1966, S. 357 - 380

Die wirtschaftliche Situation in Südostniedersachsen und ihre voraussichtliche Entwicklung, in: SON, Südostniedersachsen, hrsg. v. F. Zimmermann u. a., Braunschweig 1968

Marktformen und Werbung, in: Handbuch der Werbung, hrsg. v. K. C. Behrens, Wiesbaden 1970, S. 39 - 56

„Produktdifferenzierung", in: Handwörterbuch der Absatzwirtschaft, hrsg. v. B. Tietz, Stuttgart 1974, Sp. 1706 - 1716

Regionalpolitik als Kompensation der Globalsteuerung, in: Strukturwandel und makroökonomische Steuerung, Festschrift für Fritz Voigt zur Vollendung des 65. Lebensjahres, hrsg. v. S. Klatt und M. Willms, Berlin 1975, S. 507 - 536

Globalsteuerung und regionale Wirtschaftspolitik, in: Hochschularbeitsgemeinschaft für Raumforschung an der Technischen Universität Braunschweig, Veröffentlichungen, H. 2, Braunschweig 1976, S. 1 - 53

Strukturwandel und Beschäftigungsveränderungen als Folge technologischer Innovationen, in: Das Jahrbuch für Führungskräfte, hrsg. v. F. Grätz, Grafenau 1980, S. 37 - 44

gemeinsam mit Manfred Schmidt:

Der Unternehmer und die Wissenschaft, in: Jahrbuch des Deutschen Unternehmers, hrsg. v. A. Lutzeyer, Freudenstadt 1966, S. 83 - 112

gemeinsam mit Hans Corsten:

Organisationsspezifische Faktoren als Hemmnisse im Innovationsprozeß, in: Das Jahrbuch für Führungskräfte, hrsg. v. H. Brecht und E. Wippler, Grafenau 1981, S. 399 - 408

C. Aufsätze

Zum Problem der wirtschaftlichen Mitbestimmung, in: Die Besinnung, 4. Jg. (1949), S. 286 - 298

Aufklärung sichert gleichbleibenden Umsatz, in: Magazin des Einzelhändlers, 3. Jg. (1951), Nr. 25, S. 1 und 5

Die sittliche Verantwortung des Verbrauchers, in: Die Besinnung, 7. Jg. (1952), S. 110 - 117

Nachfrage- und Einkommenselastizität auf Grund der Verbrauchsforschung, in: Jahrbuch der Absatz- und Verbrauchsforschung, 1. Jg. (1954/55), S. 50 - 69

Theorie der Spiele und wirtschaftliches Verhalten, Analogie oder Identität?, in: Jahrbuch der Absatz- und Verbrauchsforschung, 1. Jg. (1954/55), S. 123 bis 140

Die Verbraucherhaltung in den unteren Einkommensschichten unter Berücksichtigung der Möglichkeiten und Grenzen der Selbstversorgung, in: Öffentliche Einkommenshilfe und Richtsatzpolitik, Schriftenreihe des Deutschen Vereins für Öffentliche und Private Fürsorge, Köln/Berlin 1955, S. 28 - 45

Möglichkeiten und Grenzen wirtschaftlicher Prognosen, in: Jahrbuch der Absatz- und Vebrauchsforschung, 2. Jg. (1956), S. 282 - 296

Ist die Automation eine Gefahr?, in: Die Besinnung, 12. Jg. (1957), S. 96 - 103

Deutsche Marktforschung im Gemeinsamen Markt, in: Der Marktforscher, 1. Jg. (1957), S. 57 f.

Der Gemeinsame Markt als Problem der betrieblichen Marktforschung, in: Der Marktforscher, 2. Jg. (1958), S. 2 - 7

Wirtschaftswerbung in Theorie und Praxis, in: Der Markenartikel, 20. Jg. (1958), S. 635 - 653

Zwischen Mensch und Markt — Zum 80. Geburtstag Wilhelm Vershofens, in: Der Marktforscher, 3. Jg. (1959), S. 1 f.

Werbung und Wettbewerb, in: Der Markenartikel, 21. Jg. (1959), S. 622 - 643

Werbung und Wirtschaftswissenschaft, in: Kongreßbericht des Zentralausschusses der Werbewirtschaft e. V. (ZAW), München 1959, S. 64 - 71

Nationalökonomie und Wirtschaftswerbung, in: Die Anzeige, 35. Jg. (1959), S. 626 - 638

Neue Aufgaben der Wirtschaftstheorie und Wirtschaftsforschung, in: Berichte aus Forschung und Hochschulleben der Technischen Hochschule Carolo-Wilhelmina zu Braunschweig, hrsg. v. H. Wilhelm im Auftrage des Rektors und Senats, Braunschweig 1960, S. 132 - 135

Preisbindung stabilisiert die Konjunktur, in: Der Volkswirt, 14. Jg. (1960), S. 1663 f.

Die Preisbindung für Markenartikel als Phänomen der entfalteten Wirtschaft, in: Der Markenartikel, 22. Jg. (1960), S. 252 - 274

Konsument und Markenartikel, in: Der Markenartikel, 22. Jg. (1960), S. 677 bis 683

Raumordnung als strukturpolitische Aufgabe, in: Beiträge des Deutschen Industrieinstituts, Nr. 5, 1960, S. 1 - 16

Werbung als Grundlage der Verbrauchsentscheidung und Bedarfsbildung, in: Schriftenreihe zur Heilmittelwerbung, hrsg. v. Bundesverband der Heilmittelindustrie und der ihr verbundenen Werbewirtschaft e. V. Köln, H. 7, Uelzen 1962, S. 32 - 39

Konjunkturpolitische Gesichtspunkte zum Stabilisierungsprogramm der Bundesregierung unter besonderer Berücksichtigung der Bauwirtschaft, in: Bau-Markt, 61. Jg. (1962), S. 2758 - 2762

EWG — Exportmarkt oder Wirtschaftsfeld?, in: Wirtschaft und Werbung, 17. Jg. (1963), S. 773 - 776

Technik und Wirtschaft bahnen Europa den Weg, in: Messe-Sondernummer der VDI-Nachrichten vom 24. April, 17. Jg. (1963), S. 1

Wirtschaftstheoretische Probleme der Werbung unter Berücksichtigung der neueren Literatur, in: Der Markenartikel, 25. Jg. (1963), S. 845 - 857

Die Werbung im modernen Markt, in: Der Marktforscher, 7. Jg. (1963), S. 3 f.

Der Markenartikel als Erscheinung des modernen Marktes, in: Monatsblätter für freiheitliche Wirtschaftspolitik, 9. Jg. (1963), S. 341 - 344

Nützt die Werbung dem Verbraucher?, in: Der Markenartikel, 26. Jg. (1964), S. 407 - 413

Probleme der Marktforschung für Investitionsgüter, in: Der Marktforscher, 9. Jg. (1965), Sonderheft, S. 70 - 74

Werbung als Konjunkturbarometer, in: Der Volkswirt, 21. Jg. (1967), Beiheft zu Nr. 40, S. 4 - 6

Instrumentale Wirtschaftstheorie und rationale Wirtschaftspolitik, Gedanken zu einem Buch von Adolph Lowe, in: Zeitschrift für die gesamte Staatswissenschaft, Bd. 123, 1967, S. 543 - 565

Zur Problematik wirtschaftspolitischer Zielsetzungen, in: Abhandlungen der Braunschweigischen Wissenschaftlichen Gesellschaft, hrsg. v. H. Schaefer, Bd. XXI, 1969, S. 356 - 364

Werbung als Element der Konjunkturpolitik, in: Der Markenartikel, 31. Jg. (1969), S. 295 - 304

Wirtschaftliche Auswirkungen moderner technischer Entwicklungen und Verfahren — dargestellt an Beispielen aus zukunftsorientierten Gebieten der Technik, in: VDI-Zeitung, Bd. 111, Nr. 15, 1969, S. 1021 - 1025

Die deutsche Wirtschaftspolitik in der Bewährung — Versuch einer Bilanz, in: Elektrizitätswirtschaft, 70. Jg. (1971), S. 439 - 443

Regionale Forschungskapazitäten stärker nutzen!, in: Mitteilungen der Industrie- und Handelskammer Braunschweig, 29. Jg. (1977), S. 9 - 11

Die wirtschaftliche Bedeutung des Fremdenverkehrs für den Harz, in: Neues Archiv für Niedersachsen, hrsg. v. Niedersächsischen Institut für Landeskunde und Landesentwicklung an der Universität Göttingen, Bd. 26, 1977, S. 380 - 391

Neue Technologien sichern Wettbewerbsvorteile — aus der Sicht der Wissenschaft, in: RKW-Niedersachsen, Jahrestagung 1978, Hannover 1978, S. 17 - 29

Strukturwandel — Technologie — Beschäftigung — und ihre Wechselwirkungen, in: Rationalisierung, 29. Jg. (1978), S. 106 - 110

Fortschritt und Rationalisierung in der Wirtschaft, Vortrag auf der 15. öffentlichen Jahrestagung der Arbeitsgemeinschaft Verstärkte Kunststoffe e. V. — Internationale Tagung über verstärkte Kunststoffe, Freudenstadt 3. - 5. Oktober 1978, S.1-1 - 1-5

Die gesellschaftspolitischen Aufgaben des Handwerks, in: Mitteilungen der Technischen Universität Carolo-Wilhelmina zu Braunschweig, hrsg. v. E. R. Rosen im Auftrage von Rektor und Senat, XIII. Jg. (1978), H. III/IV, S. 12 - 15

Urlaub im Kurort — Ausweg aus der Krise?, in: Heilbad und Kurort, 30. Jg. (1978), S. 85 - 95

Volkswirtschaftliche Bilanzierung der Heilbäder und Kurorte, in: Neues Archiv für Niedersachsen, hrsg. v. Niedersächsischen Institut für Landeskunde und Landesentwicklung an der Universität Göttingen, Bd. 29, 1980, S. 151 bis 158

Von der Goldmark zum ECU, in: Mitteilungen der Technischen Universität Carolo-Wilhelmina zu Braunschweig, hrsg. v. E. R. Rosen im Auftrage von Rektor und Senat, XV. Jg. (1980), H. I/II, S. 31 - 37

Die Fremdenverkehrsstatistik, in: Tourismus Management, hrsg. v. G. Haedrich, Berlin 1982 (in Vorbereitung)

gemeinsam mit Hans Corsten und Bernd Meier:

Staatliche Preisfixierung — Formen, Instrumente, Probleme, in: WISU — Das Wirtschaftsstudium, 11. Jg. (1982), Teil I, Nr. 1, S. 29 - 34 und Teil II, Nr. 2, S. 79 - 83

D. Zeitungsartikel

Professor Vershofen nahm Abschied, in: Handelsblatt, 8. Jg. (1953), Nr. 109, S. 2

Die „Irrationalität" des Verbrauchers, in: Die Tabak-Zeitung, 65. Jg. (1955), Nr. 48, S. 1 - 3

Was kostet, was bringt ein Student?, in: Frankfurter Allgemeine Zeitung, Nr. 80, 5. April 1958, S. 7

Sind wir für die Großraumwirtschaft gerüstet?, in: Unternehmerbrief des Deutschen Industrieinstituts, 12. Jg. (1962), Nr. 35, S. 1 - 3

Erkenntniswert wirtschaftlicher Voraussagen, in: Handelsblatt, 18. Jg. (1963), Nr. 84, S. 14

Einsichten und Konsequenzen, in: Unternehmerbrief des Deutschen Industrieinstituts, 13. Jg. (1963), Nr. 11, S. 1 - 3

Die Gutachter haben gesprochen, in: Unternehmerbrief des Deutschen Industrieinstituts, 15. Jg. (1965), Nr. 3, S. 1 - 3

E. Übersetzungen

Politische Ökonomik, Übersetzung des Buches von Adolph Lowe: On Economic Knowledge, Frankfurt, Wien 1969

Die Veränderungen auf dem japanischen Konsumgütermarkt, Übersetzung des Aufsatzes von W. Barnes: The Changing Japanese Consumer Market, in: Jahrbuch der Absatz- und Verbrauchsforschung, hrsg. v. d. GfK-Nürnberg, 27. Jg. (1981), S. 144 - 153

F. Buchbesprechungen

Wilhelm Grotkopp: Die große Krise, Düsseldorf 1954, in: Gesellung, Zeitschrift für Wirtschaft und Kultur, hrsg. v. H. Wilhelm, 1. Jg. (1954/55), H. 4, S. 26 - 28

Vertikale Preisbindung — Anmerkungen zu einem gleichnamigen Buch von Peter Wörmer, in: Der Markenartikel, 25. Jg. (1963), S. 439 - 447

gemeinsam mit Karsten Kirsch:

Karl Keinath: Regionale Aspekte der Konjunkturpolitik, Tübingen 1976, in: Erasmus, 30. Jg. (1978), Sp. 786 - 788

gemeinsam mit Hans Corsten:

Günther Schanz: Grundlagen der verhaltenstheoretischen Betriebswirtschaftslehre, Tübingen 1977, in: Erasmus, 34. Jg. (1982), (im Druck)

G. Forschungsarbeiten (Auswahl)

I. Marktuntersuchungen im Investitionsgütersektor, z. B. für
   — Schnelldampferzeuger
   — Walzmaterial
   — Industriemotoren
   — Elektro- und Kleinzüge
   — Industriebauten

II. Untersuchungen zur Fremdenverkehrswirtschaft, z. B.
   — Schwerpunkte des Fremdenverkehrs in Niedersachsen. Ergebnisse einer regionalen Strukturanalyse, 2 Bände
   — Untersuchungen über den Naherholungsverkehr in Niedersachsen
   — Entwurf eines Modells zur Nutzenmessung von Sanierungsmaßnahmen bei Fremdenverkehrsinvestitionen
   — Untersuchung von Planungsperspektiven für den Fremdenverkehr verschiedener niedersächsischer Gemeinden

III. Untersuchungen zu ausgewählten strukturpolitischen Problemen, z. B.
   — Die industrielle Entwicklung Südostniedersachsens unter Berücksichtigung gemeindlicher Standortfaktoren
   — Beobachtung der Industrialisierung und ihrer Auswirkungen in einem Landkreis
   — Industrie- und Arbeitsmarktanalyse der Stadt Braunschweig, 3 Bände (gemeinsam mit Horst Günter)
   — Problematik einer Bankenfusion im öffentlich-rechtlichen Sektor
   — Aufbau und Aufgabenbereiche eines zu gründenden Instituts für Mittlere Technologie. Erstellt im Auftrag der Forschungsstrukturkommission des Landes Niedersachsen (gemeinsam mit Ulrich Berr, Hans Corsten, Gerhard Zenke)

IV. Untersuchungen zu ausgewählten betriebswirtschaftlichen Problemen, z. B.
   — Rationalisierungsvorschläge über das Transportwesen, die Lagerhaltung und den Materialfluß bei der Produktion von Lastkraftwagen
   — Wirtschaftlichkeitsuntersuchungen über kernenergiegetriebene Handelsschiffe
   — Nutzen-Kosten-Analyse als Instrument der staatlichen Investitionsplanung

Biographische Daten

8. 6. 1922	geboren in Berka/Werra, Kreis Eisenach
1939 - 1941	kaufmännische Ausbildung
1941 - 1944	Wehrdienst, Entlassung wegen Kriegsverletzung
1944 - 1945	Reifeprüfung und Studium der Wirtschaftswissenschaften an der Hochschule für Wirtschafts- und Sozialwissenschaften Nürnberg
1945 - 1946	Fortsetzung des Studiums an der Universität Göttingen
1946 - 1947	Studium an der Hochschule Nürnberg
1947	Examen als Diplom-Kaufmann in Nürnberg
1948	Promotion zum Dr. oec. mit einer soziologischen Arbeit in Nürnberg
1949 - 1952	Wiss. Assistent in Nürnberg
1952	Habilitation für Volkswirtschaftslehre in Nürnberg
1952 - 1955	Privatdozent in Nürnberg
1955 - 1957	Vertretung des Lehrstuhls für Volkswirtschaftslehre an der Technischen Hochschule Braunschweig
1. 1. 1958	Ernennung zum ordentlichen Professor an der Technischen Hochschule Braunschweig
seit 1959	Direktor des Instituts für Wirtschaftswissenschaften
1959 - 1961	Dekan der Naturwissenschaftlich-Philosophischen Fakultät
1961 - 1963	Leiter der Philosophischen Abteilung der Naturwissenschaftlichen Philosophischen Fakultät
1967 - 1968	Prorektor der Technischen Universität Braunschweig
1968 - 1970	Rektor der Technischen Universität Braunschweig
1969 - 1970	Vorsitzender der Niedersächsischen Rektorenkonferenz
1970 - 1971	Prorektor der Technischen Universität Braunschweig
Lehrgebiete:	Volkswirtschaftliche Theorie, bes. Nachfragetheorie Wirtschaftspolitik
Forschungsgebiete:	empirische Wirtschaftsforschung, bes. Marktforschung Raumordnung — Strukturpolitik Innovations- und Technologiepolitik
seit 1950	verheiratet mit Dr. rer. pol. Elisabeth Wilhelm, geb. Staas

Mitarbeiterverzeichnis

Dr. Howard William Barnes, Associate Professor of Business Management an der Brigham Young University Provo, Utah, USA

Professor Dr. Ulrich Berr, Lehrstuhl für Fabrikbetriebslehre und Unternehmensforschung der Technischen Universität Braunschweig

Dr. Walter Dick, wissenschaftlicher Mitarbeiter der Gesellschaft für Wirtschafts- und Verkehrswissenschaftliche Forschung in Bonn

Dipl.-Kfm. Dr. Hans Corsten, wissenschaftlicher Assistent am Institut für Wirtschaftswissenschaften der Technischen Universität Braunschweig

Professor Dr. Hans-Joachim Engeleiter, Lehrstuhl für Betriebswirtschaftslehre der Technischen Universität Braunschweig

Professor Dr. Ernst Gerth, Betriebswirtschaftliches Seminar der Universität Göttingen

Professor Dr. Dr. h. c. Herbert Giersch, Präsident des Instituts für Weltwirtschaft an der Universität Kiel

Professor Dr. Heinz Haferkamp, Institut für Werkstoffkunde der Universität Hannover

Professor Dr. Lothar Hübl, Lehrstuhl B für Volkswirtschaftslehre der Universität Hannover

Dipl.-Volkswirt Klaus-Otto Junginger-Dittel, wissenschaftlicher Mitarbeiter am Institut für Wirtschaftswissenschaften der Technischen Universität Braunschweig

Professor Dr. Werner Kern, Direktor des Seminars für Allgemeine Betriebswirtschaftslehre und Fertigungswirtschaft der Universität zu Köln

Dipl.-Kfm. Dr. Karsten Kirsch, Fachhochschullehrer an der Niedersächsischen Fachhochschule für Verwaltung und Rechtspflege in Braunschweig

Professor Dr. jur. Eckart Koch, Lehrstuhl für Rechtswissenschaften der Technischen Universität Braunschweig

Dr. Horst Matthies, Vorsitzender der Geschäftsführung VTG Vereinigte Tanklager und Transportmittel GmbH in Hamburg

Dipl.-Kfm. Bernd Meier, wissenschaftlicher Assistent am Institut für Wirtschaftswissenschaften der Technischen Universität Braunschweig

Dipl.-Math. Dr. Wolfgang Oest, Mitbegründer des Instituts für angewandte Systemforschung und Prognose (ISP), Hannover

Professor Dr. Jochen Schwarze, Lehrstuhl für Statistik und Ökonometrie der Technischen Universität Braunschweig

Professor Dr. Karl-Heinz Strothmann, Institut für Betriebswirtschaftslehre der Freien Universität Berlin

Dr. Dr. Drs. h. c. Fritz Voigt, o. em. Professor für Volkswirtschaftslehre und wissenschaftliche Leiter der Gesellschaft für Wirtschafts- und Verkehrswissenschaftliche Forschung in Bonn

Printed by Libri Plureos GmbH
in Hamburg, Germany